普通高等学校"十四五"规划 BIM 技术应用新形态教材

全国 BIM 技能等级一级考试培训教材　建筑信息模型技术员三级(高级工)考核培训教材

U0641738

BIM 建模基础
（第二版）

主　编	任楚超	游碧波	
副主编	李雨阳	吴曼林	陈永辉　　杨　阳
	柴　苗	徐伟伟	杨骏宇　　刘　凤
	吕海霞	朱　锐	王明威
参　编	张亚飞	欧阳禄龙	黄　盒
	曹　轲	蓝宇航	

华中科技大学出版社
http://press.hust.edu.cn
中国·武汉

内 容 简 介

本书基于《建筑信息模型技术员》和《建筑信息模型(BIM)职业技能等级标准》等岗位核心需求,以面向企业实际应用为目标、以 BIM 证书考核真题为载体、以学习情境为导向,多任务驱动组织教材内容。本书包括 6 个学习情境,其中学习情境 1 为"BIM 建模准备",学习情境 2 为"建筑模型创建与编辑",学习情境 3 为"模型注释与创建视图",学习情境 4 为"成果输出",学习情境 5 为"参数化族创建与编辑",学习情境 6 为"概念体量创建与编辑"。每个学习情境下设有若干任务,每个任务下设"学习任务(岗位和职业技能等级标准)"、"实施任务(课堂理实一体教学合一)"、"拓展任务(考证真题拓展)"和"真题任务(考证真题和全国职业院校技能大赛真题检验学情)"等具体内容,引导学生有序高效完成任务,保证教学质量。

图书在版编目(CIP)数据

BIM 建模基础 / 任楚超,游碧波主编. -- 2 版. -- 武汉:华中科技大学出版社,2025. 8. -- (普通高等学校"十四五"规划 BIM 技术应用新形态教材). -- ISBN 978-7-5772-2075-8

Ⅰ. TU201.4

中国国家版本馆 CIP 数据核字第 202522TG51 号

BIM 建模基础(第二版)   任楚超   游碧波   主编

BIM Jianmo Jichu(Di-er Ban)

策划编辑:简晓思

责任编辑:陈 忠

封面设计:金 刚

责任监印:朱 玢

出版发行:华中科技大学出版社(中国·武汉)   电话:(027)81321913

          武汉市东湖新技术开发区华工科技园   邮编:430223

录 排:华中科技大学出版社美编室

印 刷:武汉科源印刷设计有限公司

开 本:787mm×1092mm 1/16

印 张:19

字 数:416 千字

版 次:2025 年 8 月第 2 版第 1 次印刷

定 价:59.80 元

前　　言

2025年1月,中共中央、国务院印发了《教育强国建设规划纲要(2024—2035年)》,其中明确提出要"加快建设现代职业教育体系,培养大国工匠、能工巧匠、高技能人才"。本教材深入贯彻党的二十大关于"推进工业、建筑、交通等领域清洁低碳转型"的精神,落实国家"十四五"规划"发展智能建造"的要求,适应建筑产业数字化、工业化、智能化发展新趋势,推进产业转型升级,服务立德树人的根本任务。

本教材采用"岗课赛证"融合育人模式,内容对标国家职业技能标准《建筑信息模型技术员》和《建筑信息模型(BIM)职业技能等级标准》等岗位核心需求,以面向企业实际应用为目标、以BIM证书考核真题为载体、以学习情境为导向,多任务驱动组织教材内容,有机融入全国职业院校技能大赛"建筑信息模型建模与应用"等赛项内容,提供丰富优质教学微课资源,搭建网络平台,满足学生个性化学习的需求。

本书共设6个学习情境,其中学习情境1为"BIM建模准备",学习情境2为"建筑模型创建与编辑",学习情境3为"模型注释与创建视图",学习情境4为"成果输出",学习情境5为"参数化族创建与编辑",学习情境6为"概念体量创建与编辑"。每个学习情境下设有若干任务,每个任务下设"学习任务"(岗位和职业技能等级标准)、"实施任务"(课堂理实一体、教学合一)、"拓展任务"(考证真题拓展)和"真题任务"(考证真题和全国职业院校技能大赛真题)等具体内容,引导学生有序高效完成任务,保证教学质量。

本书由广东水利电力职业技术学院任楚超、杨阳、吕海霞、朱锐、王明威,深圳职业技术大学游碧波,贵州水利水电职业技术学院杨骏宇、李雨阳,广州城市职业学院吴曼林,广东交通职业技术学院陈永辉,广州华夏职业学院柴苗,深圳信息职业技术学院徐伟伟,开平市吴汉良理工学校刘凤等一线教师共同编写,全书由任楚超统稿。

本书在编写期间,得到广州建筑湾区智造科技有限公司高级工程师张亚飞、中国建筑土木建设有限公司华南分公司高级工程师欧阳禄龙、华东建筑设计研究院有限公司高级工程师黄盒、重庆大学副教授曹轲以及广东省城市技师学院蓝宇航(全国技术能手)等专家的指导帮助,他们也对本书提出了宝贵意见。本书的出版,得到了华中科技大学出版社的大力支持,在此一并感谢。

由于编者水平有限,虽经反复斟酌修改,书中难免有疏漏和不妥之处,恳请广大读者谅解并指正,以期再版时修订,在此深表谢意。

编　者

2025 年 4 月

目　　录

学习情境 1　BIM 建模准备

📓 学习情境

·目标

了解建筑构件的基本概念以及 BIM 建筑专业建模的一般步骤。掌握 BIM 建模软件及建模环境设置方法。

·任务

	序号	任务描述	典型真题
任务	任务 1：建模环境设置	掌握 BIM 建模的软件、硬件环境设置方法； 熟悉参数化设计的概念与方法； 熟悉建模流程； 熟悉相关 BIM 建模软件功能； 了解不同专业的 BIM 建模方式	"1＋X"建筑信息模型(BIM)职业技能等级考试理论试题
	任务 2：创建项目及保存项目	掌握创建项目需要预先设置的内容，如项目名称、项目文件最大备份数； 掌握 BIM 建模环境设置方法； 了解项目单位设置、项目基点和测量点设置	第二十四期全国 BIM 等级考试一级试题第四题——"4.模型文件管理"

·《国家职业技能标准——建筑信息模型技术员》职业守则

(1)遵纪守法,爱岗敬业。

(2)诚实守信,认真严谨。

(3)尊重科学,精益求精。

(4)团结合作,勇于创新。

(5)终身学习,奉献社会。

·思考

1.下列不属于职业道德所要求的是(　　)。

A.忠于职守,乐于奉献　　　　　　B.弄虚作假,故弄玄虚

C.依法行事,严守秘密　　　　　　D.公正透明,服务社会

2.对于受委托而创建的 BIM 模型,BIM 从业人员可以(　　)。

A.设置保密措施,并交给委托方　　B.将其上传到公共平台,换取积分和流量

C.将其卖给其他个人　　　　　　　D.将资料无偿分享给他人

1.1　任务1:建模环境设置

1.1.1　学习任务

本学习任务的主要内容为认识 Revit 用户界面。

1.初始界面

双击桌面 Revit 快捷图标 ![icon](本书以 2016 版为例),启动 Revit,进入软件初始界面。初始界面主要包括项目模块、族模块以及资源模块。项目模块包括"打开 Revit 项目文件""新建 Revit 项目文件"和四个软件自带样板文件:"构造样板""建筑样板""结构样板"和"机械样板"。族模块包括"打开 Revit 族文件""新建 Revit 族文件"和"新建概念体量模型"。资源模块包括"新特性"(Revit 中新功能)、"帮助""基本技能视频""Exchange Apps"和"Revit 社区",如图 1-1 所示。

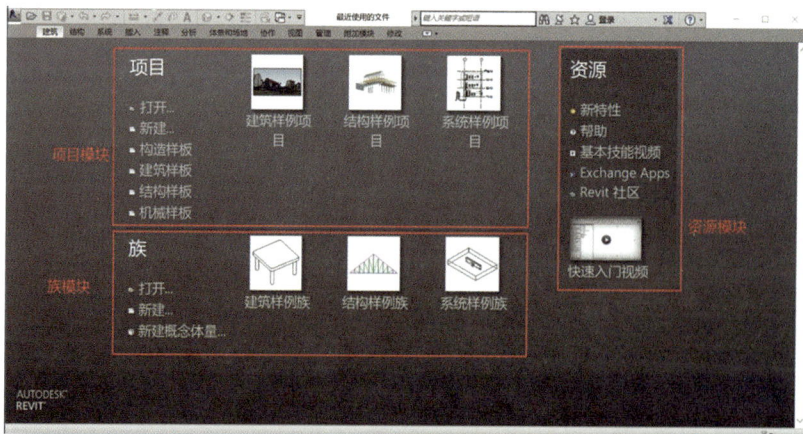

图 1-1

(1)项目模块

项目文件是单个建筑设计信息数据库,包含某个建筑的所有信息,如:建筑三维模型、平立剖及节点视图、各种明细表、施工图纸,以及其他相关信息等。项目文件的扩展名为 rvt。

项目样板提供了用于简化项目设置和实现标准化的初始设置,包括视图样板、已载入的族、已定义的建模设置(如单位、填充样式、线样式、线宽、视图比例等)等内容。Revit 中提供了若干样板,用于不同的规程和建筑项目类型。项目样板的扩展名为 rte。

(2)族模块

族是构成 Revit 中模型的基本元素。在 Revit 中,墙、门、窗、楼梯、楼板等基本的图形单元被称为图元,任何一个图元都是由某一个特定族生成的。族文件的扩展名为 rft。

体量是建筑模型的形状。体量模型的创建可以用于项目前期的概念设计,为建筑师提供灵活、简单、快速的概念设计模型。

2. 工作界面

建筑样板工作界面即建模界面,如图 1-2 所示,主要包括:①应用程序菜单;②快速访问工具栏;③信息中心;④选项栏;⑤类型选择器;⑥"属性"选项板;⑦项目浏览器;⑧ 状态栏;⑨视图控制栏;⑩绘图区域;⑪ 功能区;⑫ 功能区上的选项卡;⑬ 功能区上的上下文选项卡,提供与选定对象或当前动作相关的工具;⑭ 功能区当前选项卡上的工具;⑮ 功能区上的面板。

(1)应用程序菜单

应用程序菜单提供对常用文件操作的访问,例如"新建""打开"和"保存"。还可使用更高级的工具(如"导出"和"发布")来管理文件,如图 1-3 所示。

(2)快速访问工具栏

快速访问工具栏包含一组默认工具,并且可以根据需要对该工具栏进行自定义,使其显示较常用的工具,如图 1-4 所示。

(3)信息中心

信息中心包括一个位于标题栏右侧的工具集,可访问许多与产品相关的信息源,如图 1-5 所示。

(4)选项栏

选项栏位于功能区下方,根据当前工具或选定的图元显示条件工具,如图 1-6 所示。

(5)类型选择器

如果某图元的工具处于活动状态,或者在绘图区域中选择了同一类型的多个图元,则"属性"选项板的顶部将显示"类型选择器"。"类型选择器"标识当前选择的族类型,并提供一个可从中选择其他类型的下拉列表,如图 1-7 所示。单击"类型选择器"时,会显示搜索字段,可在搜索字段中输入关键字来快速查找所需的族类型。

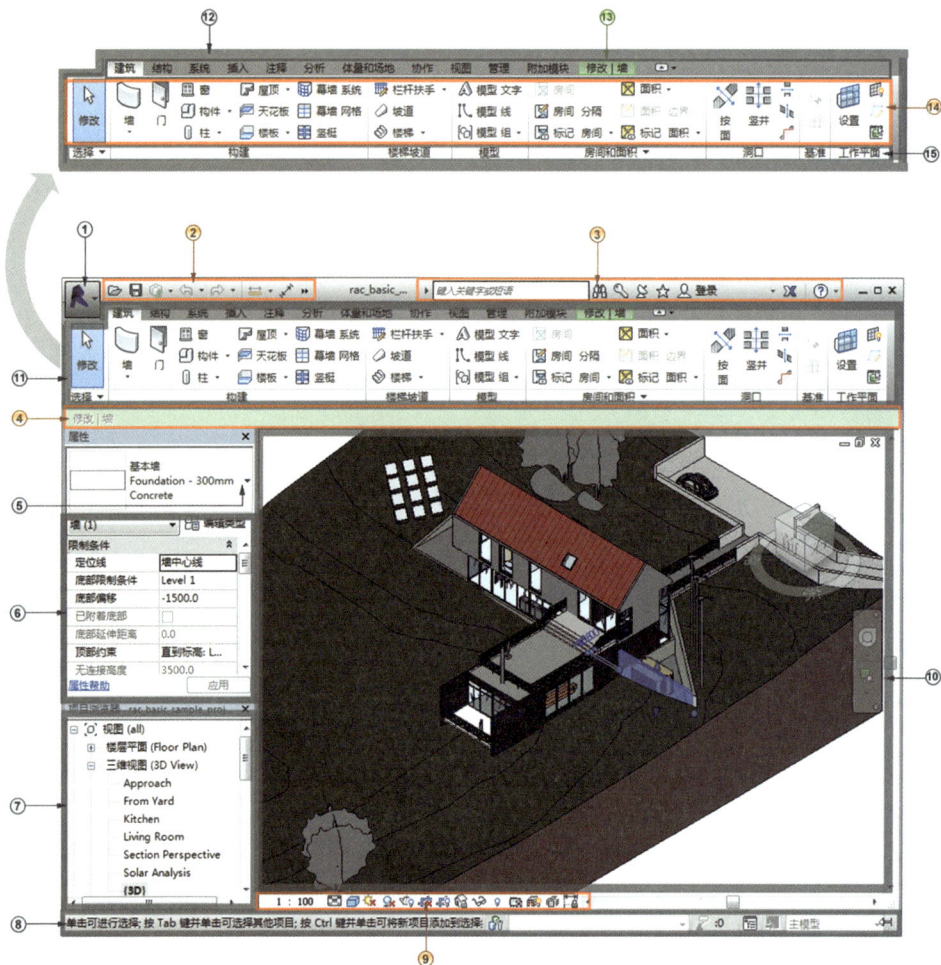

图 1-2

图 1-3

图 1-4

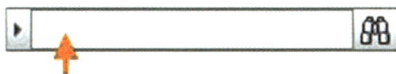

图 1-5

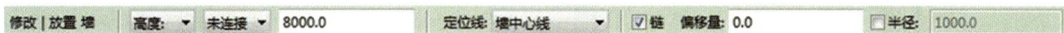

图 1-6

（6）"属性"选项板

"属性"选项板可以查看和修改用来定义图元属性的参数。第一次启动 Revit 时，"属性"选项板处于打开状态并固定在绘图区域左侧"项目浏览器"的上方。通常，在执行 Revit 任务期间应使"属性"选项板保持打开状态。如关闭"属性"选项板，可以使用下列方法重新打开它：

①在绘图区域中单击鼠标右键并单击"属性"，如图 1-8 所示。

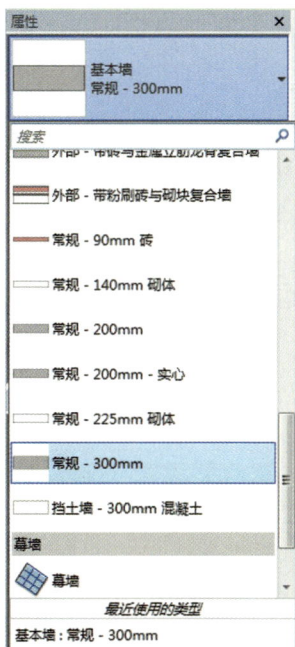

图 1-7

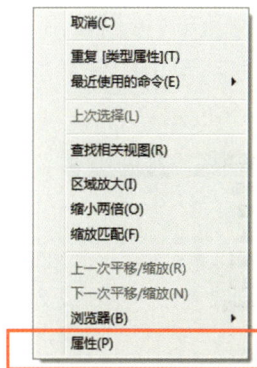

图 1-8

②单击"修改"选项卡中的"属性"面板 ▣（属性），如图 1-9 所示。

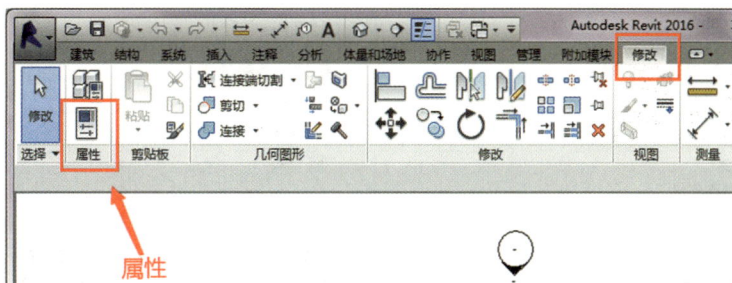

图 1-9

③单击"视图"选项卡,在"窗口"面板的"用户界面"下拉列表中勾选"属性",如图 1-10 所示。

图 1-10

建模过程中通常将"属性"选项板固定在绘图区域左侧,并在水平方向上调整其大小。在取消对选项板的固定之后,可以在水平方向和垂直方向上调整其大小。同一个用户从一个任务切换到下一个任务时,选项板的显示状态和位置将保持不变。

(7)项目浏览器

项目浏览器用于显示当前项目中所有视图、明细表、图纸、族、组和其他部分的逻辑层次,展开和折叠各分支时,将显示下一层项目,如图 1-11 所示。通常,在执行 Revit 任务期间应使"项目浏览器"保持打开状态。

如关闭项目浏览器,可以使用下列方法重新打开它:

①在应用程序菜单中的任意位置单击鼠标右键,然后单击"浏览器"菜单中的"项目浏览器",如图 1-12 所示。

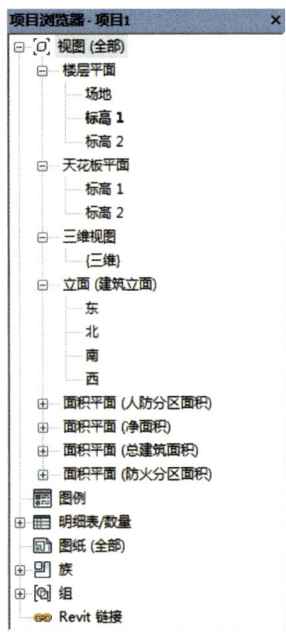

图 1-11

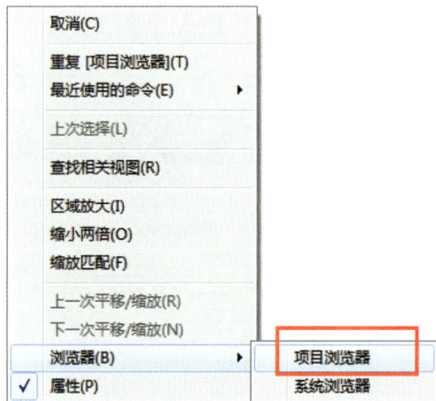

图 1-12

②单击"视图"选项卡下"窗口"面板上"用户界面"下拉列表中的"项目浏览器",如图 1-13 所示。

图 1-13

建模过程中通常将项目浏览器固定在绘图区域右侧。若要更改"项目浏览器"的位置,可拖动其标题栏。若要更改其尺寸,可拖动边。对项目浏览器的大小和位置所做的修改将被保存,并在重新启动应用程序时得到恢复。

(8)状态栏

状态栏会提供有关要执行操作的相关提示。高亮显示图元或构件时,状态栏会显示族和类型的名称。状态栏沿应用程序窗口底部显示,如图 1-14 所示。

图 1-14

(9)视图控制栏

视图控制栏可以快速访问影响当前视图显示的功能。"视图控制栏"位于视图窗口底部、状态栏的上方,并包含以下工具,如图 1-15 所示。

图 1-15

视图控制栏中的工具及功能如表 1-1 所示。

表 1-1　视图控制栏中的工具及功能

工具	功能	工具	功能
1：100	视图比例		详细程度
	视觉样式		打开/关闭日光路径
	打开/关闭阴影		显示/隐藏渲染对话框
	裁剪视图		显示/隐藏裁剪区域
	解锁/锁定三维视图		临时隐藏/隔离

工具	功能	工具	功能
	显示隐藏的图元		工作共享显示
	临时视图属性		显示或隐藏分析模型
	高亮显示位移集		显示限制条件

①视图比例。

视图比例是在图纸中用于表示模型的比例系统。可为项目中的每个视图指定不同比例，也可以创建自定义视图比例。不同视图比例模型显示区别可参阅"1.1.2 实施任务"中视图比例调整的相关内容。

②详细程度。

视图模型详细程度分为"粗略""中等"和"精细"。如族编辑器中创建的自定义门可以按照粗略、中等和精细等不同的详细程度进行显示，如图 1-16 所示。不同视图详细程度模型显示区别可参阅"1.1.2 实施任务"中详细程度调整的相关内容。

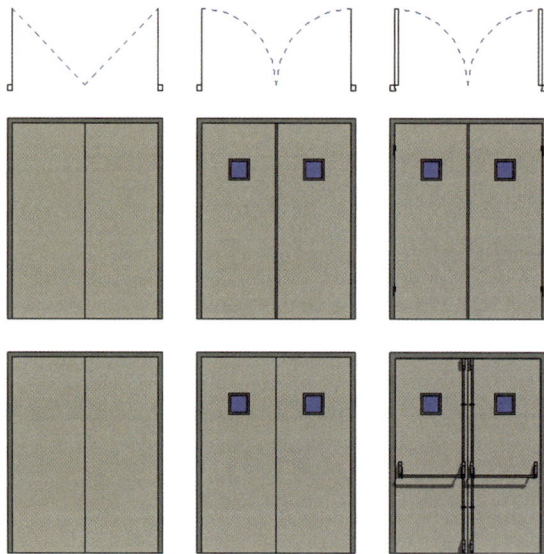

图 1-16

③视觉样式。

视觉样式可为项目视图指定不同的图形样式，包括线框、隐藏线、着色、一致的颜色、真实、光线追踪 6 种。

·线框视觉样式。

线框视觉样式可显示绘制了所有边和线而未绘制表面的模型图像。

·隐藏线视觉样式。

隐藏线视觉样式可显示绘制了除被表面遮挡部分以外的所有边和线的图像。

·着色视觉样式。

着色视觉样式可显示处于着色模式下的图像,而且具有显示间接光及其阴影的选项。

·一致的颜色视觉样式。

一致的颜色视觉样式可显示所有表面都按照表面材质颜色设置进行着色的图像。

·真实视觉样式。

真实视觉样式可在模型视图中即时显示真实材质外观。

·光线追踪视觉样式。

光线追踪视觉样式是真实照片级渲染模式,可在照片级真实感模式中渲染模型,并可平移和缩放 Revit 模型。

不同视图详细程度模型显示区别可参阅"1.1.2 实施任务"中视觉样式调整的相关内容。

④打开/关闭日光路径。

在研究日光和阴影对建筑和场地的影响时,为了获得最佳的结果,应打开三维视图中的日光路径和阴影显示。在一个视图中打开或关闭日光路径或阴影时,其他视图不受影响。三维视图中投射阴影的图元要比二维视图多,因此产生的自然采光、阴影要求、被动式太阳能设计潜力和可再生能源潜力等相关信息也就更多。可使用下列方法打开日光路径。

·在视图控制栏上,单击"关闭/打开日光路径" 中的"打开日光路径"。

·在"属性"选项板上的"图形"下,选择"日光路径",然后单击"应用"。

⑤打开/关闭阴影。

可使用下列方法打开阴影。

·在视图控制栏上,单击"关闭/打开阴影" 中的"打开阴影"。

·在视图控制栏上,单击"视觉样式" 中的"图形显示选项"。在"图形显示选项"对话框的"阴影"下方,选择"投射阴影",然后单击"确定"。

⑥显示/隐藏渲染对话框。

渲染可为建筑模型创建照片级真实感图像。在渲染三维视图前,应先定义控制照明、曝光、分辨率、背景和图像质量等参数。使用默认设置来渲染视图,可在大多数情况下得到令人满意的结果。仅当绘图区域显示三维视图时才可进行渲染。

⑦裁剪视图。

裁剪视图定义了项目视图的边界,可以在所有图形项目视图中显示模型裁剪区域和注释裁剪区域。透视三维视图不支持注释裁剪区域。

⑧显示/隐藏裁剪区域。

在视图控制栏上,单击"显示裁剪区域" 或"隐藏裁剪区域",可在建模时根据需要显示或隐藏裁剪区域。

⑨解锁/锁定三维视图。

通过锁定三维视图,在视图中标记图元并添加注释记号。

⑩临时隐藏/隔离。

建模过程中如需查看或编辑视图中特定类别的少数几个图元,可使用临时隐藏/隔离图元或类别。在绘图区域中选择一个或多个图元,可在视图控制栏上单击"临时隐藏/隔离" ,然后选择下列操作。

· 隔离类别,即视图中仅显示所有选定类别。例如,选择某些墙和门,则仅在视图中显示所有墙和门。

· 隐藏类别,即隐藏视图中所有选定类别。例如,选择某些墙和门,则在视图中隐藏所有墙和门。

· 隔离图元,即视图中仅显示选定图元。

· 隐藏图元,即视图中仅隐藏选定图元。

启动临时隐藏图元或类别时,将显示带有边框的"临时隐藏/隔离"图标 。若不保存更改退出临时隐藏/隔离模式,需在视图控制栏上单击 ,然后单击"重设临时隐藏/隔离",所有临时隐藏的图元恢复到视图中。若要退出临时隐藏/隔离模式并保存更改,则需在视图控制栏上单击 ,然后单击"将隐藏/隔离应用到视图"。

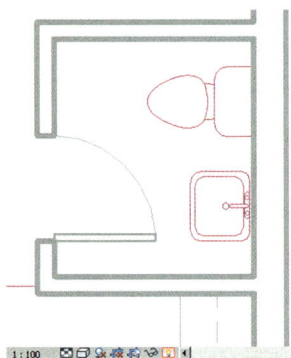

图 1-17

⑪ 显示隐藏的图元。

如果要临时查看隐藏图元或将其取消隐藏,需在视图控制栏上单击"显示隐藏的图元" ,此时"显示隐藏的图元"图标和绘图区域将显示一个彩色边框,用于指示目前处于"显示隐藏的图元"模式下。所有隐藏的图元都以彩色显示,而可见图元则显示为半色调,如图 1-17 所示。

要显示隐藏的图元,可执行下列步骤。

· 选择图元。

· 执行以下操作之一:

a. 单击"修改|〈图元〉"选项卡,在"视图"面板选择"取消隐藏图元" 工具或"取消隐藏类别" 工具;

b. 在图元上单击鼠标右键,然后单击"取消在视图中隐藏",选择"图元"或"类别"。

· 在视图控制栏上,单击 以退出"显示隐藏的图元"模式。

⑫ 工作共享显示。

工作共享允许多名团队成员同时处理同一个项目模型,不同团队成员负责不同的特定功能领域。使用工作共享显示模式可直观地区分工作共享项目图元,但仅当项目启用工作共享时才适用。

⑬ 临时视图属性。

在视图控制栏上,单击"临时视图属性" 以显示可用视图选项列表,包括启用临时视图属性、临时应用样板属性、最近使用的模板和恢复视图属性。

· 启用临时视图属性:选择并输入临时视图模式。在选择清除或恢复视图属性前,对视图实例属性所做的更改都为可见。

·临时应用样板属性:打开"临时应用样板属性"对话框,在其中可以应用、指定或创建视图样板。

·最近使用的模板:显示最近使用的 5 个视图样板。选择一个以将其重新应用于临时视图。

·恢复视图属性:选择该选项可退出临时视图模式并显示当前项目视图。

⑭ 显示或隐藏分析模型。

在 Revit 结构项目(样板)中,可以在任何视图中显示分析模型。单击"视图控制栏"上的"显示分析模型"，此时显示"可见性/图形替换"对话框中指定的分析模型,如图 1-18 所示。若要将其隐藏,则单击"视图控制栏"上的"隐藏分析模型"，如图 1-19 所示。

⑮ 高亮显示位移集。

若要使某一特定族突出于其他族,可使用"高亮显示位移集"工具。单击"视图控制栏"上的"高亮显示位移集"工具可高亮显示模型中所有位移集的视图,如图 1-20 所示,再次单击该工具可取消高亮显示视图。使用 ViewCube 可重新定位高亮显示的视图并放大到位移集。

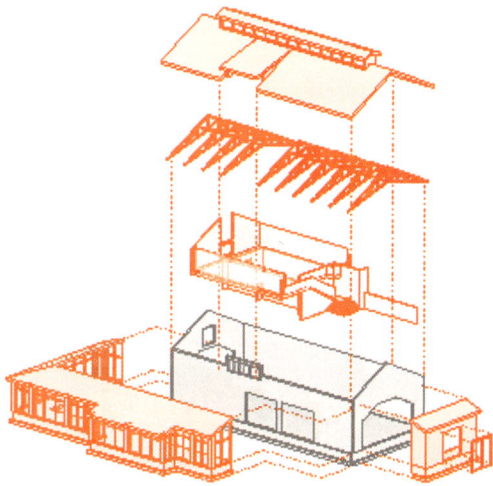

图 1-18　　　　图 1-19　　　　　　　　　图 1-20

⑯ 显示限制条件。

单击"视图控制栏"上的"显示限制条件"，可在视图中临时查看尺寸标注和对齐限制条件,以修改模型中的图元。

(10)绘图区域

绘图区域显示当前项目的视图(以及图纸和明细表)。每次打开项目中的某一视图时,新视图会显示在绘图区域的其他视图的上方。

绘图区域背景的默认颜色为白色,可根据工作习惯更换绘图区背景颜色。单击"应用程序菜单"中的"选项",如图 1-21 所示,在"选项"对话框中单击"图形"选项卡,点击"背景"可更换绘图区背景颜色,如图 1-22 所示。

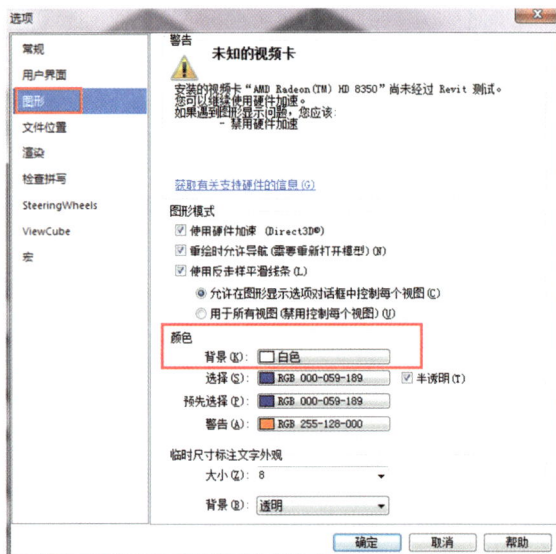

图 1-21   图 1-22

（11）功能区

创建或打开文件时，会显示功能区，功能区提供创建项目或族所需的全部工具，如图 1-23 所示。

图 1-23

（12）功能区上的选项卡

功能区选项卡包括建筑选项卡、结构选项卡、系统选项卡、插入选项卡、注释选项卡、分析选项卡、体量和场地选项卡、协作选项卡、视图选项卡、管理选项卡、附加模块选项卡和修改选项卡，如图 1-24 所示。

图 1-24

（13）功能区上的上下文选项卡及工具

使用某些工具或者选择图元时，上下文功能区选项卡中会显示与该工具或图元相关的工具，如图 1-25 所示。退出该工具或取消选择时，该选项卡将关闭。

（14）功能区上的面板

建筑选项卡功能区上的面板包括构建面板、楼梯坡道面板、模型面板、房间和面积面板、洞口面板、基准面板和工作平面面板，如图 1-26 所示。

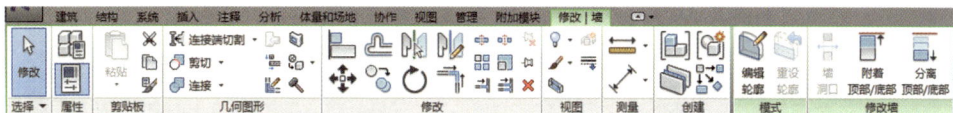

图 1-25

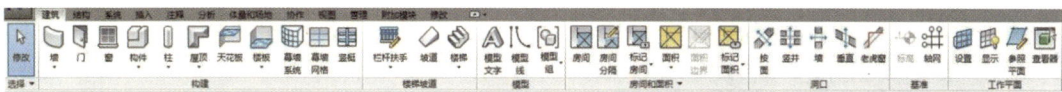

图 1-26

注释选项卡功能区上的面板包括尺寸标注面板、详图面板、文字面板、标记面板、颜色填充面板和符号面板,如图 1-27 所示。

图 1-27

视图选项卡功能区上的面板包括图形面板、创建面板、图纸组合面板和窗口面板,如图 1-28 所示。

图 1-28

修改选项卡功能区上的面板包括选择面板、属性面板、剪贴板面板、几何图形面板、修改面板、视图面板、测量面板和创建面板,如图 1-29 所示。

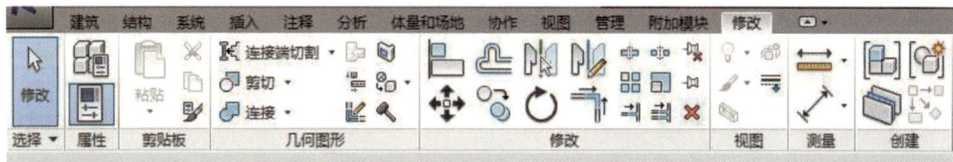

图 1-29

1.1.2　实施任务

本书以 2020 年第四期"1+X"建筑信息模型(BIM)职业技能等级考试初级实操试题第三题考题一为项目案例,进行实施任务和拓展任务等内容的讲解,以下简称"别墅"项目。

1. 打开项目

进入 Revit 初始界面,点击项目模块中的"打开",在"打开"对话框中,定位到 Revit 项目文件"别墅"所在的文件夹,如图 1-30 所示。

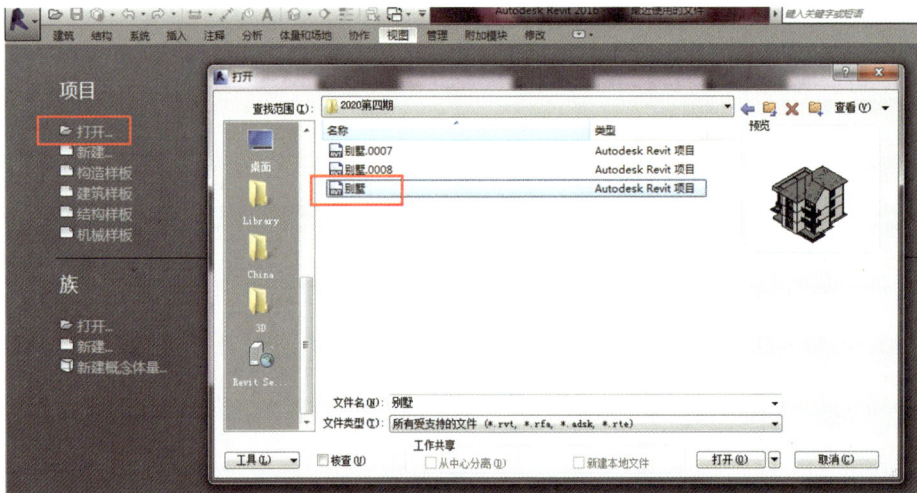

图 1-30

此外,还可通过单击"应用程序菜单" ![icon] 中"打开" ![icon] 下的"项目" ![icon] 来打开文件,如图 1-31 所示。

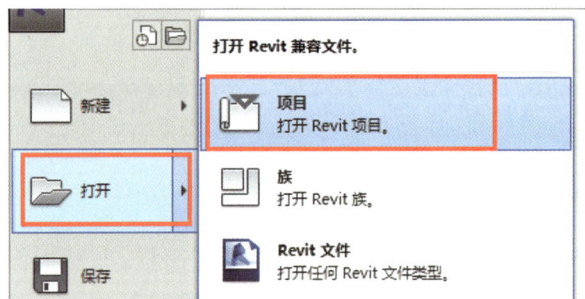

图 1-31

2. 模型观测

1)平移/缩放/旋转模型视图

在平面视图、立面视图或三维视图中,通过鼠标和键盘协同操作,可以对模型视图进行控制及观测。

· 模型视图平移:按住鼠标中键(滚轮)并移动。

· 模型视图缩放:①前后滑动鼠标滚轮;②按住键盘上"Ctrl"键,同时按住鼠标中键(滚轮)并移动。

· 模型视图旋转:在三维视图中,按住键盘上"Shift"键,同时按住鼠标中键(滚轮)并拖动。

2)ViewCube 导航三维视图

使用 ViewCube 可以导航三维视图,如图 1-32 所示。在三维视图中,ViewCube 可以指示模型的当前方向,并用于重新定向模型的当前视图。

（1）将当前视图重新定向到预设方向

单击 ViewCube 上的某个面、边缘或角点。

（2）查看相邻面

单击 ViewCube 边缘附近显示的某个三角形（确保某个面的视图是当前视图），如图 1-33 所示。

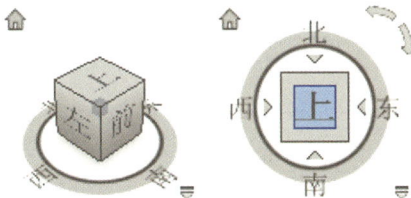

图 1-32

图 1-33

（3）以交互方式重新定向视图的步骤

单击 ViewCube 并在定点设备上按鼠标左键沿着所需方向拖曳，以动态观察模型。

3）视图显示样式调整

（1）视图比例调整

视图控制栏中，"视图比例"可以调整模型尺寸与当前视图之间的关系，修改视图比例不会影响模型的实际尺寸。打开新建的"别墅"项目，选择"项目浏览器"中的"楼层平面"，双击"F1-0.00"进入"F1-0.00"标高平面视图，调整视图控制栏中的视图比例，则"F1-0.00"标高平面视图的"视图比例"为 1∶50、1∶100 和 1∶200 三种显示状态，如图 1-34 所示。

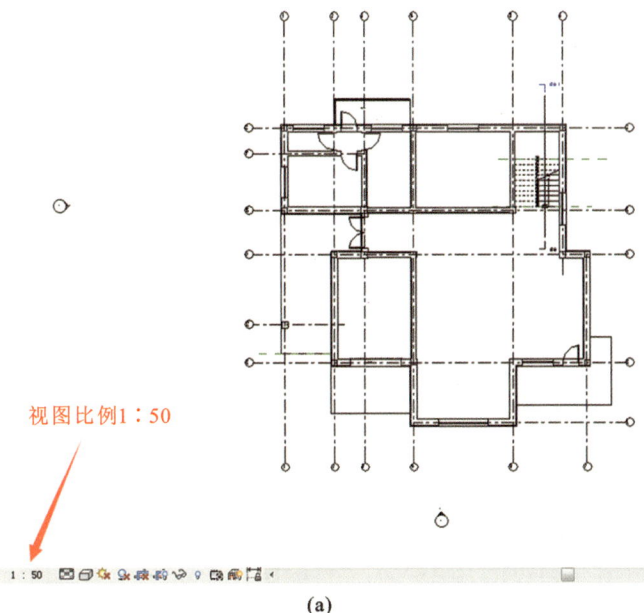

视图比例 1∶50

1∶50

(a)

图 1-34

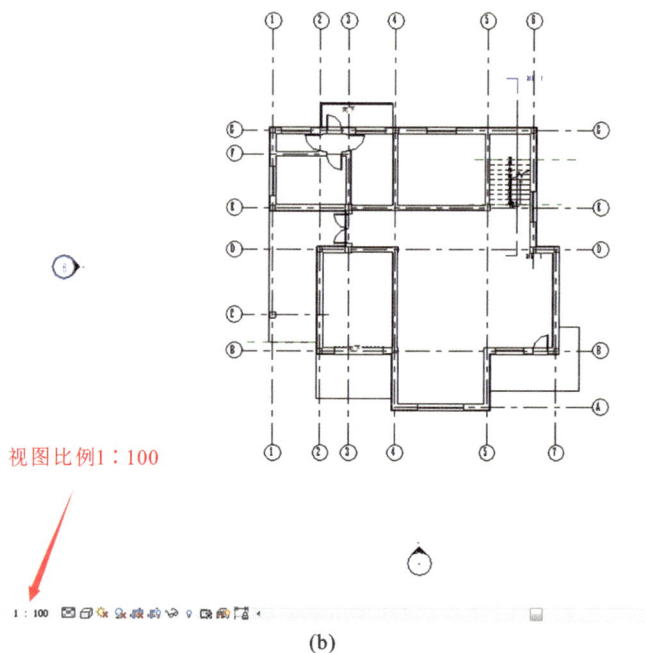

视图比例1∶100

(b)

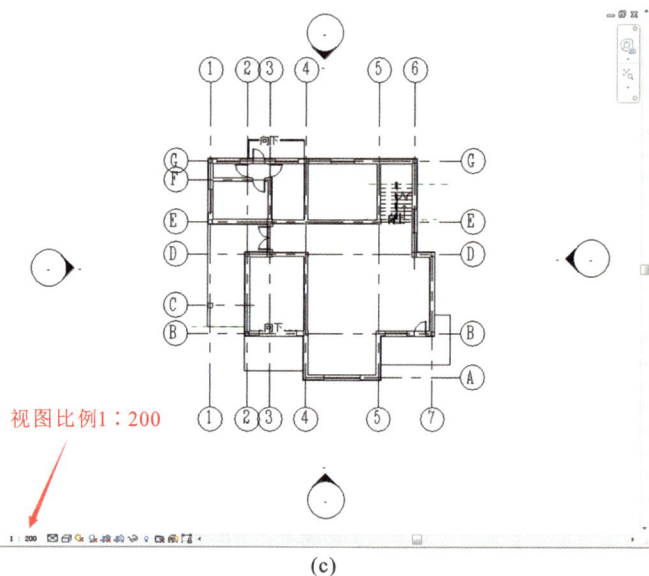

视图比例1∶200

(c)

续图 1-34

（2）详细程度调整

打开新建的"别墅"项目，选择"项目浏览器"中的"楼层平面"，双击"F1-0.00"进入"F1-0.00"标高平面视图，滑动鼠标滚轮放大视图并调整至合适位置以观测墙体。调整视图控制栏中的视图详细程度，则"F1-0.00"标高平面视图中墙体会显示"粗略""中等""精细"三种状态，如图 1-35 所示，可以看出，"粗略"显示状态下，墙体仅显示内外轮廓线，切换至"中等"和"精细"显示状态，墙体可显示不同构造层次。

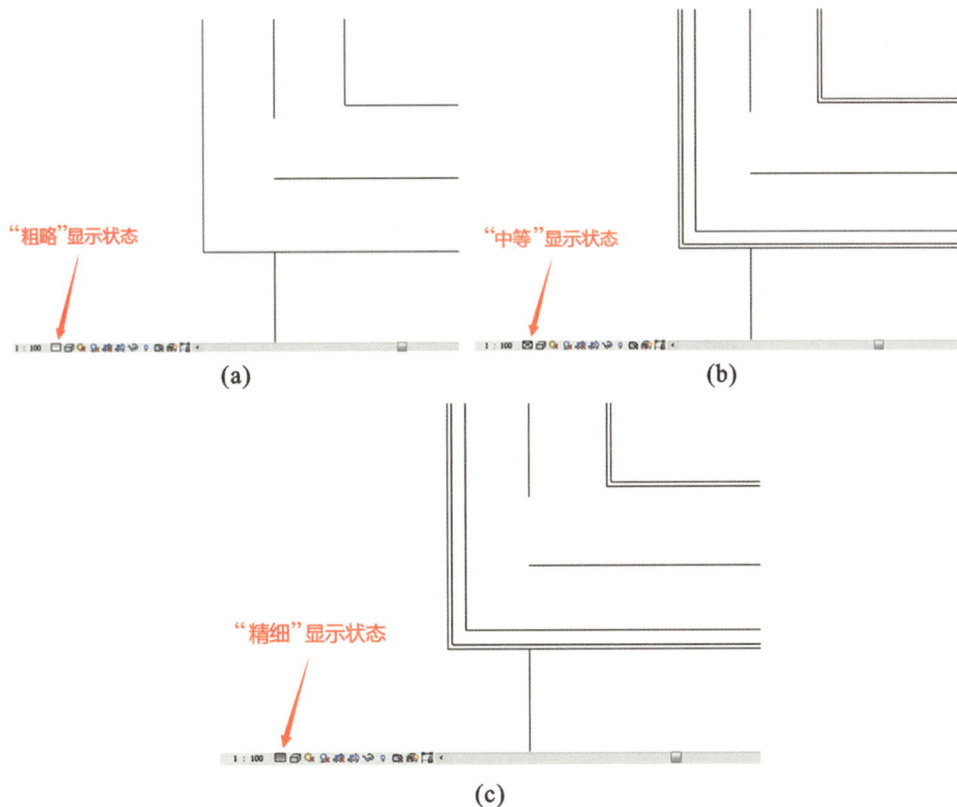

"粗略"显示状态　(a)

"中等"显示状态　(b)

"精细"显示状态　(c)

图 1-35

在"别墅"项目中,切换至"西"立面视图,"西"立面视图中 M1521 的"粗略""中等""精细"三种显示状态如图 1-36 所示,可以看出,"粗略"和"中等"显示状态下,M1521 仅显示外立面,切换至"精细"显示状态,M1521 可显示门框和把手等构件。

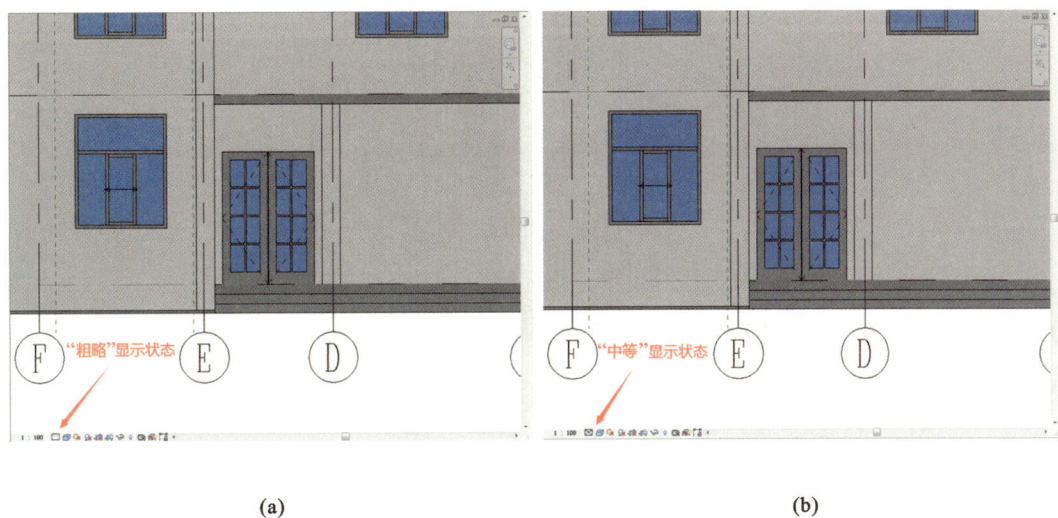

"粗略"显示状态　(a)

"中等"显示状态　(b)

图 1-36

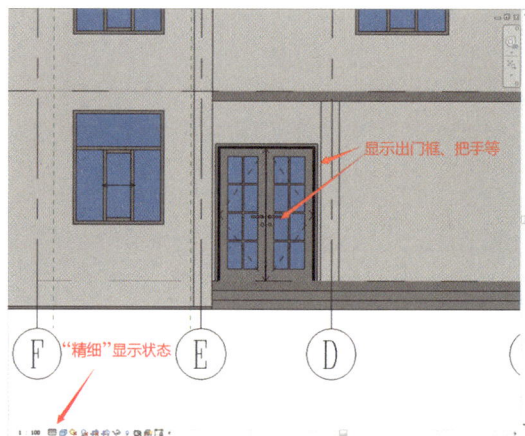

(c)

续图 1-36

(3)视觉样式调整

在"别墅"项目中,选择"项目浏览器"中的"三维视图",双击"三维视图"下的"三维"进入别墅三维视图,控制 ViewCube 将别墅模型调整至合适位置。调整视图控制栏中的视图视觉样式,别墅模型三维视图线框、隐藏线、着色、一致的颜色、真实和光线追踪视觉样式如图 1-37 所示。

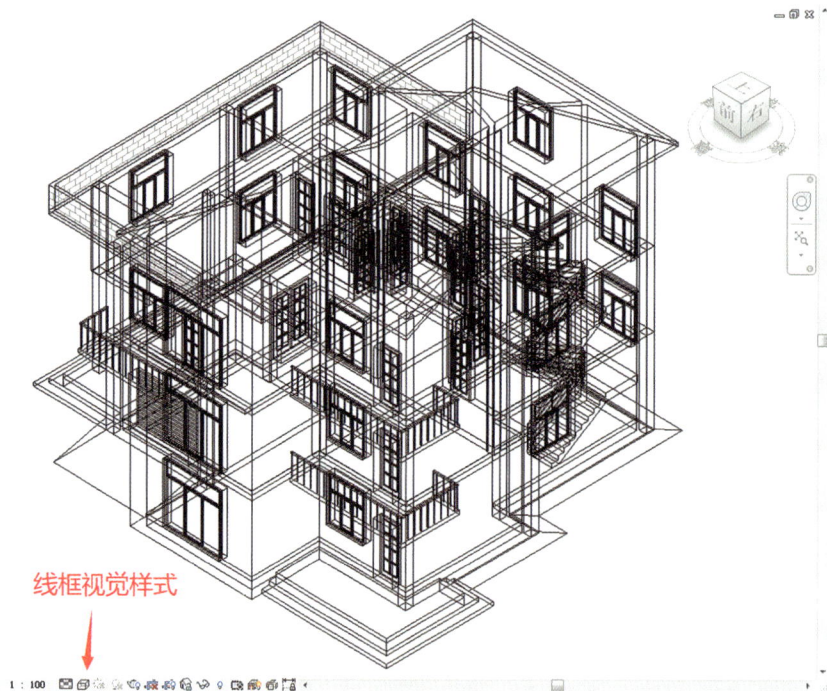

(a)

图 1-37

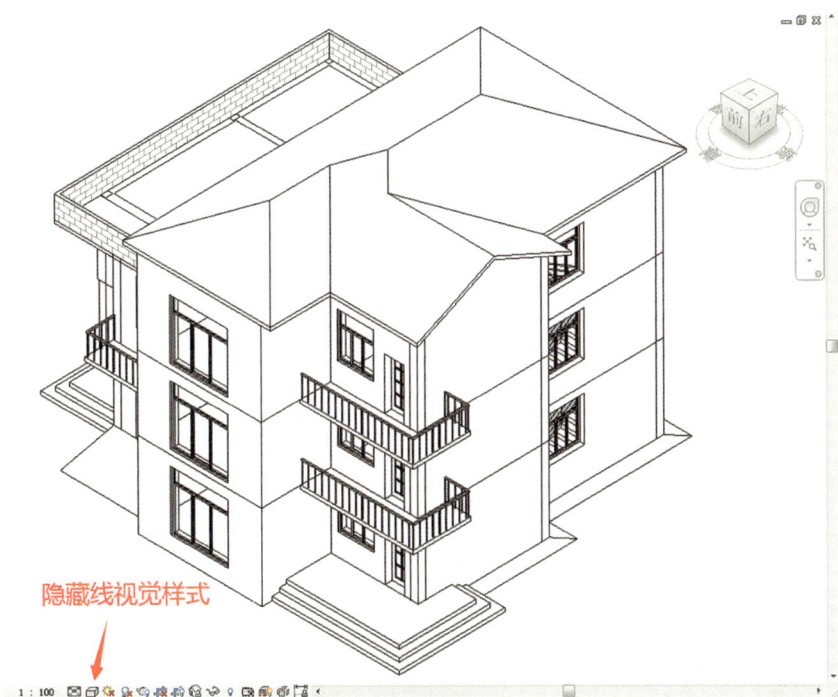

隐藏线视觉样式

(b)

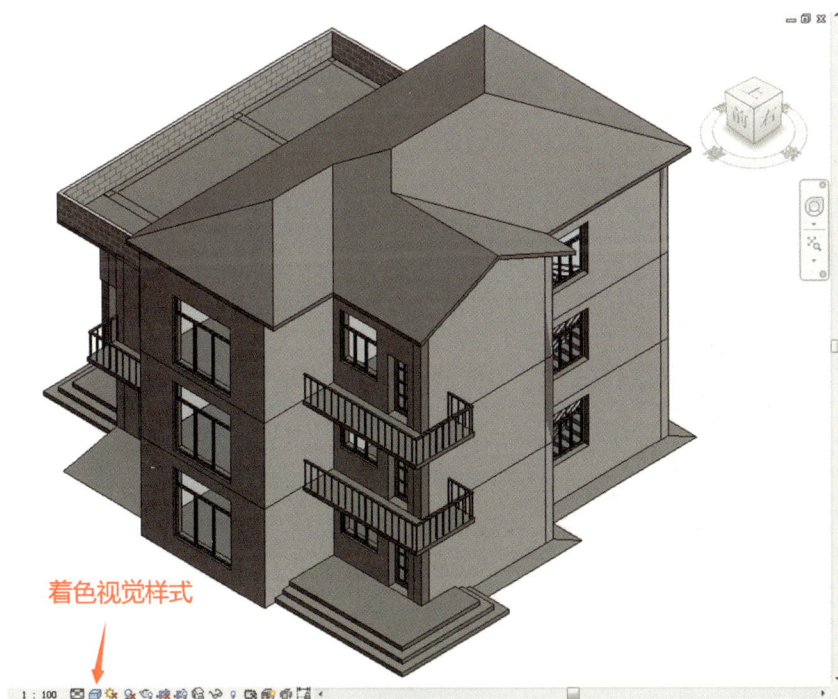

着色视觉样式

(c)

续图 1-37

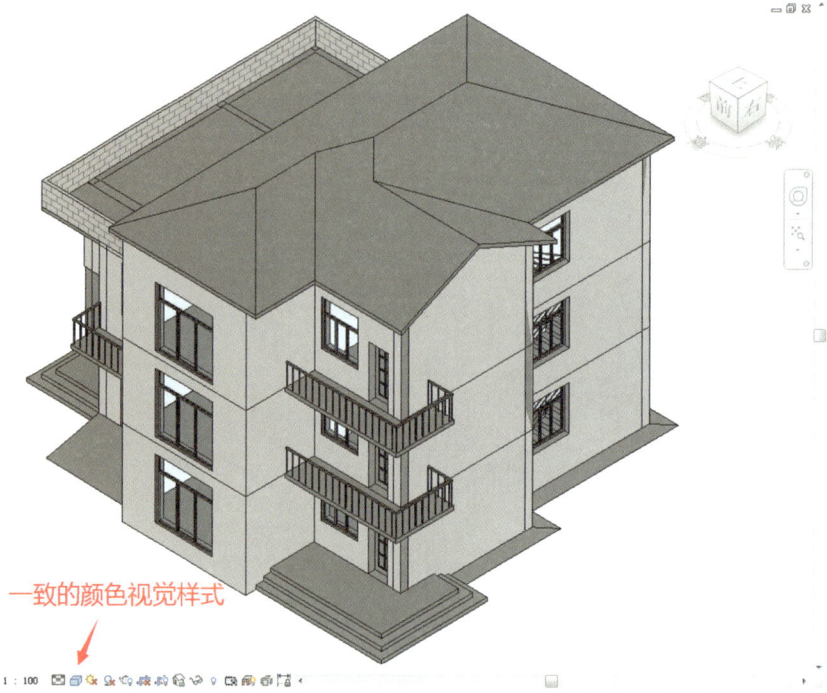

一致的颜色视觉样式

1∶100

(d)

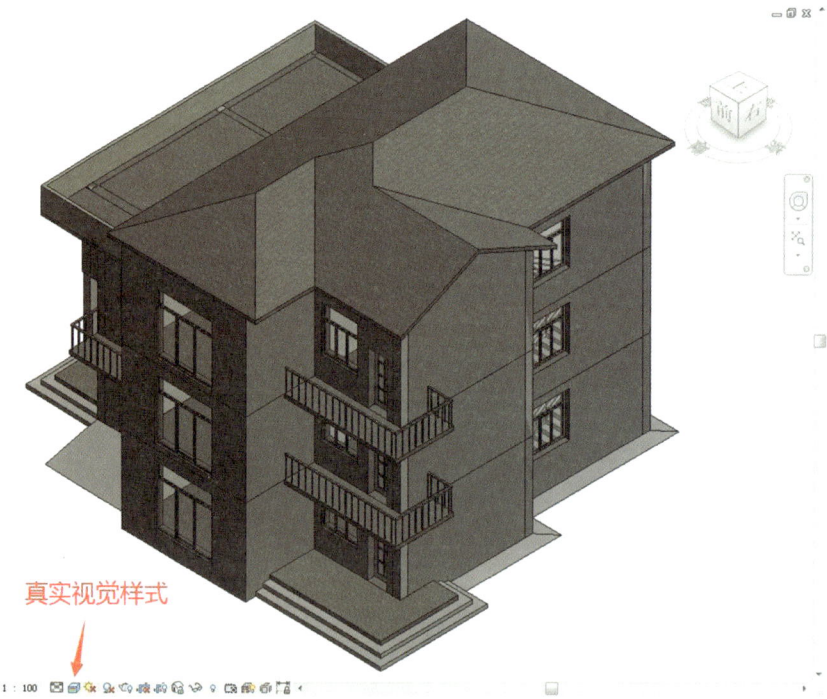

真实视觉样式

1∶100

(e)

续图 1-37

(f)

续图 1-37

1.1.3　拓展任务

1. 视图规程

　　"规程"属性用于确定规程专有图元在视图中的显示方式。根据各专业的需求，Revit 提供了 6 种规程，分别是"建筑""结构""机械""电气""卫浴"和"协调"，如图 1-38 所示。规程决定着项目浏览器中视图的组织结构以及显示状态。"协调"选项兼具"建筑"和"结构"选项的功能。规程可在"属性"选项板中查询与修改，如图 1-39 所示。

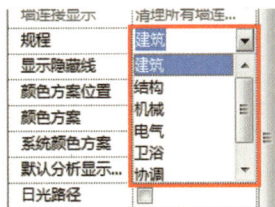

图 1-38

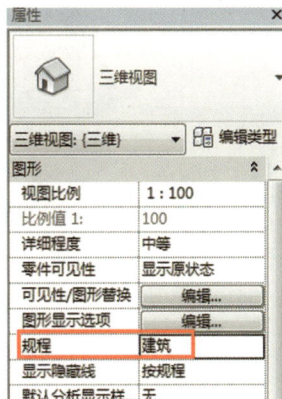

图 1-39

"别墅"项目中,在三维视图"属性"选项板中选择不同规程时,绘图区域模型会有不同的显示状态。

· 规程选择"建筑"时,"别墅"项目所有构件(图元)均可见,如图 1-40 所示。

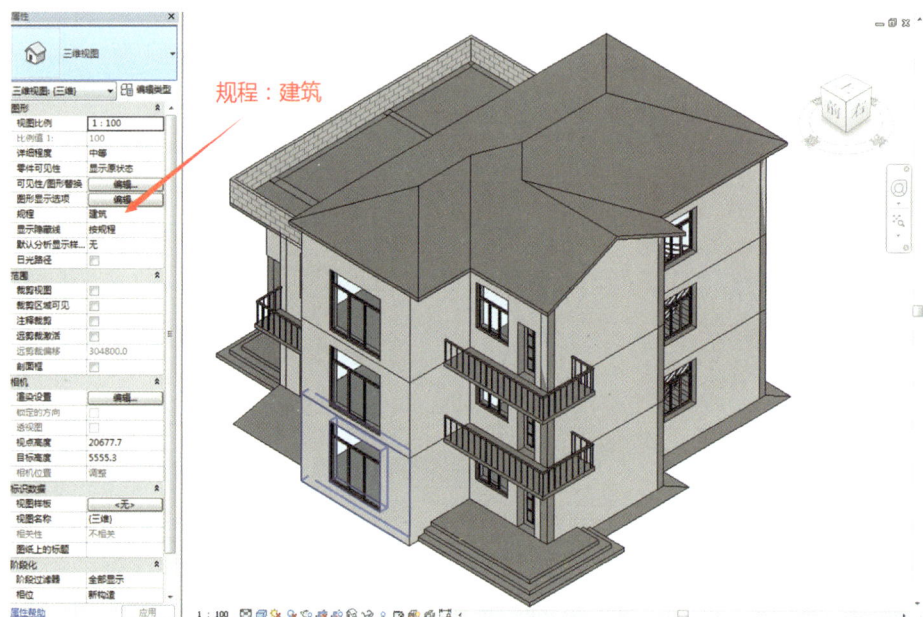

图 1-40

· 规程选择"结构"时,"别墅"项目除建筑墙外其余可见,如图 1-41 所示。

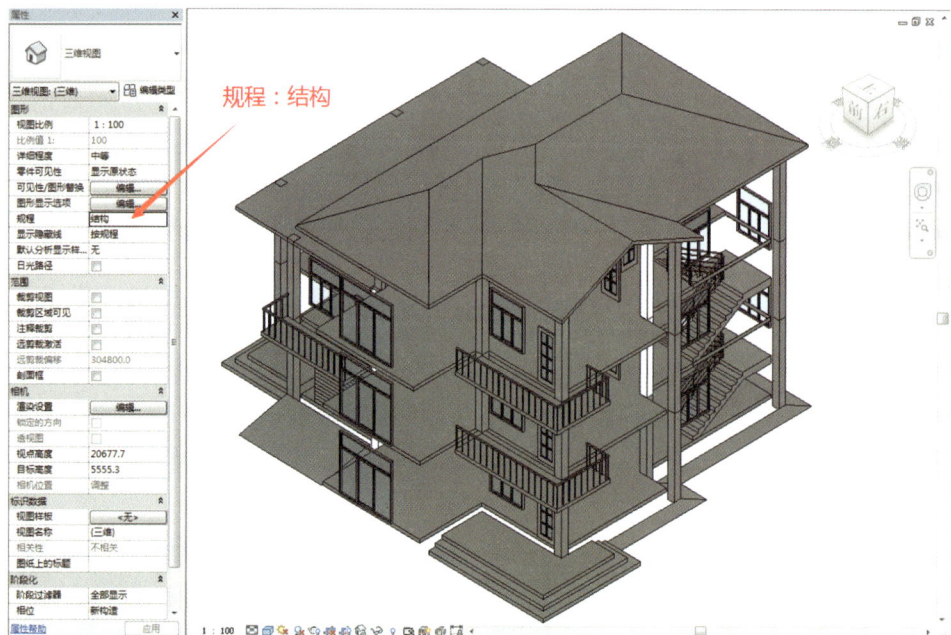

图 1-41

• 规程选择"机械""卫浴"或"电气"时，"别墅"项目不可见（灰显），如图 1-42 所示。

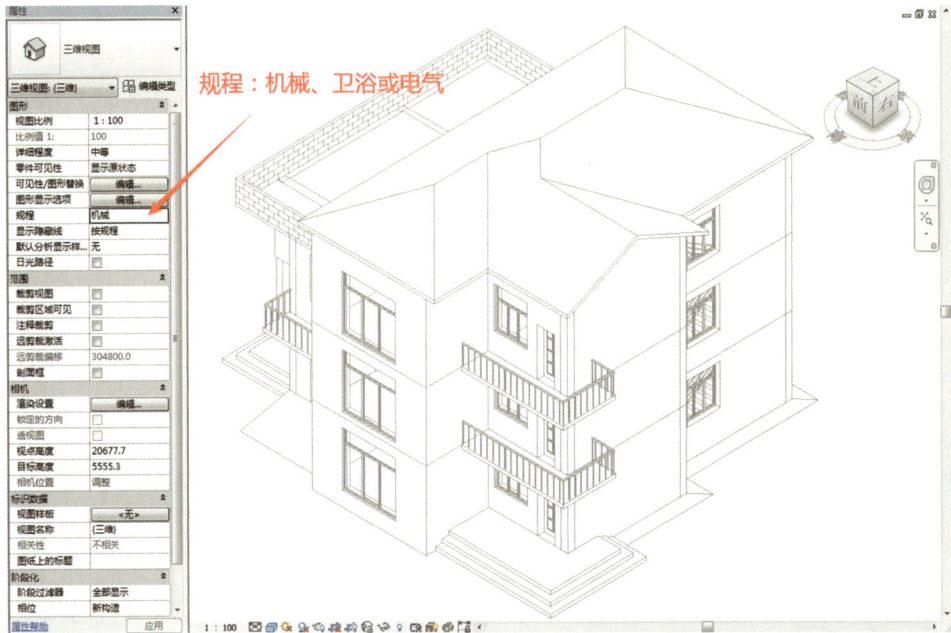

图 1-42

• 规程选择"协调"时，"别墅"项目所有构件（图元）均可见，如图 1-43 所示。

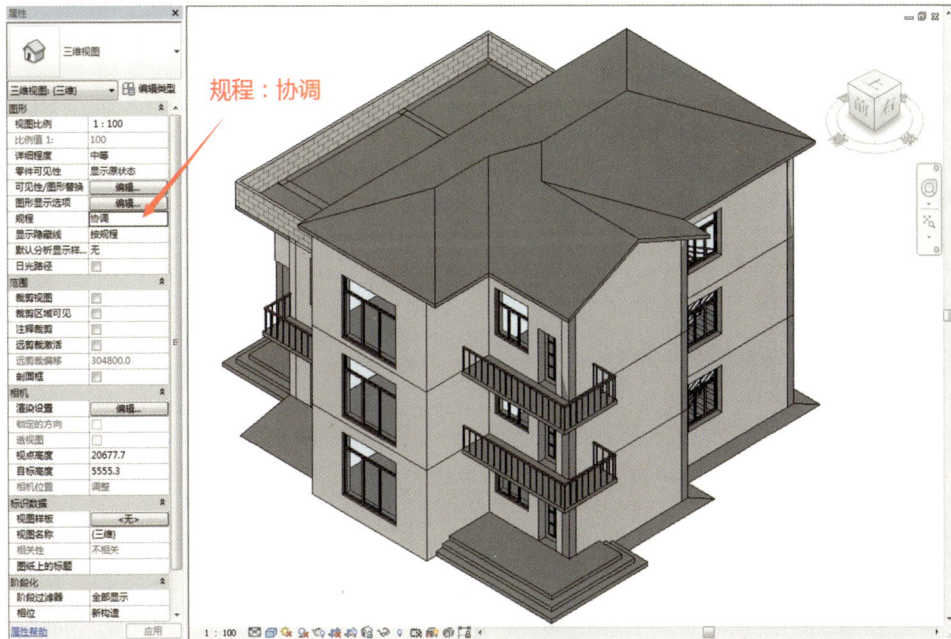

图 1-43

2. 视图范围控制

视图范围是控制模型中图元在视图中的可见性和外观的水平平面集,定义视图范围的平面的参数为"顶部平面""剖切面""底部平面"和"视图深度"。图 1-44 中,立面图(a)显示了平面视图的⑦视图范围,包括①顶部平面、②剖切面、③底部平面、④偏移(从底部)、⑤主要范围和⑥视图深度,右侧平面视图(b)显示了此视图范围的结果。

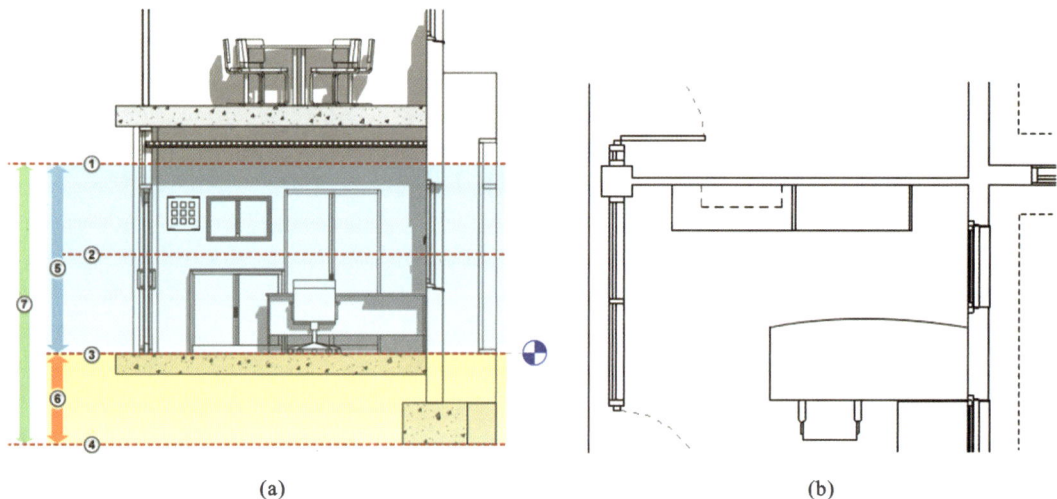

(a)   (b)

图 1-44

顶部平面和底部平面表示视图范围的最顶部和最底部的部分。剖切面用于确定特定平面视图中图元的剖切高度,使低于该剖切面的建筑构件以投影显示,而与该剖切面相交的其他建筑构件显示为截面。这三个平面可以定义视图范围的主要范围。视图深度是主要范围之外的附加平面,更改视图深度,可显示底部平面下的图元。默认情况下,视图深度与底部剪裁平面重合。

在"别墅"项目中,双击项目浏览器"视图"中"楼层平面"下的"F1-0.00"平面视图,进入"F1-0.00"平面视图。单击属性选项板中"视图范围"后的"编辑",弹出"视图范围"对话框,可以看出"F1-0.00"标高平面视图的视图范围剖切面偏移量默认值为 1200 mm,如图 1-45 所示,单击"确定"按钮完成剖切面高度设置。以"别墅"项目中一层门为例,门的高度为 2100 mm,剖切面可剖切到门,因此门在"F1-0.00"标高平面视图中可显示,如图 1-46 所示。

当调整视图范围剖切面偏移量为 2200 mm(高于门的高度 2100 mm)时,如图 1-47 所示,剖切面不剖切门,"F1-0.00"标高平面视图中门不可见,如图 1-48 所示。

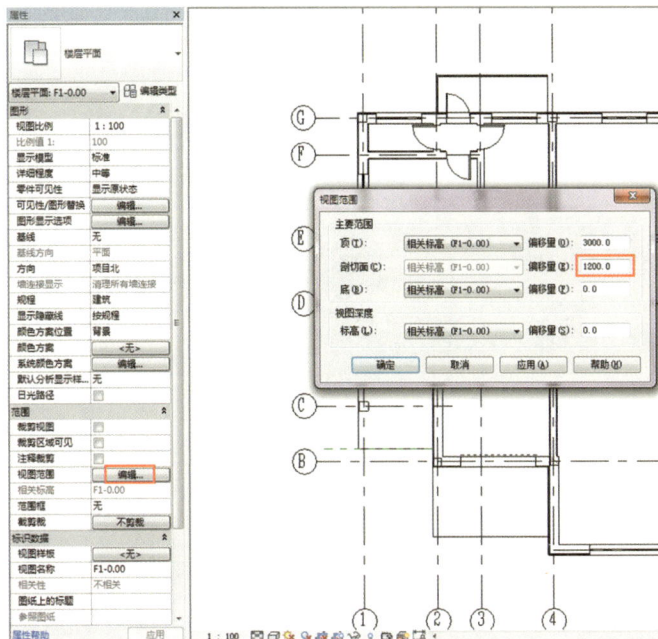

图 1-45

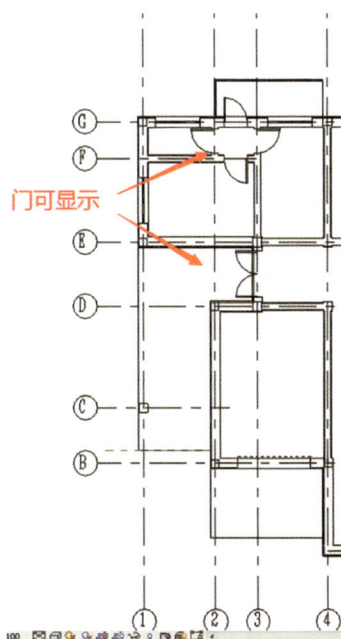

图 1-46

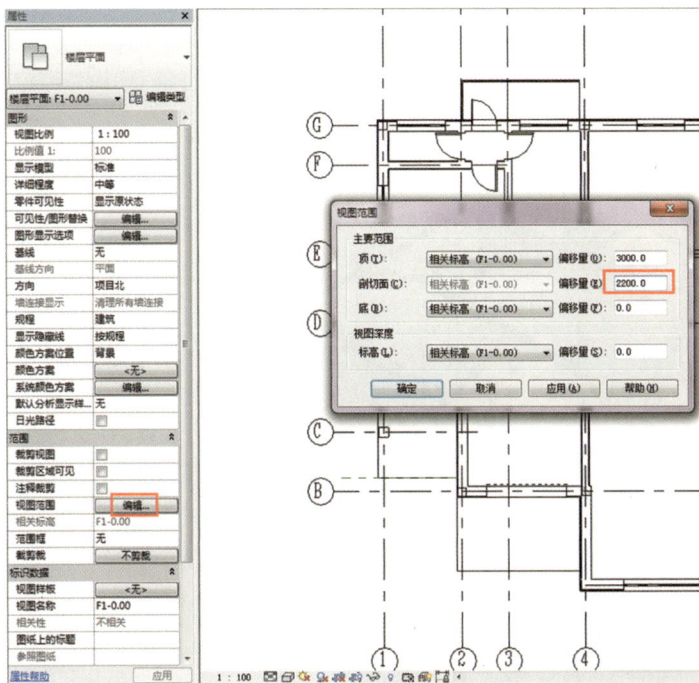

图 1-47

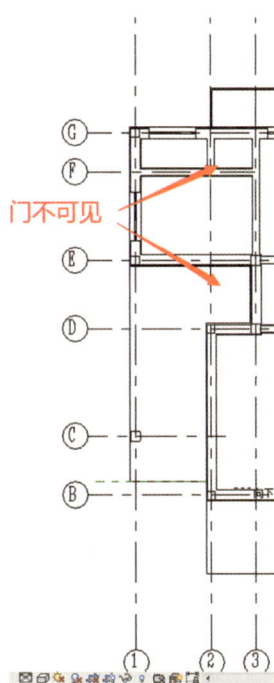

图 1-48

3. 视图可见性控制

视图可见性可控制项目中各个视图的模型图元、基准图元和视图专有图元的可见性和图形显示。在"别墅"项目中,单击"视图"选项卡,选择"图形"面板上 ⬛ (可见性/

图形)工具,如图 1-49 所示。在该对话框中,通过是否勾选某个类别图元前的"√"控制视图中该类图元的显示或隐藏。

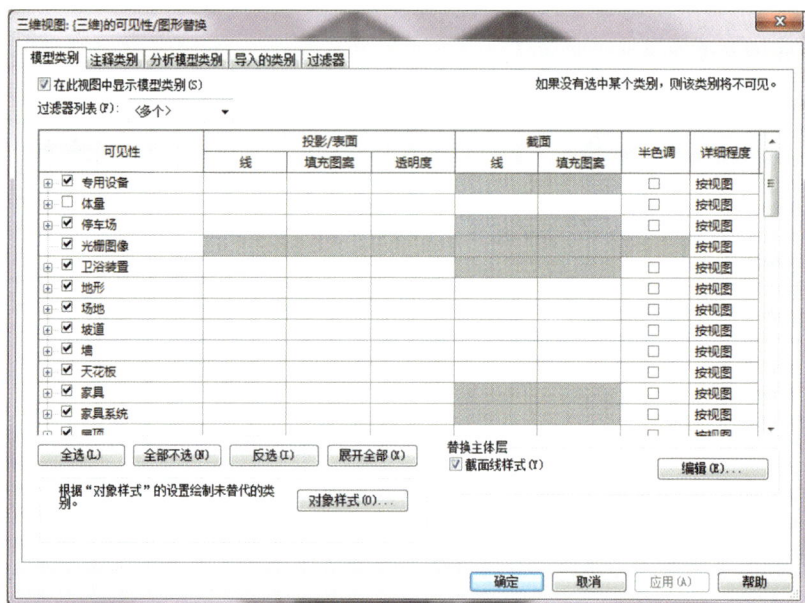

图 1-49

例如,取消勾选"别墅"项目"三维视图:〈三维〉的可见性/图形替换"对话框中"屋顶"前的"√",则"别墅"项目三维视图中屋顶不显示,如图 1-50 所示。

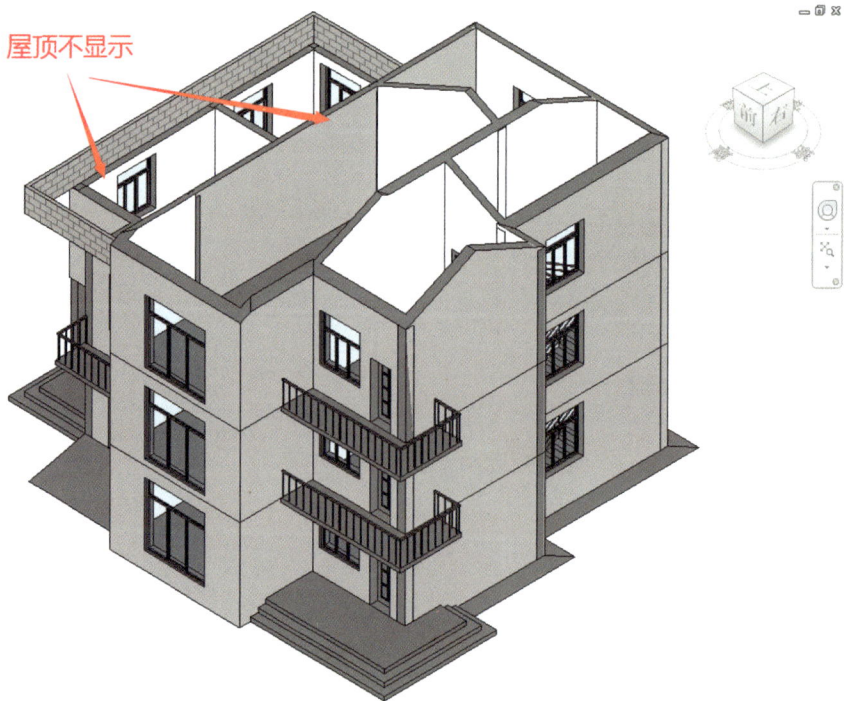

图 1-50

1.1.4　真题任务

1.下列关于 BIM 的描述正确的是（　　）。（2019 年试考"1＋X"建筑信息模型（BIM)职业技能等级考试——初级:BIM 建模）

A.建筑信息模型　　　　　　　　B.建筑数据模型

C.建筑信息模型化　　　　　　　D.建筑参数模型

2.BIM 的定义为（　　）。（2019 第一期"1＋X"建筑信息模型（BIM)职业技能等级考试——初级:BIM 建模）

A.Building Intelligence Modeling　　B.Building Intelligence Model

C.Building Information Modeling　　D.Building Information Model

3.BIM 的 5D 是在 4D 建筑信息模型基础上,融入（　　）信息。（2020 年第一期"1＋X"建筑信息模型（BIM)职业技能等级考试——初级:BIM 建模）

A.成本信息　　　　　　　　　　B.合同信息

C.项目团队信息　　　　　　　　D.质量控制信息

4.在以下 Revit 用户界面中可以关闭的界面是（　　）。（2019 年试考"1＋X"建筑信息模型（BIM)职业技能等级考试——初级:BIM 建模）

A.绘图区域　　　　　　　　　　B.项目浏览器

C.功能区　　　　　　　　　　　D.视图控制栏

5.图 1-51 是设定（　　）的操作显示。（2019 第一期"1＋X"建筑信息模型（BIM)职业技能等级考试——初级:BIM 建模）

A.视觉样式

B.详细程度

C.视图比例

D.隐藏分析模型

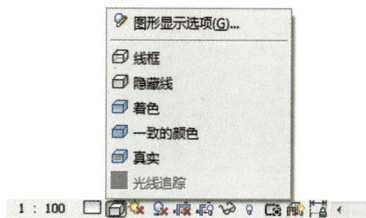

图 1-51

6.如图 1-52 所示的模型在项目的视图显示中,采用以下（　　）显示样式可以达到图示效果。（2019 年试考"1＋X"建筑信息模型（BIM)职业技能等级考试——初级:BIM 建模）

A.线框

B.着色

C.隐藏线

D.一致的颜色

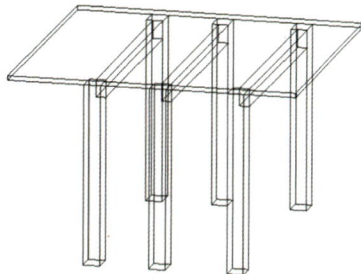

图 1-52

7.在 Revit 的项目视图显示中,以下哪种显示样式的显示效果更接近实际项目表现？（　　）(2019 第二期"1＋X"建筑信息模型（BIM)职业技能等级考试——初级:BIM 建模）

A.线框   B.着色

C.一致的颜色   D.真实

> 建筑是凝固的音乐。
>
> ——歌德

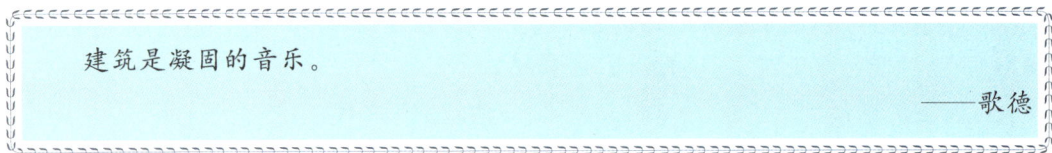

1.2 任务2:创建项目及保存项目

1.2.1 学习任务

1.创建项目

在 Revit 初始界面项目模块中,可通过以下三种方法创建项目。

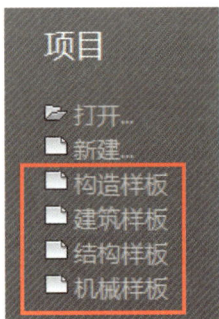

图 1-53

• 使用项目模块中所列样板创建项目:单击所需的样板,软件使用选定的样板作为起点,创建一个新项目,如图 1-53 所示。该方法使用较多。

• 使用默认设置创建项目:单击"新建",打开"新建项目"对话框,在"新建项目"对话框的"样板文件"下,选择适合的样板,然后单击"确定"按钮,如图 1-54 所示。

• 使用软件自带的其他样板创建项目:单击"新建",打开"新建项目"对话框,在"新建项目"对话框中单击" 浏览(B)... "命令,定位到所需的样板文件(.rte 文件),然后单击"打开"按钮,如图 1-55 所示。

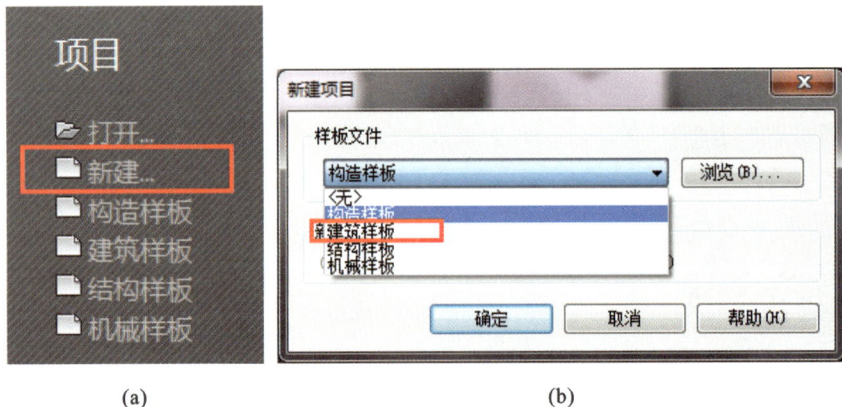

(a)   (b)

图 1-54

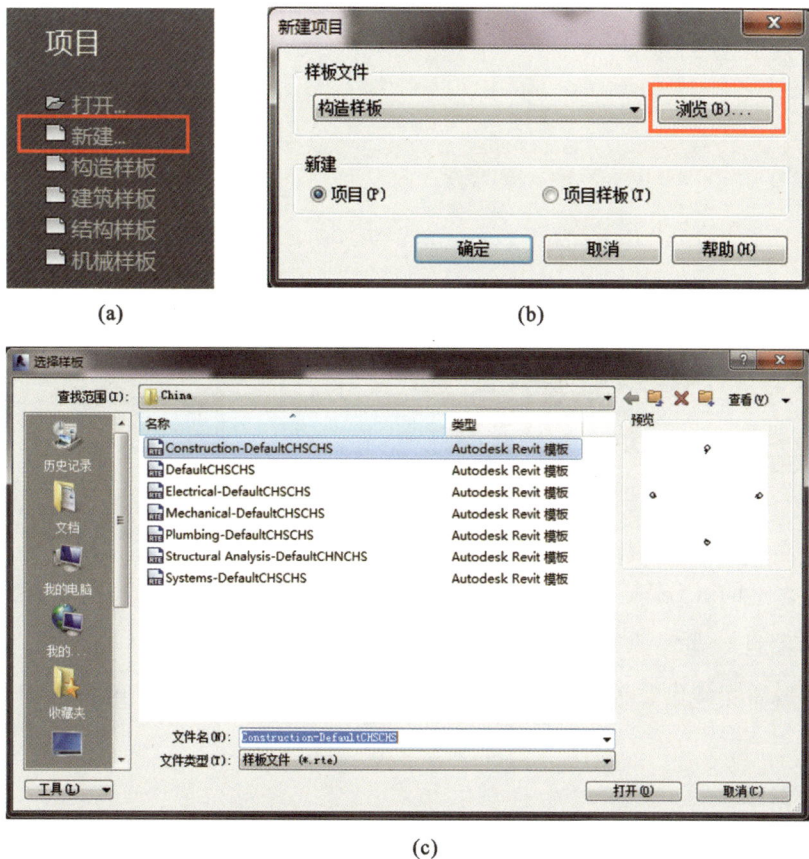

(a)　　　　　　　　　　　　　(b)

(c)

图 1-55

其中，Revit 软件自带的样板中文名称如表 1-2 所示。

表 1-2　样板名称

Revit 自带样板	中文名称	Revit 自带样板	中文名称
Construction-DefaultCHSCHS	构造样板	DefaultCHSCHS	建筑样板
Electrical-DefaultCHSCHS	电气样板	Mechanical-DefaultCHSCHS	机械样板
Plumbing-DefaultCHSCHS	管道样板	Structural Analysis-DefaultCHNCHS	结构样板
Systems-DefaultCHSCHS	系统样板		

2. 保存项目

1）保存文件

要保存文件，可执行下列操作。

· 在快速访问工具栏上，单击"保存" ，如图 1-56 所示。

· 在项目建模界面，单击"应用程序菜单" ，在应用程序菜单中单击"保存" ，
如图 1-57 所示。

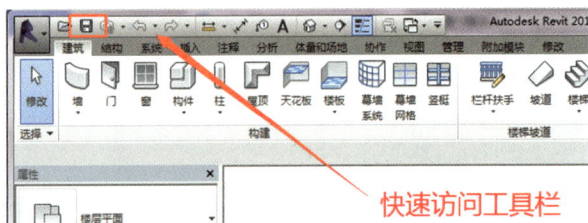

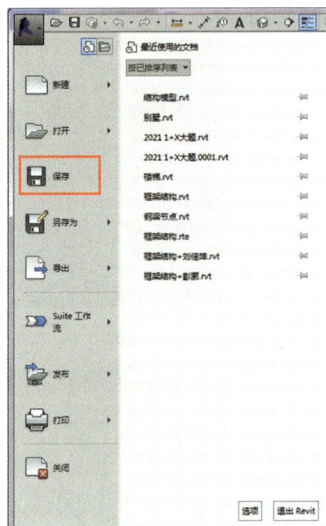

图 1-56

图 1-57

·按键盘上的"Ctrl"键和"S"键。

2)另存项目

若要将当前文件以其他文件名保存或保存到其他位置,在"应用程序菜单"中单击"另存为"$\boxtimes$。

3)设置保存提醒

单击"应用程序菜单"$\blacksquare$中的"选项",在"选项"对话框中("常规"选项卡下)可以设置保存提醒间隔,如图 1-58 所示,通常按照默认的 30 分钟设置即可。

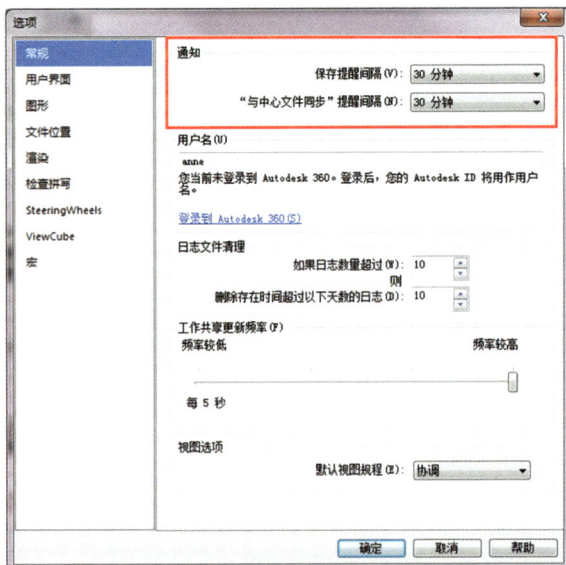

(a)

(b)

图 1-58

3. 文件保存设置

使用"文件保存选项"对话框来指定备份文件的最大数量以及与文件保存相关的其他设置。建模过程中，为防止不规范操作等原因导致建模中止，软件会将项目文件进行自动备份，并可设置备份文件的数量。单击"应用程序菜单"中的"另存为"，在"另存为"对话框中单击"选项"，弹出"文件保存选项"对话框，在"文件保存选项"对话框中可修改模型文件最大备份数，软件默认最大备份数为 20，通常情况下将最大备份数修改为 1 即可，最后单击"确定"按钮完成设置，如图 1-59 所示。

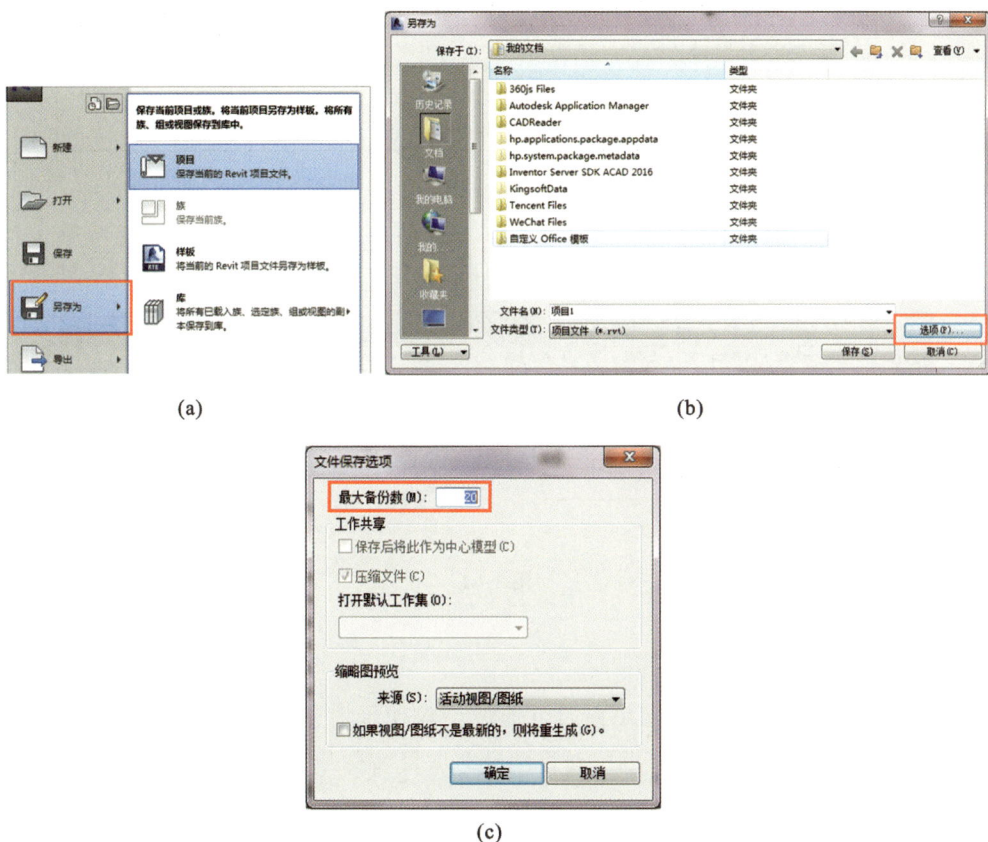

(a)　　　　　　　　　　(b)

(c)

图 1-59

1.2.2　实施任务

1. 创建考试文件夹

创建项目及
保存项目

由 2020 年第四期"1＋X"建筑信息模型（BIM）职业技能等级考试——初级——实操试题考生须知可知，考生需要将每道实操题的所有成果放入以"考题号"命名的文件夹内，如图 1-60 所示。由实操试题第三题考题一题目要求可知，在本题文件

夹下新建名为"第三题输出结果＋考生姓名"的文件夹,将本题结果文件保存至该文件夹中,如图 1-61 所示。

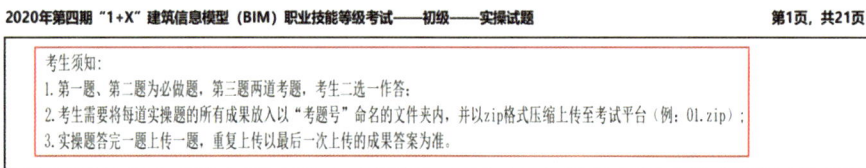

图 1-60

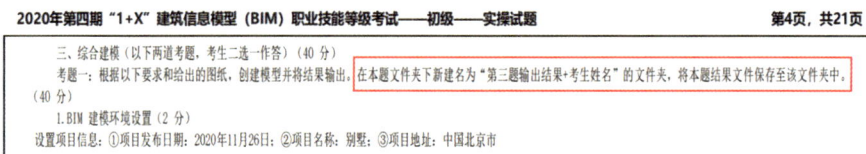

图 1-61

在电脑合适位置创建"03"文件夹,并在"03"文件夹下创建"第三题输出结果＋×××
×"(×××为考生姓名)的文件夹,如图 1-62 所示。

图 1-62

2. BIM 建模环境设置

建模环境设置

在 Revit 软件中,BIM 建模环境设置可通过设置项目信息实现。通过设置项目信息,可以将"项目发布日期""项目地址""项目名称"和"项目编号"等信息添加到项目模型中。

"别墅"项目中,项目信息为"①项目发布日期:2020 年 11 月 26 日;②项目名称:别墅;③项目地址:中国北京市",如图 1-63 所示。

单击"管理"选项卡,在"设置"面板中单击"项目信息",如图 1-64 所示。

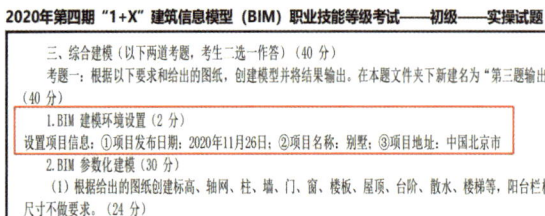

图 1-63

图 1-64

在"项目属性"对话框中,将"项目发布日期"设置为"2020 年 11 月 26 日","项目名称"设置为"别墅","项目地址"设置为"中国北京市"。项目信息设置完成后,单击"确定"按钮,如图 1-65 所示。

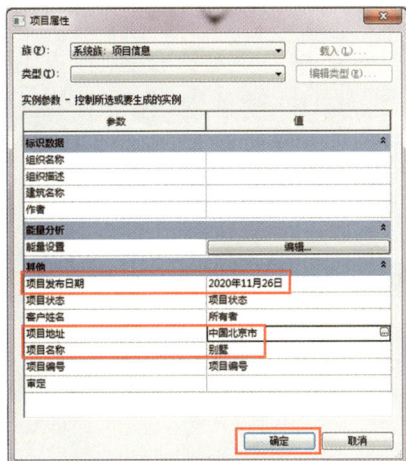

图 1-65

3. 创建"别墅"项目

在 Revit 软件初始界面中的项目模块,单击"建筑样板"新建建筑模型,进入软件建模界面,如图 1-66 所示。

1)设置项目名称

在快速访问工具栏上,单击"保存"工具,在"另存为"对话框中,将文件名修改为"别墅＋×××"(×××为考生姓名),并将模型保存在"第三题输出结果＋×××"的文件夹下,如图 1-67 所示。

2)设置项目文件最大备份数

单击"选项"弹出"文件保存选项"对话框,在"文件保存选项"对话框中将"最大备份数"修改为 1,并单击"确定",如图 1-68 所示。

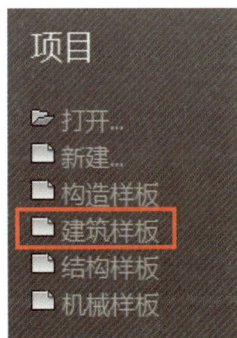

图 1-66

(a)

图 1-67

(b)

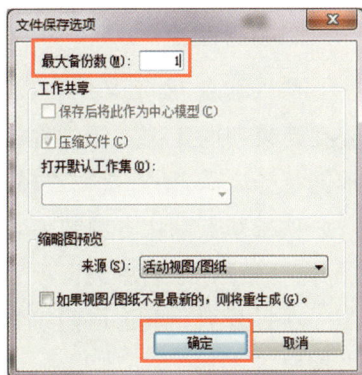

图 1-68

1.2.3 拓展任务

1.项目单位设置

在 BIM 项目建模前期,可对项目单位进行设置,以方便 BIM 模型的创建和确保模型的准确度,Revit 软件中的项目单位在"管理"选项卡中设置。单击"管理"选项卡,在"设置"面板中单击"项目单位",设置相关参数,最后单击"确定"按钮完成设置,如图 1-69 所示。

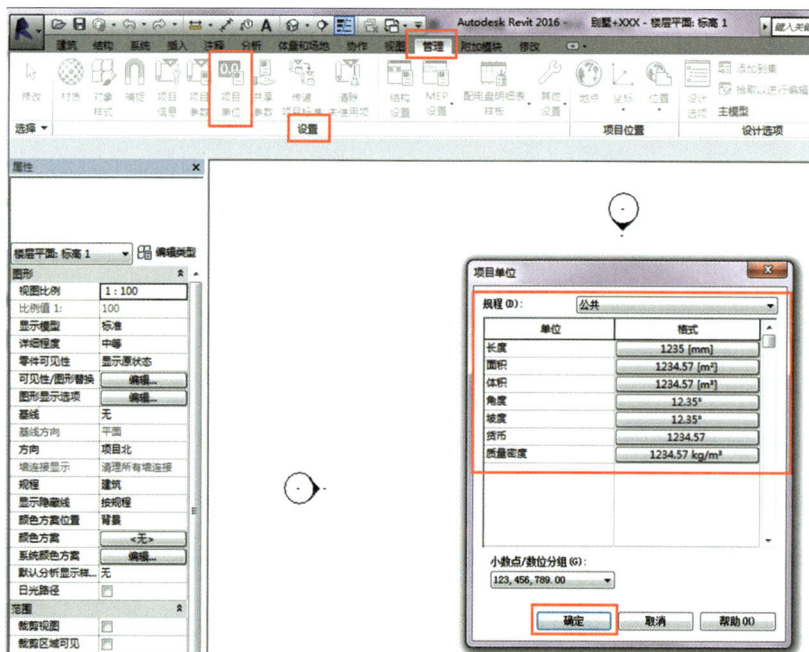

图 1-69

2.项目基点和测量点设置

1)项目基点

项目基点 ⊗ 定义了项目坐标系的原点 (0,0,0),可用于在场地中确定建筑的位置,并在建模期间定位建筑构件(图元)。为保证 BIM 模型能够实现无缝协同,在保证标高、轴网统一之后,还需要在建模过程中保证各个专业建模的项目基点也完全一致。

项目基点默认各项数值均为 0,默认设置如图 1-70 所示。建模时宜在 Revit 中完成"标高""轴网"绘制后进行项目基点的设置,且保证标高、轴网的定位尺寸关系数据准确。

项目基点一般选取建筑物平面的左下角(常为 1 轴和 A 轴交点)作为项目 X、Y 轴坐标原点。

使用相对标高,将 ± 0.000 作为 Z 轴坐标原点。

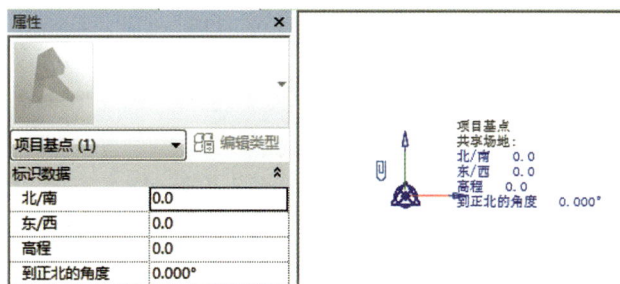

图 1-70

2)测量点

测量点 ⚠ 代表现实世界中的已知点,例如大地测量标记。测量点用于在其他坐标系(如在土木工程应用程序中使用的坐标系)中正确确定建筑几何图形的方向。

每个项目都有项目基点 ⊗ 和测量点 ⚠,但是由于可见性设置和视图剪裁,它们不一定在所有的视图中都可见,无法将它们删除。

1.2.4　真题任务

以下对于 Revit 高低版本和保存项目文件之间的关系描述正确的是(　　)。(2019 第一期"1+X"建筑信息模型(BIM)职业技能等级考试——初级:BIM 建模)

A.高版本 Revit 可以打开低版本项目文件,并只能保存为高版本项目文件

B.高版本 Revit 可以打开低版本项目文件,可以保存为低版本项目文件

C.低版本 Revit 可以打开高版本项目文件,并只能保存为高版本项目文件

D.低版本 Revit 可以打开高版本项目文件,可以保存为低版本项目文件

> 建筑是石头的史书。
>
> ——雨果

技术前沿

模块化建筑

模块化建筑是指将建筑拆分为模块化"单元",在工厂内高效完成建筑模块的结构、装修、水电、设备管线、卫浴设施等施工工序,然后在现场通过可靠连接技术快速组合拼装成建筑整体。这种技术相比传统施工技术具有建造效率高、标准化程度高、节省劳动力、低碳环保、安全可靠等优点,可推动建筑工业化升级。

学习情境 2 　建筑模型创建与编辑

📔 学习情境

· 目标

以某工程项目（真题项目）为依据，进行建筑专业建模。掌握标高、轴网、建筑柱、建筑墙、门窗、楼板、屋顶、楼梯、坡道、栏杆扶手、洞口、室外常用零星构件以及幕墙等实体的创建和编辑方法。

· 任务

序号	任务描述	典型真题
任务1:标高	了解标高的基本概念； 掌握标高的创建与修改方法； 了解如何使用阵列工具创建标高	第三期全国BIM等级考试一级试题第一题
任务2:轴网	了解轴网的基本概念； 掌握轴网的创建与修改方法； 了解如何使用多段线创建轴网、如何进行轴网标注以及轴网在楼层平面视图中显示问题（轴网影响范围）	第九期全国BIM等级考试一级试题第一题
任务3:建筑柱	了解建筑柱的基本概念； 掌握建筑柱的创建与修改方法； 了解结构柱以及在轴网放置多个结构柱的方法	第十期全国BIM等级考试一级试题第四题
任务4:建筑墙	了解建筑墙的基本概念； 掌握建筑墙的创建与修改方法； 了解建筑墙内外侧更改以及墙体轮廓的编辑与修改方法	第十八期全国BIM等级考试一级试题第一题

续表

序号	任务描述	典型真题
任务 5:门窗	了解门窗的基本概念; 掌握门窗的创建与修改方法; 了解门窗的标记以及门窗修改技巧	第一期全国 BIM 等级考试一级试题第四题
任务 6:楼板	了解楼板的基本概念; 掌握楼板的创建与修改方法; 了解如何使用坡度箭头创建斜楼板(楼板斜表面)以及修改楼板子图元的方法	第四期全国 BIM 等级考试一级试题第二题
任务 7:屋顶	了解拉伸屋顶、迹线屋顶的概念; 掌握按迹线创建屋顶以及按拉伸创建屋顶的方法; 了解屋檐和檐沟的相关知识	第十一期全国 BIM 等级考试一级试题第一题
任务 8:楼梯	了解楼梯的基本概念; 掌握楼梯的创建与修改方法; 了解螺旋楼梯的创建方法	第九期全国 BIM 等级考试一级试题第二题
任务 9:坡道	了解坡道的基本概念; 掌握坡道的创建与修改方法; 了解通过修改类型属性来更改坡道族的构造、图形、材质和其他属性的方法	第十五期全国 BIM 等级考试一级试题第一题
任务 10:栏杆扶手	了解栏杆扶手的基本概念; 掌握栏杆扶手的创建与修改方法; 了解编辑栏杆位置的方法	第七期全国 BIM 等级考试一级试题第二题
任务 11:洞口	了解洞口的基本概念; 掌握竖井洞口的创建与修改方法,了解创建"按面"洞口和"垂直"洞口的方法,了解墙洞口的创建方法; 了解老虎窗的创建方法	建筑信息模型(BIM)职业技能等级考试——初级样题第二题
任务 12:室外常用零星构件	了解散水和台阶的基本概念; 掌握使用族工具创建和修改散水、台阶的方法; 了解实心拉伸构件的创建方法	第七期全国 BIM 等级考试一级试题第二题
任务 13:幕墙	了解幕墙的基本概念; 掌握幕墙的创建与修改方法; 了解实心拉伸构件的创建方法	第一期全国 BIM 等级考试一级试题第三题

·《"1＋X"建筑信息模型(BIM)职业技能等级证书职业技能等级标准》职业道德

遵纪守法,诚实信用,务实求真,团结协作。

·思考

1.以下关于从业人员与职业道德关系的说法中,你认为正确的是(　　　)。

A.每个从业人员都应该以德为先,做有职业道德之人

B.只有每个人都遵守职业道德,职业道德才会起作用

C.遵守职业道德与否,应该视具体情况而定

D.知识和技能是第一位的,职业道德则是第二位的

2.作为一名 BIM 工程师,对待工作的态度应该是(　　　)。

A.热爱本职工作　　　　　　　　B.遵守规章制度

C.注重个人修养　　　　　　　　D.我行我素

E.事不关己,高高挂起

2.1　任务 1:标高

2.1.1　学习任务

1.标高基本概念

标高表示建筑物各部分的高度,是建筑物某一部位相对于基准面(标高的零点)的竖向高度,是竖向定位的依据。在 Revit 中,可使用"标高"工具定义垂直高度或建筑内的楼层标高。建模时,可为每个已知楼层或其他必需的建筑参照(例如,第二层、基础底端、窗台或墙顶)创建标高。

要添加标高,须处于立面视图(或剖面视图)中。添加标高时,通常需要创建一个关联的平面视图,如图 2-1 所示。

图 2-1

2.标高的创建与修改

1)添加标高

①在"项目浏览器"中双击"立面(建筑立面)"视图的任意方向,例如"南"立面,打开需要添加标高的立面视图。

②选择"建筑"选项卡下"基准"面板上的"标高" 工具。

③将鼠标指针放置在绘图区域内并与现有标高线左端对齐,则鼠标指针和该标高线之间会显示一个临时的垂直尺寸标注,输入尺寸数值,通过水平向右移动鼠标绘制标高线,当标高线达到合适的长度时单击鼠标结束绘制。

2)编辑标高

选择一条标高线,会出现临时尺寸、控制符号等,如图 2-2 所示。单击临时尺寸数字或标头数字,可对标高高度进行修改。通过"标头隐藏/显示"工具,可控制标头符号的隐藏与显示。通过标头位置调整小圆圈可对所有标高长度进行调整。单击"标头对齐锁"将其解开,可单独修改选中标高的长度。单击"弯头添加"的折线符号,可偏移标头,用于标高间距过小时调整标头显示状态。

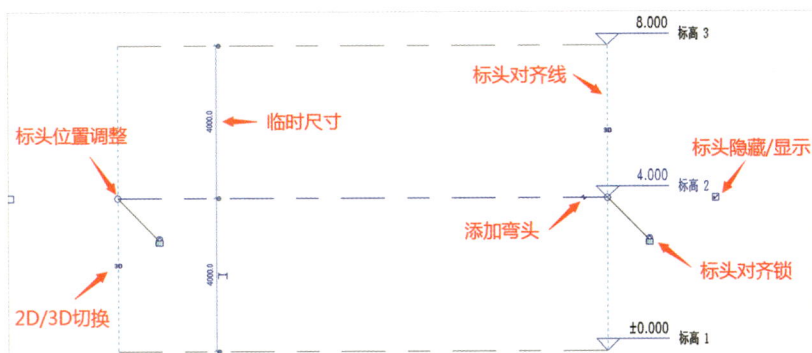

图 2-2

3)标高高度修改

可以通过以下方法修改标高高度。

•选择需要修改的标高,在标高标头位置单击标高数值并修改,输入的数值以"m"为单位,如图 2-3 所示,然后按"Enter"键完成标高高度修改。

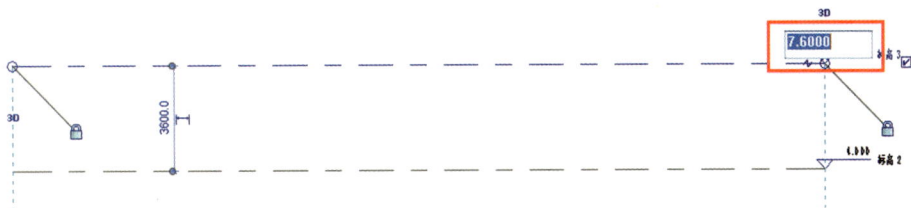

图 2-3

• 选择需要修改的标高,单击临时尺寸标注并修改,输入的数值以"mm"为单位,如图 2-4 所示,然后按"Enter"键完成标高高度修改。

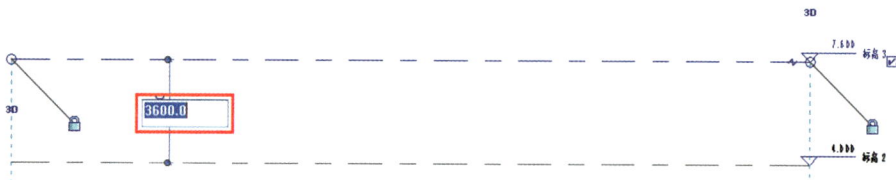

图 2-4

• 选择需要修改的标高,在属性面板中"立面"参数处修改标高数值,输入的数值以"mm"为单位,如图 2-5 所示,然后按"Enter"键完成标高高度修改。

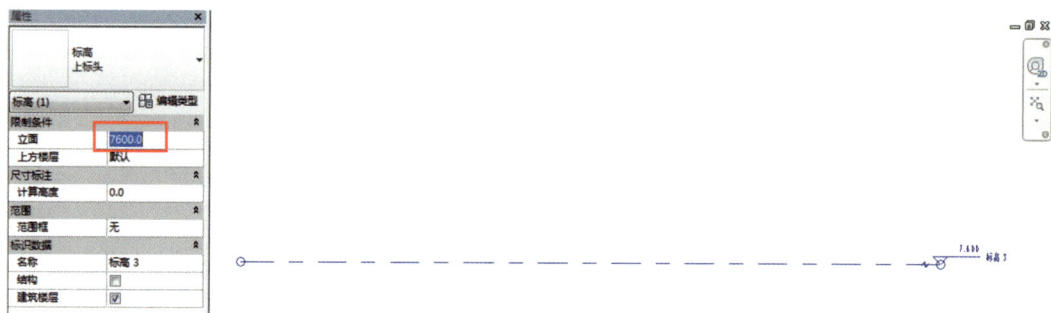

图 2-5

4)标高名称修改

可以通过以下方法修改标高名称。

• 选择需要修改的标高,单击标高名称,在随后弹出的提示框中确认是否重命名相应视图,点击"是(Y)",如图 2-6 所示,则所有与之相关的视图同步更新名称。

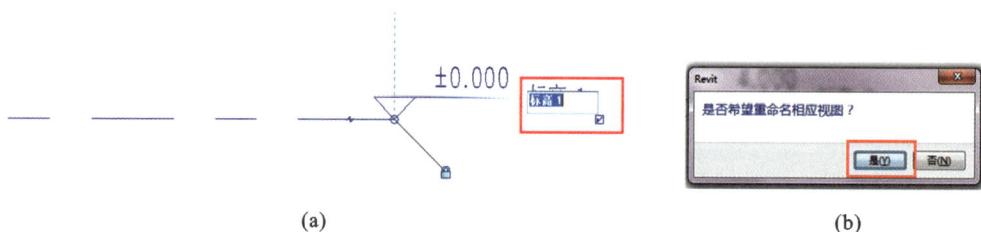

(a) (b)

图 2-6

• 选择需要修改的标高,单击"属性"选项板中的"名称",如图 2-7 所示,在随后弹出的提示框中确认是否重命名相应视图,点击"是(Y)",则所有与之相关的视图同步更新名称。

5)标高样式和属性修改

(1)标高样式修改

选择需要修改的标高"标高 3",单击"属性"选项板中的类型选择器下拉菜单,如图 2-8 所示,可将"标高 3"由上标头类型更改为下标头类型。

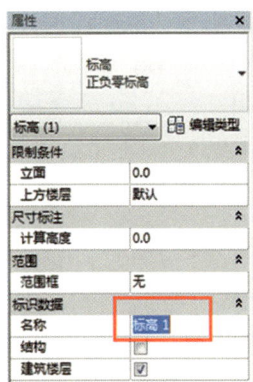

图 2-7

(a)　　　　　　　　　　　(b)

图 2-8

（2）标高属性修改

选择需要修改的标高，单击"属性"选项板中的"编辑类型"按钮，在弹出的"类型属性"对话框中，可对同类标高线宽、颜色、线型图案、符号等参数进行修改，如图 2-9 所示。

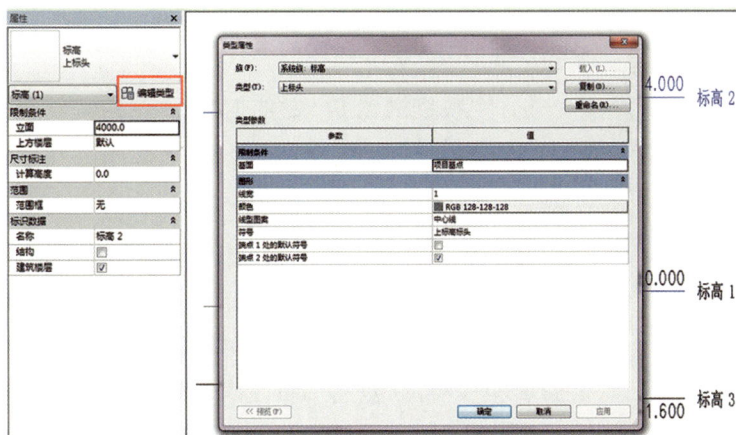

图 2-9

2.1.2　实施任务

1.识读图纸

根据题目中"别墅"项目 1—7 轴立面图，如图 2-10 所示，可确定标高信息。"别墅"项目共有 5 条标高线，标高高度（单位：m）分别为"-0.450"（室外地坪标高）、"±0.000"（室内地坪标高）、"3.000"、"6.000"和"9.500"。

2.创建标高

1）打开项目

打开新建的"别墅"项目。

创建标高

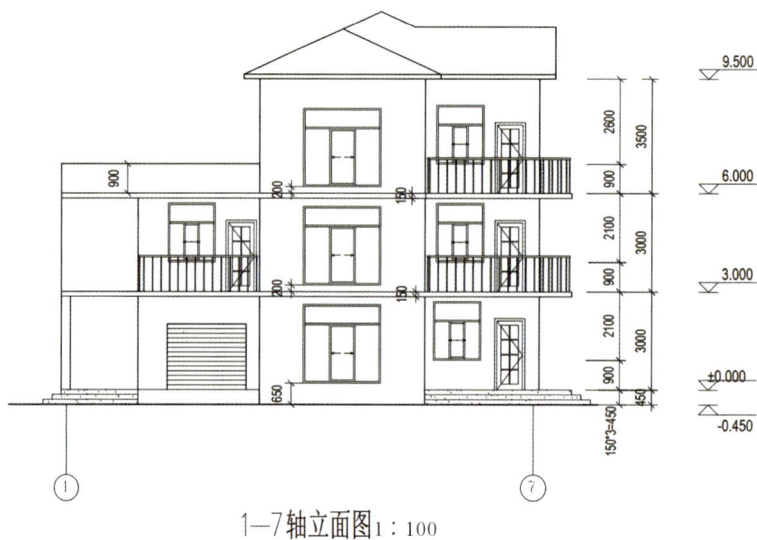

图 2-10

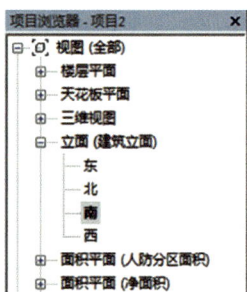

图 2-11

2) 进入南立面视图

选择"项目浏览器"中的"立面(建筑立面)",双击"南"选项,如图 2-11 所示,可以在"南"立面视图看到样板文件自带的标高。

3) 更改标高名称

双击标高标头中"标高 1"字样,将"标高 1"修改为"F1-0.00",如图 2-12 所示。在随后弹出的提示框中确认是否重命名相应视图,点击"是(Y)",则标高 1 的名称与"项目浏览器"中楼层平面视图的名称相对应,均改为"F1-0.00"。使用同样的方法,将标高 2 的名称修改为"F2-3.00"。

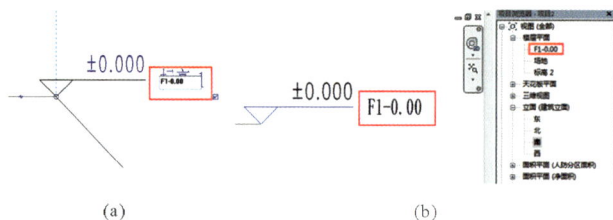

(a)　　　　　　　　　(b)

图 2-12

4) 修改"标高 2"标高数值

双击标高 2 标头中的"4.0000"字样,将"4.0000"修改为"3.000",如图 2-13 所示。

5) 复制命令创建标高

单击选择"F2-3.00"标高,并选择"修改|标高"选项卡下"修改"面板中的"复制"工具,勾选选项栏中"约束"及"多个"复选框(勾选选项栏中"约束"复选框,则复制操作只能

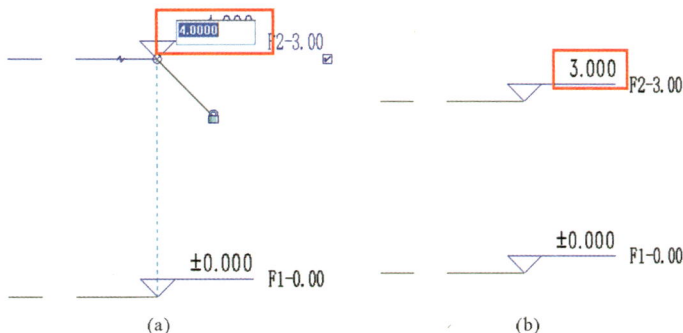

图 2-13

在水平或竖直两个正交方向进行;勾选选项栏中"多个"复选框,可连续复制多个对象)。移动鼠标,在标高"F2-3.00"上单击捕捉一点作为复制参考点,然后垂直向上移动鼠标,输入间距值"3000",如图 2-14 所示,按"Enter"键确认,复制出标高"F2-3.01"。

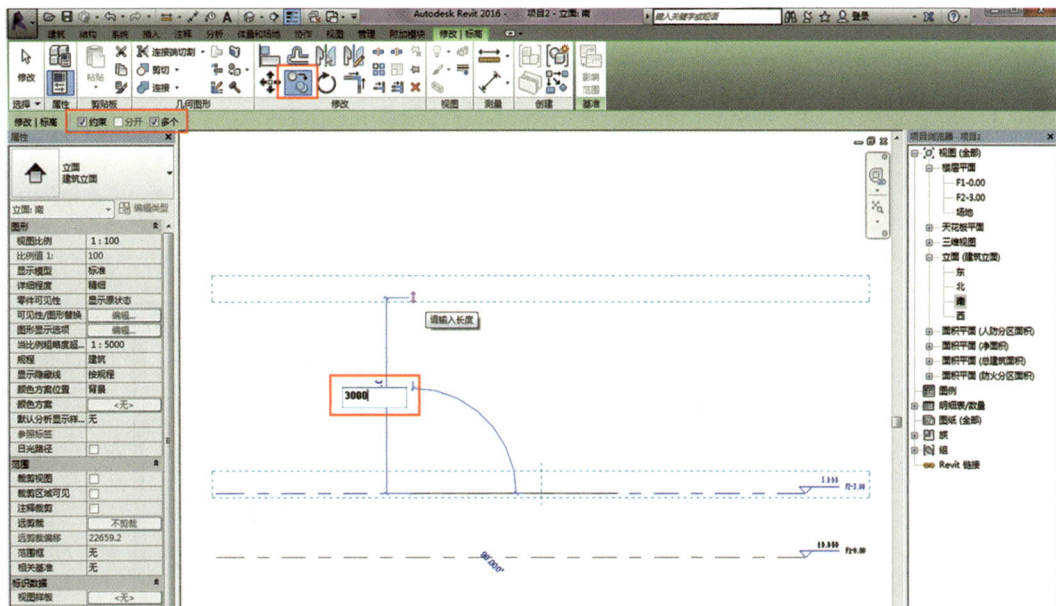

图 2-14

用类似方法,复制出标高"F2-3.02"(9.500m 标高)和标高"F2-3.03"(−0.450m 标高)。将标高"F2-3.01"名称修改为"F3-6.00",将标高"F2-3.02"名称修改为"F4-9.50",将标高"F2-3.03"名称修改为"室外地坪",如图 2-15 所示。

6)修改室外地坪标高样式

选择"室外地坪"标高,单击"属性"选项板中的类型选择器下拉菜单,将标高由上标头类型更改为下标头类型,如图 2-16 所示。

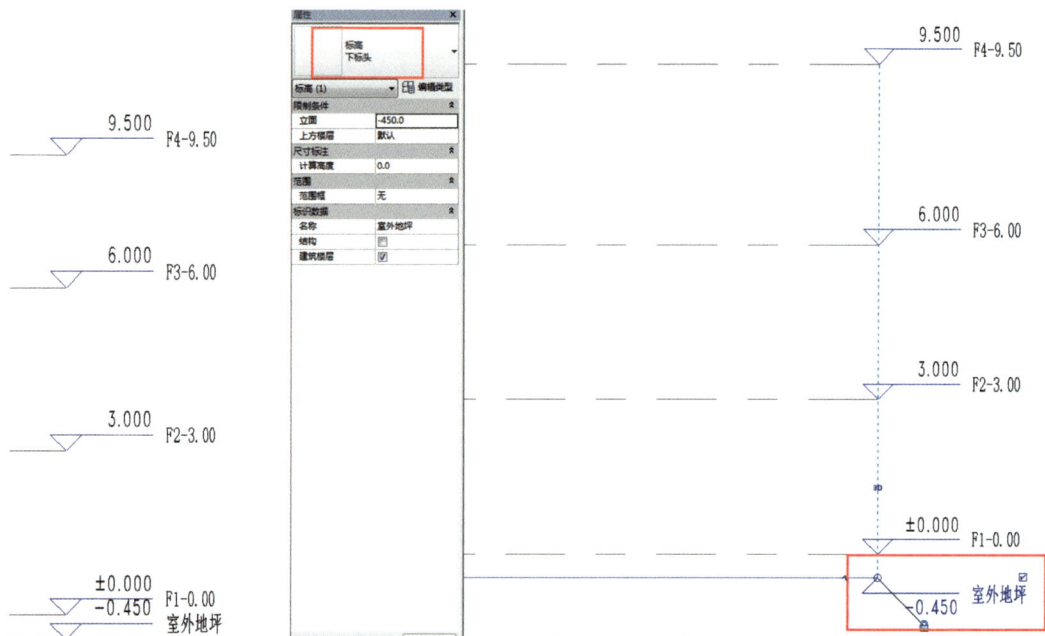

9.500 F4-9.50

6.000 F3-6.00

3.000 F2-3.00

±0.000 F1-0.00
−0.450 室外地坪

9.500 F4-9.50

6.000 F3-6.00

3.000 F2-3.00

±0.000 F1-0.00

−0.450 室外地坪

图 2-15 　　　　　　　　　　　　　图 2-16

7)生成楼层平面

复制的标高是参照标高,其标头显示黑色,且不会自动创建楼层平面视图,如图 2-17 所示。

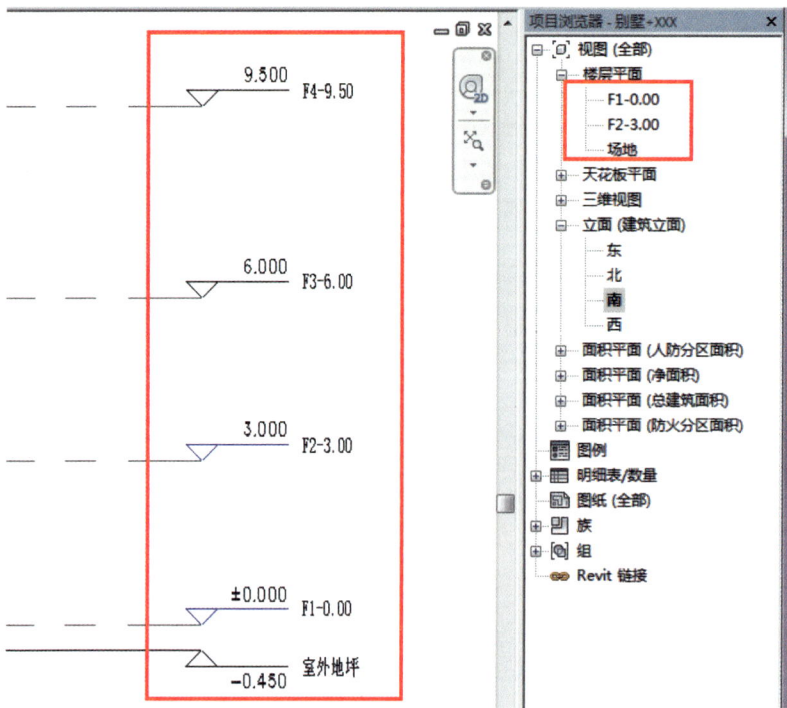

9.500 F4-9.50

6.000 F3-6.00

3.000 F2-3.00

±0.000 F1-0.00

室外地坪
−0.450

图 2-17

项目浏览器 - 别墅+XXX
视图 (全部)
　楼层平面
　　F1-0.00
　　F2-3.00
　　场地
　天花板平面
　三维视图
　立面 (建筑立面)
　　东
　　北
　　南
　　西
　面积平面 (人防分区面积)
　面积平面 (净面积)
　面积平面 (总建筑面积)
　面积平面 (防火分区面积)
　图例
　明细表/数量
　图纸 (全部)
　族
　组
　Revit 链接

复制创建的标高需要手动创建楼层平面视图,方法如下:单击"视图"选项卡下"创建"面板上的"平面视图"工具,如图 2-18 所示,在"平面视图"工具下拉菜单中选择"楼层平面",弹出"新建楼层平面"对话框,按住"Ctrl"或"Shift"键,选择复制的标高名称"F3-6.00""F4-9.50"和"室外地坪",单击"确定"按钮,如图 2-19 所示,即在项目浏览器中创建了所有的楼层平面视图,如图 2-20 所示。

图 2-18

(a)　　　　　　　　　(b)

图 2-19　　　　　　　　　　　　　图 2-20

2.1.3　拓展任务

1. 阵列工具

阵列工具用于创建选定图元的线性阵列或半径阵列。使用阵列工具可以创建一个或多个图元的多个实例,阵列的图元可以沿一条线(线性阵列)分布,也可以沿一个弧形(半径阵列)分布。大多数注释符号不支持阵列。

可执行以下操作之一进入阵列命令。

· 选择要在阵列中复制的图元,然后单击"修改|〈图元〉"选项卡下"修改"面板上的"阵列"工具 🔡 。

· 单击"修改"选项卡下"修改"面板上的"阵列"工具 🔡 ,选择要在阵列中复制的图元,然后按"Enter"键。

1)创建线性阵列

在选项栏上单击"线性"命令 ⊞ ,选择所需的选项。

①成组并关联:阵列复制出的每个图元均包含在一个组中。如果未选择此选项,Revit 将会复制指定数量的图元,但它们不会成组,即在放置后每个图元都独立于其他图元。

②数字:指定阵列中所有选定图元的副本总数,包括所选图元。

③移动到:

第二个:指定第一个图元和第二个图元之间的间距,阵列复制出的所有后续图元将使用相同的间距。

最后一个:指定阵列的整个跨度,即第一个图元和最后一个图元之间的间距,阵列复制出的所有剩余图元将在它们之间以相等间距分布。

④约束:用于限制阵列成员沿着与所选图元垂直或水平的方向(正交方向)移动。

使用阵列工具时,不能将详图构件与模型构件组合在一起。

2)创建半径阵列

在选项栏上单击"半径"命令 ⟳ ,选择所需的选项(类似创建线性阵列)。创建半径阵列时,其步骤与旋转和复制图元的步骤类似。

2.阵列命令创建标高

当建筑物为"高层结构"或"超高层结构",且标准层层高相同时,为了提升创建标高的效率,可使用线性阵列命令创建标高。以第四期全国 BIM 等级考试一级试题第五题为例,使用线性阵列命令创建标高,如图 2-21 所示。

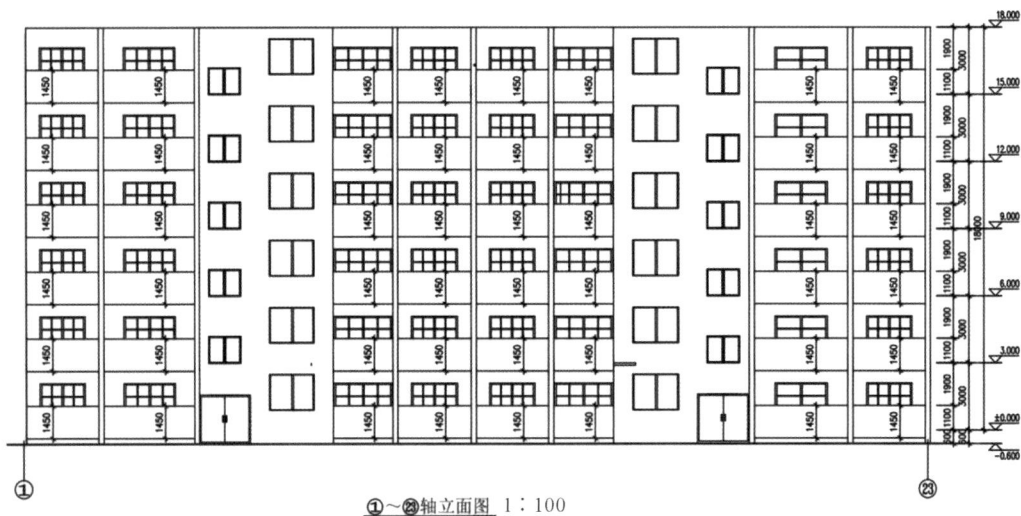

①~㉓轴立面图 1:100

图 2-21

从题目中"①~㉓轴立面图"可知,六层建筑在±0.000 标高以上的楼层高度均为 3 m。

1)创建 3m 标高

使用建筑样板新建建筑项目,选择"项目浏览器"中的"立面(建筑立面)",双击"南"选项,进入南立面视图。选择需要修改的标高 2(4 m 标高),在标高标头位置单击标高数值并修改,输入数值"3.000",如图 2-22 所示,然后按"Enter"键。

2)阵列命令创建标高

将鼠标指针移动至标高 2,并单击鼠标左键选择此标高,然后单击"修改|标高"选项卡下"修改"面板上的"阵列"命令,如图 2-23 所示。选择"线性阵列",取消勾选"成组并关联",将项目数修改为"6","移动到"选择"第二个"并勾选"约束"。单击标高 2 任意一点作为阵列基点,向上移动鼠标至与基点之间出现临时尺寸标注。输入"3000"作为阵列间距并按"Enter"键确认,则创建标高 3 至标高 7 共计 5 个标高,标高间距均为 3 m,如图 2-24 所示。

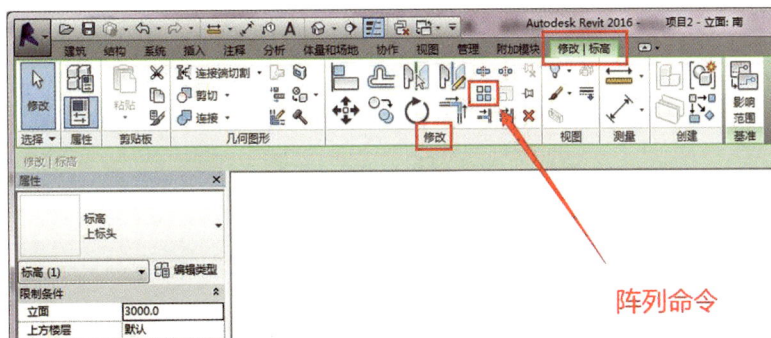

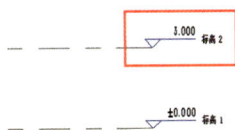

图 2-22

图 2-23

阵列命令

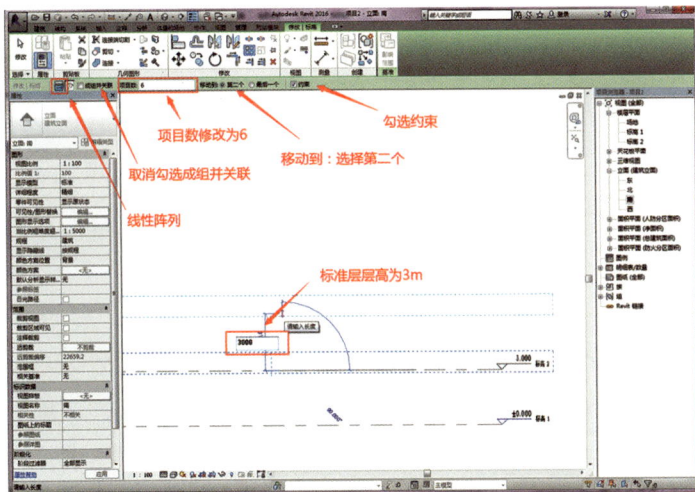

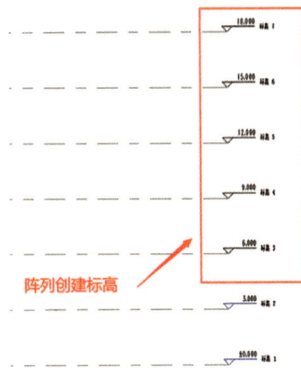

(a)

(b)

图 2-24

3)创建－0.6 m 标高

将鼠标指针移动至标高 2 并单击鼠标左键选择此标高,然后单击"修改|标高"选项卡下"修改"面板上的"复制"命令,如图 2-25 所示。单击标高 2 任意一点作为复制基点,向下移动鼠标至与基点之间出现临时尺寸标注。输入"3600"作为复制间距并按"Enter"键确认,则创建出－0.6 m 标高,如图 2-26 所示。

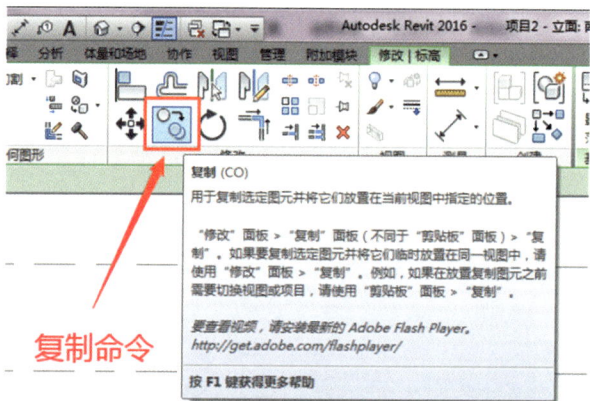

图 2-25

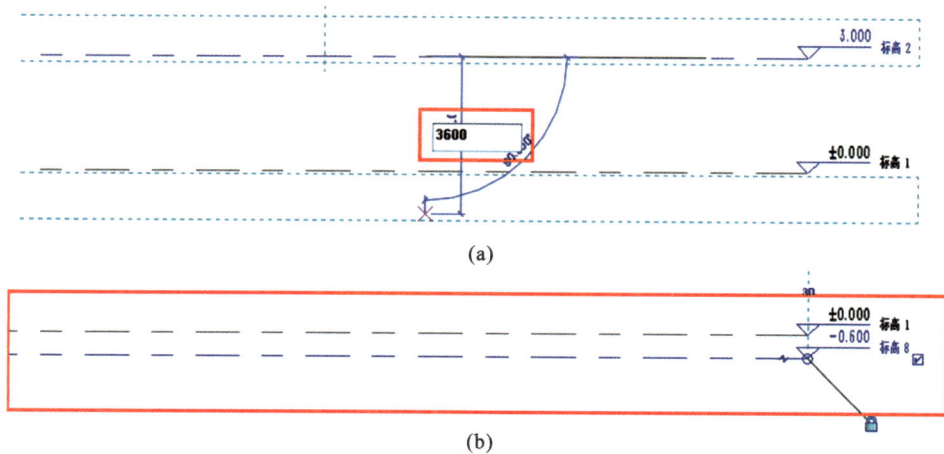

(a)

(b)

图 2-26

4)修改－0.6m 标高样式

选择标高 8,单击"属性"选项板中的类型选择器下拉菜单,将标高 8 由上标头类型更改为下标头类型,如图 2-27 所示。

5)生成楼层平面

单击"视图"选项卡"创建"面板上的"平面视图"工具,在"平面视图"工具下拉菜单中选择"楼层平面",弹出"新建楼层平面"对话框,按住"Ctrl"或"Shift"键,选择阵列和复制的标高 3 至标高 8,单击"确定"按钮,标高及相应楼层平面创建完毕,如图 2-28 所示。

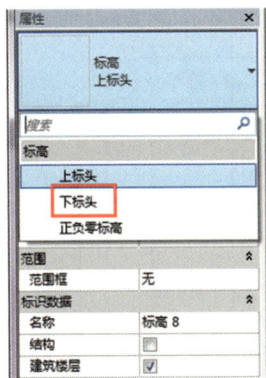

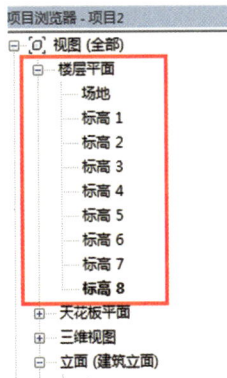

图 2-27　　　　　　　　　　图 2-28

2.1.4　真题任务

标高轴网

以第三期全国 BIM 等级考试一级试题第一题为例,使用线性阵列命令创建标高。题目要求:某建筑共 50 层,其中一层地面标高为±0.000,一层层高 6.0 米,第二至第四层层高 4.8 米,第五层及以上层高均为 4.2 米。请按要求建立项目标高,并建立每个标高的楼层平面视图。并且,请按照以下平面图(见图 2-29)中的轴网要求绘制项目轴网。最终结果以"标高轴网"为文件名保存为样板文件,放在考生文件夹中。(10 分)

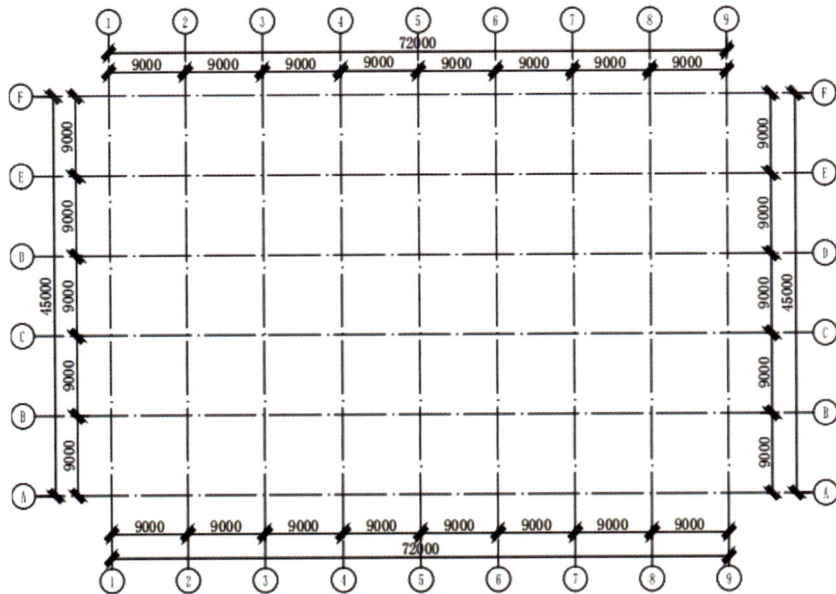

1-5层轴网布置图　　1:500

(a)

图 2-29

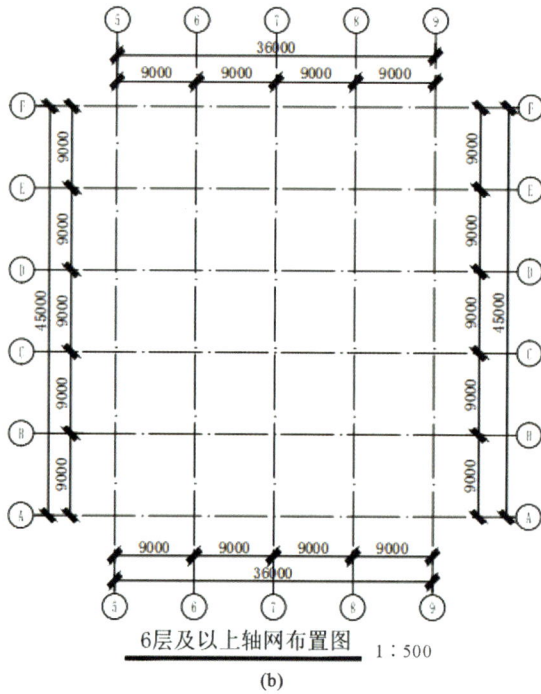

6层及以上轴网布置图　1:500

(b)

续图 2-29

2.2　任务 2:轴网

2.2.1　学习任务

1.轴网基本概念

轴网是由建筑轴线组成的网,是为了在建筑图纸中标示构件的详细尺寸,人为地按照一定的习惯标准虚设的,通常标注在对称界面或截面构件的中心线上。在 Revit 中,标高创建完成后,可以切换至任一平面视图(如楼层平面视图)来创建和编辑轴网。

2.轴网的创建与修改

1)添加轴网

(1)打开视图

在项目浏览器中展开"楼层平面"视图类别选项,双击需要创建轴网的楼层平面,切换至该平面视图。在默认情况下,平面视图中有四个不同方向的立面视图,分别是东立面视图、南立面视图、西立面视图、北立面视图,如图 2-30 所示。

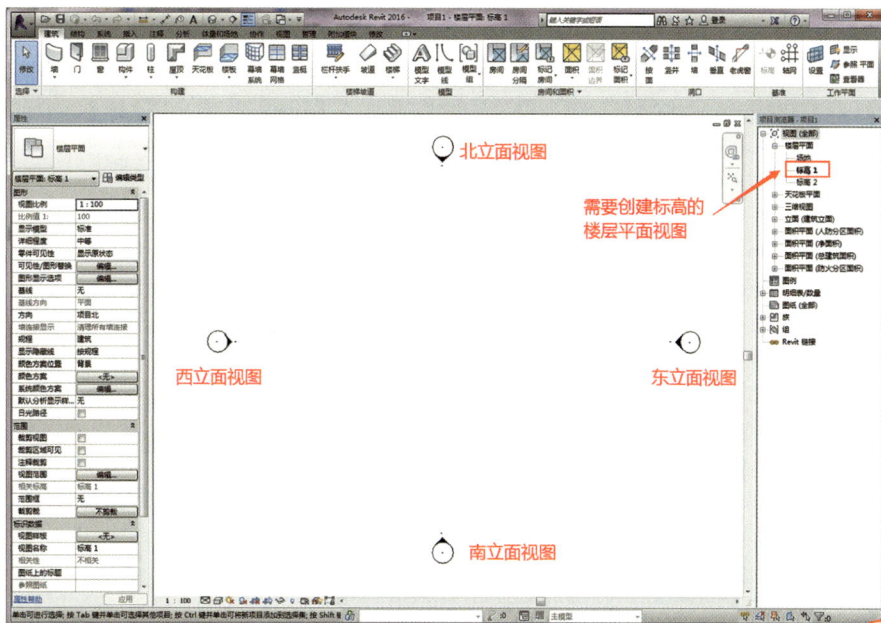

图 2-30

(2)绘制轴网

在"建筑"选项卡下"基准"面板上单击"轴网" ,如图 2-31(a)所示。Revit 将进入"修改|放置 轴网"界面,点击"直线"工具进行绘制,移动鼠标指针至绘图区域视图空白处,单击鼠标左键,设定轴线起点,向下移动鼠标,软件将在指针位置与起点之间显示轴线预览,并给出当前轴线方向与水平方向的临时角度显示标注,将鼠标垂直向下移动到适当位置,点击鼠标左键确认,完成第一条轴线的绘制,软件会自动将该轴线的编号设为 1,如图 2-31(b)所示。

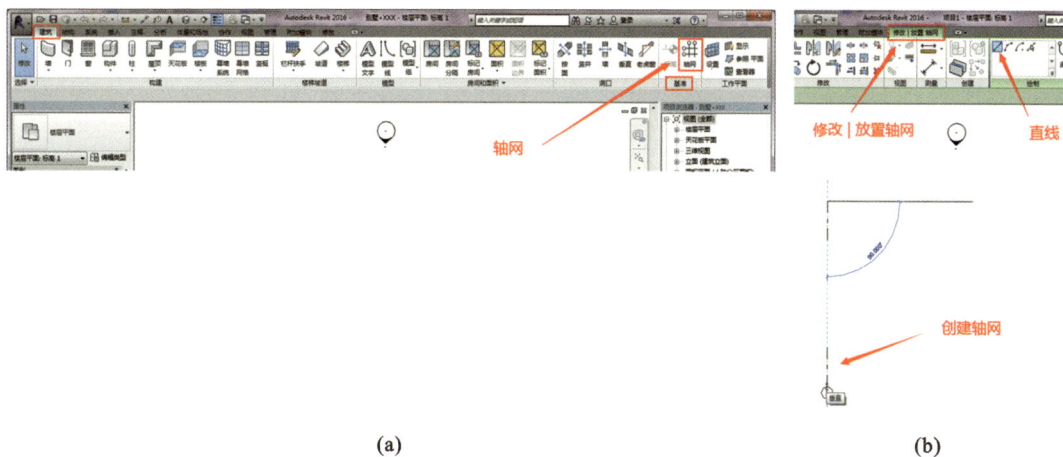

(a)

(b)

图 2-31

2)编辑轴网

选择一条轴网,会出现临时尺寸、控制符号等,如图 2-32 所示。单击临时尺寸数字可对轴网间距进行修改。通过"轴网轴号隐藏/显示"工具,可控制轴号的关闭与显示。通过轴网端部位置调整小圆圈可对所有轴网长度进行调整。单击轴网端部对齐锁将其解开,可单独修改选中轴网的长度。单击"添加弯头"的折线符号,可偏移轴网轴号,用于轴网间距过小时调整轴号显示状态。

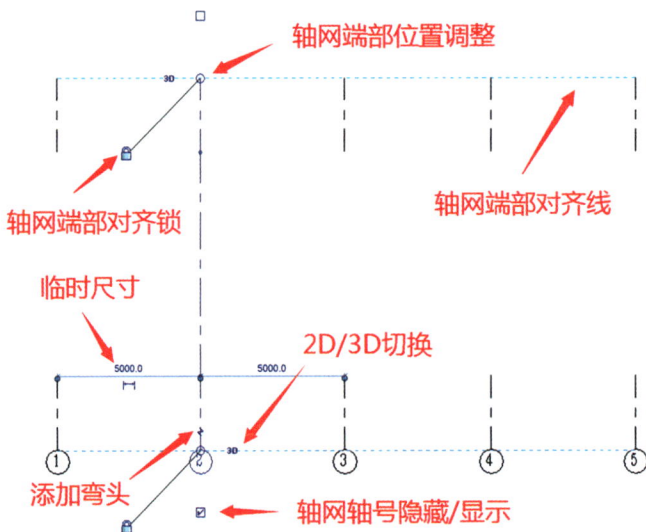

图 2-32

3)修改轴网属性

(1)显示轴网编号

显示和隐藏轴网编号,有如下 2 种方法。

①通过"轴网轴号隐藏/显示"复选框修改某一条轴网轴号显示属性。

打开显示轴线的视图,选择需要修改的一条轴线,Revit 会在轴网编号附近显示一

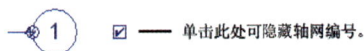

图 2-33

个复选框。选中该复选框可显示轴网编号,取消勾选该复选框则隐藏轴网编号,如图 2-33 所示。可以重复此步骤,以显示或隐藏该轴线另一端点上的编号。

②使用类型属性批量修改轴网轴号显示属性。

打开显示轴线的视图,选择需要修改的一条轴线,然后选择"属性"选项板上的"编辑类型",在弹出的"类型属性"对话框中进行如下操作:在平面视图中轴线的起点处显示轴网编号,勾选"平面视图轴号端点 1(默认)"复选框;在平面视图中轴线的终点处显示轴网编号,勾选"平面视图轴号端点 2(默认)"复选框;在除平面视图之外的其他视图(如立面视图和剖面视图)中,指明显示轴网编号的位置,对于"非平面视图符号(默认)",选择"顶""底""两者"(顶和底)或"无",如图 2-34 所示。单击"确定"按钮,Revit 将更新所有视图中该类型的所有轴线。

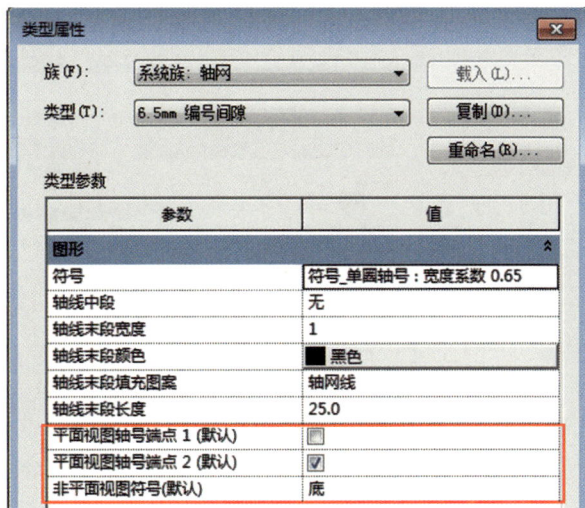

图 2-34

（2）更改轴网编号

施工图中，通常将竖直轴网编号用阿拉伯数字（1、2、3 等）自左向右依次命名，水平轴网编号用大写英文字母（A、B、C 等）自下而上依次命名。Revit 默认轴编号为数字，因此创建水平轴网时需要更改轴网编号。

打开显示轴线的平面视图，单击鼠标选择一条水平轴线，然后单击轴网编号中的数值并修改，如图 2-35 所示，按"Enter"键确定。

此外，还可通过"属性"选项板进行修改：鼠标选择一条水平轴线并单击，修改"属性"选项板中的"名称"即可，如图 2-36 所示。

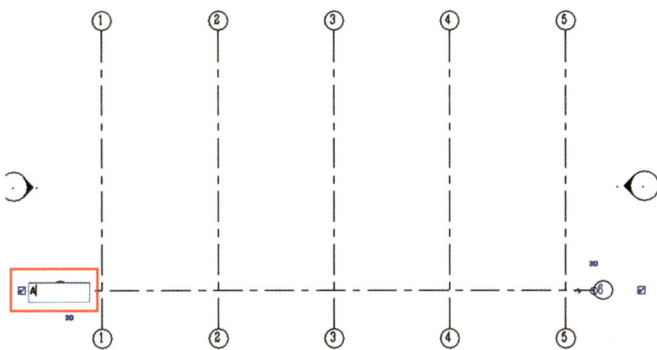

图 2-35

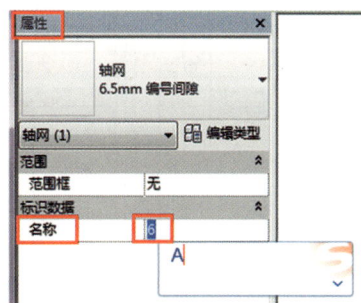

图 2-36

（3）更改轴线中段样式为连续

通常情况下，轴线中段样式为连续。打开显示轴线的平面视图，移动鼠标选择一条轴线并单击，然后选择"属性"选项板上的"编辑类型"，弹出"类型属性"对话框。在"类型属性"对话框中，将"轴线中段"设置为"连续"，如图 2-37 所示，并单击"确定"按钮，Revit将更改所有视图中该类型的所有轴线。

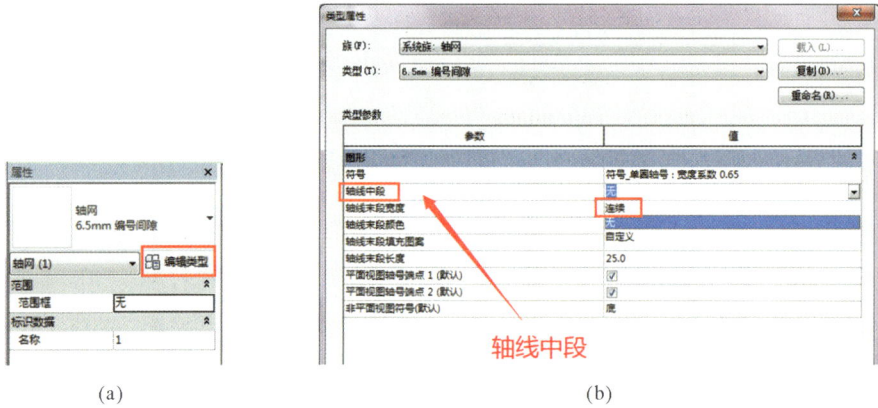

(a)　　　　　　　　　　　　　　　　　(b)

图 2-37

2.2.2　实施任务

1. 识读图纸

根据题目中"别墅"项目一层平面图,如图 2-38 所示,可确定轴网信息。

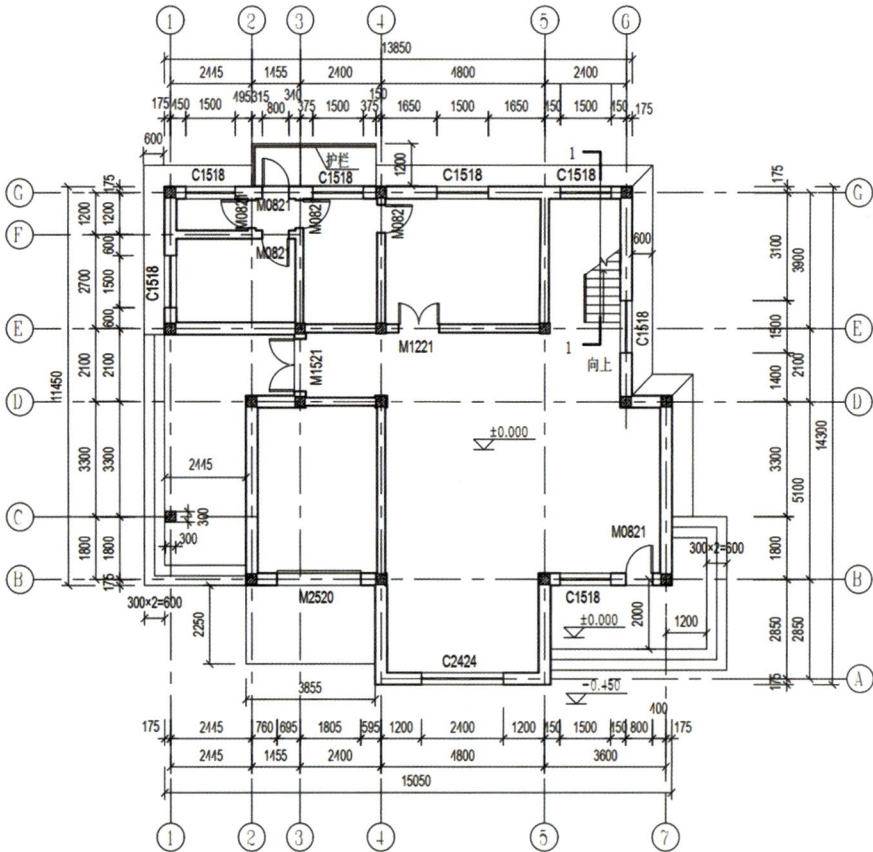

图 2-38

2. 创建轴网

1）进入"F1-0.00"楼层平面视图

在项目浏览器中展开"楼层平面"视图类别选项，双击"F1-0.00"楼层平面视图，切换至该平面视图，如图 2-39 所示。

创建轴网

2）创建 1～7 号轴网

①创建 1 号轴线。单击"建筑"选项卡下"基准"面板上的"轴网"工具，Revit 将会自动转为"修改|放置 轴网"，在绘制面板下，点击"直线"工具进行绘制，如图 2-40 所示。移动鼠标至绘图区域视图左上角空白处，单击鼠标左键，设定轴网起点，向下移动鼠标，Revit 将在指针位置与起点之间显示轴网预览，并给出当前轴网方向与水平方向的临时角度显示标注，将鼠标垂直向下移动到适当位置，点击鼠标左键确认，完成第一条轴线的绘制，Revit 会自动将该轴线编号设为 1。

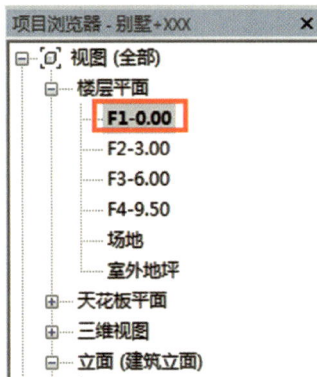

图 2-39

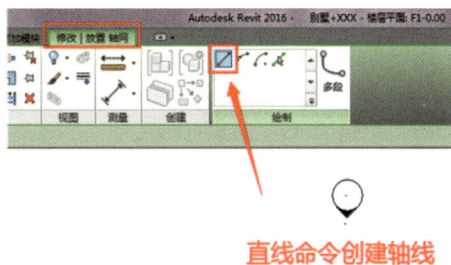

直线命令创建轴线

图 2-40

②使用"复制"命令创建 2～7 号轴线。单击鼠标选择 1 号轴线，单击工具栏中的"复制"命令，在选项栏勾选"约束"和"多个"。移动鼠标在 1 号轴线上单击捕捉一点作为复制参考点，然后水平向右移动鼠标，输入轴线间距"2445"后按"Enter"键，复制出 2 号轴线，继续输入轴线间距"1455"后按"Enter"键，复制出 3 号轴线，以此类推，复制出其余纵向定位轴线，按两次"Esc"键退出当前命令，如图 2-41 所示。

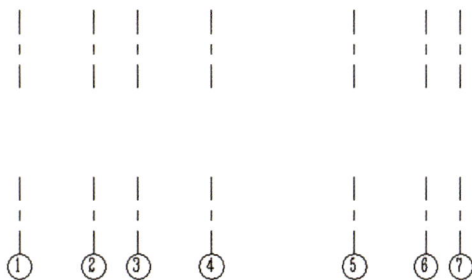

图 2-41

3）修改轴网轴号显示属性并更改轴线中段样式为连续

任意选择一条需要修改的轴线，然后选择"属性"选项板上的"编辑类型"，在弹出的"类型属性"对话框中，勾选"平面视图轴号端点 1（默认）"复选框，将"轴线中段"设置为

"连续",如图 2-42 所示,并单击"确定"按钮,Revit 将修改轴网轴号显示属性并更改轴线中段样式为连续。

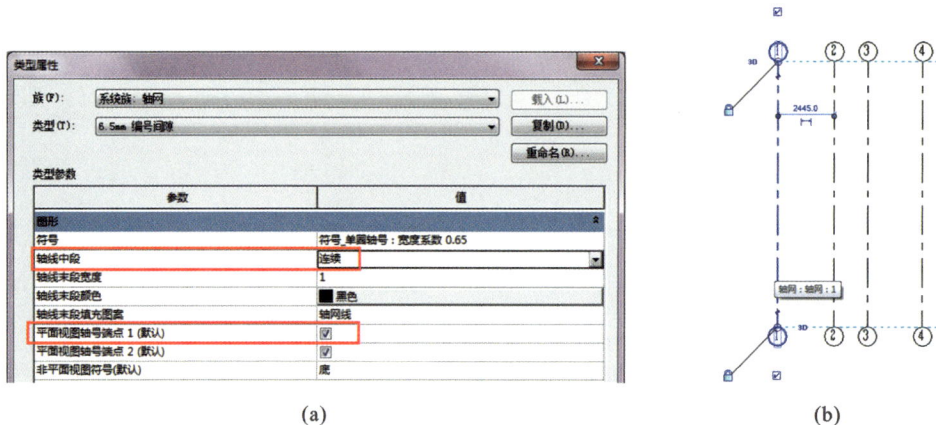

(a)   (b)

图 2-42

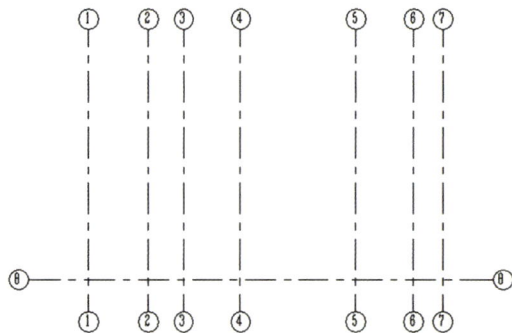

图 2-43

4)创建 A~G 号轴网

①创建第一条水平轴线。单击"建筑"选项卡下"基准"面板上的"轴网"工具,点击"直线"工具进行绘制。移动鼠标至绘图区域视图左下角空白处,单击鼠标左键,设定轴网起点,向右移动鼠标到适当位置,点击鼠标左键确认,完成第一条水平轴线的绘制,Revit 会自动将该轴线编号设为 8,如图 2-43 所示。

②更改 8 号轴线编号。单击鼠标选择 8 号轴线,然后单击轴网编号中的"8"并修改为"A",并按"Enter"键确定,如图 2-44 所示。

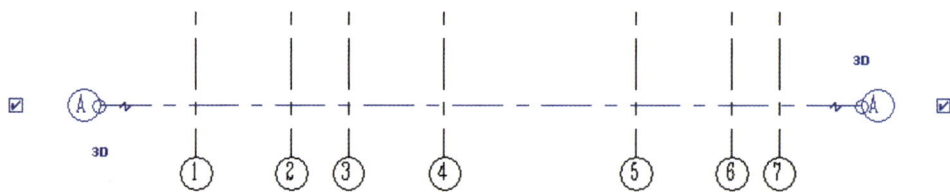

图 2-44

③使用"复制"命令创建 B~G 号轴线。单击选择 A 号轴线,单击工具栏"复制"命令,选项栏勾选"约束"和"多个"。移动鼠标在 A 号轴线上单击捕捉一点作为复制参考点,然后竖直向上移动鼠标,输入轴线间距"2850"后按"Enter"键,复制出 B 号轴线,继续输入轴线间距"1800"后按"Enter"键,复制出 C 号轴线,以此类推,复制出其余水平定位轴线,按两次"Esc"键退出当前命令,如图 2-45 所示。

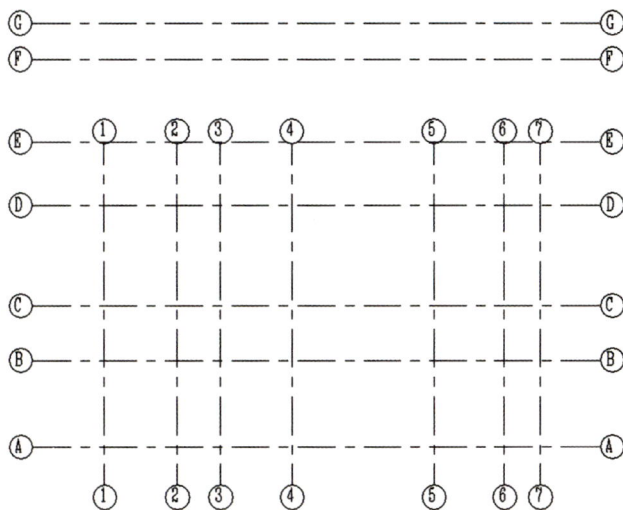

图 2-45

5）更改部分轴线长度及隐藏轴网编号

①更改部分轴线长度。竖直方向轴线长度需要进行调整时，任意选择一条需要修改的轴线（如 1 号轴线），拖动上端轴网端部位置调整小圆圈并将其竖直向上移动至合适位置，如图 2-46 所示。

轴网修改

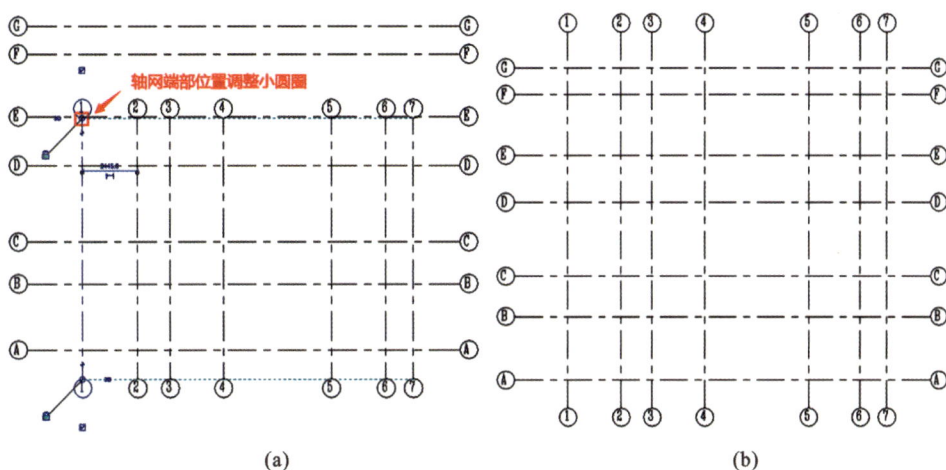

(a)　　　　　　　　　　(b)

图 2-46

②隐藏部分轴网编号并修改其长度。单击鼠标左键选择 6 号轴线，取消勾选 6 号轴线下端"轴网轴号隐藏/显示"复选框。单击打开 6 号轴线轴网端部对齐锁，拖动其下端轴网端部位置调整小圆圈并将其竖直向上移动至 D 轴线下方合适位置。单击鼠标左键选择 7 号轴线，取消勾选 7 号轴线上端"轴网轴号隐藏/显示"复选框。打开 7 号轴线轴网端部对齐锁，拖动其上端轴网端部位置调整小圆圈并将其竖直向下移动至 D 轴线上方合适位置。用类似方法，按照图纸调整 A 号、C 号和 F 号轴线编号及长度，如图 2-47 所示。

6)测量检查轴网

在"注释"选项卡下"尺寸标注"面板上选择"对齐"命令,将鼠标移动至 1 号轴线下端处合适位置,单击鼠标左键,选择一点作为尺寸标注起始点,水平向右移动鼠标至 7 号轴线下端处合适位置单击鼠标左键,选择一点作为尺寸标注终止点,可以看到 1 号轴线和 7 号轴线间距离为 14700(mm),如图 2-48 所示,与图纸尺寸一致(15050 mm－175×2 mm＝14700 mm)。

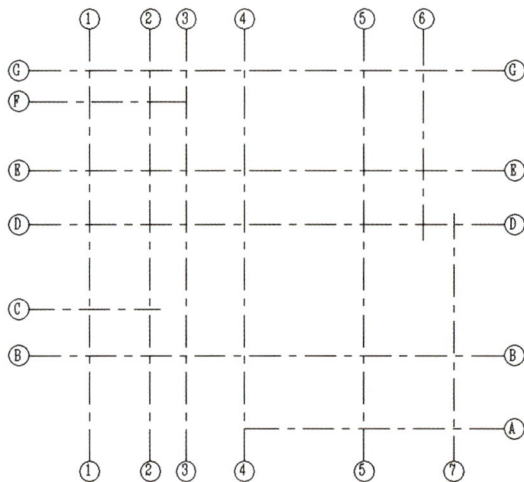

图 2-47

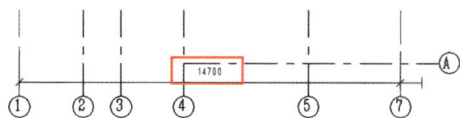

图 2-48

用类似方法,可以测量得到 A 号轴线和 G 号轴线间距离为 13950(mm),如图 2-49 所示,与图纸尺寸一致(14300 mm－175×2 mm＝13950 mm)。

7)锁定轴网

轴网创建完成后,为避免在后续建模过程中误删或移动轴网,可将轴网进行锁定。在"F1-0.00"楼层平面视图中,框选全部轴网,进入"修改|轴网"上下文选项卡中的"修改"面板,单击"锁定"工具将所有选中的轴网锁定,如图 2-50 所示。

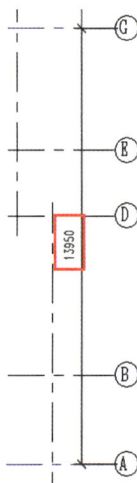

图 2-49

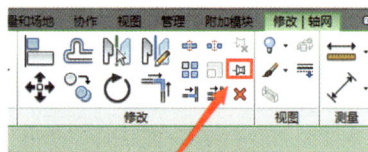

锁定

图 2-50

　　锁定轴网后,将不能对轴网进行移动、删除等操作,但可修改轴号名称及轴号位置等信息。若要删除或移动轴网,必须将其解锁,选中轴网点击"修改"面板上的"解锁"图标进行解锁,如图 2-51(a)所示。若只需解锁某条轴线,选中该轴线,点击轴线上的锁定符号即可让其切换至解锁状态,如图 2-51(b)所示。

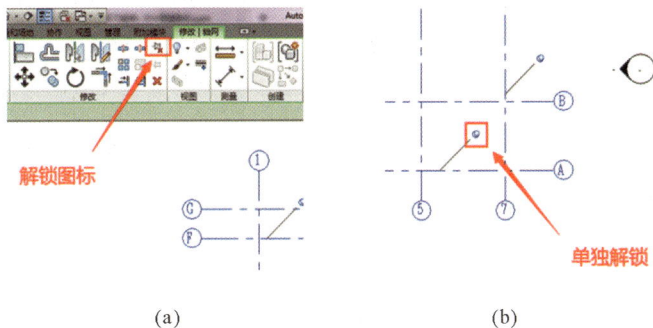

(a)　　　　　　　　　　　(b)

图 2-51

2.2.3　拓展任务

1.多段线创建轴网

　　单击"修改|放置 轴网"选项卡下"绘制"面板上的"多段"工具 🥢 ,以绘制需要使用多段线创建的轴网,如图 2-52 所示。

2.轴网标注

　　通常,一次仅对一个楼层的轴网添加标注。如果需要对其余楼层进行轴网标注,可以使用"复制楼层"的方法。通常在设计初期,只对建筑一层进行标注以检查轴网创建的准确性,其余平面图中的轴网可在最后出施工图时进行标注。

3.轴网在楼层平面视图中显示问题(轴网影响范围)

　　在平面视图中创建完轴网后,可选中已创建的轴网,通过调整"影响范围"参数使其余楼层平面显示相同轴网信息。具体操作如下:选择轴网,单击"修改|轴网"选项卡下"基准"面板上的"影响范围"工具 🖼 ,在"影响基准范围"对话框中,选择需要显示相同轴网的楼层平面(平行视图)后单击"确定"按钮,如图 2-53 所示。

2.2.4　真题任务

　　以第九期全国 BIM 等级考试一级试题第一题为例,使用多段线命令创建轴网,如图 2-54、图 2-55 所示。题目要求:根据下图给定数据创建标高与轴网,显示方式参考下图。请将模型以"标高轴网"为文件名保存到考生文件夹中。(10 分)

标高轴网

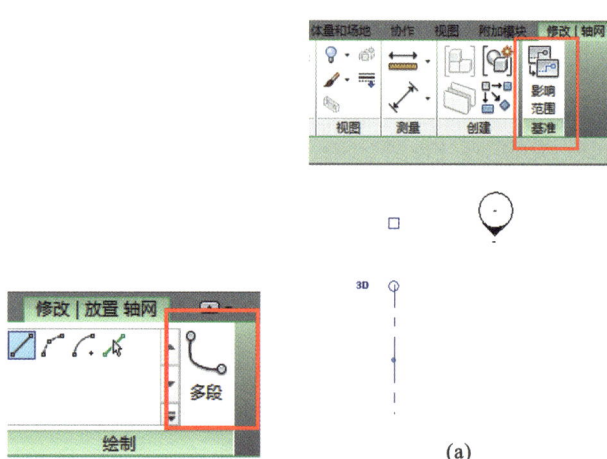

(a)

图 2-52

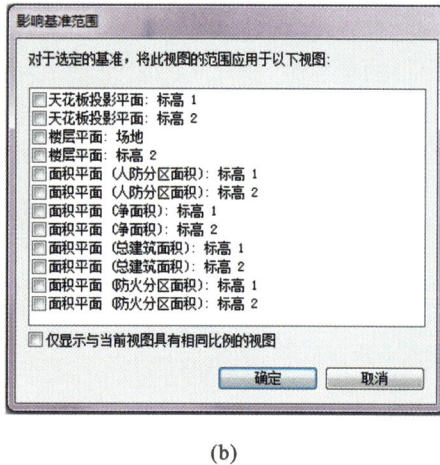

(b)

图 2-53

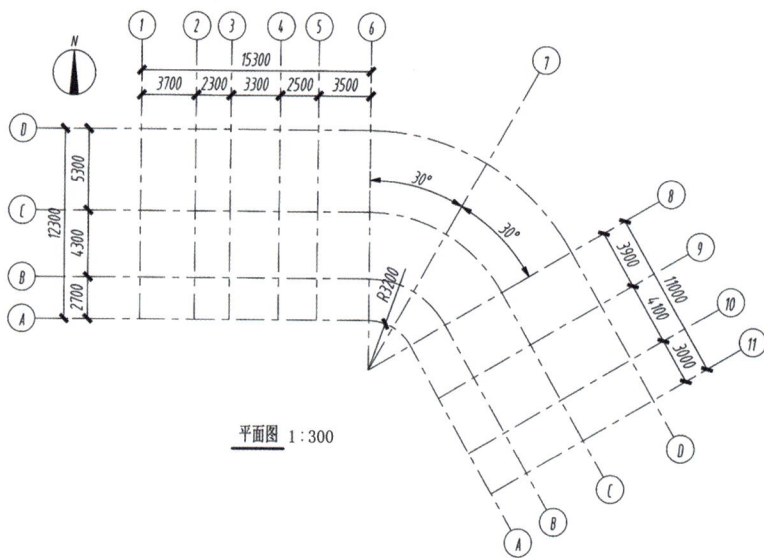

图 2-54

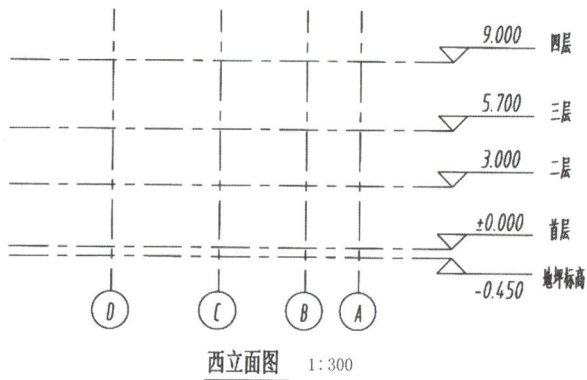

图 2-55

生活就是建筑，建筑是生活的镜子。

——贝聿铭

2.3 任务 3：建筑柱

2.3.1 学习任务

1.建筑柱基本概念

柱是建筑物中的垂直承重构件，用于承托其上方构件传递的荷载。在 Revit 中，柱分为建筑柱和结构柱。建筑柱为装饰柱等非承重结构的柱子；结构柱为承重柱且要配筋。可以使用建筑柱围绕结构柱创建柱框外围模型，并将该模型用于装饰。建筑柱将继承连接到的其他图元(如墙)的材质。

2.建筑柱的创建、修改与载入

1)建筑柱的创建

在"项目浏览器"中双击平面视图中楼层平面，切换到相应视图，然后单击"建筑"选项卡下"构建"面板上"柱"命令下拉菜单中的"建筑柱"，此时自动激活"修改|放置 柱"上下文选项卡，在"属性"选项板的"类型选择器"中选择建筑柱类型，如图 2-56 所示，在绘图区域进行放置。

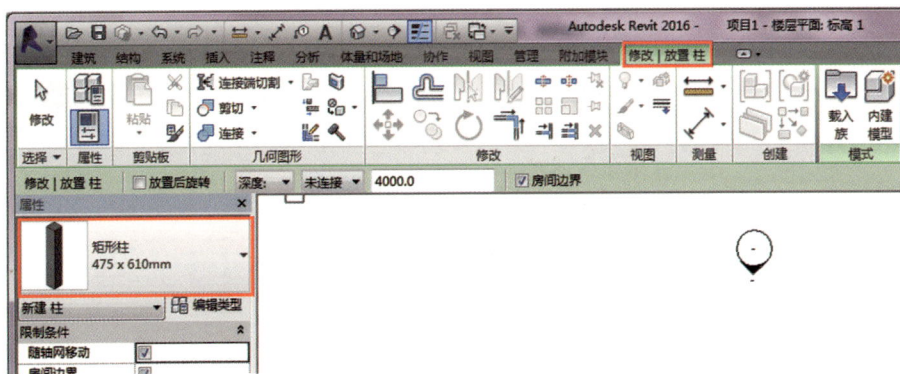

图 2-56

放置建筑柱时可在选项栏上指定以下内容，如图 2-57 所示。

其中，"放置后旋转"表示可以在放置柱后立即将其旋转。

"标高"(仅限三维视图创建柱时有此选项)表示为柱选择底部标高，在平面视图中，该视图的标高即为柱的底部标高。

图 2-57

"深度/高度"表示选择"深度"时,将由视图平面向下创建柱;选择"高度"时,将由视图平面向上创建柱。建模时,通常选择"高度"。

"未连接"表示柱的高度通过手动方式输入,即在"未连接"后面的输入框中输入具体数值以指定柱的高度;或选择下拉菜单中的某个标高,即选择柱的顶部标高。

勾选"房间边界"复选框时,结构柱将作为房间边界。在计算房间面积、周长、体积时会用到房间边界。

2)建筑柱的修改

选中已放置的建筑柱,此时自动激活"修改|柱"上下文选项卡,在"属性"选项板中可设置底部标高、底部偏移、顶部标高和顶部偏移,如图 2-58 所示。其中底部标高指柱底所处标高位置,底部偏移指柱底偏移柱底标高的距离(向上偏移为正值,向下偏移为负值),顶部标高指柱顶所处标高位置,顶部偏移指柱顶偏移柱顶标高的距离(向上偏移为正值,向下偏移为负值)。

如果要修改建筑柱的类型属性,则需要单击"属性"选项板上的"编辑类型",在弹出的"类型属性"对话框中,可修改其类型、材质和尺寸标注等参数,如图 2-59 所示。

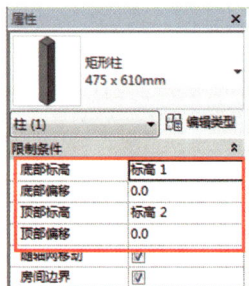

图 2-58

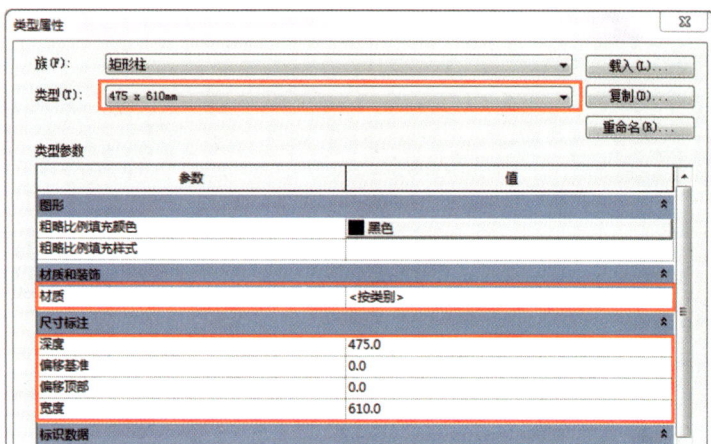

图 2-59

此外,单击"编辑族"可进入"族编辑器"修改属性。

3)建筑柱的载入

此处以载入"圆柱"族为例进行说明。由于此样板文件中所包含的系统族不含圆形建筑柱,需要载入圆形建筑柱的族。具体操作方法如下:点击"插入"选项卡下"从库中载入"面板上的"载入族"工具,在弹出的对话框中选择"建筑",打开"建筑"文件夹中的"柱"文件夹并从中选择"圆柱",这样"圆柱"族就载入项目文件了,如图 2-60、图 2-61 所示。

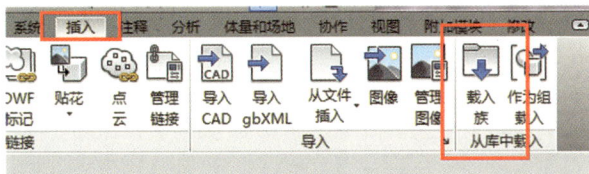

图 2-60

图 2-61

2.3.2 实施任务

1.识读图纸

根据题目中"别墅"项目构件参数要求"柱子尺寸为 300×300"可确定柱尺寸信息。根据一层平面图,如图 2-62 所示,可确定别墅一层柱位置信息。

2.创建一层建筑柱

1)设置一层建筑柱名称和尺寸

在"项目浏览器"中双击平面视图中的楼层平面,切换到"F1-0.00"平面视图。

创建一层建筑柱

单击"建筑"选项卡下"构建"面板上"柱"工具下的"柱:建筑",在"类型选择器"中选择"矩形柱",在"属性"选项板中单击"编辑类型"进入"类型属性"对话框,选择类型为"475×610 mm"的矩形建筑柱,复制新的建筑柱名称为"柱",如图 2-63 所示。

修改"柱"的尺寸标注,设置"材质"为"按类别",设置"尺寸标注"中的"深度"为"300.0","宽度"为"300.0",如图 2-64 所示,点击"确定"按钮退出"类型属性"对话框。

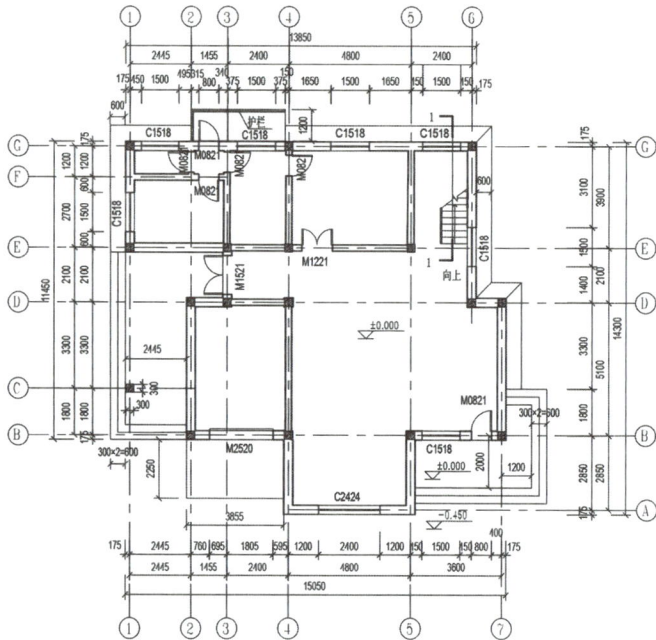

图 2-62

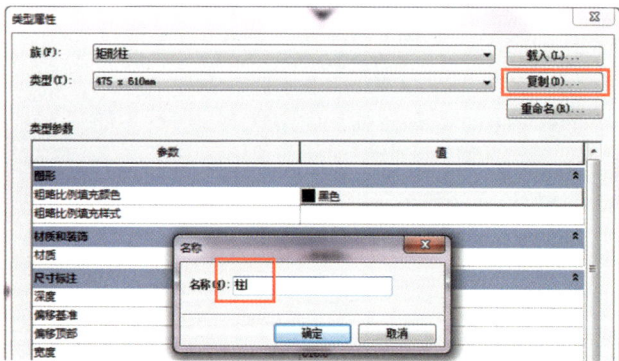

图 2-63   图 2-64

2)绘制一层建筑柱

选项栏中选择"高度",即由视图平面向上创建柱。选择"F2-3.00",即选择柱的顶部标高为 F2-3.00,如图 2-65 所示。

在绘图区域中将鼠标指针放置在 1 轴与 G 轴交点处,单击鼠标左键放置第一根建筑柱,如图 2-66 所示。

在绘图区域中依次将鼠标指针放置在 4 轴与 G 轴交点处、6 轴与 G 轴交点处、1 轴与 E 轴交点处、3 轴与 E 轴交点处、4 轴与 E 轴交点处、5 轴与 E 轴交点处、2 轴与 D 轴交点处、3 轴与 D 轴交点处、4 轴与 D 轴交点处、6 轴与 D 轴交点处、7 轴与 D 轴交点处、1 轴与 C 轴交点处、2 轴与 B 轴交点处、4 轴与 B 轴交点处、5 轴与 B 轴交点处、7 轴与 B 轴交点处,并单击鼠标左键放置建筑柱,一层建筑柱即创建完成,如图 2-67 所示。

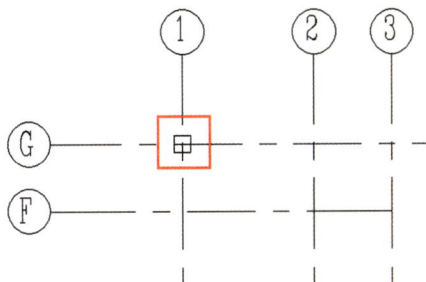

图 2-65　　　　　　　　　　　　　　　　　图 2-66

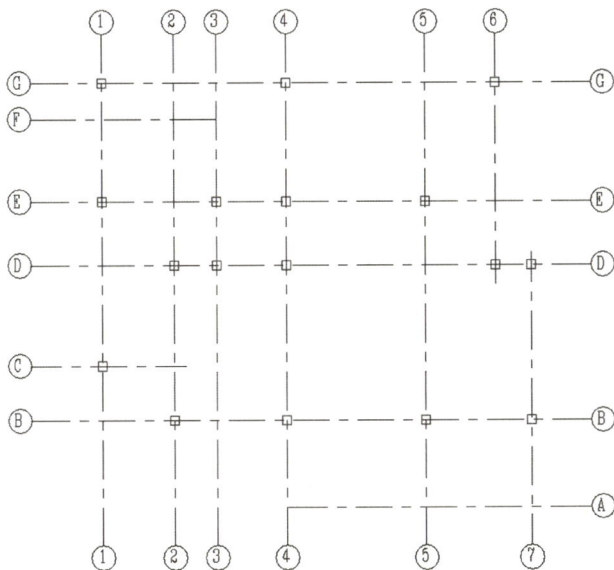

图 2-67

3. 创建二层建筑柱

根据"别墅"项目二层平面图,如图 2-68 所示,可确定别墅二层柱位置信息。

本项目二层的部分建筑柱与一层的建筑柱尺寸及位置一样,故可以用复制命令完成二层建筑柱的添加,并根据二层平面图进行修改(删除或增加建筑柱)。

创建二、三层
建筑柱

在"项目浏览器"中双击平面视图中的楼层平面,切换到"F1-0.00"平面视图。用鼠标框选所有"别墅"项目的一层建筑柱,软件将自动切换至"修改|选择多个"上下文选项卡,单击"过滤器"工具,弹出"过滤器"对话框,如图 2-69 所示。

在"过滤器"对话框中单击"放弃全部",然后勾选"柱"类别,单击"确定"按钮退出"过滤器"对话框,仅保留选择集中的柱类别图元,如图 2-70 所示。

此时,软件自动切换至"修改|柱"上下文选项卡。单击"剪贴板"面板中的"复制"工具或按"Ctrl"键和"C"键,将所选柱图元复制至剪贴板中,如图 2-71 所示。

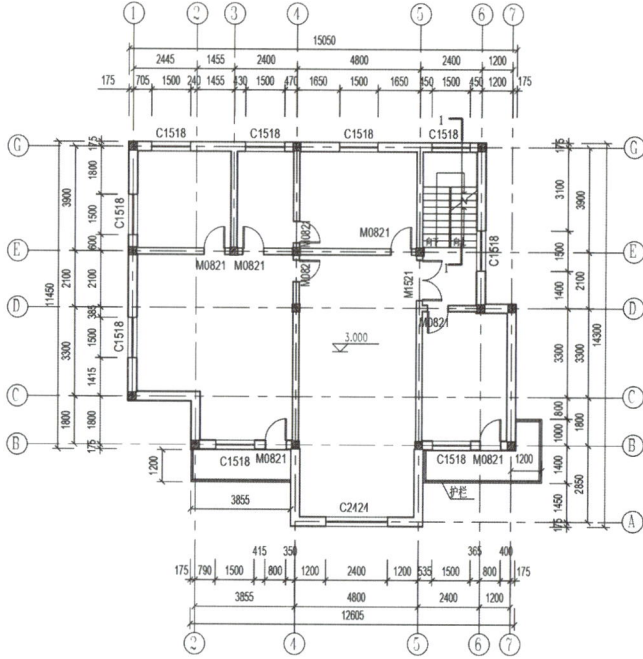

二层平面图1：100

图 2-68

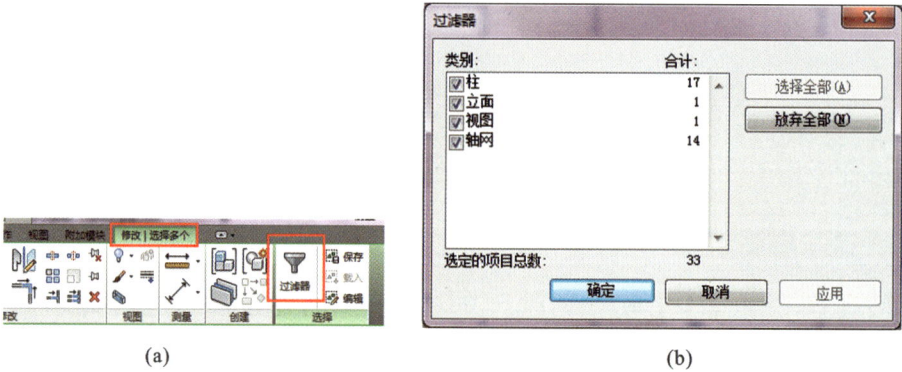

(a)   (b)

图 2-69

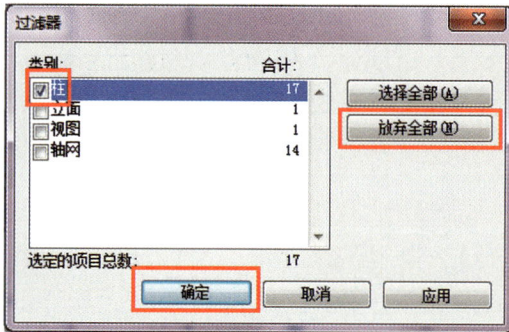

图 2-70

图 2-71

此时"剪贴板"面板中的"粘贴"工具变为可用。单击"粘贴"工具下拉列表,在下拉列表中选择"与选定的标高对齐"选项,弹出"选择标高"对话框,该对话框将列出当前项目中所有已创建的标高。在列表中选择"F2-3.00",单击"确定"按钮,将所选一层建筑柱复制至二层,如图 2-72 所示。

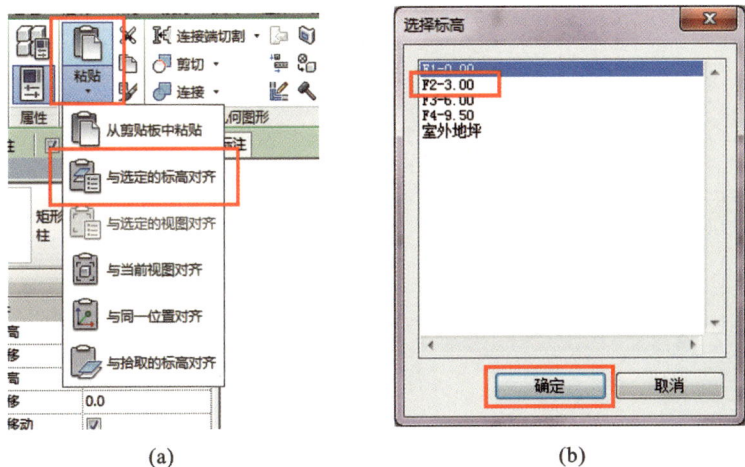

(a)   (b)

图 2-72

在"项目浏览器"中单击三维视图前的 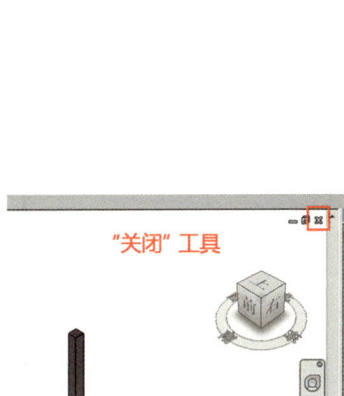 ,并双击"三维视图"下的"{三维}",切换至三维视图查看结果,如图 2-73 所示。

单击三维视图右上角的"关闭"工具,关闭三维视图,如图 2-74 所示。

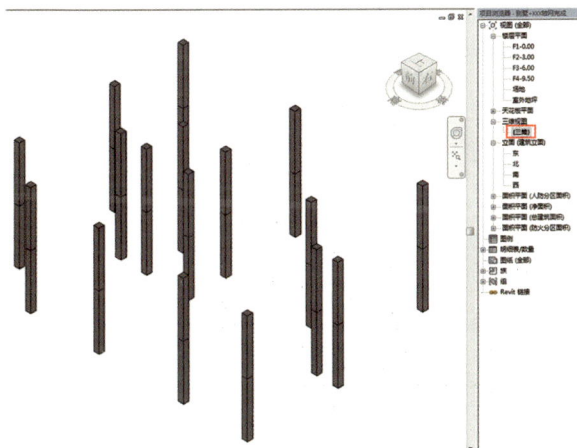

图 2-73   图 2-74

在"项目浏览器"中双击平面视图中的楼层平面,切换到"F2-3.00"平面视图,如图 2-75 所示。

根据"别墅"项目二层平面图,可知二层 D 轴与 2 轴、3 轴交点处无建筑柱。通过拖动鼠标从左上向右下框选上述建筑柱,此时软件自动切换至"修改|柱"上下文选项卡,单击"修改"面板上的"删除"工具,删除上述建筑柱,如图 2-76 所示。此外,选择需要删除的对象后,也可通过"Delete"键进行删除。

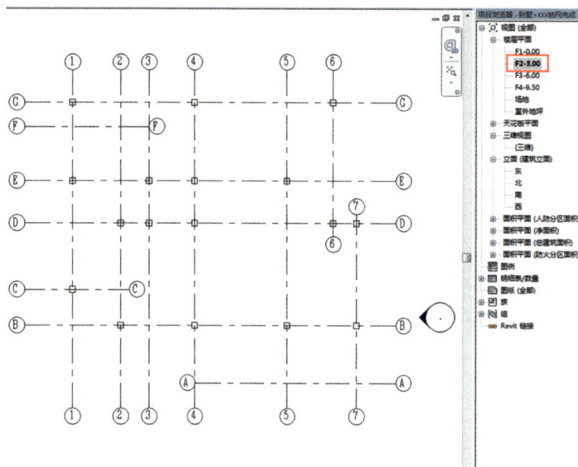

图 2-75

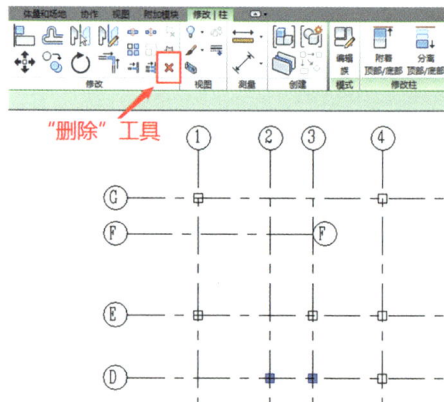

图 2-76

4. 创建三层建筑柱

根据"别墅"项目三层平面图,如图 2-77 所示,可确定别墅三层柱位置信息。

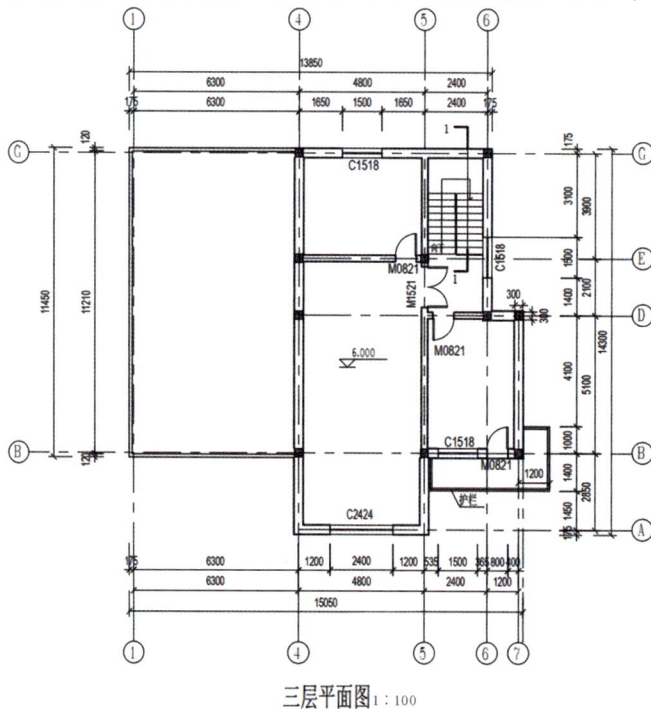

三层平面图 1:100

图 2-77

本项目三层的 4 轴、5 轴、6 轴和 7 轴建筑柱与二层的建筑柱尺寸及位置一样,故可以用复制命令完成三层建筑柱的添加,并根据三层平面图进行修改(删除或增加建筑柱)。

在"项目浏览器"中双击平面视图中的楼层平面,切换到"F2-3.00"平面视图。通过拖动鼠标从左上向右下框选所有 4 轴、5 轴、6 轴和 7 轴建筑柱,如图 2-78 所示。

此时,软件自动切换至"修改|柱"上下文选项卡。单击"剪贴板"面板中的"复制"工具或按"Ctrl"键和"C"键,将所选柱图元复制至剪贴板中,单击"粘贴"工具下拉列表,在下拉列表中选择"与选定的标高对齐"选项,弹出"选择标高"对话框,该对话框将列出当前项目中所有已创建的标高。在列表中选择"F3-6.00",单击"确定"按钮,将所选二层建筑柱复制至三层,如图 2-79 所示。

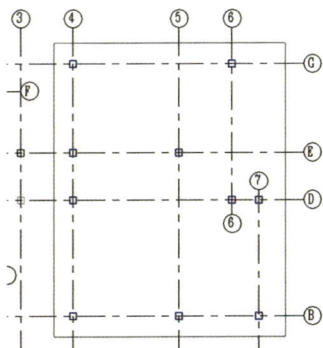
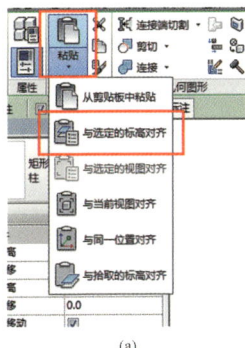

(a)

(b)

图 2-78　　　　　　　　　　　　图 2-79

修改三层柱高度。根据"别墅"项目立面图,可知三层柱高度应为 $9.5m-6m=3.5m$。由于三层柱是从二层柱直接复制修改得到的,高度为 3m,因此需修改三层柱高度。在"项目浏览器"中双击平面视图中的楼层平面,切换到"F3-6.00"平面视图。用鼠标框选别墅项目所有三层柱,软件将自动切换至"修改|柱"上下文选项卡,将"属性"选项板中墙的"顶部偏移"由"-500.0"修改为"0.0",并按"Enter"键确定,如图 2-80 所示。

在"项目浏览器"中单击三维视图前的 ⊞,并双击"三维视图"下的"{三维}",切换至三维视图查看结果,如图 2-81 所示。

图 2-80

单击三维视图右上角的"关闭"工具,关闭三维视图。在"项目浏览器"中双击平面视图中的楼层平面,切换到"F3-6.00"平面视图,如图 2-82 所示。

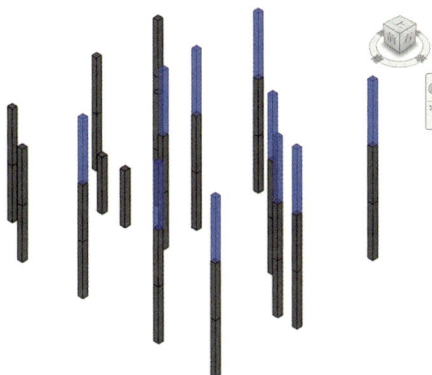
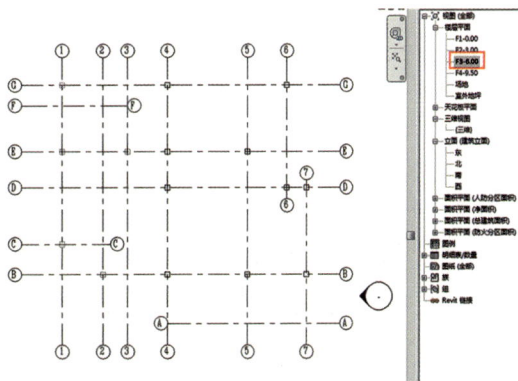

图 2-81　　　　　　　　　　　　图 2-82

至此,"别墅"项目所有柱创建完成。

2.3.3　拓展任务

1.结构柱

在"项目浏览器"中双击平面视图中的楼层平面或三维视图中的"三维",切换到相应视图,然后单击"结构"选项卡下的"柱"命令或"建筑"选项卡下"构建"面板上"柱"命令下拉菜单中的"结构柱",此时自动激活"修改|放置 结构柱"上下文选项卡,在"属性"选项板的"类型选择器"中选择结构柱类型,在绘图区域进行放置。

2.在轴网放置多个结构柱

在"项目浏览器"中双击平面视图中的楼层平面或三维视图中的"三维",切换到相应视图,然后单击"结构"选项卡下的"柱"命令;单击"修改|放置 结构柱"上下文选项卡下"多个"面板上的"在轴网处" ⊞ 命令,选择轴网线,以定义所需的轴网交点。单击"在轴网交点处"选项卡下"多个"面板上的"完成" ✔ 命令,以创建结构柱。

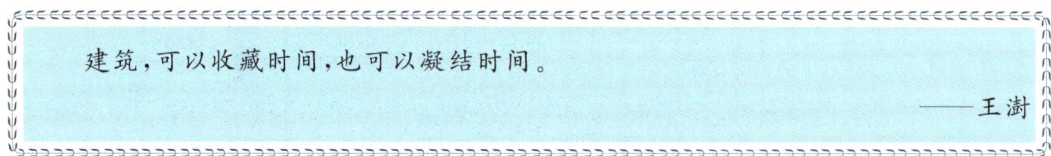

> 建筑,可以收藏时间,也可以凝结时间。
>
> ——王澍

2.4　任务 4:建筑墙

2.4.1　学习任务

墙体作为建筑物的重要组成部分,主要起围护和分隔空间的作用,同时具有隔热、保温、隔声的功能,此外,墙体也是门、窗等建筑构件的承载主体。

在 Revit 中,墙体主要分为基本墙、叠层墙、墙体装饰和幕墙。本任务主要讲述基本墙、叠层墙、墙体装饰的创建与编辑。

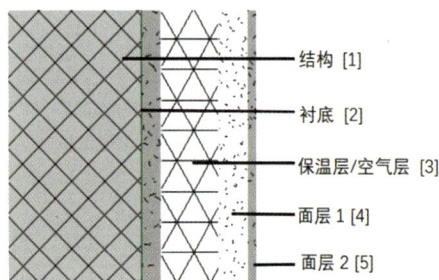

图 2-83

1.墙的功能层

墙的功能层包括"结构[1]""衬底[2]""保温层/空气层[3]""面层 1[4]""面层 2[5]",如图 2-83 所示。当墙与墙连接时,墙各层之间连接的优先级别是"结构[1]">"衬底[2]">"保温层/空气层[3]">"面层 1[4]">"面层 2[5]"。

建筑墙与结构墙的默认绘制参考依据不同。

在相同楼层绘制这两种墙体时,建筑墙默认以该楼层标高作为底部标高,而结构墙则默认以该楼层标高作为顶部标高。

2.建筑墙的创建与修改

1)建筑墙的创建

打开楼层平面视图或三维视图,单击"建筑"选项卡下"构建"面板上"墙"下拉列表中的"墙:建筑"工具(或"结构"选项卡下"结构"面板上"墙"下拉列表中的"墙:建筑"工具),如图 2-84 所示。

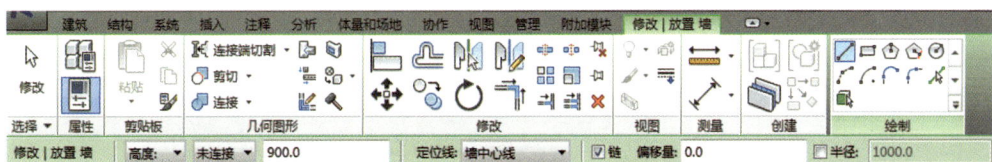

图 2-84

放置建筑墙时可在选项栏上指定以下内容,如图 2-85 所示。

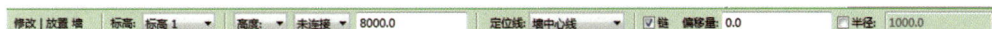

图 2-85

其中,"标高"(仅限三维视图创建墙时有此选项)表示为墙选择底部标高,在平面视图中,该视图的标高即为墙的底部标高。

"深度/高度"表示选择"深度"时,将由视图平面向下创建墙;选择"高度"时,将由视图平面向上创建墙。建模时,通常选择"高度"。

"未连接"表示墙的高度通过手动方式输入,即在"未连接"后面的输入框中输入具体数值以指定墙的高度;或选择下拉菜单中的某个标高,即选择墙的顶部标高。

"定位线"表示选择在绘制时要将墙的哪个垂直平面与鼠标指针对齐,或要将哪个垂直平面与将在绘图区域中选定的线或面对齐。"定位线"下拉菜单包括"墙中心线""核心层中心线""面层面:外部""面层面:内部""核心面:外部"以及"核心面:内部"等,即可通过上述六种定位线定位墙体。

勾选"链"复选框表示可以绘制一系列在端点处连接的墙段。

"偏移量"表示指定墙的定位线与鼠标指针位置(或选定的线、面)之间的偏移。

"半径"表示绘制圆形或圆弧形墙体时定义的半径。

2)建筑墙的绘制

在"绘制"面板中,如图 2-86 所示,选择一个绘制工具,可以使用下列方法绘制墙:①使用默认的"线"工具通过在视图中指定墙体起点和终点来绘制直墙段;②指定起点,沿所需方向移动鼠标,然后输入墙长度值创建墙体;③使用"绘制"面板中的其他工具,可以绘制矩形布局、多边形布局、圆形布局或弧形布局的墙体。

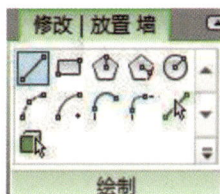

图 2-86

通常情况下,按照顺时针方向绘制墙体,此时墙体外侧向外、内侧向内。如果墙体内外侧反向,可以按"空格"键翻转墙(内部/外部)的方向。

3)建筑墙高度修改

选中已绘制的建筑墙,此时自动激活"修改|墙"上下文选项卡,在"属性"选项板中可设置底部限制条件、底部偏移、顶部约束和顶部偏移,如图 2-87 所示。其中,底部限制条件指墙底所处标高位置,底部偏移指墙底偏移墙底标高的距离(向上偏移为正值,向下偏移为负值),顶部约束指墙顶所处标高位置,顶部偏移指墙顶偏移墙顶标高的距离(向上偏移为正值,向下偏移为负值)。

如果要修改建筑墙的类型属性,则需要单击"属性"选项板上的"编辑类型",在弹出的"类型属性"对话框中,修改其类型、结构、功能和尺寸标注等参数,如图 2-88 所示。

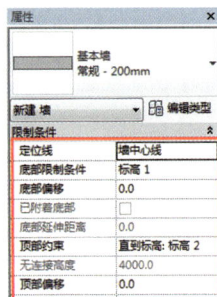

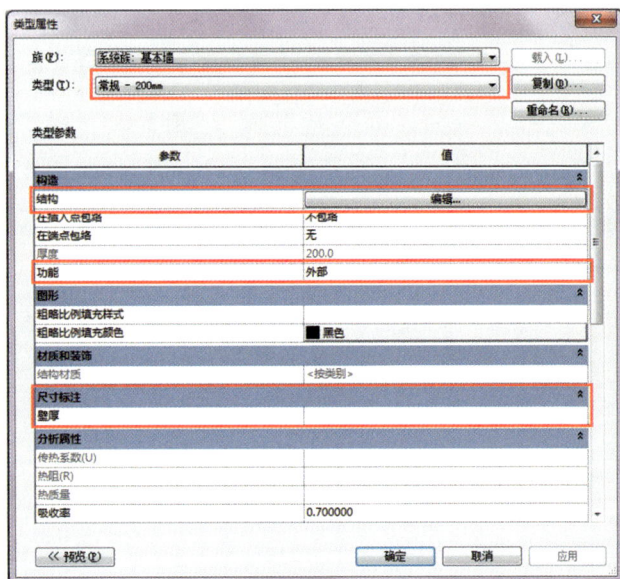

图 2-87   图 2-88

此外,单击"编辑族"可进入"族编辑器"修改属性。

4)墙体构造创建

单击"属性"选项板上的"编辑类型",会弹出"类型属性"对话框,如图 2-89 所示,点击"编辑..."选项框,将会弹出"编辑部件"对话框。

可通过修改墙的类型参数设置其构造、图形、材质和装饰等属性,根据需要点击"插入"按钮,自定义增加构造层,可点击"向上"或"向下"按钮调整构造层的位置(注:核心边界只放置构造层,面层与装饰层等非构造层应向核心边界两侧移动),如图 2-90 所示。

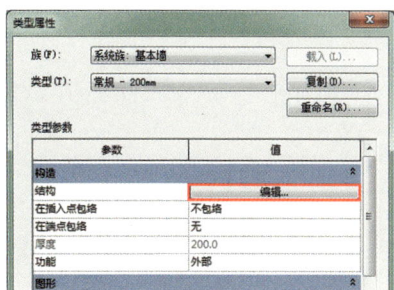

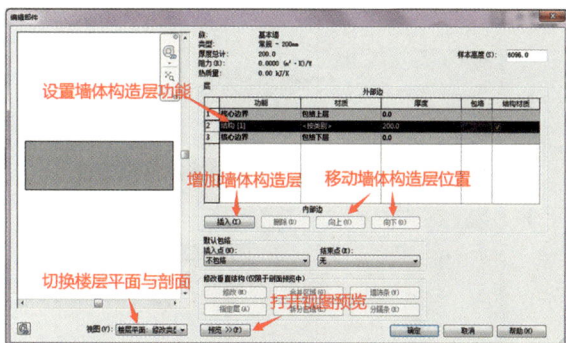

图 2-89   图 2-90

墙部件定义中的"层"用于表示墙体的构造层次,定义的墙结构列表从上(外部边)到下(内部边)代表墙构造从"外"到"内"的顺序。

5)选择/创建墙体构造层材质

根据项目要求编辑墙体构造层材质,单击结构[1]层材质栏中的 □ ,弹出"材质浏览器"窗口,在搜索材质框中输入需要的材质名称,如果项目材质中有此材质,则可选择对应材质,并单击"确定"按钮,如图 2-91 所示。

如果项目材质中没有对应材质但有类似材质,则可选择类似材质并以此材质复制创建所需材质,具体操作如下:在类似材质处单击鼠标右键,选择"复制",重新命名新建材质,并单击"确定"按钮,如图 2-92 所示。

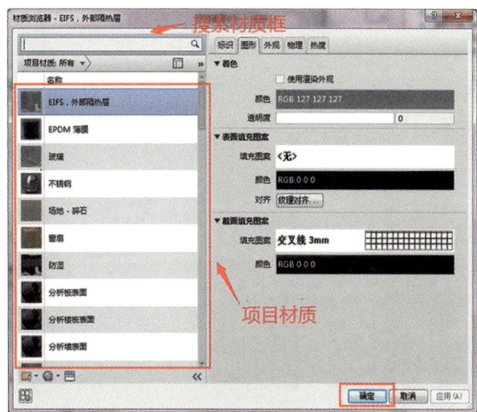

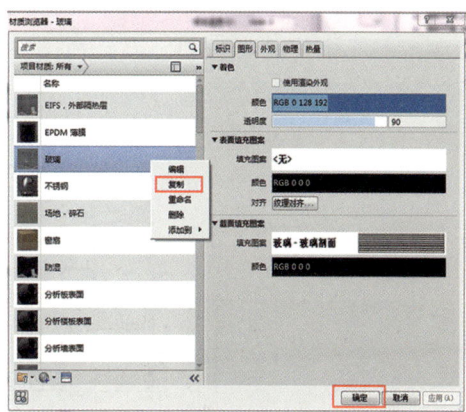

图 2-91   图 2-92

如果项目材质中没有对应材质和类似材质,则可显示库面板,即打开 Autodesk 材质库,在 Autodesk 材质库中选择合适的材质,如图 2-93 所示。

如果项目材质和 Autodesk 材质库中都没有对应材质和类似材质,则可新建材质,具体操作如下:单击"材质浏览器"窗口左下方的"创建并复制材质"按钮,选择"新建材质",如图 2-94 所示,创建名称为"默认为新材质"的材质,通过修改材质名称、材质图形以及外观等属性定义新材质。

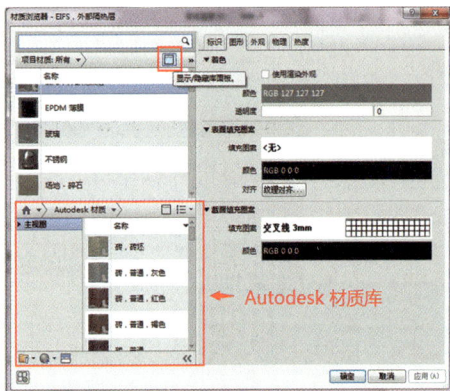

图 2-93

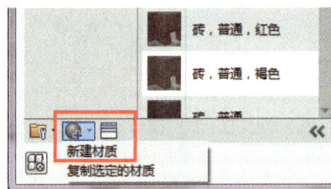

图 2-94

"材质浏览器"对话框中有"图形"和"外观"两种材质样式效果,"图形"栏对应的是模型"着色"视觉样式下的效果;"外观"栏对应的是模型"真实"视觉样式下的效果。在"图形"编辑栏中勾选"使用渲染外观"复选框,可使"图形"显示的颜色自动与"外观"显示的颜色保持一致。

2.4.2 实施任务

1.识读图纸

根据题目中"别墅"项目墙体参数要求"外墙:350,10 厚灰色涂料、30 厚泡沫保温板、300 厚混凝土砌块、10 厚白色涂料;内墙:240,10 厚白色涂料、220 厚混凝土砌块、10 厚白色涂料;女儿墙:120 厚砖砌体",可确定外墙、内墙和女儿墙构造信息。根据一层平面图、二层平面图和三层平面图,如图 2-95 所示,可确定别墅外墙、内墙和女儿墙位置信息。

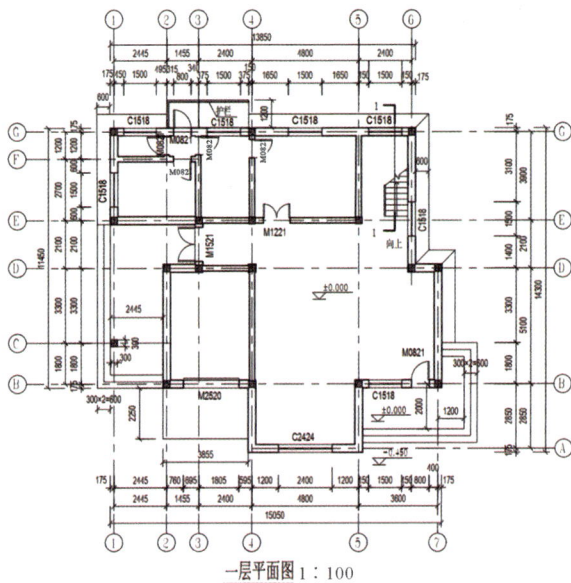

一层平面图 1:100

(a)

图 2-95

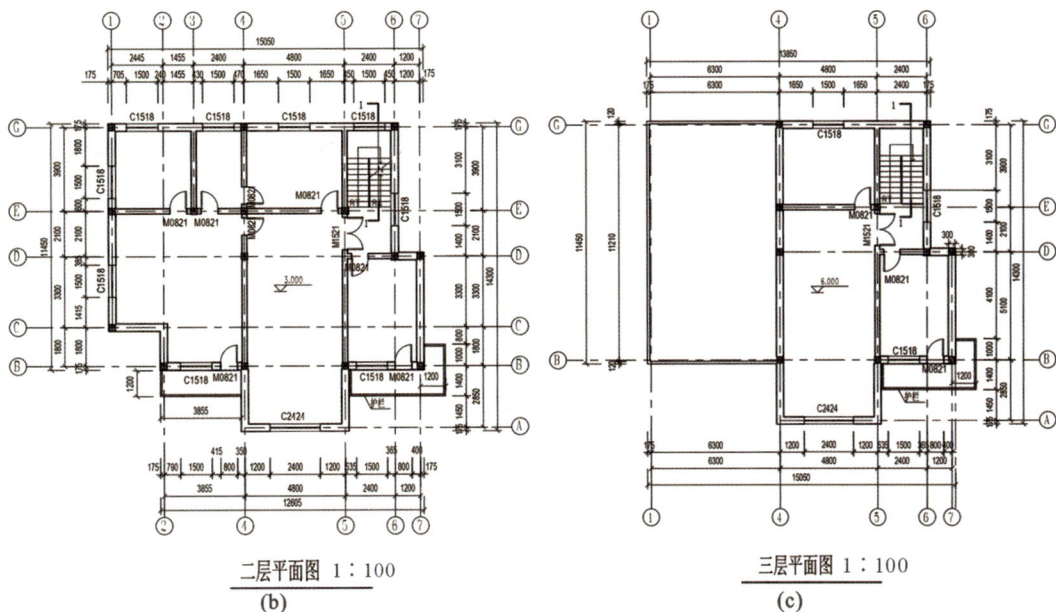

二层平面图 1：100
(b)

三层平面图 1：100
(c)

续图 2-95

2. 创建建筑墙

1）创建一层外墙

（1）设置一层外墙材质

在"项目浏览器"中双击平面视图中的楼层平面，切换到"F1-0.00"平面视图。

单击"建筑"选项卡下"构建"面板上的"墙"工具下拉列表，在列表中选择"墙：建筑"工具，进入建筑墙体的"修改|放置 墙"界面。在"属性"选项板中单击"编辑类型"，在弹出的"类型属性"对话框中，单击"族"下拉列表，设置族为"系统族：基本墙"，设置类型为"常规-200 mm"。单击"复制" 复制(D)... 工具，在"名称"对话框中输入"外墙"后单击"确定"按钮，返回"类型属性"对话框，如图 2-96 所示。

设置一层外墙材质

图 2-96

单击"类型属性"对话框中的" 编辑... "工具进入"编辑部件"对话框，如图 2-97 所示。

在"编辑部件"对话框中单击"结构[1]"层材质栏中的 ... ，弹出"材质浏览器"对话框，在搜索材质框中输入"混凝土砌块"，并单击"确定"按钮，在"编辑部件"对话框中修改"结构[1]"层厚度为"300.0"，如图 2-98 所示。

75

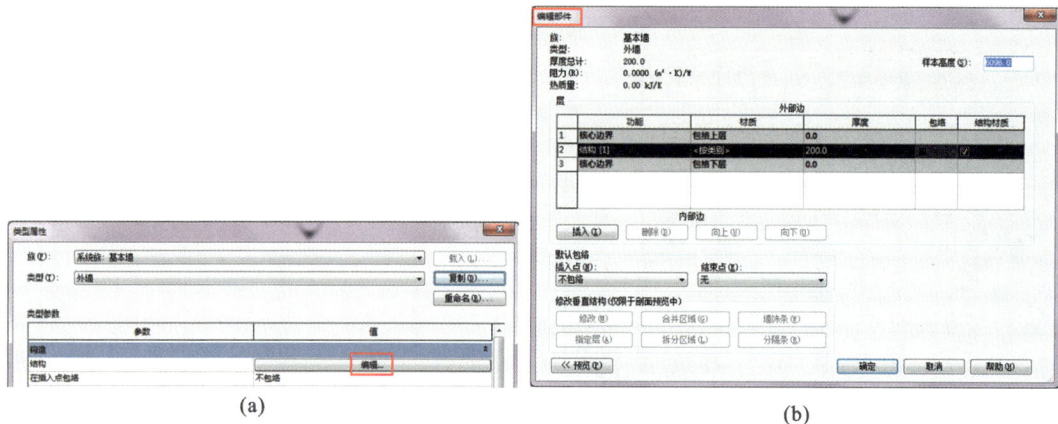

(a)

(b)

图 2-97

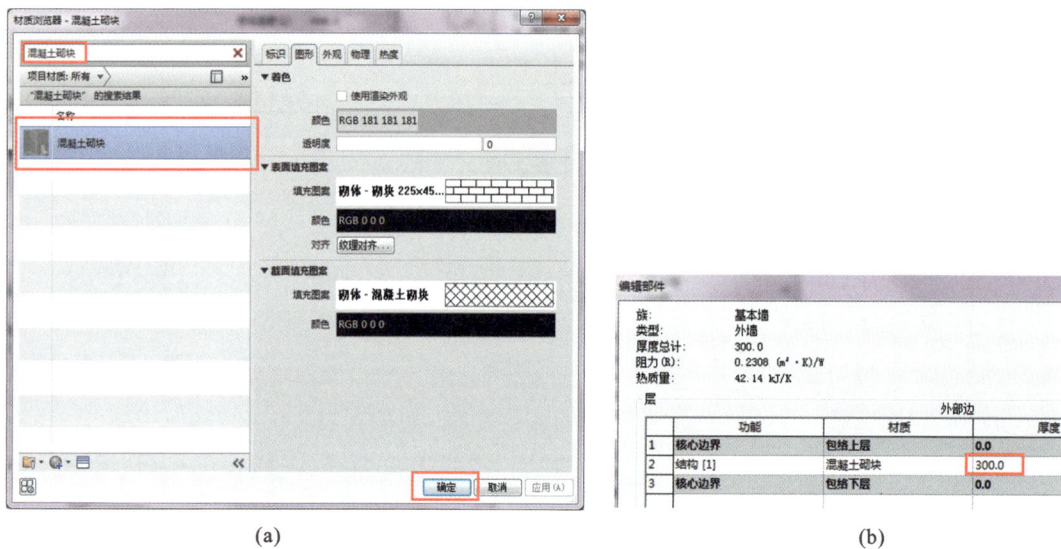

(a)

(b)

图 2-98

　　单击"编辑部件"对话框中的"插入"按钮,添加一个新构造层,新插入的层的默认功能为"结构[1]",厚度为"0.0",如图 2-99 所示。

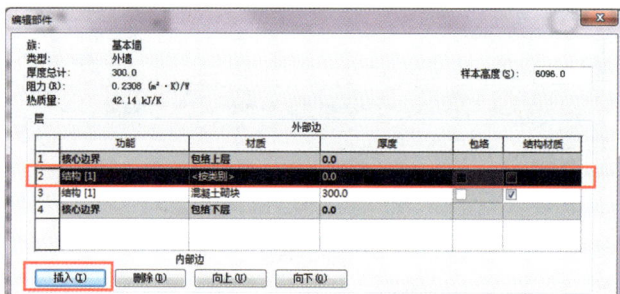

图 2-99

　　单击"向上"按钮,向上移动该层使其层编号为"1",即置于核心边界上层,单击修改该行"功能",在下拉列表中选择"衬底[2]",如图 2-100 所示。

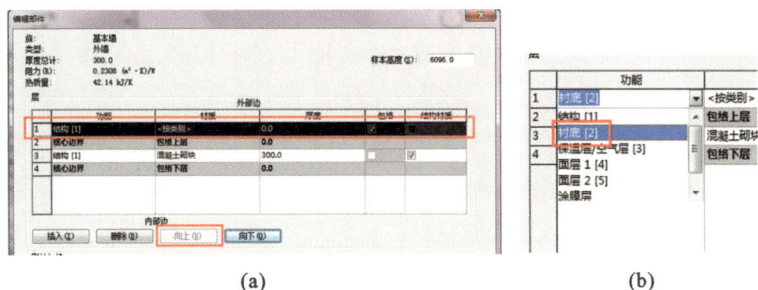

(a)　　　　　　　　　　　　(b)

图 2-100

单击"衬底[2]"层材质栏中的 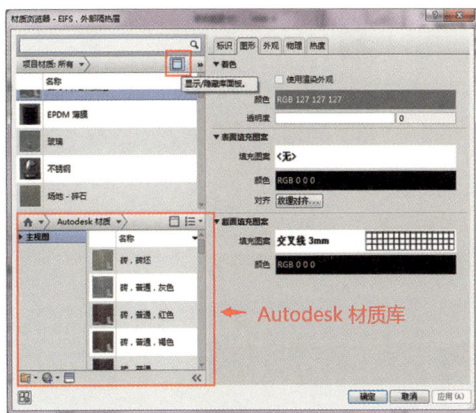，弹出"材质浏览器"窗口，单击"显示/隐藏库面板"，显示 Autodesk 材质库，如图 2-101 所示。

在搜索材质框中输入"泡沫保温板"，项目材质库和 Autodesk 材质库均无对应材质与之匹配。重新在搜索材质框中输入"泡沫"，在 Autodesk 材质库中选择相似材质"聚氨酯泡沫"，并将其添加至项目材质，如图 2-102 所示。

图 2-101　　　　　　　　　　　　图 2-102

选择项目材质中"聚氨酯泡沫"，单击鼠标右键选择"复制"，得到新材质类型"聚氨酯泡沫(1)"，名称呈蓝色字体显示，将其重命名为"泡沫保温板"，并单击"确定"按钮，在"编辑部件"对话框中修改"衬底[2]"层厚度为"30.0"，如图 2-103 所示。

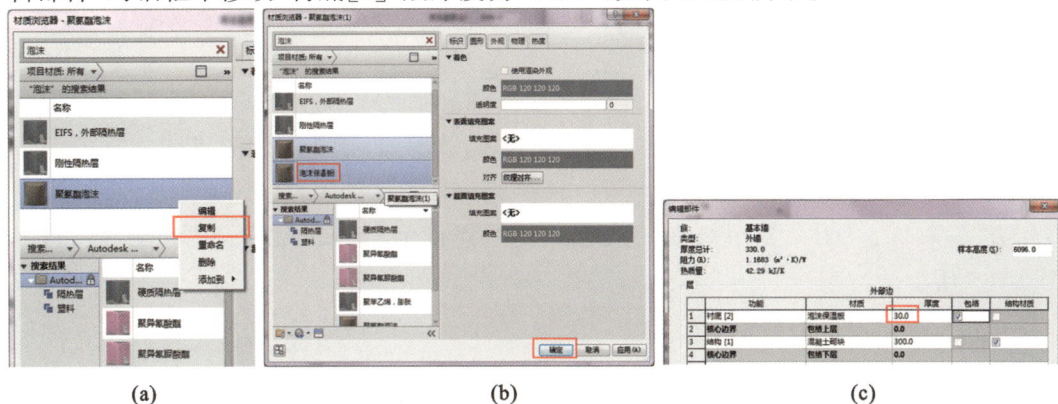

(a)　　　　　　　　　　　(b)　　　　　　　　　　　(c)

图 2-103

单击"编辑部件"对话框中的"插入"按钮,添加一个新构造层,并通过"向上"命令向上移动该层使其层编号为"1",单击修改该行"功能",在下拉列表中选择"面层1[4]",如图 2-104 所示。

单击"面层1[4]"层材质栏中的 ⬚⬚⬚ ,弹出"材质浏览器"窗口,在搜索材质框中输入"涂料",在项目材质库中选择相似材质"涂料-黄色",单击鼠标右键选择"复制",得到新材质类型"涂料-黄色(1)",将其重命名为"灰色涂料",如图 2-105 所示。

单击"材质浏览器"中"图形"选项卡"着色"面板上的"颜色"色块,在弹出的"颜色"对话框中选择一种灰色,并单击"确定"按钮,如图 2-106 所示。此时,灰色涂料在"着色"视觉样式下的颜色已改为灰色。

单击"材质浏览器"中的"外观"选项卡,切换至"外观"选项卡界面,单击"黄色"面板上的"替换此资源"工具,如图 2-107 所示,弹出"资源浏览器"对话框。

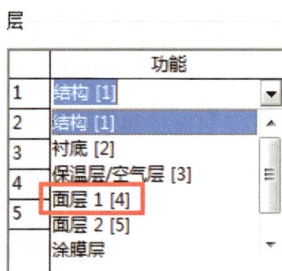

图 2-104

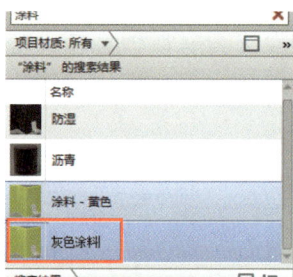

图 2-105

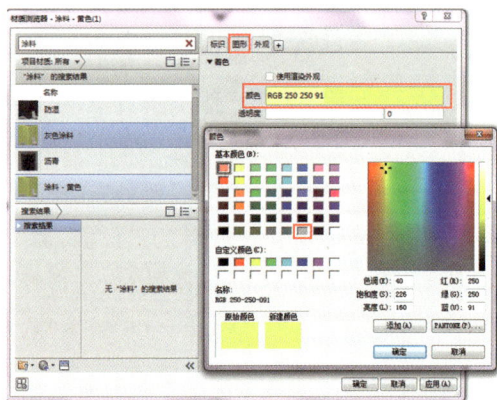

图 2-106

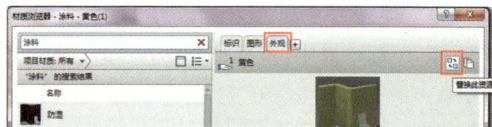

图 2-107

在"资源浏览器"对话框中输入"灰色"并找到合适的替换资源,单击替换资源后的 ⇄ (使用此资源替换编辑器中的当前资源)工具,并单击"确定"按钮,完成外观资源设置,如图 2-108 所示。此时,灰色涂料在"外观"视觉样式下的颜色已改为灰色。

在"编辑部件"对话框中修改"面层1[4]"层厚度为"10.0",并单击"确定"按钮,如图 2-109 所示。

单击"编辑部件"对话框中的"插入"按钮,添加一个新构造层,并通过"向下"按钮向下移动该层使其层编号为"6",单击修改该行"功能",在下拉列表中选择"面层1[4]",如图 2-110 所示。

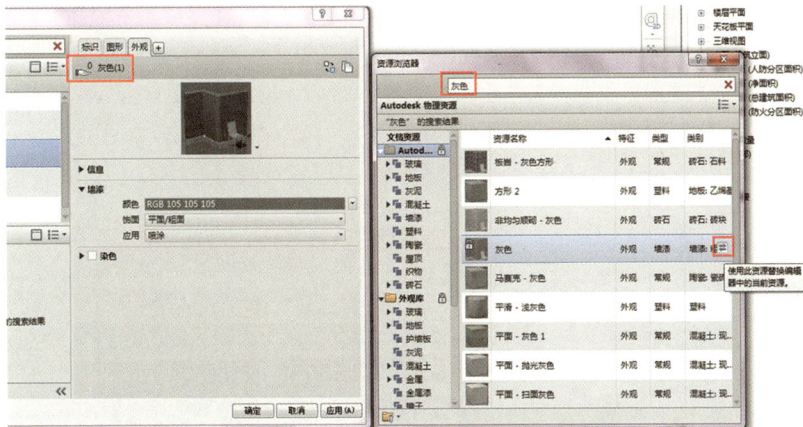

图 2-108

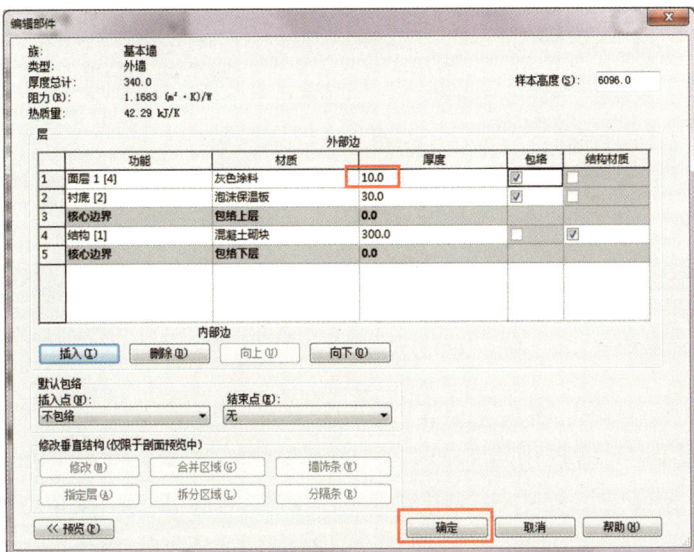

图 2-109

单击新建"面层 1[4]"层材质栏中的 ⟨…⟩，弹出"材质浏览器"对话框，在搜索材质框中输入"涂料"，在项目材质库中选择相似材质"灰色涂料"，单击鼠标右键选择"复制"，得到新材质类型"灰色涂料（1）"，将其重命名为"白色涂料"，如图 2-111 所示。

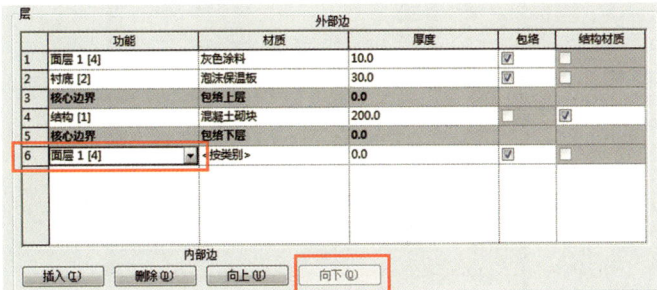

图 2-110

图 2-111

单击"材质浏览器"中"图形"选项卡"着色"面板上的"颜色"色块,在弹出的"颜色"对话框中选择白色,并单击"确定"按钮,如图 2-112 所示。此时,白色涂料在"着色"视觉样式下的颜色已改为白色。

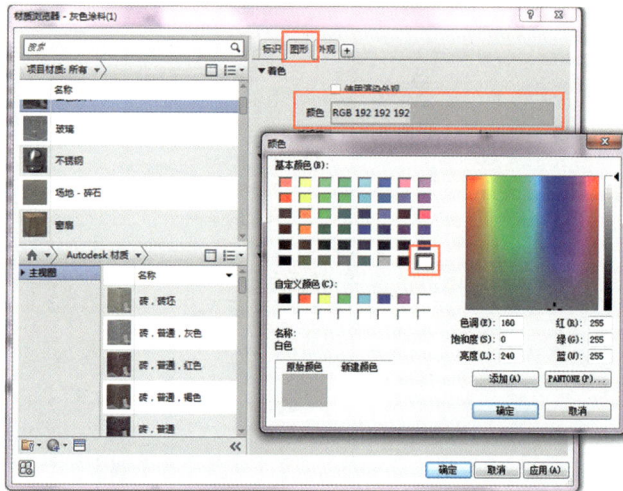

图 2-112

单击"材质浏览器"中的"外观"选项卡,切换至"外观"选项卡界面,单击"灰色"面板上的"替换此资源"工具,如图 2-113 所示,弹出"资源浏览器"对话框。

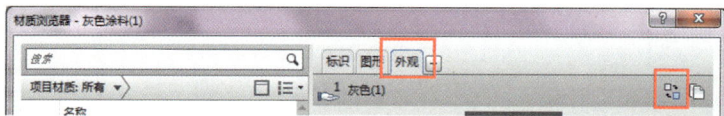

图 2-113

在"资源浏览器"对话框中输入"白色"并找到合适的替换资源,单击替换资源后的（使用此资源替换编辑器中的当前资源）工具,并单击"确定"按钮,完成外观资源设置,如图 2-114 所示。此时,白色涂料在"外观"视觉样式下的颜色已改为白色。

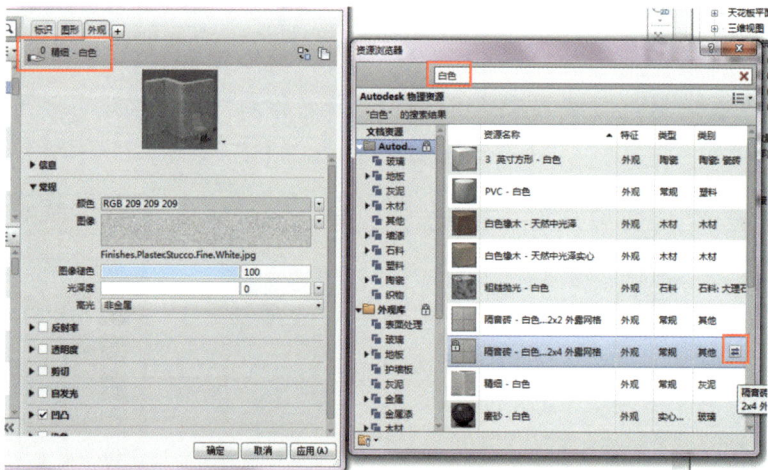

图 2-114

在"编辑部件"对话框中修改新建"面层 1[4]"层厚度为"10.0",并单击"确定"按钮,如图 2-115 所示。

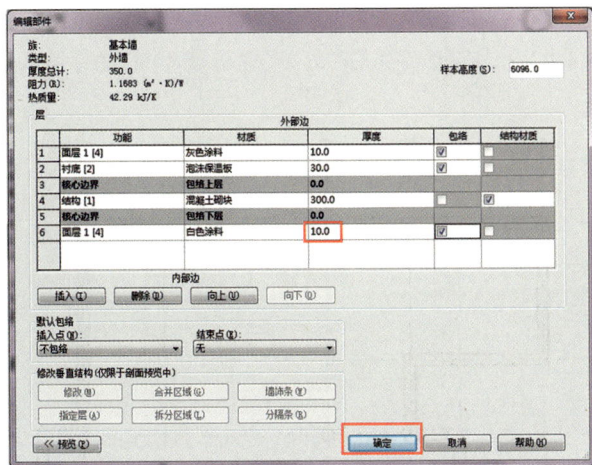

图 2-115

此时,外墙材质设置完成。

(2)绘制一层外墙

在"项目浏览器"中双击平面视图中的楼层平面,切换到"F1-0.00"平面视图。

单击"建筑"选项卡下"构建"面板上"墙"下拉列表中的"墙:建筑"工具(或"结构"选项卡下"结构"面板上"墙"下拉列表中的"墙:建筑"工具),在"属性"选项板的"类型选择器"中选择"外墙",选择墙体定位线为"墙中心线",确认勾选"链"复选框。在 G 轴和 1 轴交点处单击鼠标左键,移动鼠标至 G 轴和 6 轴交点处,单击鼠标左键,如图 2-116 所示,完成 G 轴线外墙绘制。此时 G 轴线外墙黄色高亮显示,并弹出警告对话框"一个图元完全位于另一个图元之中。",单击"确定"按钮。该警告对话框表示 G 轴线上的建筑柱完全位于 G 轴线建筑墙中。

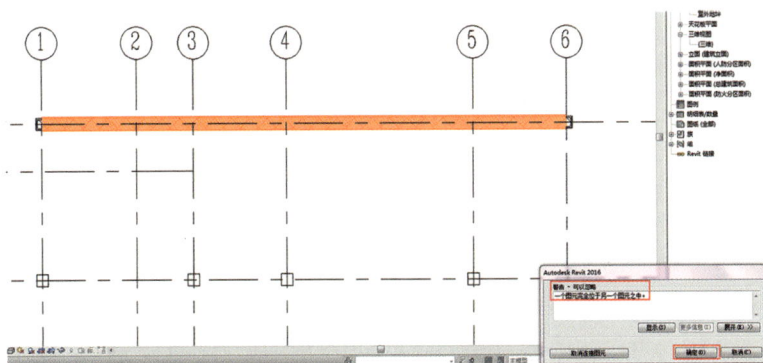

绘制一层外墙

图 2-116

继续在 D 轴和 6 轴交点处单击鼠标左键,移动鼠标至 D 轴和 7 轴交点处单击鼠标左键,并在弹出的警告对话框中单击"确定"按钮。类似地,依次在 B 轴和 7 轴交点处、

B 轴和 5 轴交点处、A 轴和 5 轴交点处、A 轴和 4 轴交点处、B 轴和 4 轴交点处、B 轴和
2 轴交点处、D 轴和 2 轴交点处、D 轴和 3 轴交点处、E 轴和 3 轴交点处、E 轴和 1 轴交点
处以及 G 轴和 1 轴交点处单击鼠标左键,并在每一次弹出的警告对话框中单击"确定"
按钮,进行一层外墙的绘制。在键盘上按"Esc"键退出当前命令,完成一层外墙的绘制,
如图 2-117 所示。

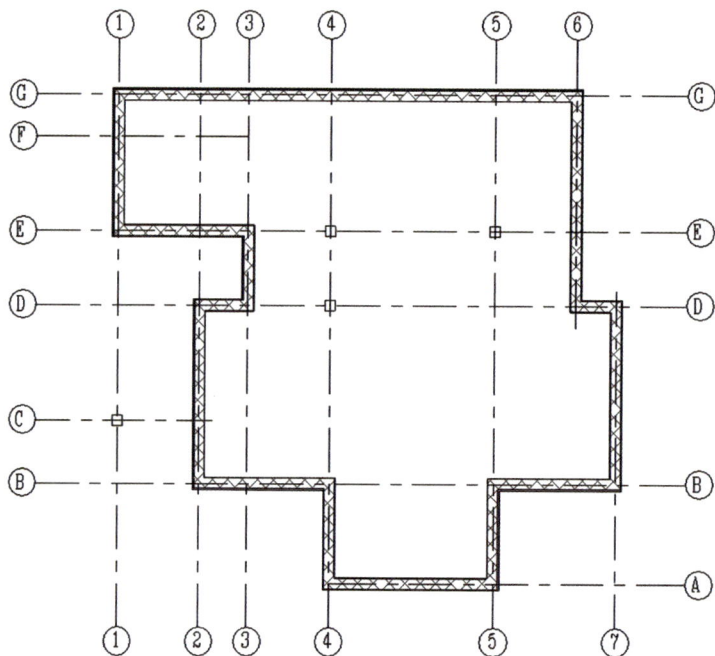

图 2-117

通常情况下,按照顺时针方向绘制墙体,此时墙体外侧向外、内侧向内。如果墙体内
外侧反向,可以按"空格"键翻转墙(内部/外部)的方向。

2)创建一层内墙

(1)设置一层内墙材质

在"项目浏览器"中双击平面视图中的楼层平面,切换到"F1-0.00"平
面视图。

创建一层内墙

单击"建筑"选项卡下"构建"面板上的"墙"工具下拉列表,在列表中选
择"墙:建筑"工具,进入建筑墙体的"修改│放置 墙"界面。在"属性"选项板中单击"编辑
类型"进入"类型属性"对话框,单击"族"下拉列表,设置族为"系统族:基本墙",类型选择
为"外墙"。单击"复制"[复制(D)...]工具,在"名称"对话框中输入"内墙"后单击"确定"按
钮,如图 2-118 所示,返回"类型属性"对话框。

单击"类型属性"对话框中的"编辑"工具进入"编辑部件"对话框,如图 2-119 所示。

在"编辑部件"对话框中单击"灰色涂料"层材质栏中的 [],弹出"材质浏览器"对话
框,在搜索材质框中输入"白色涂料",并单击"确定"按钮,如图 2-120 所示,此时"面层
1[4]"材质由"灰色涂料"修改为"白色涂料"。

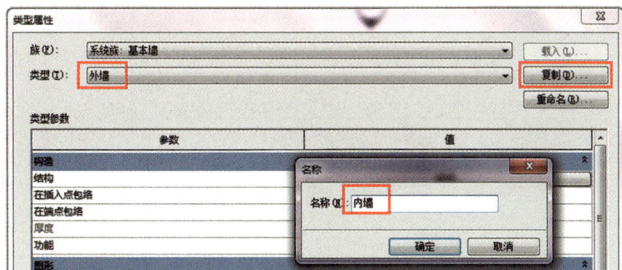

图 2-118

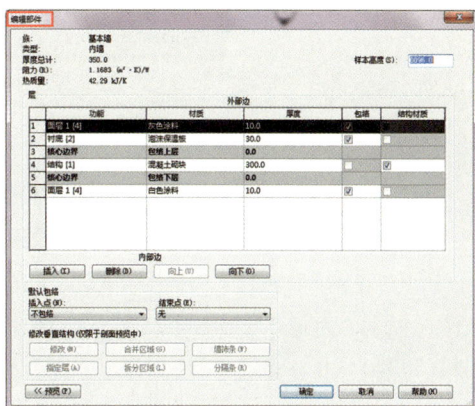

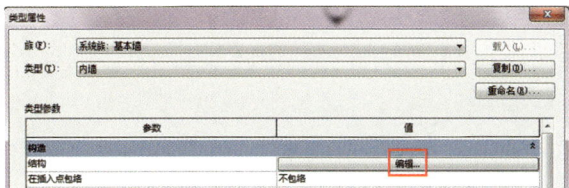

(a)　　　　　　　　　　　　　　　　　　(b)

图 2-119

在"衬底[2]"单击鼠标左键选择本层,点击"删除"完成对"衬底[2]"层的删除,如图 2-121 所示。

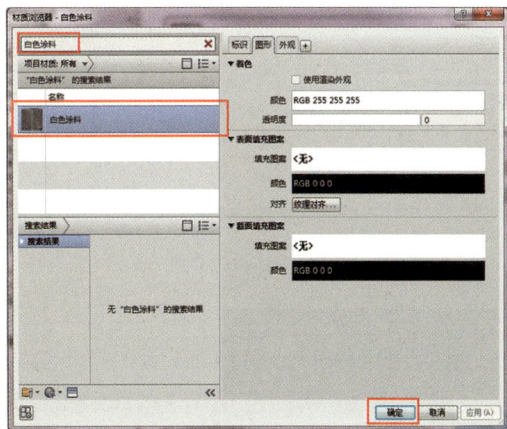

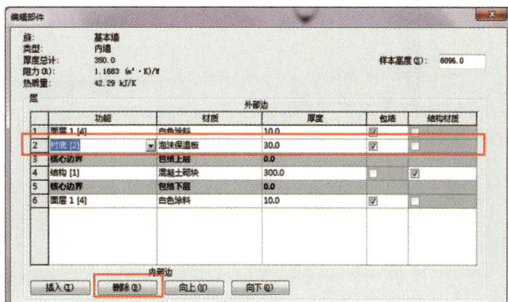

图 2-120　　　　　　　　　　　　　　　　　图 2-121

修改"结构[1]"层厚度为 220,完成内墙材质设置,并单击"确定"按钮,如图 2-122 所示。

此时,内墙材质设置完成。

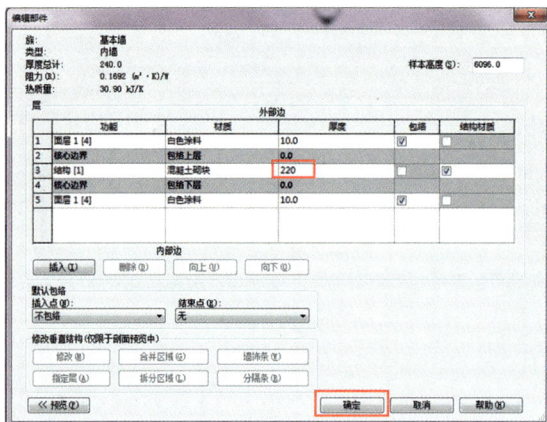

图 2-122

(2)绘制一层内墙

在"项目浏览器"中双击平面视图中的楼层平面,切换到"F1-0.00"平面视图。

单击"建筑"选项卡下"构建"面板上"墙"下拉列表中的"墙:建筑"工具(或"结构"选项卡下"结构"面板上"墙"下拉列表中的"墙:建筑"工具),在"属性"选项板的"类型选择器"中选择"内墙",选项栏中选择墙体定位线为"墙中心线",确认勾选"链"复选框。在 F 轴和 1 轴交点处单击鼠标左键,移动鼠标至 F 轴和 3 轴交点处,单击鼠标左键,在键盘上按"Esc"键退出当前命令,完成 F 轴线外墙绘制,如图 2-123 所示。

类似地,继续在 E 轴和 3 轴交点处单击鼠标左键,移动鼠标至 E 轴和 5 轴交点处单击鼠标左键,在键盘上按"Esc"键退出当前命令,完成 E 轴线内墙绘制。依次在 D 轴和 3 轴交点处、D 轴和 4 轴交点处单击鼠标左键,在键盘上按"Esc"键退出当前命令,完成 D 轴线内墙绘制。此时,一层水平方向内墙绘制完成,如图 2-124 所示。

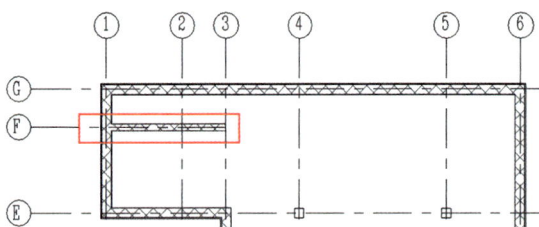

图 2-123

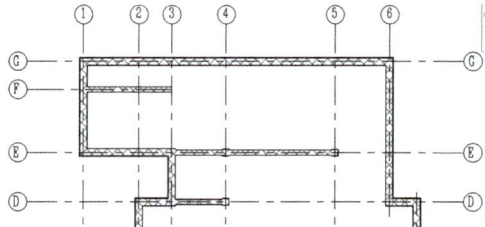

图 2-124

继续在 2 轴和 G 轴交点处单击鼠标左键,移动鼠标至 2 轴和 F 轴交点处单击鼠标左键,在键盘上按"Esc"键退出当前命令,完成 2 轴线内墙绘制。类似地,依次在 3 轴和 G 轴交点处、3 轴和 E 轴交点处单击鼠标左键,在键盘上按"Esc"键退出当前命令,完成 3 轴线内墙绘制。依次在 4 轴和 G 轴交点处、4 轴和 E 轴交点处单击鼠标左键,在键盘按"Esc"键退出当前命令;继续在 4 轴和 D 轴交点处、4 轴和 B 轴交点处单击鼠标左键,在键盘按"Esc"键退出当前命令,完成 4 轴线内墙绘制。依次在 5 轴和 G 轴交点处、5 轴和 E 轴交点处单击鼠标左键,在键盘按"Esc"键退出当前命令,完成 5 轴线内墙绘制。此时,一层竖直方向内墙绘制完成,如图 2-125 所示。

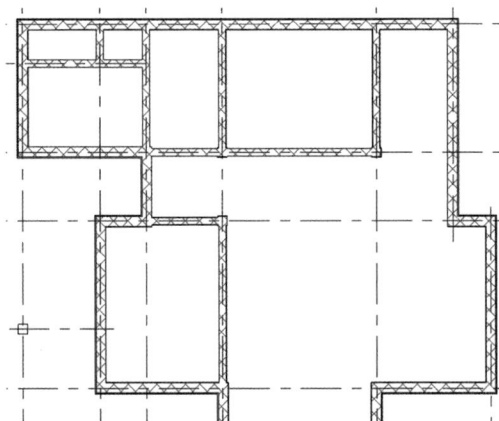

图 2-125

3）创建二层墙体

根据"别墅"项目二层平面图，如图 2-126 所示，可确定别墅二层墙体位置信息。

本项目二层的部分建筑墙（包括外墙和内墙）与一层的建筑墙尺寸及位置一样，故可以用复制命令完成二层建筑墙的添加，并根据二层平面图进行修改（删除或增加建筑墙）。

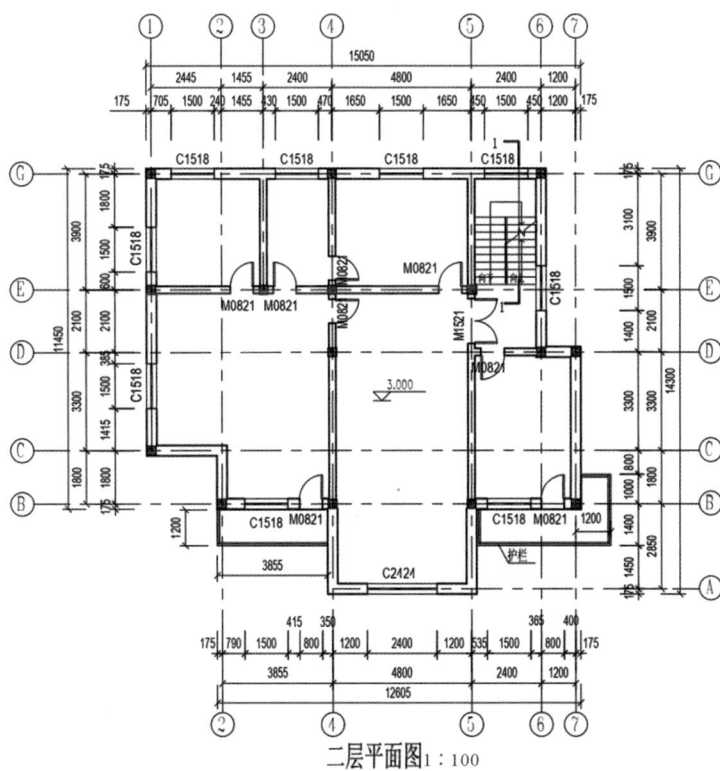

创建二层墙体

图 2-126

在"项目浏览器"中双击平面视图中的楼层平面,切换到"F1-0.00"平面视图。用鼠标框选"别墅"项目中所有一层建筑墙,软件将自动切换至"修改|选择多个"上下文选项卡,单击"过滤器"工具,弹出"过滤器"对话框,如图 2-127 所示。

(a)   (b)

图 2-127

在"过滤器"对话框中单击"放弃全部",然后勾选"墙"类别,单击"确定"按钮,如图 2-128 所示,退出"过滤器"对话框,仅保留选择集中的墙类别图元。

此时,软件自动切换至"修改|墙"上下文选项卡。单击"剪贴板"面板中的"复制"工具或按"Ctrl"键和"C"键,将所选墙图元复制至剪贴板中,如图 2-129 所示。

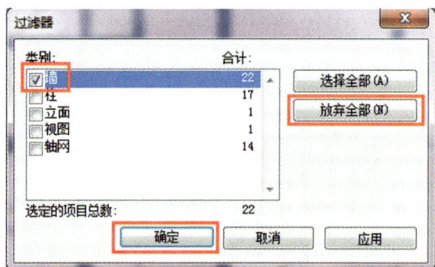   

图 2-128   图 2-129

此时"剪贴板"面板中的"粘贴"工具变为可用。单击"粘贴"工具下拉列表,在下拉列表中选择"与选定的标高对齐"选项,弹出"选择标高"对话框,该对话框将列出当前项目中所有已创建的标高。在列表中选择"F2-3.00",单击"确定"按钮,将所选一层建筑墙复制至二层,如图 2-130 所示。

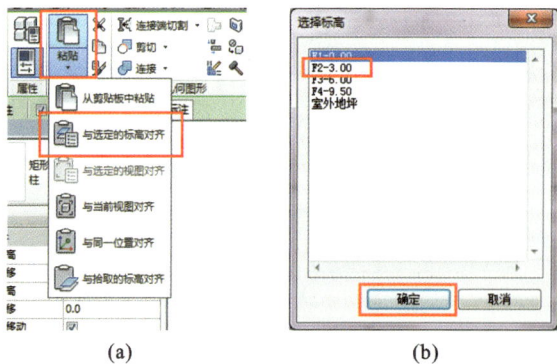

(a)   (b)

图 2-130

　　此时弹出警告对话框"一个图元完全位于另一个图元之中。",单击"确定"按钮。在"项目浏览器"中单击三维视图前的 ⊞ ,并双击"三维视图"下的"{三维}",切换至三维视图查看结果,如图 2-131 所示。

　　单击三维视图右上角的"关闭"工具,关闭三维视图,如图 2-132 所示。

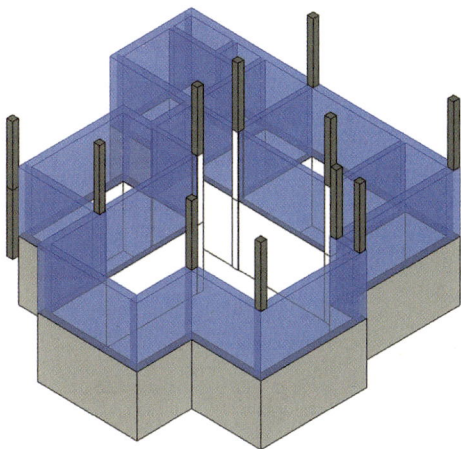

图 2-131

图 2-132

　　在"项目浏览器"中双击平面视图中的楼层平面,切换到"F2-3.00"平面视图,如图 2-133 所示。

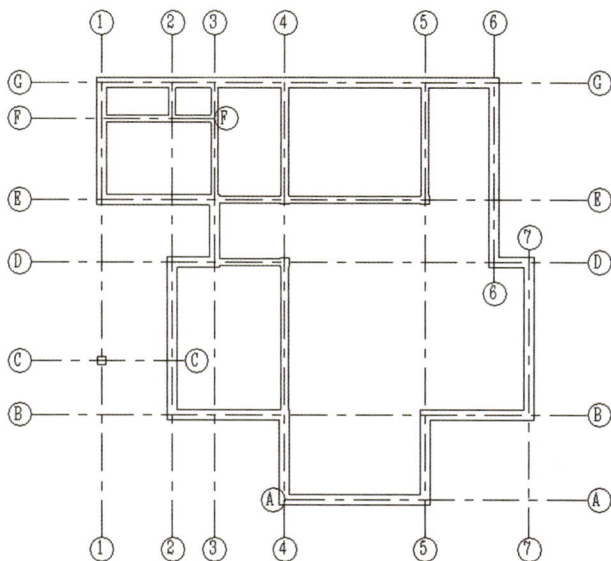

图 2-133

　　根据"别墅"项目二层平面图,可知二层 2 轴(G 轴与 F 轴之间)、F 轴(1 轴与 3 轴之间)、3 轴(E 轴与 D 轴之间)、D 轴(2 轴与 4 轴之间)、2 轴(D 轴与 C 轴之间)等位置没有墙体。通过单击鼠标左键选择二层 2 轴(G 轴与 F 轴之间)处墙体,此时软件自动切换至"修改|墙"上下文选项卡,单击"修改"面板上的"删除"工具,删除上述建筑墙,如图 2-134 所示。此外,选择需要删除的对象后,也可通过"Delete"键进行删除。

类似地,删除 F 轴(1 轴与 3 轴之间)、3 轴(E 轴与 D 轴之间)、D 轴(2 轴与 4 轴之间)、2 轴(D 轴与 C 轴之间)等位置处的墙体[由于 2 轴(D 轴与 B 轴之间)墙体为一整个图元,无法直接删除 2 轴(D 轴与 C 轴之间)的墙体,故要删除 2 轴(D 轴与 B 轴之间)的墙体],如图 2-135 所示。

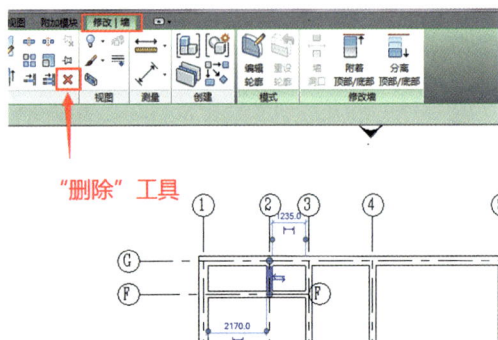

图 2-134

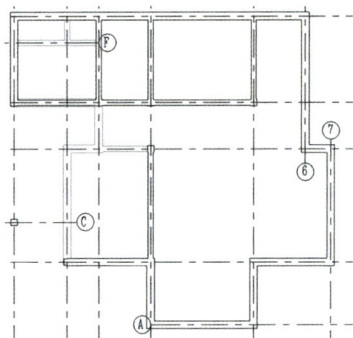

图 2-135

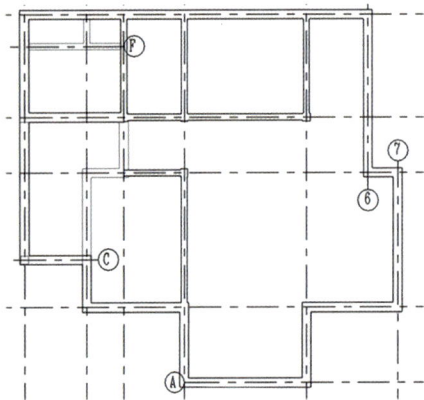

图 2-136

单击"建筑"选项卡下"构建"面板上"墙"下拉列表中的"墙:建筑"工具,在"属性"选项板的"类型选择器"中选择"外墙",在选项栏中选择墙体定位线为"墙中心线",确认勾选"链"复选框。在 2 轴和 B 轴交点处单击鼠标左键,移动鼠标至 2 轴和 C 轴交点处,单击鼠标左键,在弹出的警告对话框中单击"确定"按钮。按"Enter"键继续创建墙体,依次在 2 轴和 C 轴交点处、1 轴和 C 轴交点处、1 轴和 E 轴交点处单击鼠标左键,并在每一次弹出的警告对话框中单击"确定"按钮,进行二层部分外墙的绘制,在键盘上按"Esc"键退出当前命令,完成二层外墙的绘制,如图 2-136 所示。

单击"建筑"选项卡下"构建"面板上"墙"下拉列表中的"墙:建筑"工具,在"属性"选项板的"类型选择器"中选择"内墙",在选项栏中选择墙体定位线为"墙中心线",确认勾选"链"复选框。在 4 轴和 E 轴交点处单击鼠标左键,移动鼠标至 4 轴和 D 轴交点处,单击鼠标左键,补绘 4 轴内墙。按"Enter"键继续创建墙体,依次在 5 轴和 E 轴交点处、5 轴和 B 轴交点处单击鼠标左键,补绘 5 轴内墙。按"Enter"键继续创建墙体,依次在 D 轴和 5 轴交点处、D 轴和 6 轴交点处单击鼠标左键,补绘 D 轴内墙,在键盘上按"Esc"键退出当前命令,完成二层内墙的绘制,如图 2-137 所示。

在"项目浏览器"中单击三维视图前的 ⊞,并双击"三维视图"下的"{三维}",切换至三维视图查看结果,可以看出二层 E 轴(1 轴与 3 轴之间)墙体外表面材质为灰色涂料,即为外墙材质,如图 2-138 所示。

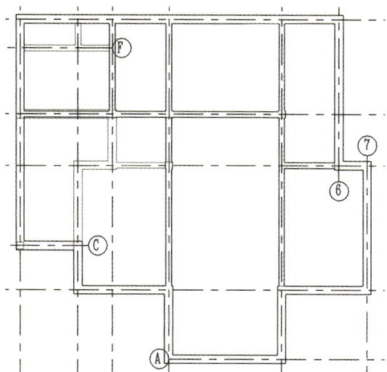

图 2-137

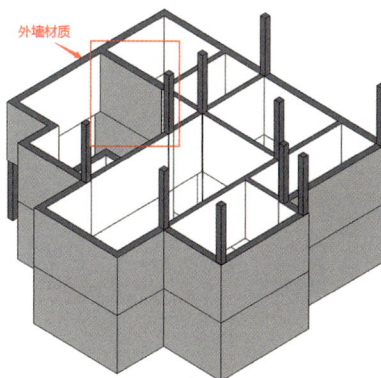

图 2-138

由二层平面图可知，二层 E 轴（1 轴与 3 轴之间）墙体为内墙。选择二层 E 轴（1 轴与 3 轴之间）墙体，在"属性"选项板"类型选择器"中选择"内墙"，如图 2-139 所示。

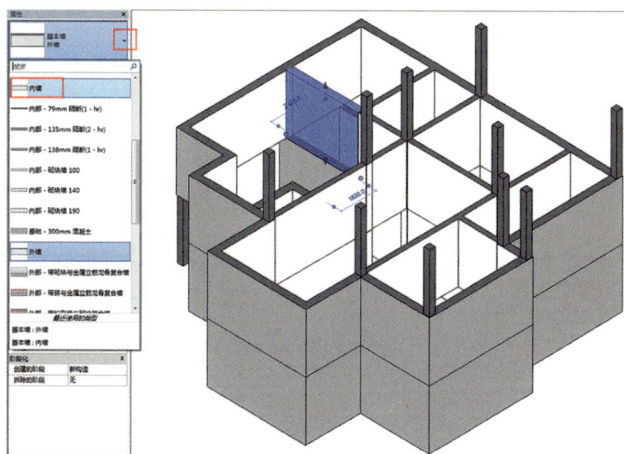

图 2-139

二层墙体创建完成，如图 2-140 所示。

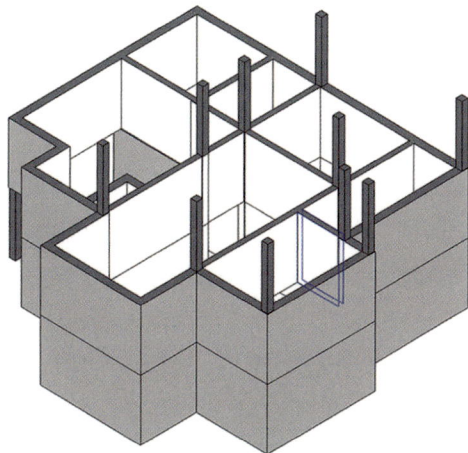

图 2-140

4)创建三层墙体

根据"别墅"项目三层平面图,如图 2-141 所示,可确定别墅三层墙体位置信息。

本项目三层 4 轴部分建筑墙以及 4 轴右侧的建筑墙(包括外墙和内墙)与二层的建筑墙尺寸及位置一样,故可以用复制命令完成三层建筑墙的添加。

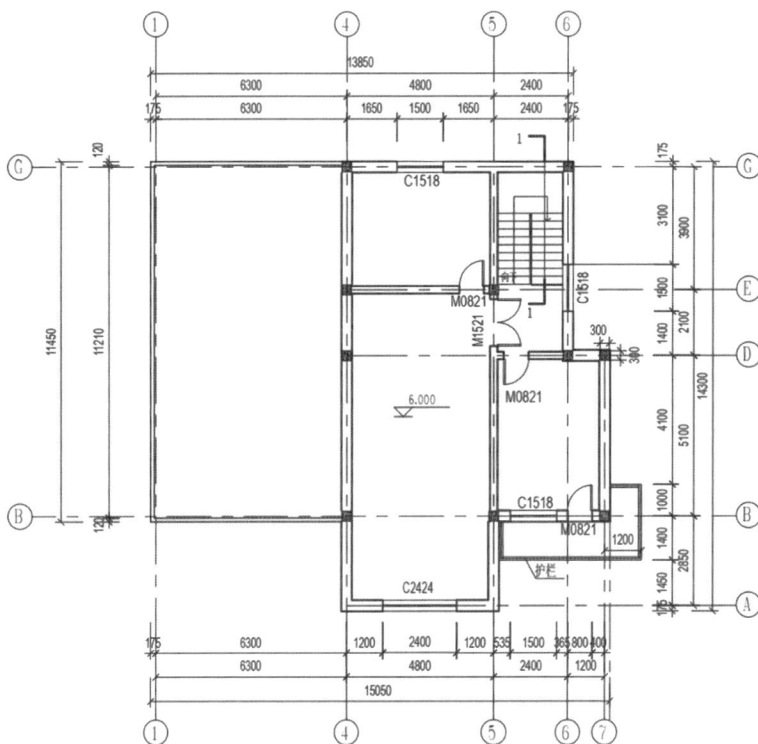

创建三层墙体

三层平面图 1：100

图 2-141

在"项目浏览器"中双击平面视图中的楼层平面,切换到"F2-3.00"平面视图。用鼠标从左上至右下框选"别墅"项目二层 4 轴以及 4 轴右侧的全部建筑墙(包括外墙和内墙),发现未选中 G 轴和 E 轴部分墙体,如图 2-142 所示。

持续按下"Ctrl"键,此时鼠标指针右上角出现一个"＋"号,表示可以进行增选操作。将鼠标移动至 4 轴右侧 G 轴墙体处单击鼠标左键,增选此处墙体,类似地,增选 4 轴右侧 E 轴墙体,如图 2-143 所示。

此时,软件自动切换至"修改|选择多个"上下文选项卡。单击"剪贴板"面板中的"复制"工具或按"Ctrl"键和"C"键,将所选墙体图元复制至剪贴板中,单击"粘贴"工具下拉列表,在下拉列表中选择"与选定的标高对齐"选项,弹出"选择标高"对话框,该对话框将列出当前项目中所有已创建的标高。在列表中选择"F3-6.00",单击"确定"按钮将所选二层建筑墙复制至三层,如图 2-144 所示。

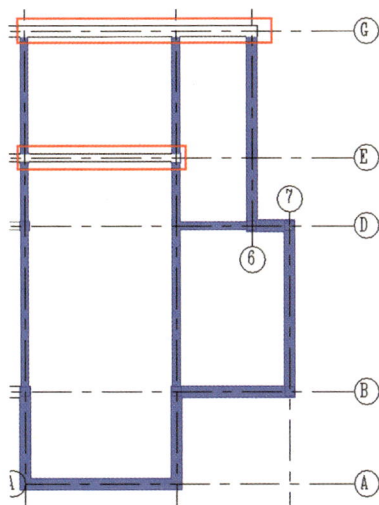

图 2-142

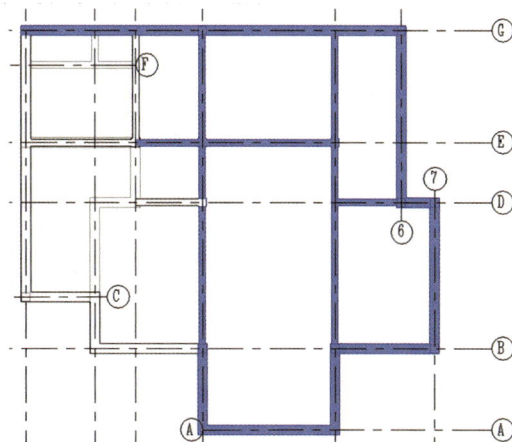

图 2-143

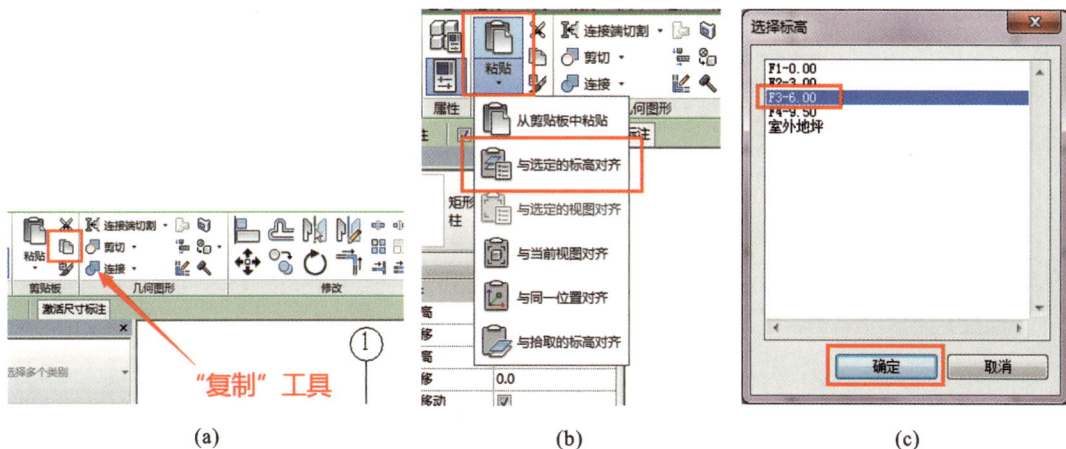

(a)　　　　　　　(b)　　　　　　　(c)

图 2-144

　　此时弹出警告对话框"一个图元完全位于另一个图元之中。",单击"确定"按钮。在"项目浏览器"中单击三维视图前的 ⊞ ,并双击"三维视图"下的"{三维}",切换至三维视图查看结果,如图 2-145 所示。

　　单击三维视图右上角的"关闭"工具,关闭三维视图,在"项目浏览器"中双击平面视图中的楼层平面,切换到"F3-6.00"平面视图,如图 2-146 所示。

　　根据"别墅"项目三层平面图,可知三层 G 轴(1 轴与 4 轴之间)、E 轴(3 轴与 4 轴之间)等位置没有墙体。通过单击鼠标左键选择三层 G 轴(1 轴与 4 轴之间)处墙体,此时软件自动切换至"修改|墙"上下文选项卡,将鼠标移动至墙体左端"拖拽墙端点"处,如图 2-147 所示,按下鼠标左键选择"拖拽墙端点",向右拖拽墙体端点至 G 轴与 4 轴交点处后松开鼠标左键,完成 G 轴墙体的修改。

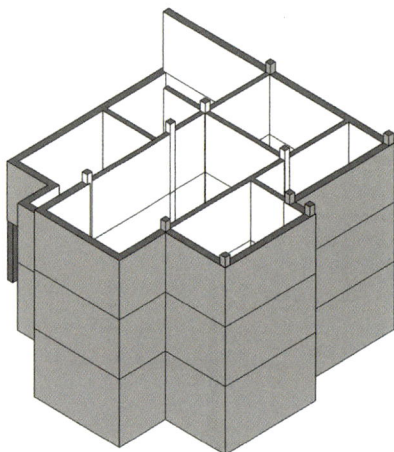

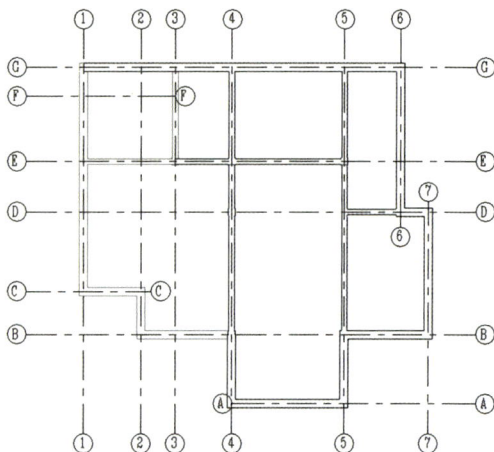

图 2-145

图 2-146

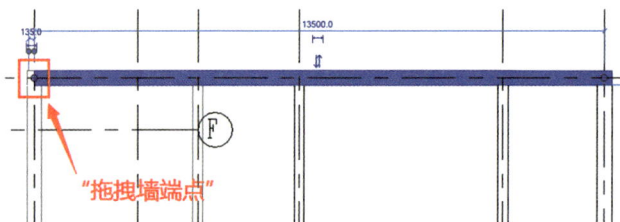

图 2-147

类似地,单击鼠标左键选择三层 E 轴(3 轴与 4 轴之间)处墙体,将鼠标移动至墙体左端"拖拽墙端点"处,按下鼠标左键选择"拖拽墙端点",向右拖拽墙体端点至 E 轴与 4 轴交点处后松开鼠标左键,完成 E 轴墙体的修改,如图 2-148 所示。

修改 4 轴部分墙体材质。4 轴外墙(G 轴和 B 轴之间)是由二层内墙复制得到的,需要修改其材质。将鼠标移动至 4 轴外墙(G 轴和 E 轴之间)单击鼠标左键进行选择,持续按下键盘上"Ctrl"键,依次将鼠标移动至 4 轴外墙(E 轴和 D 轴之间、D 轴和 B 轴之间)处单击鼠标左键进行增选操作,此时"属性"选项板"类型选择器"中显示"内墙",如图 2-149 所示。

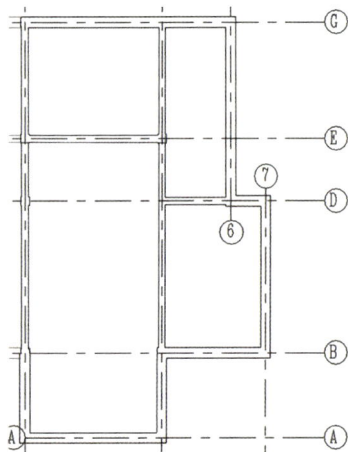

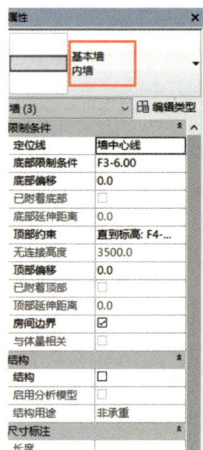

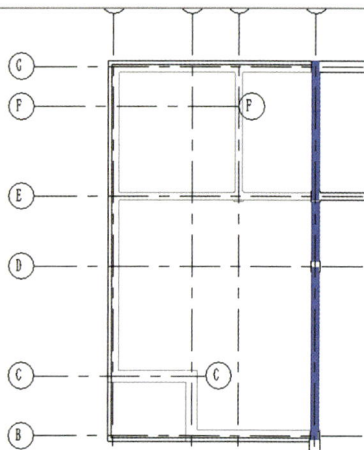

图 2-148

图 2-149

将"属性"选项板"类型选择器"中的"内墙"改为"外墙",如图 2-150 所示。

在"项目浏览器"中单击三维视图前的 ⊞ ,并双击"三维视图"下的"{三维}",切换至三维视图查看结果,如图 2-151 所示。

由三维视图可以看出 4 轴外墙(G 轴和 B 轴之间)内外侧颠倒,需要调整。将鼠标移动至上述外墙处单击鼠标左键进行选择,单击"空格"键进行外墙内外侧转换,依次调整 4 轴外墙(G 轴和 B 轴之间)内外侧直至位置正确,如图 2-152 所示。

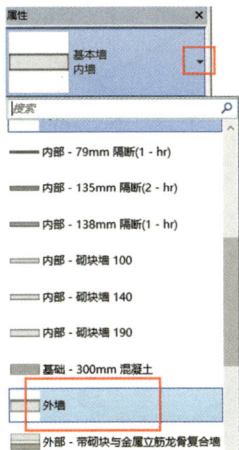

图 2-150

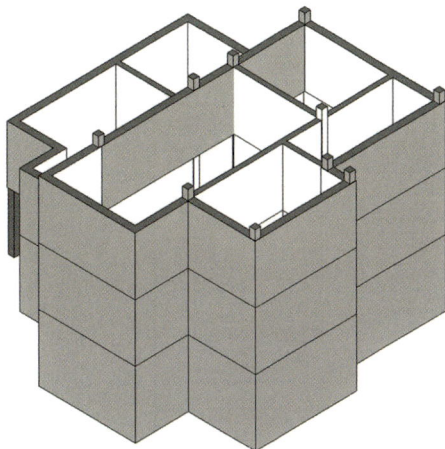

图 2-151

修改三层墙体高度。根据"别墅"项目立面图,可知三层墙体高度应为 9.5m−6m＝3.5m。由于三层墙体是由二层墙体直接复制修改得到的,高度为 3m,因此需修改三层墙体高度。

在"项目浏览器"中双击平面视图中的楼层平面,切换到"F3-6.00"平面视图。用鼠标框选"别墅"项目所有三层建筑墙(包括外墙和内墙),软件将自动切换至"修改|选择多个"上下文选项卡,单击"过滤器"工具,在弹出的"过滤器"对话框中单击"放弃全部",然后勾选"墙"类别,单击"确定"按钮,如图 2-153 所示,退出"过滤器"对话框,仅保留选择集中的墙类别图元。

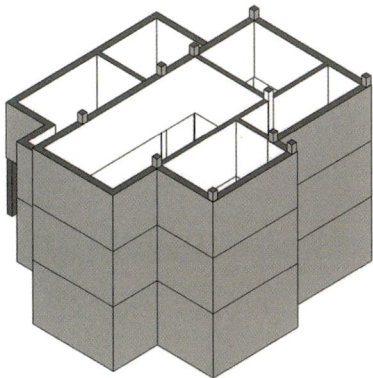

图 2-152

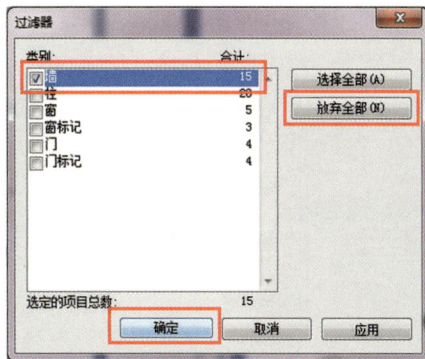

图 2-153

　　将"属性"选项板中墙的"顶部偏移"由"－500.0"修改为"0.0",并按"Enter"键确定,如图 2-154 所示。

　　此时弹出警告对话框"一个图元完全位于另一个图元之中。",单击"确定"按钮。在"项目浏览器"中单击三维视图前的 ,并双击"三维视图"下的"{三维}",切换至三维视图查看结果,如图 2-155 所示。

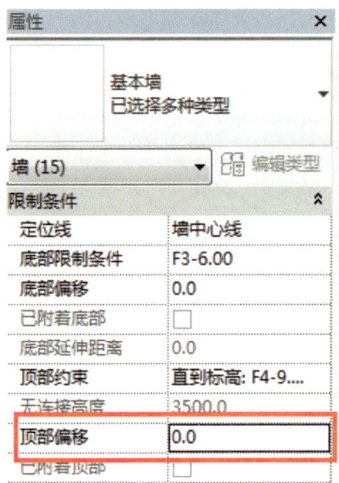

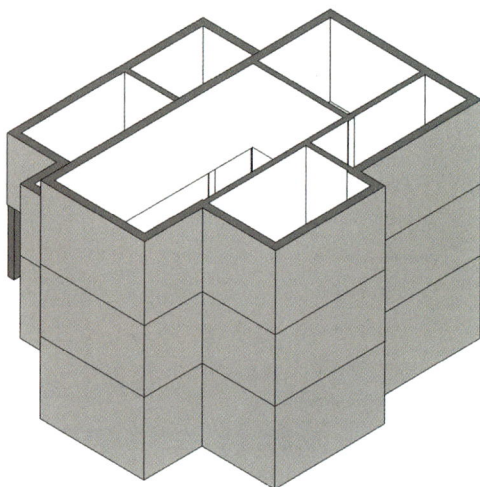

图 2-154   图 2-155

5)创建女儿墙

(1)设置女儿墙材质

　　在"项目浏览器"中双击平面视图中的楼层平面,切换到"F3-6.00"平面视图。

创建女儿墙

　　单击"建筑"选项卡下"构建"面板上的"墙"工具下拉列表,在列表中选择"墙:建筑"工具,进入建筑墙体的"修改|放置 墙"界面。在"属性"选项板中单击"编辑类型",进入"类型属性"对话框,单击"族"下拉列表,设置族为"系统族:基本墙",类型选择为"常规-90 mm 砖"。单击"复制" 复制(D)…… 工具,在"名称"对话框中输入"女儿墙"后单击"确定"按钮,如图 2-156 所示,返回"类型属性"对话框。

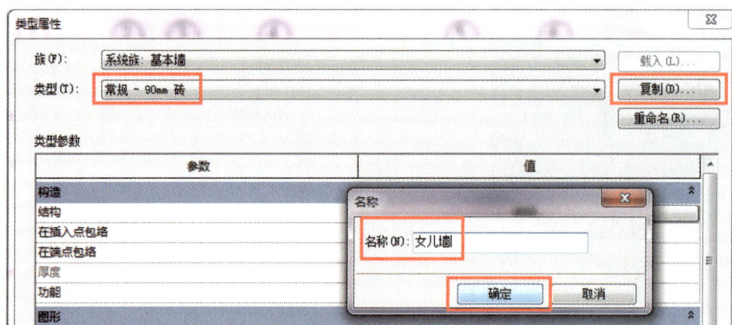

图 2-156

单击"类型属性"对话框中的"编辑"工具,进入"编辑部件"对话框,单击"结构[1]"层材质栏中的 ,弹出"材质浏览器"对话框,选择项目材质中"砌体-普通砖 75x225 mm",单击鼠标右键选择"复制(D)…",得到新材质类型"砌体-普通砖 75x225 mm(1)",名称呈蓝色字体显示,将其重命名为"砖砌体",并单击"确定"按钮,在"编辑部件"对话框中修改"结构[1]"层厚度为"120",完成女儿墙材质设置,如图 2-157 所示。

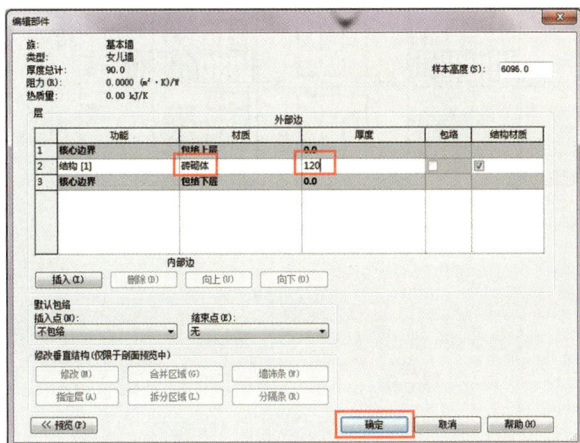

图 2-157

(2)绘制女儿墙

根据"别墅"项目三层平面图,如图 2-158 所示,可确定别墅女儿墙位置信息。

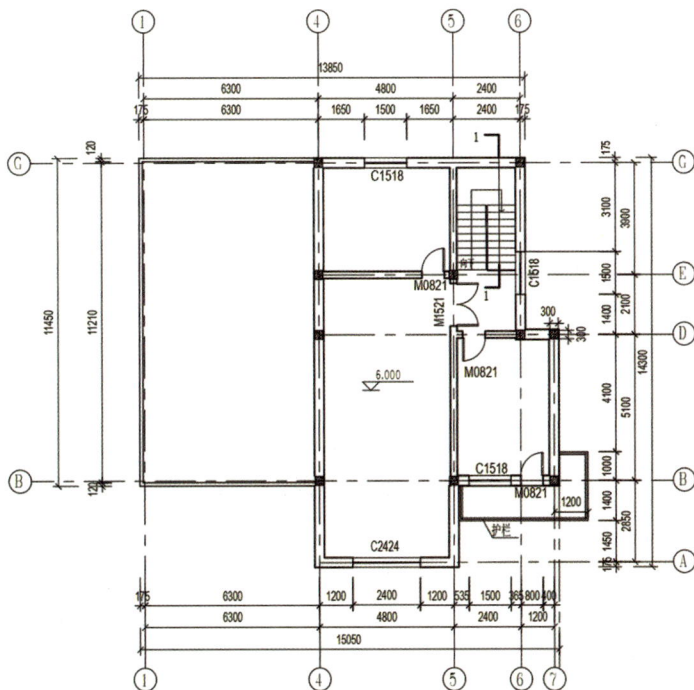

三层平面图1∶100

图 2-158

根据题目中"别墅"项目 1— 7 轴立面图,如图 2-159 所示,可确定女儿墙高度为 900 mm。

图 2-159

在"项目浏览器"中双击平面视图中楼层平面,切换到"F3-6.00"平面视图。

单击"建筑"选项卡下"构建"面板上"墙"下拉列表中的"墙:建筑"工具,在"属性"选项板的"类型选择器"中选择"女儿墙"。在选项栏中选择"高度",墙的顶部标高选择"未连接",在"未连接"后面的输入框中输入女儿墙高度"900.0",选择墙体定位线为"墙中心线",确认勾选"链"复选框,如图 2-160 所示。

图 2-160

在 B 轴和 4 轴交点处单击鼠标左键,移动鼠标至 B 轴和 1 轴交点处单击鼠标左键;类似地,继续在 G 轴和 1 轴交点处单击鼠标左键,移动鼠标至 G 轴和 4 轴交点处单击鼠标左键,在键盘上按"Esc"键退出当前命令,初步完成女儿墙绘制,如图 2-161 所示。

根据"别墅"项目三层平面图,可知别墅女儿墙外侧墙边与 2 层外墙外侧墙边平齐。可以使用"对齐"工具微调女儿墙位置。单击"修改"选项卡下"修改"面板上的"对齐"工具,如图 2-162 所示。

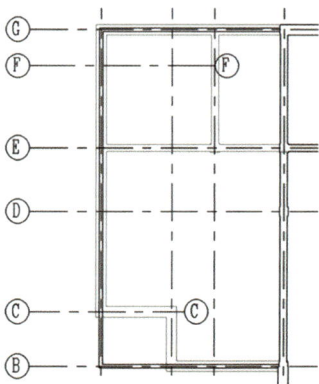

图 2-161

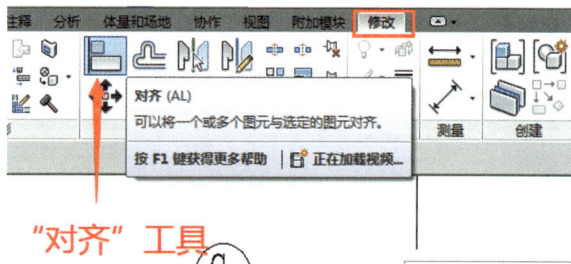

图 2-162

　　滑动鼠标滚轮,将 B 轴女儿墙局部放大至合适尺寸,将鼠标移动至 B 轴二层外墙外侧墙边(此时灰显)处,此时二层外墙外侧墙边蓝色高亮显示,单击鼠标左键,此时已将对齐基准线选择为二层外墙外侧墙边,如图 2-163 所示。

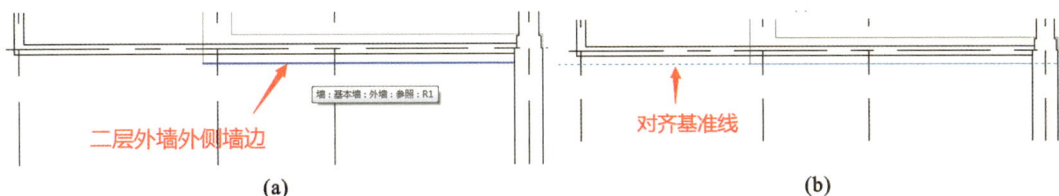

二层外墙外侧墙边

墙:基本墙:外墙:参照:R1

对齐基准线

(a)　　　　　　　　　　　　　　　　　(b)

图 2-163

　　将鼠标移动至 B 轴女儿墙外侧墙边处,此时女儿墙外侧墙边蓝色高亮显示,单击鼠标左键,此时已将女儿墙外侧墙边对齐至二层外墙外侧墙边,如图 2-164 所示,B 轴女儿墙位置调整完成。

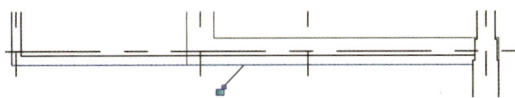

图 2-164

　　类似地,滑动鼠标滚轮将 1 轴女儿墙局部放大至合适尺寸,将鼠标移动至 1 轴二层外墙外侧墙边(此时灰显)处,此时二层外墙外侧墙边蓝色高亮显示,单击鼠标左键,将对齐基准线选择为二层外墙外侧墙边,再将鼠标移动至 1 轴女儿墙外侧墙边处单击鼠标左键,此时 1 轴女儿墙位置调整完成。继续将鼠标移动至 G 轴二层外墙外侧墙边(此时灰显)处单击鼠标左键,将对齐基准线选择为二层外墙外侧墙边,再将鼠标移动至 G 轴女儿墙外侧墙边处单击鼠标左键,所有女儿墙位置调整完成,如图 2-165 所示。

　　在"项目浏览器"中单击三维视图前的 ⊞ ,并双击"三维视图"下的"{三维}",切换至三维视图查看结果,如图 2-166 所示。

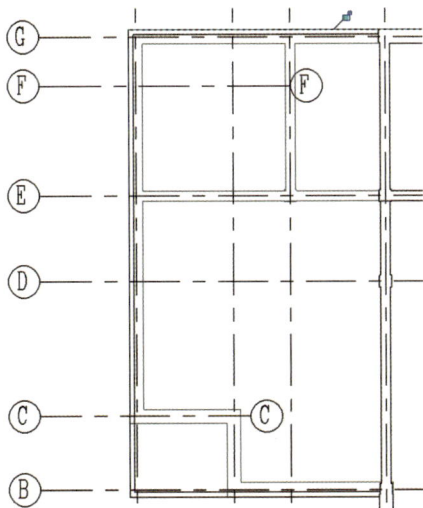

图 2-165

图 2-166

6)创建室外地坪墙体

创建室外
地坪墙体

根据"别墅"项目1—7轴立面图、7—1轴立面图、A—G轴立面图、G—A轴立面图,可知一层墙体底部伸至室外地坪标高。此处以"1—7轴立面图"为例进行说明,如图2-167所示。

在"项目浏览器"中双击平面视图中的楼层平面,切换到"F1-0.00"平面视图。用鼠标框选所有别墅项目一层建筑墙,软件将自动切换至"修改|选择多个"上下文选项卡,单击"过滤器"工具,在弹出的"过滤器"对话框中单击"放弃全部",然后勾选"墙"类别,单击"确定"按钮,如图2-168所示,退出"过滤器"对话框,仅保留选择集中的墙类别图元。

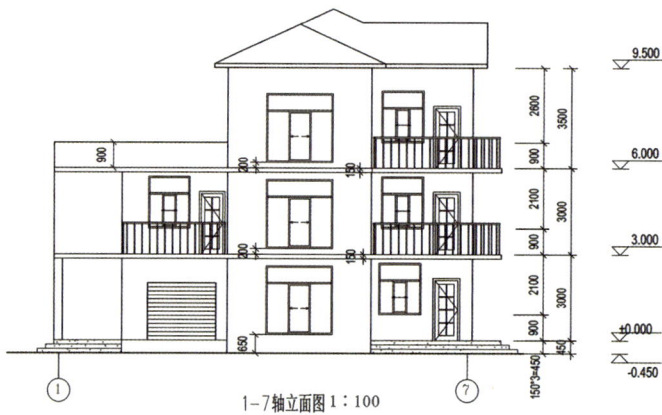

图 2-167

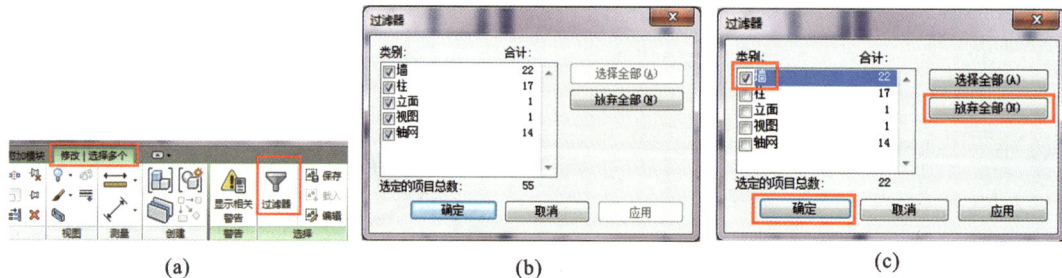

(a) (b) (c)

图 2-168

修改"属性"选项板中墙的"底部限制条件"为"室外地坪",如图2-169所示。

在"项目浏览器"中双击"立面(建筑立面)"中的"南"立面视图,如图2-170所示,可以看到墙体底部标高已经修改为室外地坪标高。

至此,"别墅"项目所有墙体创建完成。

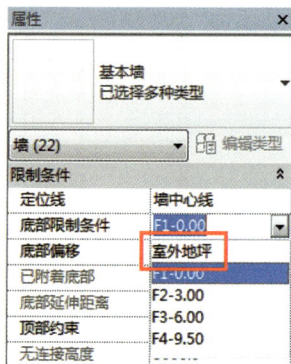

图 2-169

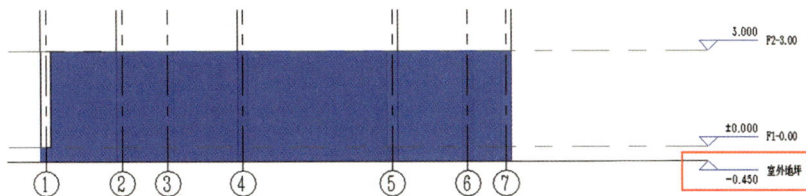

图 2-170

2.4.3 拓展任务

1.墙体内外侧更改

选中已绘制的墙体时,墙体一侧会出现双箭头 ⇆ ,如图 2-171 所示。双箭头所在的一侧表示为墙体的外侧,另一侧则为墙体内侧。

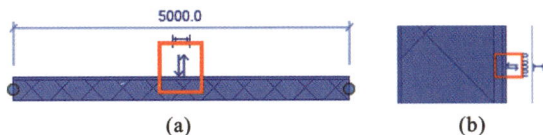

图 2-171

选择墙体,单击墙体左侧"双箭头" ⇆ 或单击"空格"键,对墙体内外侧进行翻转。

2.墙体轮廓的编辑与重设

1)编辑墙体轮廓

在通常情况下,放置直墙时,墙的轮廓为矩形(在垂直于其长度的立面中查看时)。如果设计中要求其他的轮廓形状,或要求墙中有洞口,如图 2-172 所示,可在剖面视图或立面视图中编辑墙的立面轮廓,通常选择在立面视图中进行编辑。

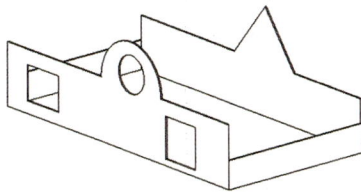

图 2-172

2)重设墙体轮廓

在编辑墙体轮廓后,若想使墙体恢复成最初的形状,可以在选择墙体后,单击"修改|墙"上下文选项卡下"模式"面板上的"重设轮廓"工具 🖾 。使用"重设轮廓"工具会使当前选中的墙体完全删去自定义的轮廓线条,因此需谨慎使用。

3)将墙附着到其他图元

放置墙之后,通过将其顶部或底部附着到同一个垂直平面中的其他图元(如楼板、屋顶、天花板和参照平面等,也可以是位于其正上方或正下方的其他墙),可以替换其初始墙顶定位标高和墙底定位标高。通过将墙附着到其他图元,墙的高度随后会增大或减小,可以避免在设计修改时手动编辑墙的轮廓。

在图 2-173 中,图(a)显示使用其墙顶定位标高(指定为"标高 2")来创建绘制的墙及放置在墙上的屋顶,图(b)显示将墙附着到屋顶的效果,图(c)显示在修改附着屋顶的倾斜度时墙轮廓会随之改变。

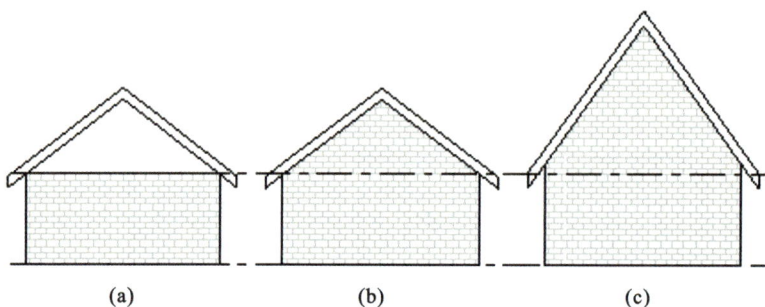

图 2-173

将墙附着到其他图元的具体操作如下:在绘图区域中,选择要附着到其他图元的一面或多面墙,单击"修改|墙"上下文选项卡下"修改墙"面板上的"附着顶部/底部"工具 📥,在选项栏上,选择"顶部"或"底部"作为"附着墙",最后选择墙将附着到的图元即可。

从其他图元分离墙的具体操作如下:在绘图区域中,选择要分离的墙,单击"修改|墙"上下文选项卡下"修改墙"面板上的"分离顶部/底部"工具 📥,最后选择要从中分离墙的各个图元即可。如果要同时从所有其他图元中分离选定的墙(或者不确定附着了哪些图元),可单击选项栏上的"全部分离"。

5mm厚外墙涂料
50mm厚自然石材
170mm厚墙砖
5mm厚米色涂料

墙身局部详图 1:10

图 2-174

2.4.4　真题任务

以第十八期全国 BIM 等级考试一级试题第一题为例,题目要求:如图 2-174 所示,根据给定尺寸和构造创建墙模型并添加材质,未标明尺寸不作要求。请将模型文件以"墙+考生姓名"为文件名保存到考生文件夹中。(10 分)

墙

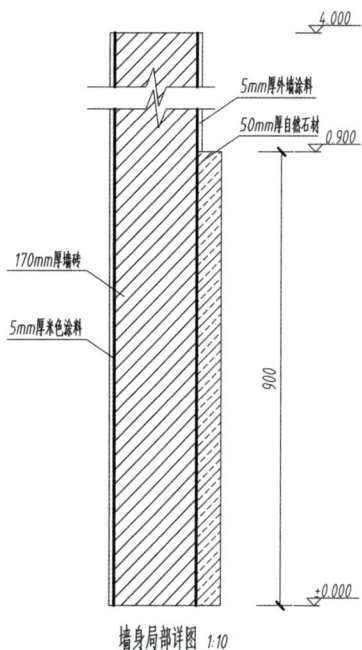

建筑设计不能只顾自己的一个设计,而要和整个城市的风格相和谐。

——张开济

2.5　任务 5:门窗

2.5.1　学习任务

1.建筑门窗基本概念

门窗是常用的建筑构件,按所处的位置不同分为围护构件和分隔构件,根据不同的设计需求具有保温、隔热、隔声、防水、防火等功能。门主要具备联系室内外交通、疏散交通以及通风采光的功能。窗则主要具备通风、采光以及观景眺望的功能。

在 Revit 中,可使用"门"工具或"窗"工具在建筑模型的墙中放置门窗,墙体会自动剪切洞口以容纳门窗。门窗属于族构件,如果在项目中需要放置某类门窗构件,需要提前将此类族载入项目才能进行后续操作。此外,在项目中可以通过修改门窗族类型和相应的族参数,如门窗的宽度、高度和底高度等,创建新的门窗类型。

门窗依附于墙,即需要先创建墙体再布置门窗,因此当项目中的某道墙体被删除时,则此道墙上的门窗也会随之被删除。

2.建筑门窗的插入与编辑

1)门插入

在 Revit 中,可在平面、剖面、立面或三维视图中放置门,通常选择在平面视图中放置。在某楼层平面创建门时,需进入相应的楼层平面,单击"建筑"选项卡下"构建"面板上的"门"命令,此时自动激活"修改|放置 门"上下文选项卡,从"属性"选项板的"类型选择器"中选择所需的门类型,如图 2-175 所示,移动鼠标至该层墙主体上,当预览图像位于墙上所需位置时,单击鼠标左键放置即可。

①调整门开启方向。放置门时将光标移到墙上可显示门的预览图像,在平面视图中放置门时,按"空格"键可将开门方向从左开翻转为右开。若要翻转门内外方向(使其向内开或向外开),可将光标移到靠近墙边缘内侧或外侧的位置。

②调整门位置。默认情况下,临时尺寸标注指示从门中心线到最近垂直墙的中心线的距离。若要更改门位置,可单击已经放置的门,出现门的临时尺寸约束,修改临时尺寸即可调整门的位置。此外,在输入"SM"快捷键命令,可自动捕捉到该墙体中点,点击鼠标左键可放置该门。

③门载入。如果要放置的门类型与"属性"选项板中"类型选择器"中显示的门类型不同,可从下拉列表中选择其他类型,如果"类型选择器"中没有所需类型的门,可单击"插入"选项卡下"从库中载入"面板上的"载入族"命令,打开 Revit 自带的族库文件夹(路径为 C:\ProgramData\Autodesk\RVT 2016\Libraries\China\建筑)。此外,如有企业项目自定义族库文件也可进行载入。

(a)

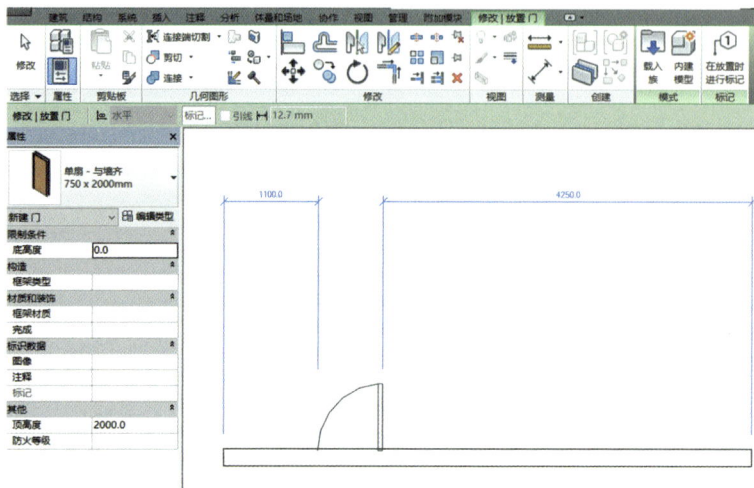

(b)

图 2-175

④门标记。如果希望在放置门时自动对门进行标记,可单击"修改|放置 门"上下文选项卡 "标记"面板上的"在放置时进行标记"工具,然后在选项栏上指定下列标记选项, 如图 2-176 所示。

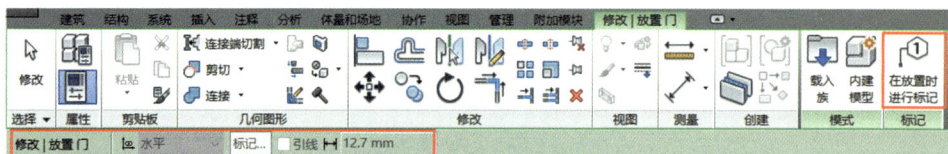

图 2-176

标记方向可选择"水平"或"垂直"的标记方式;是否勾选"引线"复选框表示在门标记 和门之间是否包含引线;若需修改引线的默认长度,可在"引线"复选框右侧的文本框中 输入具体数值。

2)窗插入

在 Revit 中,可在平面、剖面、立面或三维视图中放置窗,通常选择在平面视图中放 置。在某楼层平面创建窗时,需进入相应的楼层平面,单击"建筑"选项卡下"构建"面板 上的"窗"命令,此时自动激活"修改|放置 窗"上下文选项卡,从"属性"选项板的"类型选 择器"中选择所需的窗类型,并在"属性"选项板中的"底高度"处输入窗底高度,如 图 2-177 所示,移动鼠标指针至该层墙主体上,当预览图像位于墙上所需位置时,单击鼠 标左键放置即可。

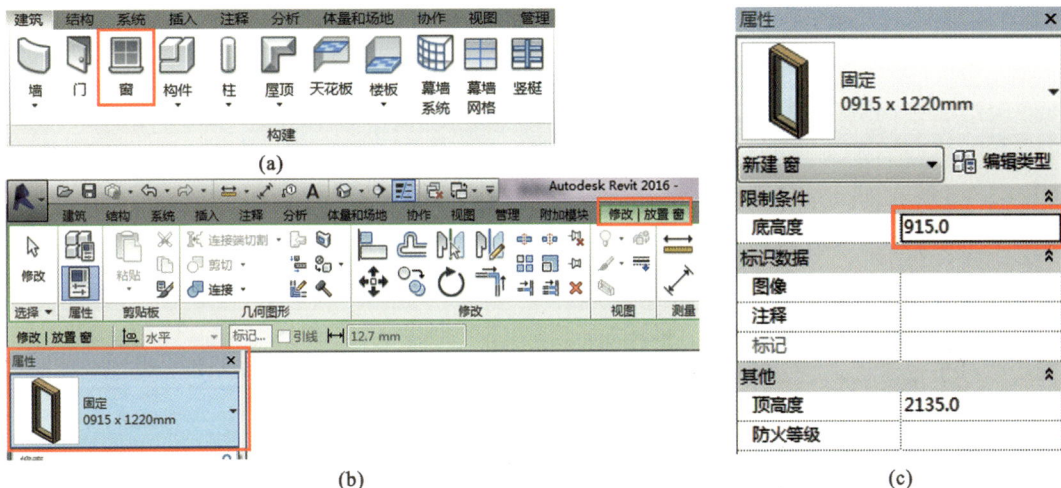

图 2-177

①调整窗开启方向。放置窗时将光标移到墙上可显示窗的预览图像,在平面视图中放置窗时,按"空格"键可将开窗方向从左开翻转为右开。若要翻转窗内外方向(使其向内开或向外开),可将光标移到靠近墙边缘内侧或外侧的位置。

②调整窗位置。默认情况下,临时尺寸标注指示从窗中心线到最近垂直墙的中心线的距离。若要更改窗位置,可单击已经放置的窗,出现窗的临时尺寸约束,修改临时尺寸即可调整窗的位置。此外,输入"SM"快捷键命令,可自动捕捉到该墙体中点,点击鼠标左键可放置该窗。

③窗载入。如果要放置的窗类型与"属性"选项板中"类型选择器"中显示的窗类型不同,可从下拉列表中选择其他类型,如果"类型选择器"中没有所需类型的窗,可单击"插入"选项卡下"从库中载入"面板上的"载入族"命令,打开 Revit 自带的族库文件夹(路径为 C:\ProgramData\Autodesk\RVT 2016\Libraries\China\建筑)。此外,如有企业项目自定义族库文件也可进行载入。

④窗标记。如果希望在放置窗时自动对窗进行标记,可单击"修改|放置 窗"上下文选项卡 "标记"面板上的"在放置时进行标记"工具,然后在选项栏上指定下列标记选项,如图 2-178 所示。

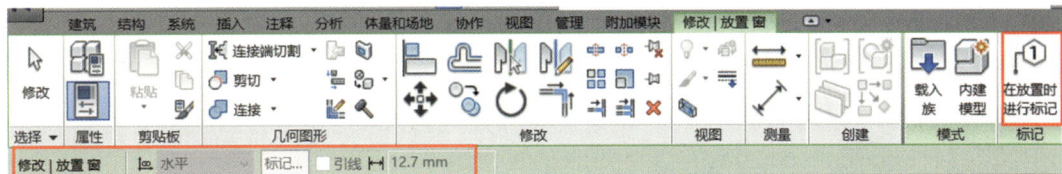

图 2-178

标记方向可选择"水平"或"垂直"的标记方式;是否勾选"引线"复选框表示在窗标记和窗之间是否包含引线;若需修改引线的默认长度,可在"引线"复选框右侧的文本框中输入具体数值。

3)门编辑

单击已创建的门,自动激活"修改 | 放置 门"上下文选项卡,此时在"属性"选项板中,可修改门的标高、底高度和顶高度等实例参数,如图 2-179 所示。

如需修改门的类型参数,如门的高度和宽度等,可单击已插入的门,点击"属性"选项板中的"编辑类型",在弹出的"类型属性"对话框中单击"复制"即可创建新的门类型,重新命名该类型后,可根据项目中门的尺寸需要,修改门的高度、宽度以及门材质和框架材质等类型参数,然后点击"确定"按钮完成设置,如图 2-180 所示。

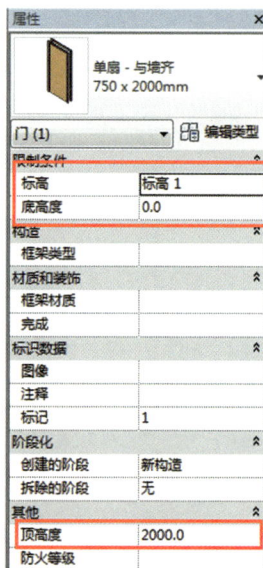

图 2-179

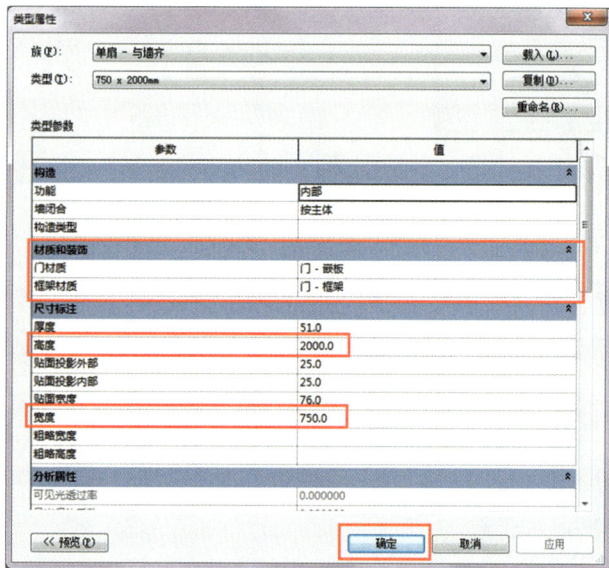

图 2-180

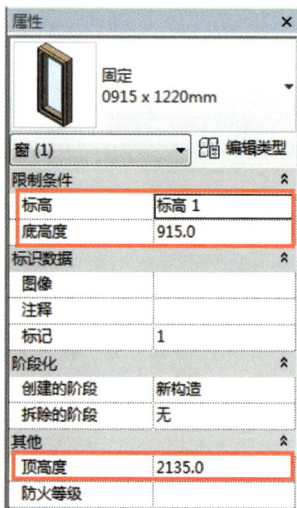

图 2-181

4)窗编辑

单击已创建的窗,自动激活"修改 | 放置 窗"上下文选项卡,此时在"属性"选项板中,可修改窗的标高、底高度和顶高度等实例参数,如图 2-181 所示。

如需修改窗的类型参数,如窗的高度、窗台高度和宽度等,可单击已插入的窗,点击"属性"选项板中的"编辑类型",在弹出的"类型属性"对话框中单击"复制"即可创建新的窗类型,重新命名该类型后,可根据项目中窗的尺寸需要,修改窗的高度、默认窗台高度和宽度以及框架材质和玻璃嵌板材质等类型参数,然后点击"确定"按钮完成设置,如图 2-182 所示。

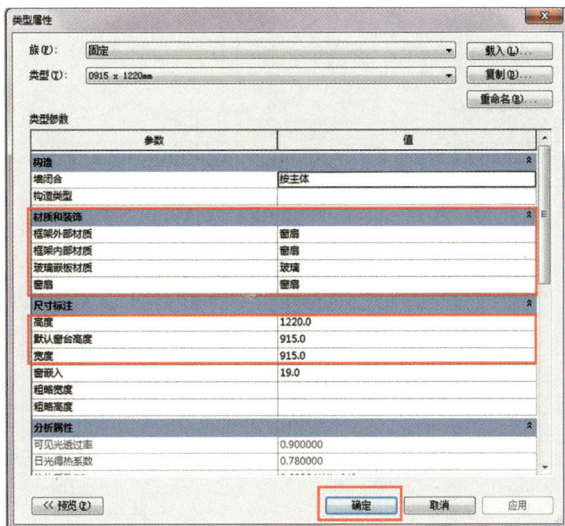

图 2-182

2.5.2　实施任务

1.识读图纸

根据题目中"别墅"项目一层平面图,可以确定一层门窗规格及平面位置,如图 2-183 所示。

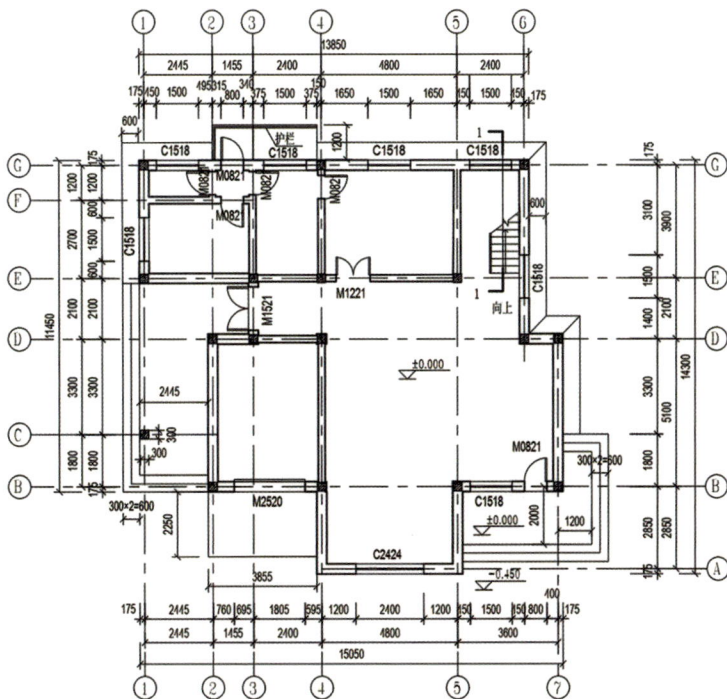

图 2-183

根据"别墅"项目 1—7 轴立面图、7—1 轴立面图、A—G 轴立面图、G—A 轴立面图，可以确定一层门窗的高度信息，如图 2-184 所示。

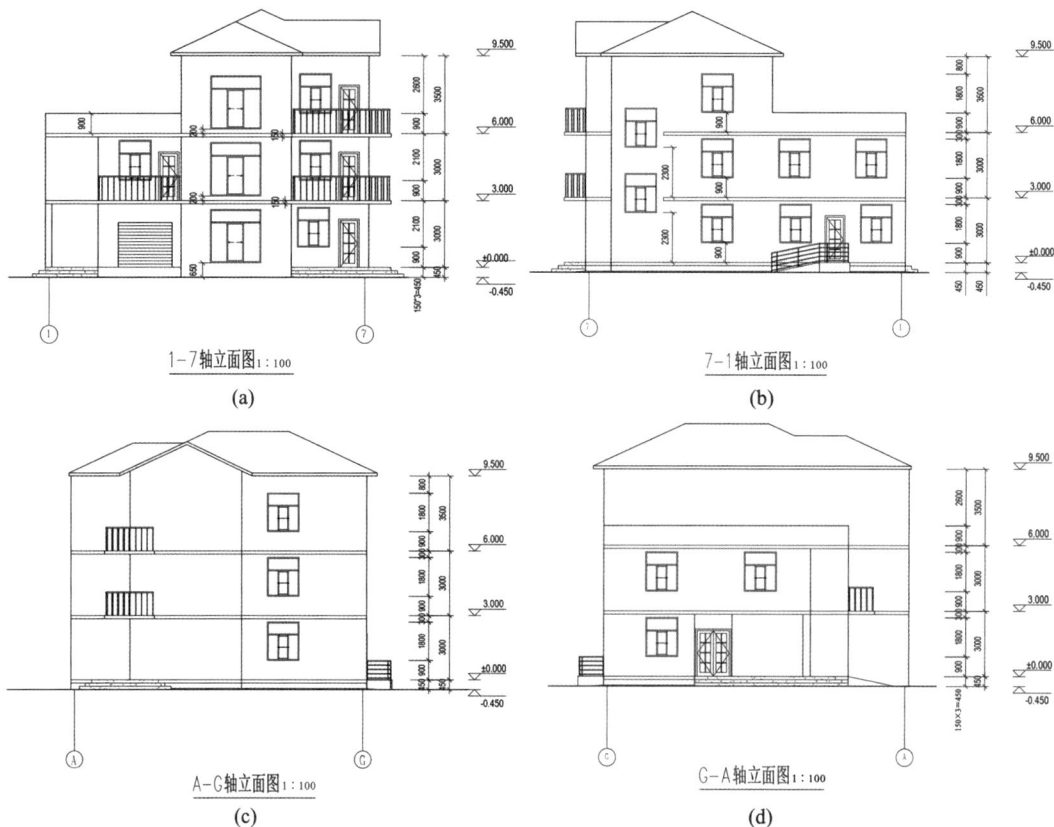

1-7轴立面图 1:100
(a)

7-1轴立面图 1:100
(b)

A-G轴立面图 1:100
(c)

G-A轴立面图 1:100
(d)

图 2-184

通过立面图，可知门窗具体样式如下：M0821 如图 2-185（a）所示，M1521 如图 2-185（b）所示，M1221 在题目中未显示，M2520 如图 2-185（c）所示，C1518 如图 2-185（d）所示，C2424 如图 2-185（e）所示。

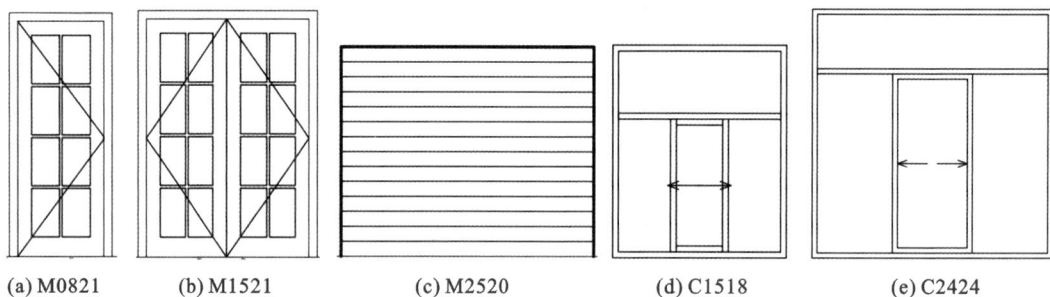

(a) M0821　　(b) M1521　　(c) M2520　　(d) C1518　　(e) C2424

图 2-185

通过立面图中尺寸标注，可知 G 轴外墙上 5 轴和 6 轴之间的窗 C1518 距所在楼层标高 2300 mm，除 G 轴外墙上 5 轴和 6 轴之间的窗 C1518 外，其余窗 C1518 距所在楼层标高 900 mm，C2424 距所在楼层标高 200 mm。

此外,通过"别墅"项目门窗表,可以确定门窗洞口尺寸以及门窗数量,如图 2-186 所示。

门窗表			
类型	设计编号	洞口尺寸(mm)	数量
普通门	M0821	800x2100	17
	M1521	1500x2100	3
	M1221	1200x2100	1
卷帘门	M2520	2500x2000	1
普通窗	C1518	1500x1800	19
	C2424	2400x2400	3

图 2-186

2. 创建门窗

1)创建一层门

打开"F1-0.00"平面视图,单击"建筑"选项卡下"构建"面板上的"门"命令,进入"修改|放置 门"上下文选项卡。在"属性"选项板中单击"编辑类型"进入"类型属性"对话框,单击"载入(L)..."工具,如图 2-187 所示。

创建一层门

在弹出的对话框中选择"建筑",打开"建筑"文件夹中的"门"文件夹,在弹出的对话框中选择"普通门",打开"普通门"文件夹中的"平开门"文件夹,继续从中选择"单扇"文件夹,在"单扇"文件夹中选择"单嵌板镶玻璃门 13",在预览视图中可知"单嵌板镶玻璃门 13"与别墅项目图纸中的 M0821 较为接近,点击"打开"按钮,这样"单嵌板镶玻璃门 13"这个族就载入项目文件了,如图 2-188 所示。

放置一层门

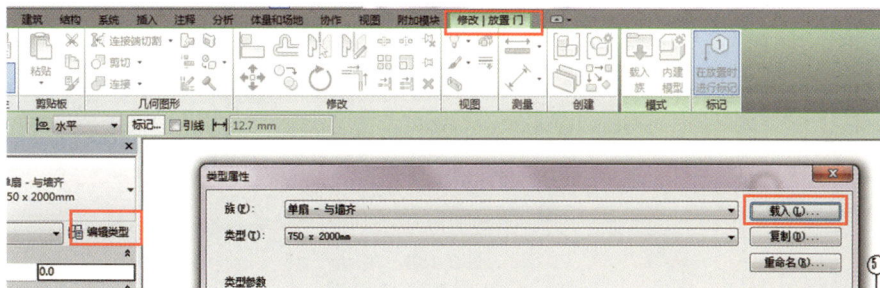

图 2-187

在"类型属性"对话框中,显示"单嵌板镶玻璃门 13"所对应的类型属性,选择类型为"800 x 2100 mm",并单击"复制(D)..."工具,复制新的门名称为"M0821",如图 2-189 所示,门"M0821"创建完成。

继续载入普通门。单击"载入(L)..."工具,在弹出的对话框中依次选择"建筑"—"门"—"普通门"—"平开门"—"双扇"等文件夹,在"双扇"文件夹中选择"双面嵌板镶玻璃门 5",在预览视图中可知"双面嵌板镶玻璃门 5"与别墅项目图纸中的 M1521 较为接近,点击"打开"按钮,这样"双面嵌板镶玻璃门 5"这个族就载入项目文件了,如图 2-190 所示。

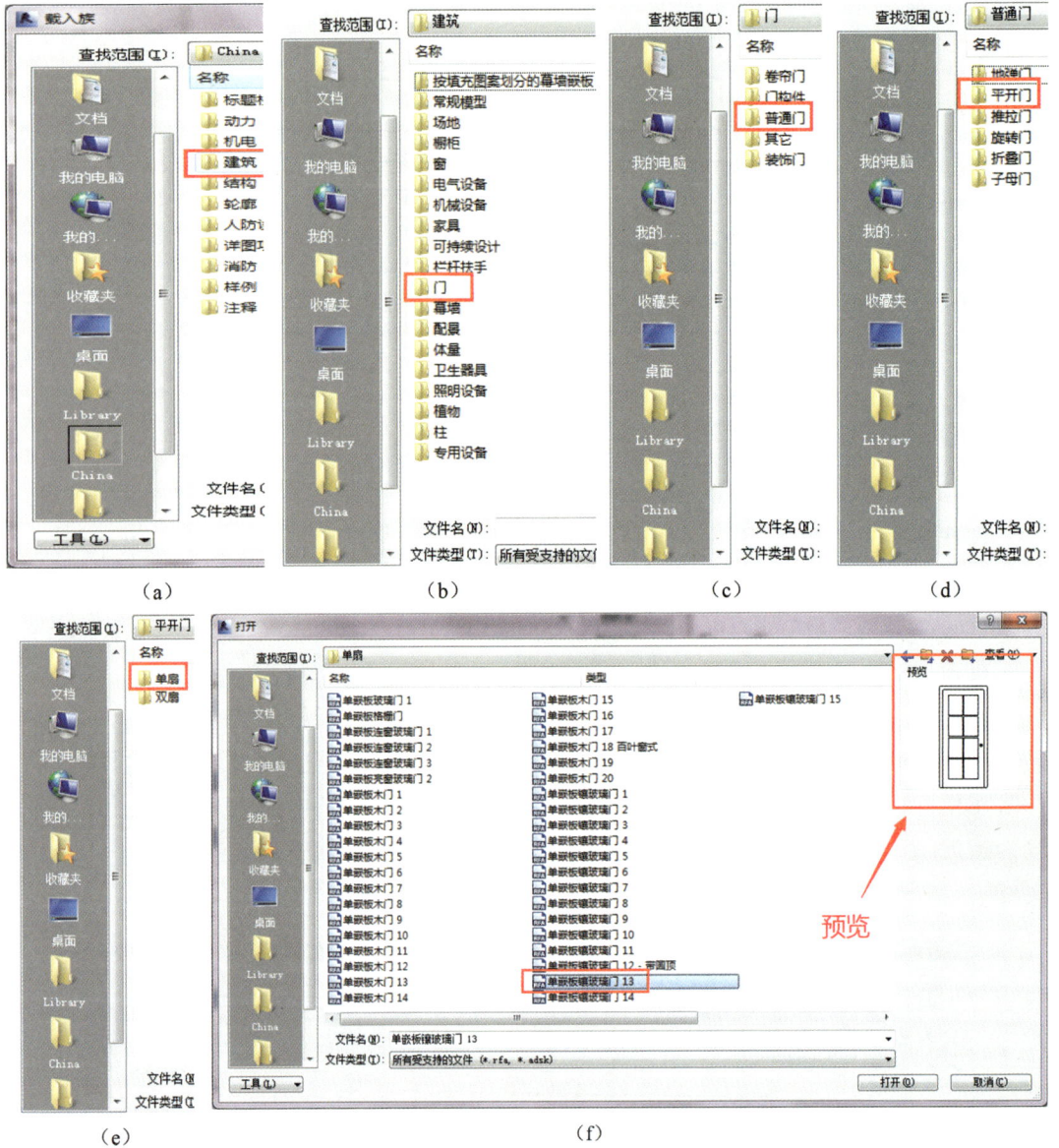

图 2-188

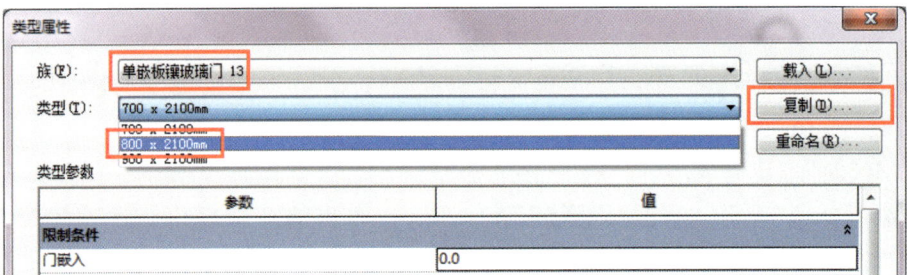

图 2-189

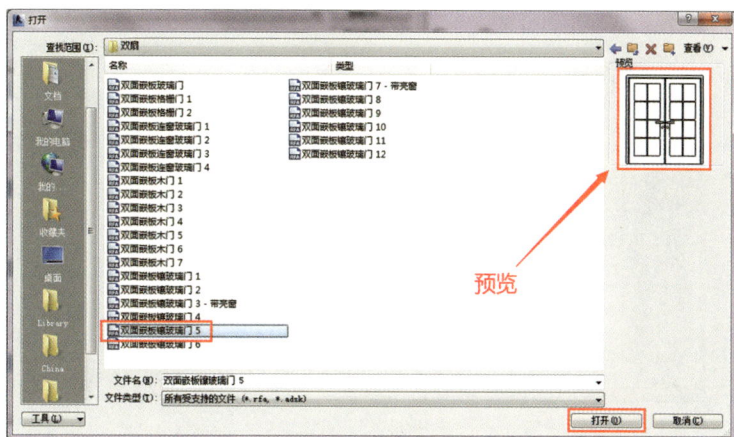

图 2-190

在"类型属性"对话框中,显示"双面嵌板镶玻璃门 5"所对应的类型属性,选择类型为"1500 x 2100 mm",并单击"复制(D)..."工具,复制新的门名称为"M1521",如图 2-191所示,门"M1521"创建完成。

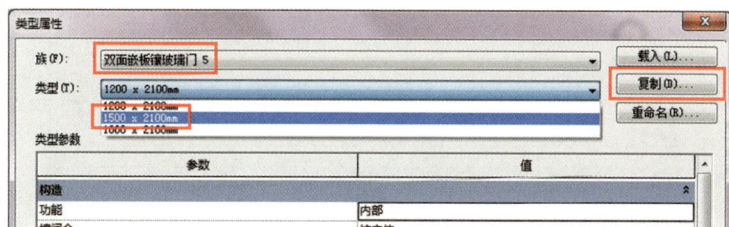

图 2-191

别墅项目中,门"M1221"样式未能通过题目的图纸信息获得,因此可自行确定。本项目门"M1221"按照门"M1521"的样式进行选择。在"类型属性"对话框中,确定族类型为"双面嵌板镶玻璃门 5",选择类型为"1200x2100 mm",并单击"复制(D)..."工具,复制新的门名称为"M1221",如图 2-192 所示,门"M1221"创建完成。

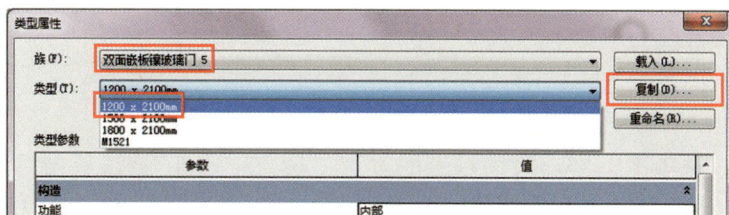

图 2-192

类似地,继续单击"载入(L)..."工具,在弹出的对话框中依次选择"建筑"—"门"—"卷帘门"等文件夹,在"卷帘门"文件夹中选择"滑升门",在预览视图中可知"滑升门"与别墅项目图纸中的 M2520 较为接近,点击"打开"按钮,这样"滑升门"这个族就载入项目文件了,如图 2-193 所示。

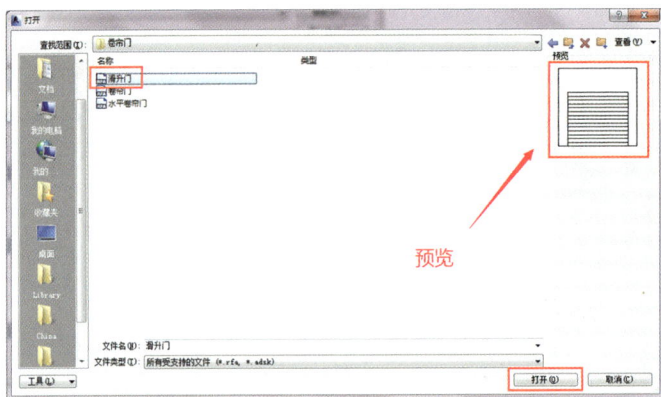

图 2-193

在"类型属性"对话框中,显示"滑升门"所对应的类型属性,类型仅有一种为"2400 x 2100 mm",并单击"复制(D)..."工具,复制新的门名称为"M2520"。在"类型属性"对话框中,修改"粗略宽度"为"2500.0",并按"Enter"键确定,修改"粗略高度"为"2000.0"并按"Enter"键确定,点击"确定"按钮,门"M2520"创建完成,如图 2-194 所示。

图 2-194

单击"建筑"选项卡下"构建"面板上的"门"工具,在"属性"选项板的"类型选择器"中选择"单嵌板镶玻璃门 13"中的"M0821",并点击"修改|放置 门"上下文选项卡下的"在放置时进行标记"命令(确定"在放置时进行标记"为蓝色高亮显示),如图 2-195 所示。

将鼠标移动至 G 轴外墙与 2 轴和 3 轴之间,通过在外墙处上下微调鼠标位置,可以调整门上下方向开启位置,如图 2-196 所示。

将"M0821"开启方向调整为向上时,按"空格"键进行门左右开启方向调整,当门向右开启时单击鼠标左键进行放置,此时已插入的门出现蓝色的临时尺寸,单击蓝色临时尺寸并修改相应的数值可以改变门的位置,如图 2-197 所示。

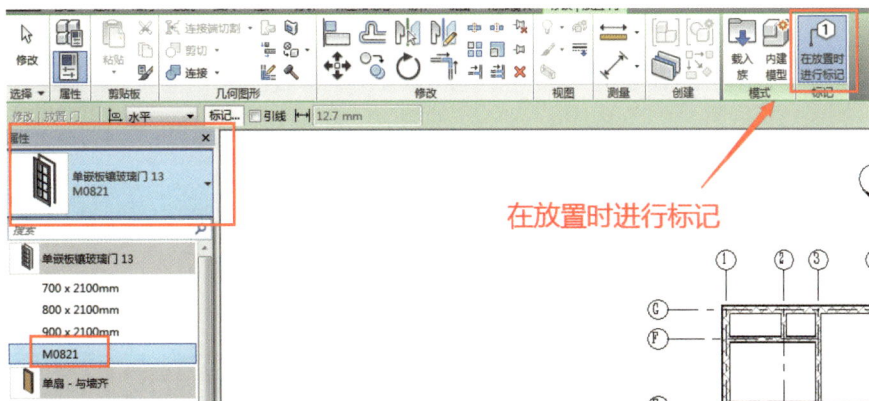

在放置时进行标记

图 2-195

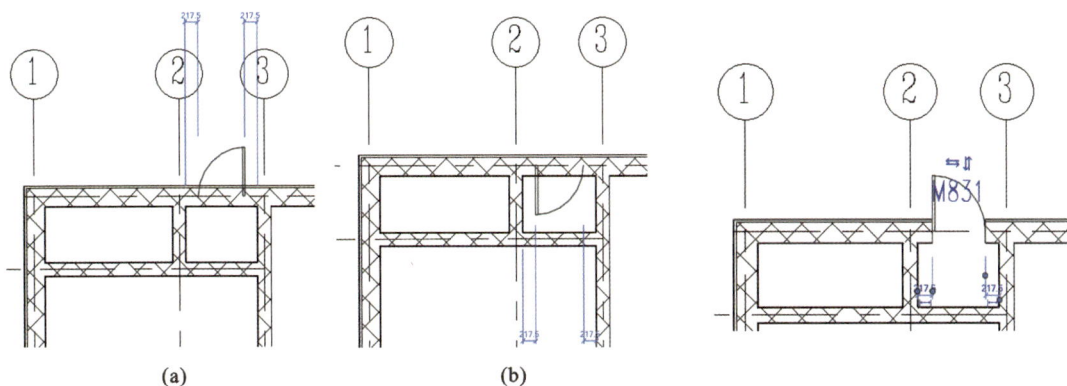

(a)　　　　　　　　(b)

图 2-196　　　　　　　　　　　图 2-197

接下来进行门位置精确调整。由别墅项目一层平面图可知"M0821"左侧距离 2 轴尺寸为 315 mm,距离 3 轴尺寸为 340 mm。单击鼠标左键拖动门左侧墙上临时尺寸约束小蓝点(移动尺寸界限)至 2 轴线,如图 2-198 所示。

单击鼠标左键修改"M0821"左侧临时尺寸,输入"315"并按"Enter"键完成"M0821"位置调整。单击鼠标左键拖动门右侧墙上临时尺寸约束小蓝点(移动尺寸界限)至 3 轴线,可见"M0821"右侧距离 3 轴尺寸为 340 mm,与图纸相符,如图 2-199 所示。

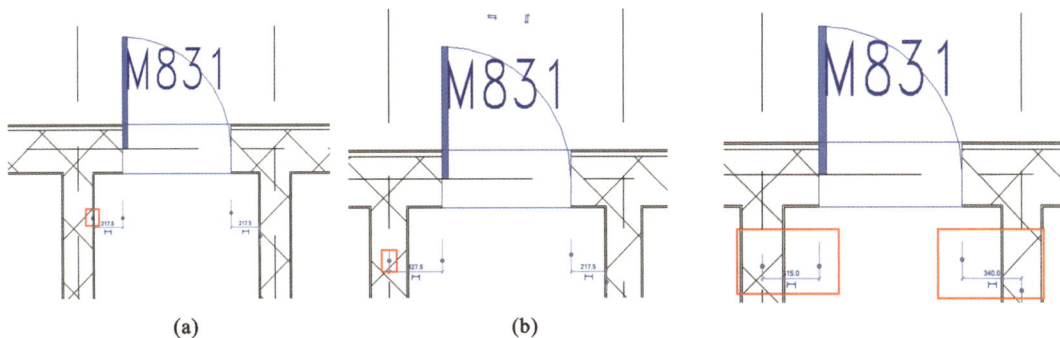

(a)　　　　　　　　(b)

图 2-198　　　　　　　　　　　图 2-199

接下来修改门标记。在"属性"选项板中单击"编辑类型"进入"类型属性"对话框,滑动"类型属性"对话框右侧滑块至底部,将"类型标记"改为"M0821",并点击"确定"按钮,此时门标记修改为"M0821",如图 2-200 所示。

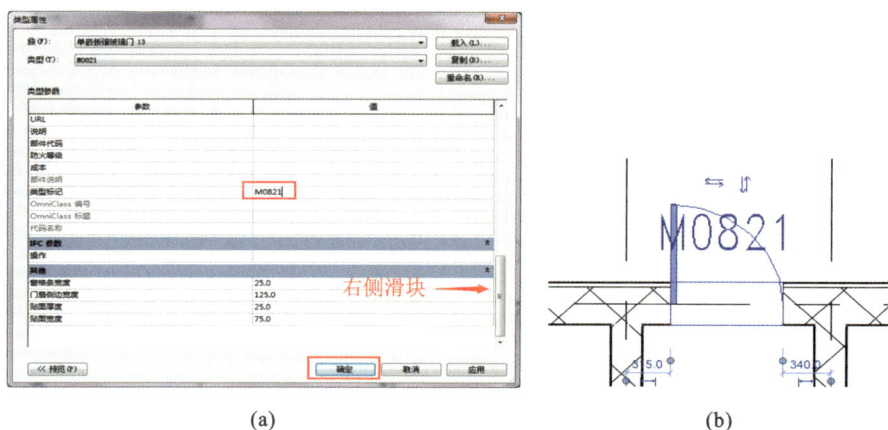

图 2-200

移动门标记"M0821"至合适位置。按两次"Esc"键退出"修改|放置 门"上下文选项卡,将鼠标移动至门标记"M0821"位置处,此时"M0821"蓝色高亮显示(如未选中门标记,可按"Tab"键执行切换选择对象命令,直到门标记"M0821"蓝色高亮显示),单击鼠标左键选择门标记"M0821",将鼠标移动至"拖拽"工具处,单击鼠标左键,将门标记向下移动至合适位置并按"Esc"键完成修改,如图 2-201 所示。

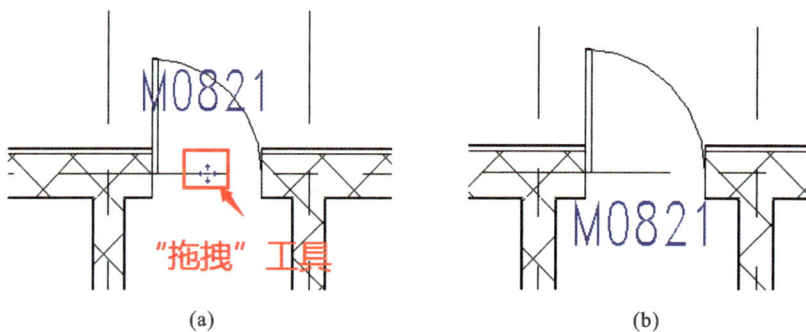

图 2-201

类似地,继续创建 1 层其余门。按"Esc"键退出"修改|门标记"命令,单击"建筑"选项卡下"构建"面板上的"门"工具,将鼠标移动至 B 轴外墙与 7 轴和 5 轴之间,通过在外墙处上下微调鼠标位置,将"M0821"开启方向调整为向上和向右开启时单击鼠标左键进行放置(通过按"空格"键进行门上下左右开启方向调整)。接下来进行门位置精确调整。由别墅项目一层平面图可知 B 轴外墙上"M0821"右侧距离 7 轴尺寸为 400 mm。单击鼠标左键拖动门右侧墙上临时尺寸约束小蓝点(移动尺寸界限)至 7 轴线,单击鼠标左键修改"M0821"右侧临时尺寸,输入"400"并按"Enter"键完成"M0821"位置调整,如图 2-202 所示。

移动门标记"M0821"至合适位置。按两次"Esc"键退出"修改|放置 门"上下文选项卡,将鼠标移动至门标记"M0821"位置处,单击鼠标左键选择门标记"M0821",将鼠标移动至"拖拽"工具处,单击鼠标左键,将门标记向下移动至合适位置,按"Esc"键完成修改,如图 2-203 所示。

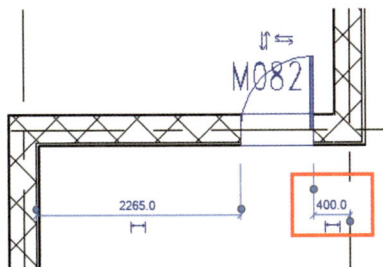

图 2-202

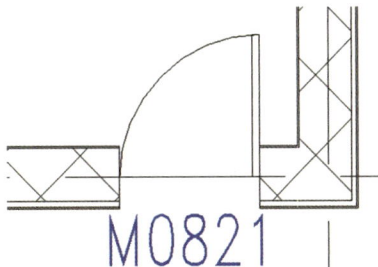

图 2-203

创建门"M2520"。按"Esc"键退出"修改|门"上下文选项卡,单击"建筑"选项卡下"构建"面板上的"门"工具,在"属性"选项板的"类型选择器"中选择"M2520",如图 2-204 所示。

将鼠标移动至 B 轴外墙上 2 轴和 4 轴之间,单击鼠标左键放置门。接下来进行门位置的精确调整。由别墅项目一层平面图可知 B 轴外墙上"M2520"左侧距离 2 轴尺寸为 760 mm。单击鼠标左键拖动门左侧墙上临时尺寸约束小蓝点(移动尺寸界限)至 2 轴线,单击鼠标左键修改"M2520"右侧临时尺寸,输入"760"并按"Enter"键完成"M2520"位置调整,如图 2-205 所示。

图 2-204

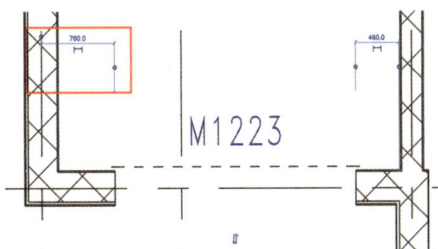

图 2-205

接下来修改门"M2520"的标记。在"属性"选项板中单击"编辑类型",进入"类型属性"对话框,滑动"类型属性"对话框右侧滑块至底部,修改"类型标记"的"值"为"M2520",并点击"确定"按钮,此时门标记修改为"M2520",如图 2-206 所示。

移动门标记"M2520"至合适位置。按两次"Esc"键退出"修改|放置 门"上下文选项卡,将鼠标移动至门标记"M2520"位置处,单击鼠标左键选择门标记"M2520",将鼠标移动至"拖拽"工具处,单击鼠标左键,将门标记向下移动至合适位置,按"Esc"键完成修改,如图 2-207 所示。

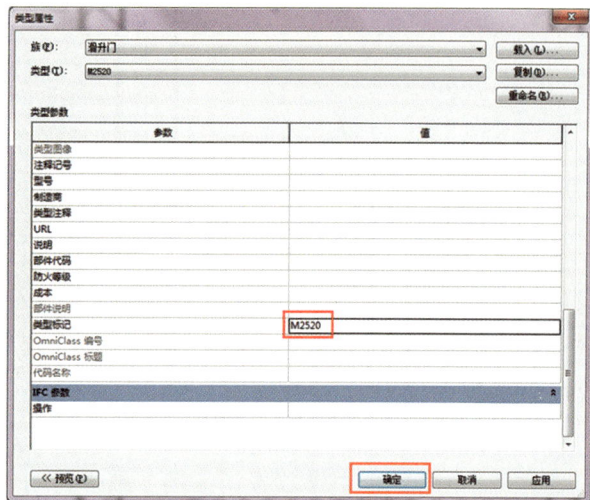

图 2-206

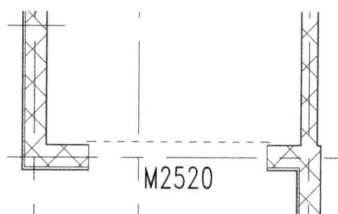

图 2-207

继续创建门"M1521"。按"Esc"键退出"修改|门"上下文选项卡,单击"建筑"选项卡下"构建"面板上的"门"工具,在"属性"选项板的"类型选择器"中选择"M1521",如图 2-208 所示。

将鼠标移动至 3 轴外墙与 E 轴和 D 轴之间,通过在外墙处左右微调鼠标位置,将"M1521"开启方向调整为向左开启时单击鼠标左键进行放置,如图 2-209 所示。

图 2-208

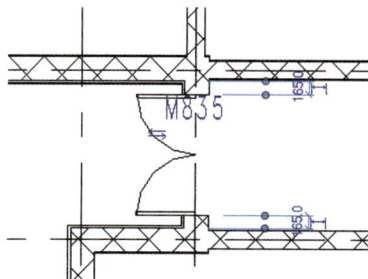

图 2-209

接下来修改门标记。在"属性"选项板中单击"编辑类型",进入"类型属性"对话框,滑动"类型属性"对话框右侧滑块至底部,修改"类型标记"的"值"为"M1521",并点击"确定"按钮,此时门标记修改为"M1521",如图 2-210 所示。

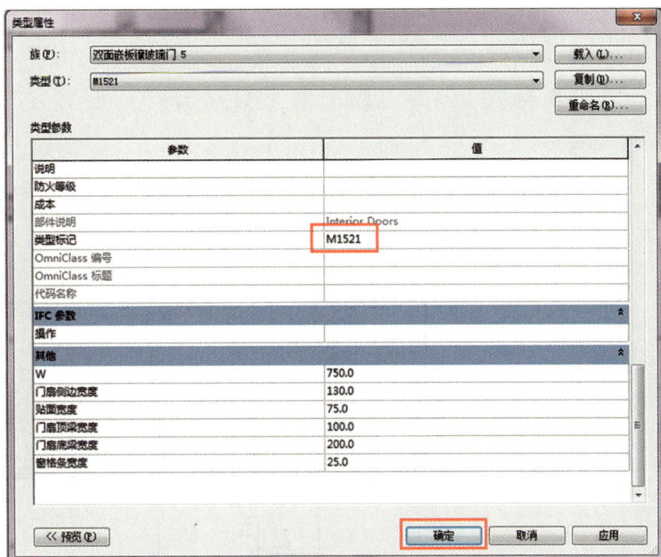

图 2-210

调整门标记"M1521"的方向和位置。按两次"Esc"键退出"修改|放置 门"上下文选项卡,将鼠标移动至门标记"M1521"位置处,单击鼠标左键选择门标记"M1521",在门标记方向处选择"垂直",并将鼠标移动至"拖拽"工具处,单击鼠标左键,将门标记向下移动至合适位置并按"Esc"键完成修改,如图 2-211 所示。

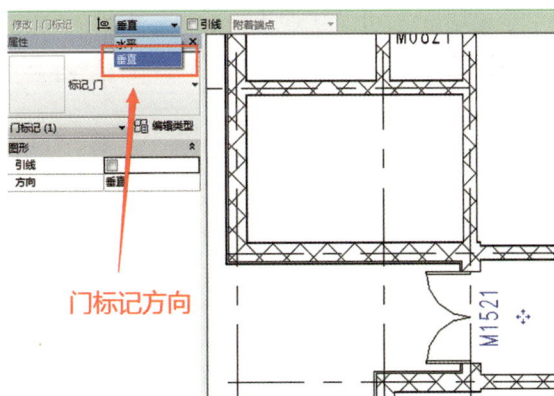

图 2-211

继续创建内墙上的门"M1221"。按"Esc"键退出"修改|门"上下文选项卡,单击"建筑"选项卡下"构建"面板上的"门"工具,在"属性"选项板的"类型选择器"中选择"M1221",将鼠标移动至 E 轴外墙与 4 轴和 5 轴之间的合适位置,通过在外墙处上下微调鼠标位置,将"M1221"开启方向调整为向上开启时单击鼠标左键进行放置。

接下来修改门标记。在"属性"选项板中单击"编辑类型"进入"类型属性"对话框,滑动"类型属性"对话框右侧滑块至底部,修改"类型标记"的"值"为"M1221",并点击"确定"按钮,此时门标记修改为"M1221"。

移动门标记"M1221"至合适位置。按两次"Esc"键退出"修改|放置 门"上下文选项卡,将鼠标移动至门标记"M1221"位置处,单击鼠标左键选择门标记"M1221",将鼠标移动至"拖拽"工具处,单击鼠标左键,将门标记向下移动至合适位置并按"Esc"键完成修改,如图 2-212 所示。

类似地,创建 2 轴、3 轴、4 轴和 F 轴内墙上的门"M0821",直至一层所有门创建完成,如图 2-213 所示。

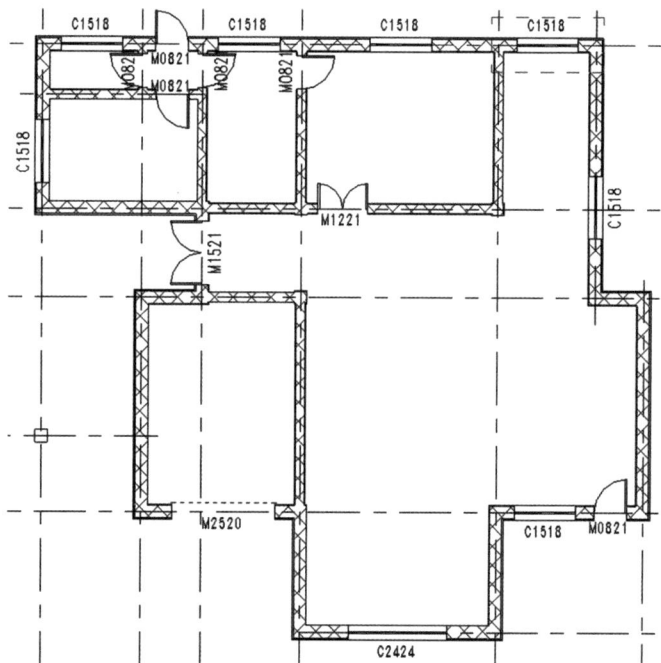

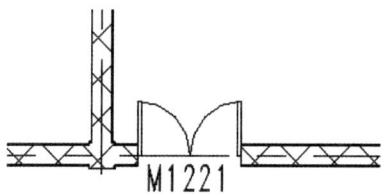

图 2-212

图 2-213

2)创建一层窗

通过"别墅"项目平面图可知窗的平面位置,通过立面图中尺寸标注,可知 G 轴外墙上 5 轴和 6 轴之间的窗 C1518 距所在楼层标高 2300 mm,除 G 轴外墙上 5 轴和 6 轴之间的窗 C1518 外,其余窗 C1518 距所在楼层标高 900 mm,C2424 距所在楼层标高 200 mm。

创建一层窗

打开"F1-0.00"平面视图,单击"建筑"选项卡下"构建"面板上的"门"命令,进入"修改|放置 窗"上下文选项卡。在"属性"选项板中单击"编辑类型",进入"类型属性"对话框,单击"载入(L)..."工具,如图 2-214 所示。

在弹出的对话框中选择"建筑",打开"建筑"文件夹中的"窗"文件夹,在弹出的对话框中选择"普通窗",打开"普通窗"文件夹中的"组合窗"文件夹,在"组合窗"文件夹中选择"组合窗-双层单列(固定+推拉+固定)",在预览视图中可知"组合窗-双层单列(固定

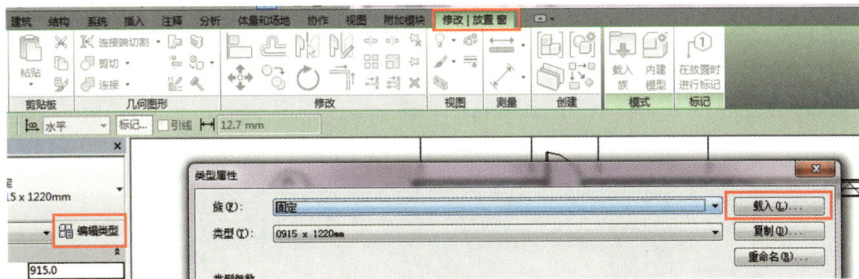

图 2-214

＋推拉＋固定）"与别墅项目图纸中的 C1518 和 C2424 较为接近，点击"打开"按钮，这样"组合窗 - 双层单列（固定＋推拉＋固定）"这个族就载入项目文件了，如图 2-215 所示。

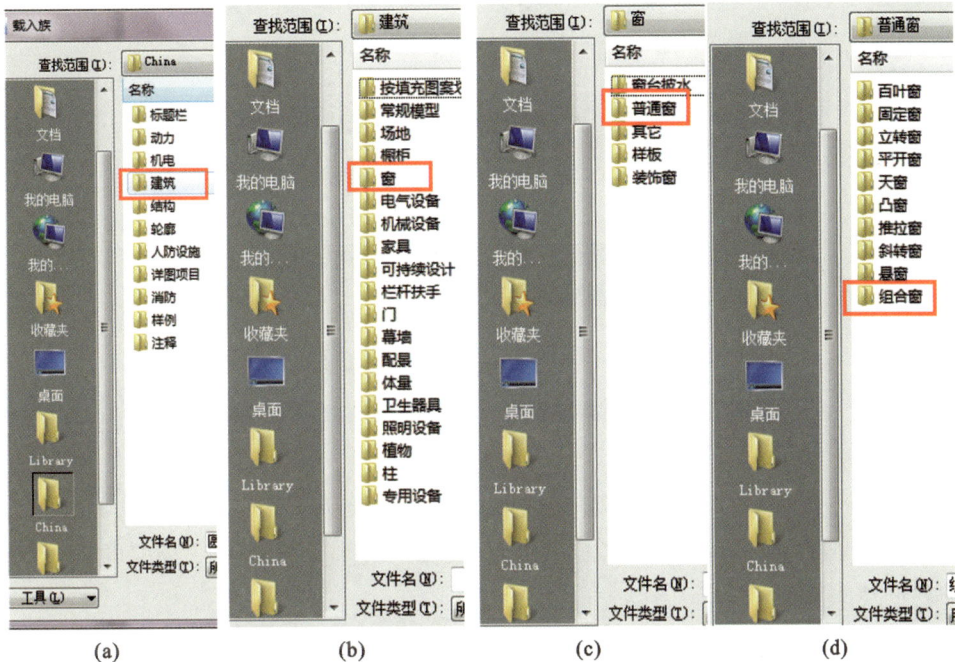

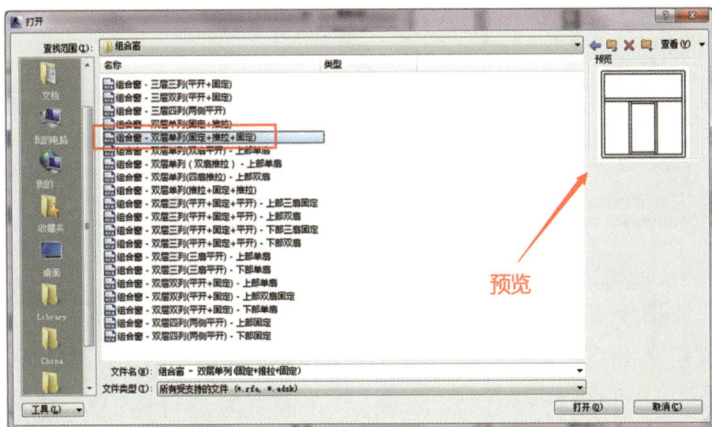

图 2-215

在"类型属性"对话框中,显示"组合窗 - 双层单列(固定+推拉+固定)"所对应的类型属性,选择类型为"1500 × 1800 mm",并单击"[复制(D)...]",复制新的门名称为"C1518",如图 2-216 所示,窗"C1518"创建完成。

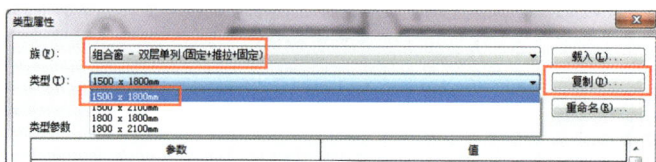

图 2-216

继续创建窗"C2424"。在"类型属性"对话框中,显示"组合窗 - 双层单列(固定+推拉+固定)"所对应的类型属性,选择类型为"C1518",并单击"[复制(D)...]",复制新的门名称为"C2424",如图 2-217 所示。

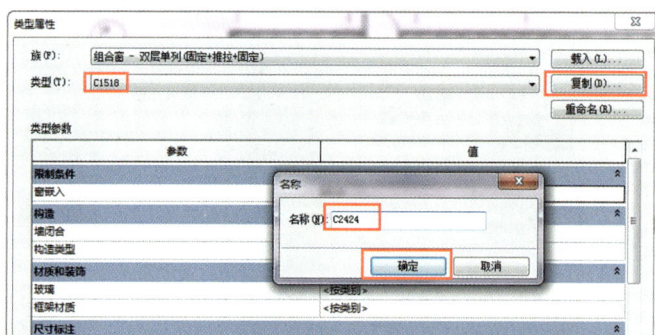

图 2-217

修改窗"C2424"尺寸。在"类型属性"对话框中,修改"粗略宽度"为"2400.0"并按"Enter"键确定,修改"粗略高度"为"2400.0"并按"Enter"键确定,点击"确定"按钮,窗"C2424"创建完成,如图 2-218 所示。

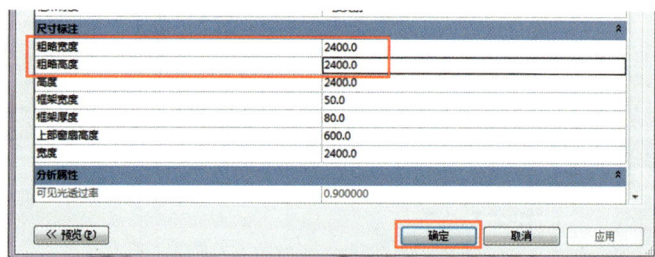

图 2-218

单击"建筑"选项卡下"构建"面板上的"窗"工具,在"属性"选项板的"类型选择器"中选择"组合窗 - 双层单列(固定+推拉+固定)"中的"C1518",并点击"修改|放置 窗"上下文选项卡下的"在放置时进行标记"命令(确定"在放置时进行标记"为蓝色高亮显示),如图 2-219 所示。

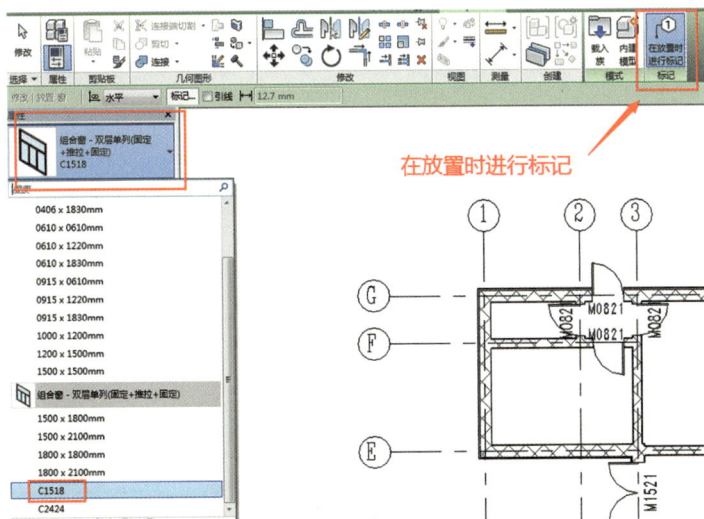

在放置时进行标记

图 2-219

确认"属性"选项板中的窗"C1518"的"底高度"参数为"900.0"（软件默认其底高度为 900 mm），如图 2-220 所示。

G 轴外墙上 5 轴和 6 轴之间窗的 C1518 距所在楼层标高 2300 mm，除 G 轴外墙上 5 轴和 6 轴之间的窗 C1518 外，其余窗 C1518 距所在楼层标高 900 mm，C2424 距所在楼层标高 200 mm。

将鼠标移动至 G 轴外墙上 1 轴和 2 轴之间，单击鼠标左键放置窗，此时已插入的窗出现蓝色的临时尺寸，单击蓝色临时尺寸并修改相应的数值可以改变窗的位置，如图 2-221 所示。

图 2-220

接下来进行窗水平位置精确调整。由别墅项目一层平面图可知"C1518"左侧距离 1 轴尺寸为 450 mm，距离 2 轴尺寸为 495 mm。单击鼠标左键拖动门左侧墙上临时尺寸约束小蓝点（移动尺寸界限）至 1 轴线，单击鼠标左键修改"C1518"左侧临时尺寸，输入"450"并按"Enter"键完成"C1518"位置调整。单击鼠标左键拖动门右侧墙上临时尺寸约束小蓝点（移动尺寸界限）至 2 轴线，可见"C1518"右侧距离 3 轴尺寸为 495 mm，与图纸相符，如图 2-222 所示。

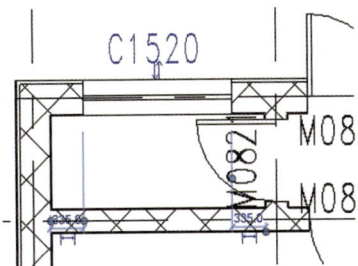

图 2-221

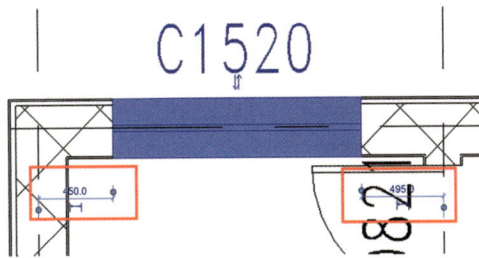

图 2-222

接下来修改窗标记。在"属性"选项板中单击"编辑类型",进入"类型属性"对话框,滑动"类型属性"对话框右侧滑块至底部,修改"类型标记"的"值"为"C1518",并点击"确定"按钮,如图 2-223 所示。

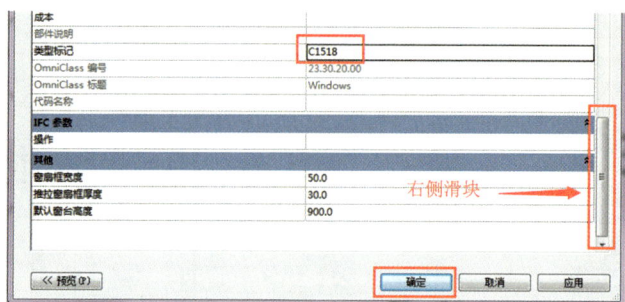

图 2-223

这时弹出警告对话框"图元具有重复的'类型标记'值。",单击警告对话框上"确定"按钮,此时门标记修改为"C1518",如图 2-224 所示。

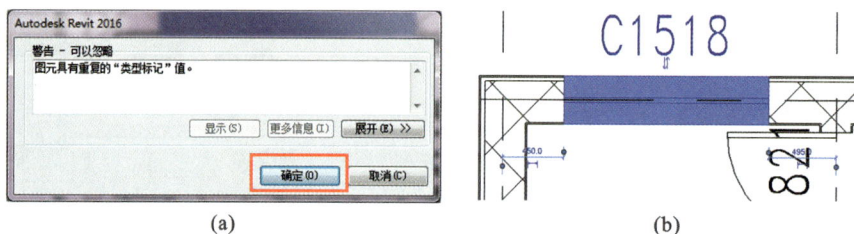

(a)　　　　　　　　(b)

图 2-224

类似地,继续创建 1 层其余窗。按"Esc"键退出"修改|窗"上下文选项卡,单击"建筑"选项卡下"构建"面板上的"窗"工具,将鼠标移动至 G 轴外墙上 3 轴和 4 轴之间时单击鼠标左键放置窗。接下来进行窗位置精确调整。由别墅项目一层平面图可知 G 轴外墙上"C1518"左侧距离 3 轴尺寸为 375 mm。单击鼠标左键拖动门左侧墙上临时尺寸约束小蓝点(移动尺寸界限)至 3 轴线,单击鼠标左键修改"C1518"左侧临时尺寸,输入"375"并按"Enter"键完成"C1518"位置调整,如图 2-225 所示。

用同样的方法可创建 G 轴外墙上 4 轴和 5 轴之间的窗"C1518"。接下来创建 G 轴外墙上 5 轴和 6 轴之间的窗"C1518",G 轴外墙上 5 轴和 6 轴之间的窗 C1518 距所在楼层标高 2300 mm。按"Esc"键退出"修改|窗"上下文选项卡,单击"建筑"选项卡下"构建"面板上的"窗"工具,修改"属性"选项板中的窗"C1518"的"底高度"参数为"2300.0",并按"Enter"键确定,如图 2-226 所示。

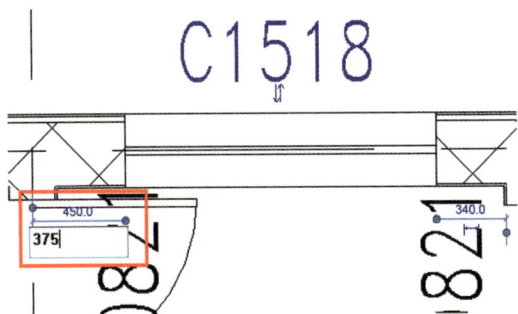

图 2-225

图 2-226

将鼠标移动至 G 轴外墙上 5 轴和 6 轴之间时单击鼠标左键放置窗,此时在软件界面右下角弹出警告对话框"所创建的图元在视图 楼层平面:F1-0.00 中不可见。您可能需要检查活动视图及其参数、可见性设置以及所有平面区域及其设置。",如图 2-227 所示,表示现在所创建的窗"C1518"在 F1-0.00 楼层平面中不可见,单击警告对话框右上角的"关闭"工具关闭此对话框。

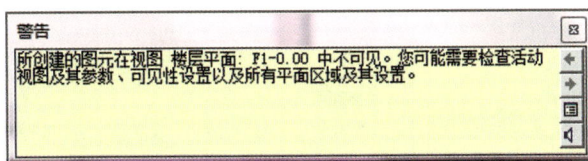

图 2-227

虽然 G 轴外墙上 5 轴和 6 轴之间的窗"C1518"在 F1-0.00 楼层平面中不可见,但其临时尺寸约束可见,如图 2-228 所示。

单击鼠标左键拖动门左侧墙上临时尺寸约束小蓝点(移动尺寸界限)至 5 轴线,单击鼠标左键修改"C1518"左侧临时尺寸,输入"450"并按"Enter"键完成"C1518"位置调整,如图 2-229 所示。

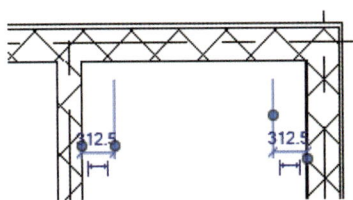

图 2-228

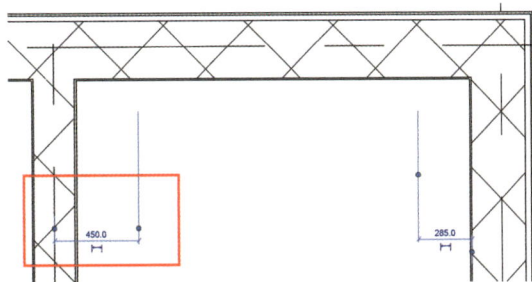

图 2-229

G 轴外墙上 5 轴和 6 轴之间的窗"C1518"在 F1-0.00 楼层平面中不可见,是因为受视图范围的影响。可以在 G 轴外墙上 5 轴和 6 轴之间添加平面区域,以局部调整其视图范围。单击"视图"选项卡下"创建"面板上"平面视图"下拉列表的"平面区域"工具,如图 2-230 所示。

进入"修改|创建平面区域边界"界面,在"绘制"面板上选择"矩形"绘制工具,在 G 轴外墙上的 5 轴和 6 轴之间绘制矩形平面区域边界,如图 2-231 所示。

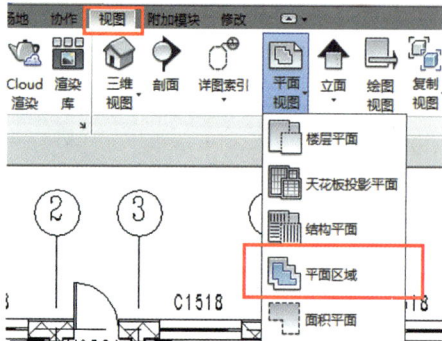

图 2-230

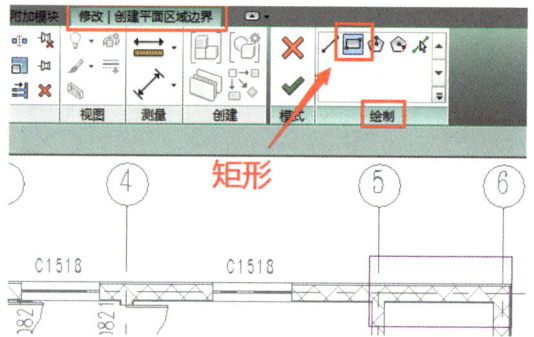

图 2-231

修改视图范围。单击鼠标选择"属性"选项板上"视图范围"后的"编辑…"工具,弹出"视图范围"对话框。在"视图范围"对话框中修改"顶"偏移量为"3000.0",修改"剖切面"偏移量为"2400.0",并单击"确定"按钮完成设置,如图 2-232 所示。

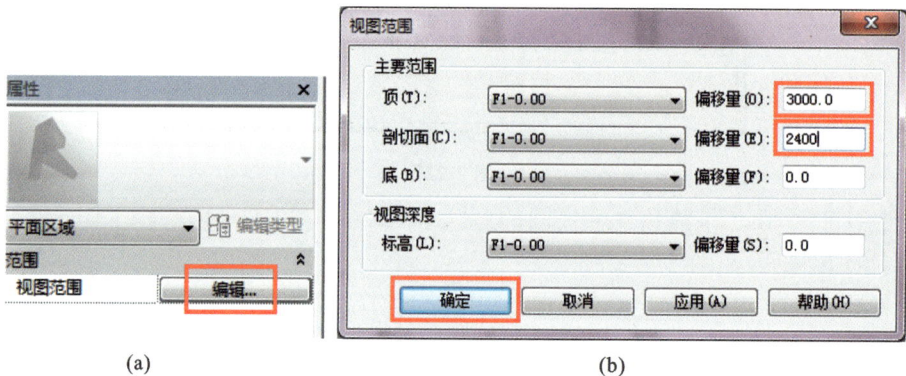

(a)   (b)

图 2-232

最后在"模式"面板上选择"完成编辑模式"工具,平面区域创建完成,如图 2-233 所示。

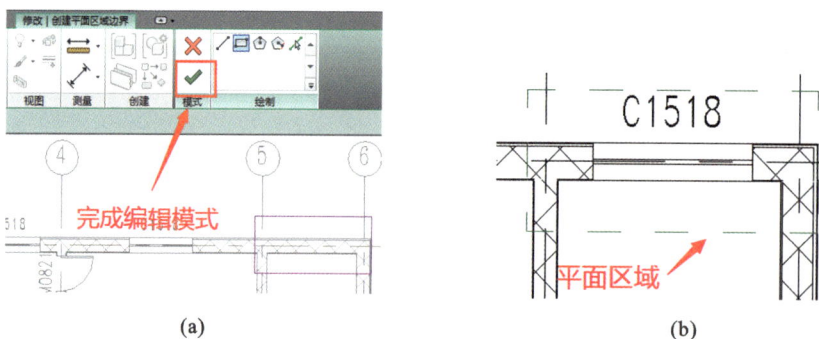

(a)   (b)

图 2-233

采用类似的方法继续创建 6 轴和 B 轴外墙上的窗"C1518"，并调整窗标记至合适方向和位置。接下来创建 A 轴上的窗"C2424"，单击"建筑"选项卡下"构建"面板上的"窗"工具，在"属性"选项板的"类型选择器"中选择"C2424"，如图 2-234 所示。

A 轴外墙上的窗 C2424 距所在楼层标高 200 mm。修改"属性"选项板中的窗"C2424"的"底高度"参数为"200.0"，并按"Enter"键确定，如图 2-235 所示。

图 2-234

图 2-235

将鼠标移动至 A 轴外墙上 4 轴和 5 轴之间时单击鼠标左键放置窗，单击鼠标左键拖动窗左侧墙上临时尺寸约束小蓝点（移动尺寸界限）至 4 轴线，单击鼠标左键修改"C2424"左侧临时尺寸，输入"1200"并按"Enter"键完成"C2424"位置调整，如图 2-236 所示。

接下来修改窗"C2424"的标记。在"属性"选项板中单击"编辑类型"，进入"类型属性"对话框，滑动"类型属性"对话框右侧滑块至底部，修改"类型标记"的值为"C2424"，并点击"确定"按钮，如图 2-237 所示。

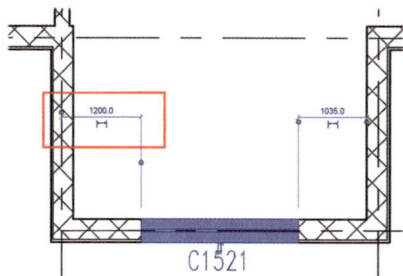

图 2-236

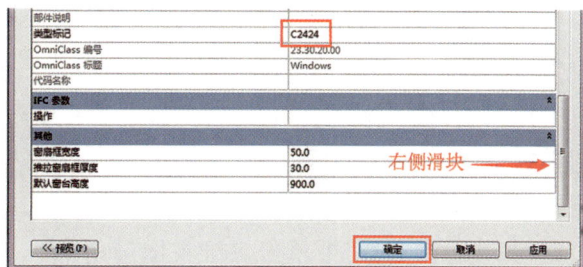

图 2-237

类似地，创建 1 轴外墙上 E 轴和 F 轴之间的窗"C1518"，直至一层所有窗创建完成，如图 2-238 所示。

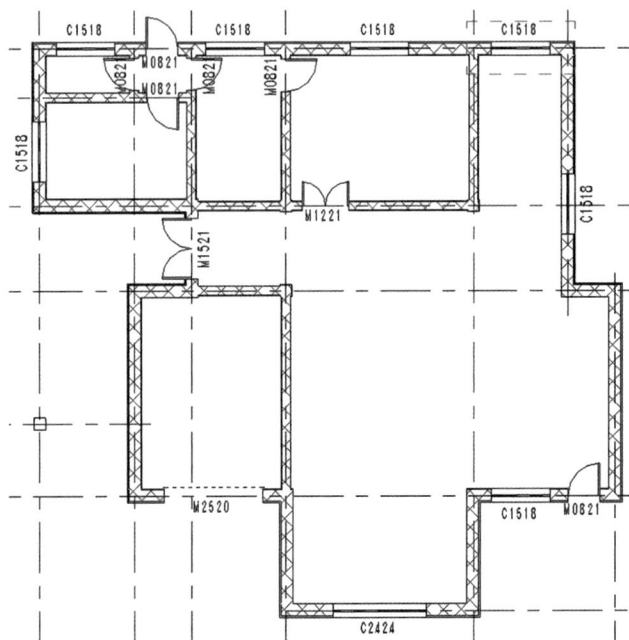

图 2-238

3)创建二层门窗

根据"别墅"项目二层平面图,如图 2-239 所示,可确定别墅二层门窗信息。

本项目二层的部分门窗与一层的门窗尺寸及位置一样,故可以用   创建二、三层门窗
复制命令完成部分二层门窗的添加。

在"项目浏览器"中双击平面视图中的楼层平面,切换到"F1-0.00"平面视图。持续按"Ctrl"键,此时鼠标指针右上角出现一个"＋"号,表示可以进行增选操作。将鼠标依次移动至二层 G 轴外墙上 1 轴和 6 轴之间的 4 面窗"C1518"、6 轴外墙上 G 轴和 D 轴之间的窗"C1518"、B 轴外墙上 5 轴和 7 轴之间的窗"C1518"和门"M0821"、1 轴外墙上 G 轴和 E 轴之间的窗"C1518"处单击鼠标左键进行选择,类似地,继续增选对应的门窗标记,如图 2-240 所示。

此时,软件自动切换至"修改|选择多个"上下文选项卡。单击"剪贴板"面板中的"复制"工具或按"Ctrl"键和"C"键,将所选门窗及门窗标记复制至剪贴板中,单击"粘贴"工具下拉列表,在下拉列表中选择"与选定的视图对齐"选项,弹出"选择视图"对话框,该对话框列出当前项目中所有已创建的视图。在列表中选择"楼层平面:F2-3.00",单击"确定"按钮将所选一层门窗及门窗标记复制至二层,如图 2-241 所示。

在"项目浏览器"中单击三维视图前的 ⊞ ,并双击"三维视图"下的"{三维}",切换至三维视图查看结果,如图 2-242 所示。

在"项目浏览器"中双击平面视图中楼层平面,切换到"F2-3.00"平面视图,继续创建其余二层门窗,直至二层门窗全部创建完成,如图 2-243 所示。

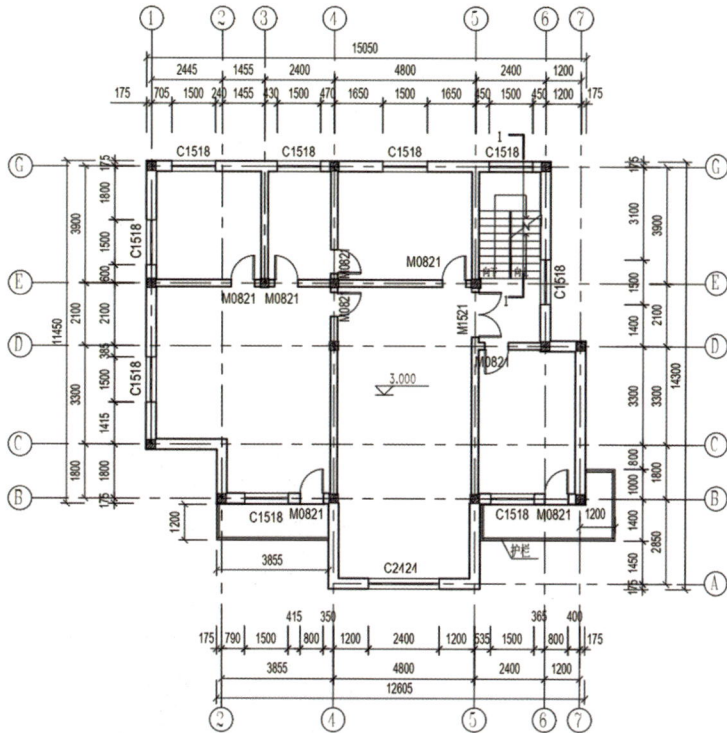

二层平面图 1：100

图 2-239

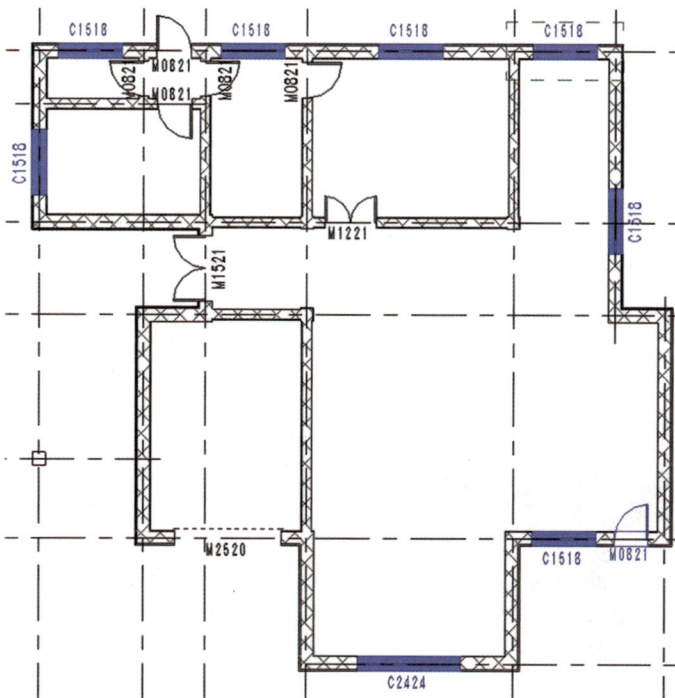

图 2-240

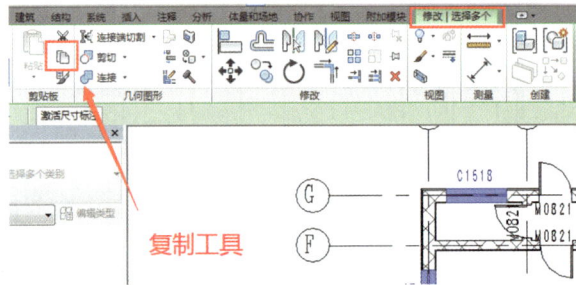

(a)

(b)

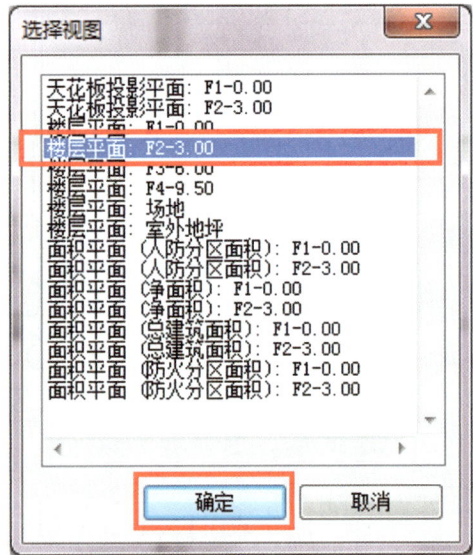

(c)

图 2-241

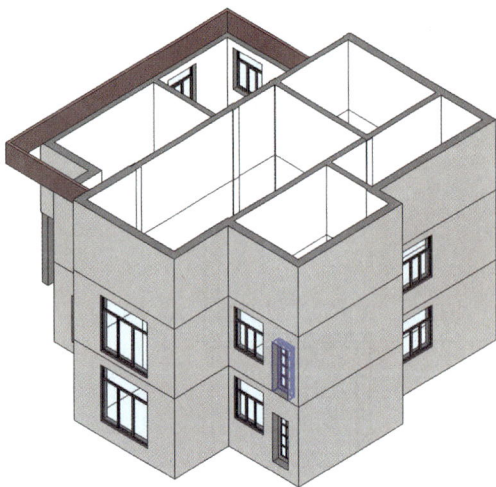

图 2-242

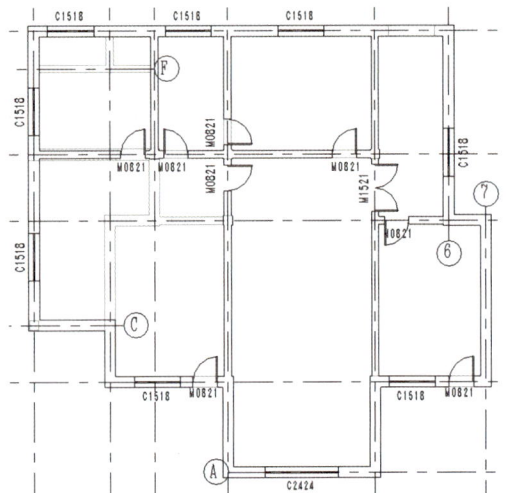

图 2-243

4)创建三层门窗

根据"别墅"项目三层平面图,如图 2-244 所示,可确定别墅三层门窗信息。

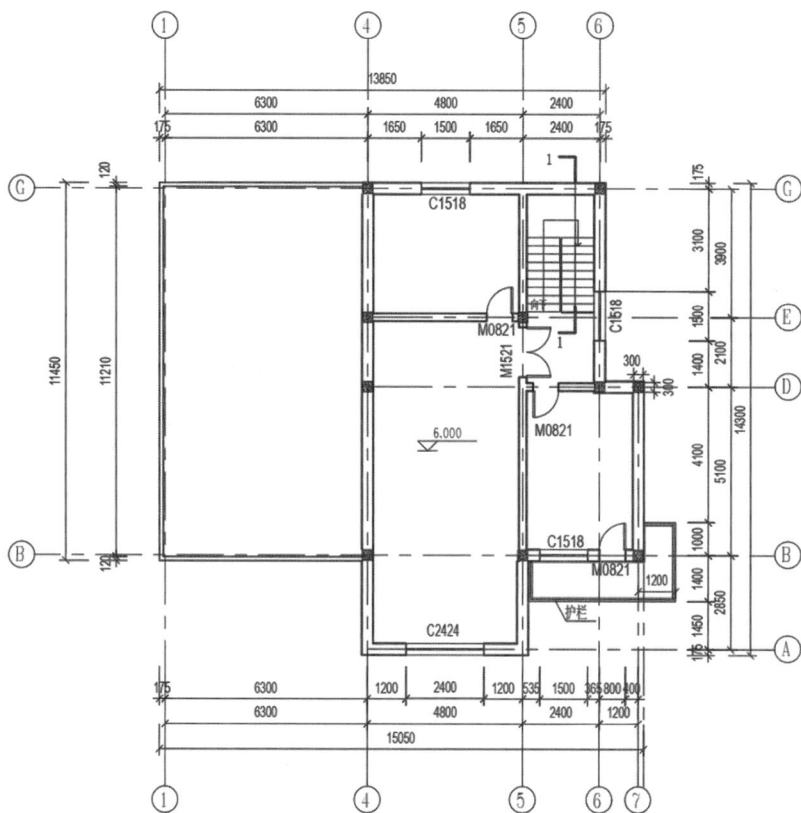

三层平面图 1:100

图 2-244

本项目三层 4 轴右侧的建筑墙(包括外墙和内墙)上的门窗与二层相同位置处的门窗一样,故可以用复制命令完成三层门窗的添加。

在"项目浏览器"中双击平面视图中的楼层平面,切换到"F2-3.00"平面视图。用鼠标从左上至右下框选"别墅"项目二层 4 轴右侧建筑墙(包括外墙和内墙)上的全部门窗以及门窗标记,未选中的可以通过持续按"Ctrl"键以及单击鼠标左键进行增选操作,选择完后如图 2-245 所示。

此时软件自动切换至"修改|选择多个"上下文选项卡,单击"过滤器"工具,弹出"过滤器"对话框,在"过滤器"对话框中取消勾选"墙"和"柱"类别,确定选择"窗""窗标记""门""门标记"等类别图元。此时应注意,选择的"窗"的数量为"5",比"窗标记"数量多 1 个,说明 G 轴外墙上 5 轴和 6 轴之间的窗 C1518 也被选择,应减选该窗。单击"确定"按钮退出"过滤器"对话框,如图 2-246 所示。

软件自动切换至"修改|选择多个"上下文选项卡。减选 G 轴外墙上 5 轴和 6 轴之间的窗 C1518。持续按"Shift"键,此时鼠标指针右上角出现一个"一"号,表示可以进行

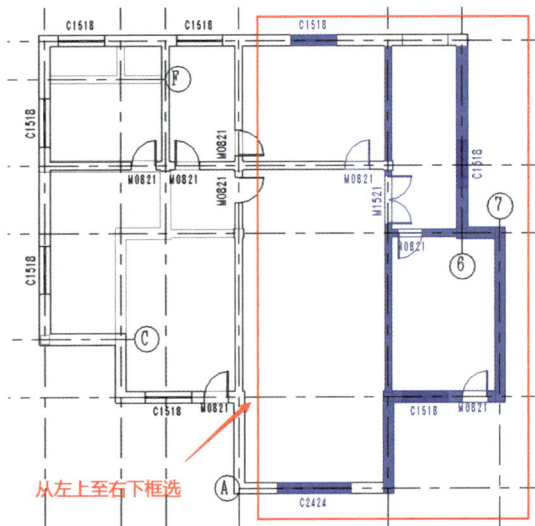

从左上至右下框选

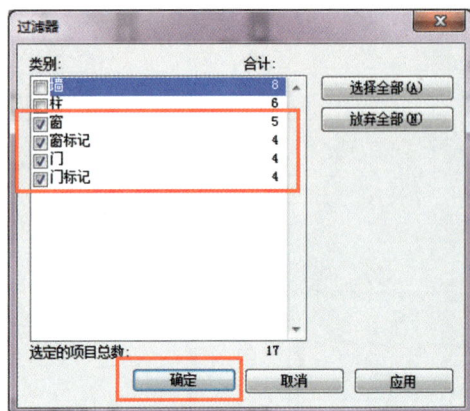

图 2-245　　　　　　　　　　　　　　　　　图 2-246

减选操作。将鼠标依次移动至二层 G 轴外墙上 5 轴和 6 轴之间的窗 C1518 处，单击鼠标左键完成减选。此时单击"过滤器"工具，弹出"过滤器"对话框，确定门窗数量及门窗标记数量正确，如图 2-247 所示，单击"确定"按钮退出"过滤器"对话框。

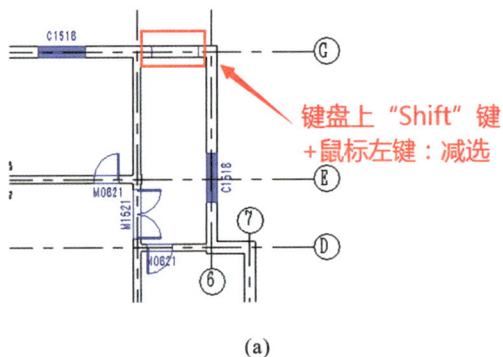

键盘上 "Shift" 键
+鼠标左键：减选

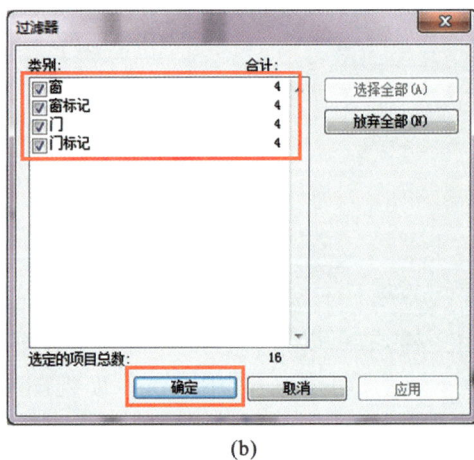

(a)　　　　　　　　　　　　　　　　　(b)

图 2-247

　　单击"剪贴板"面板中的"复制"工具或按"Ctrl"键和"C"键，将所选门窗及门窗标记复制至剪贴板中，单击"粘贴"工具下拉列表，在下拉列表中选择"与选定的视图对齐"选项，弹出"选择视图"对话框，该对话框列出当前项目中所有已创建的视图。在列表中选择"楼层平面：F3-6.00"，单击"确定"按钮将所选二层门窗及门窗标记复制至三层，如图 2-248 所示。

　　在"项目浏览器"中单击三维视图前的 ⊞，并双击"三维视图"下的"{三维}"，切换至三维视图查看结果，如图 2-249 所示。

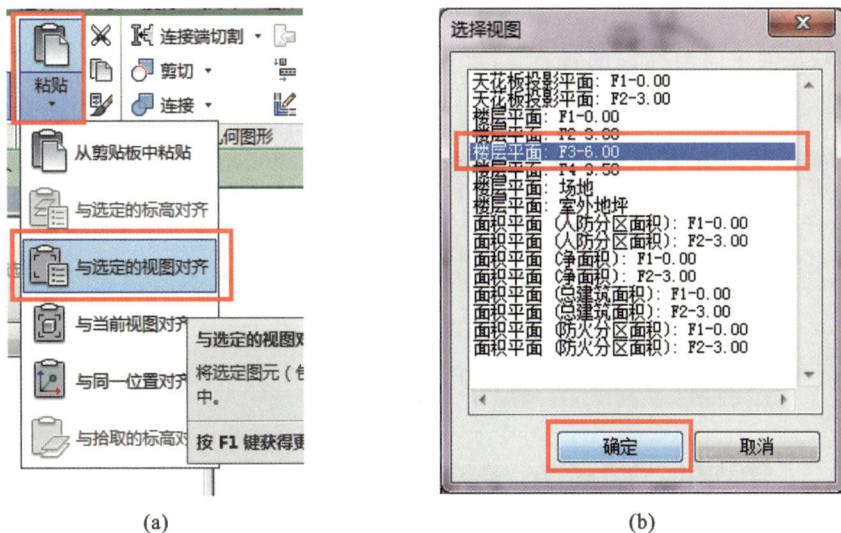

(a)　　　　　　　　　　　　　　　　(b)

图 2-248

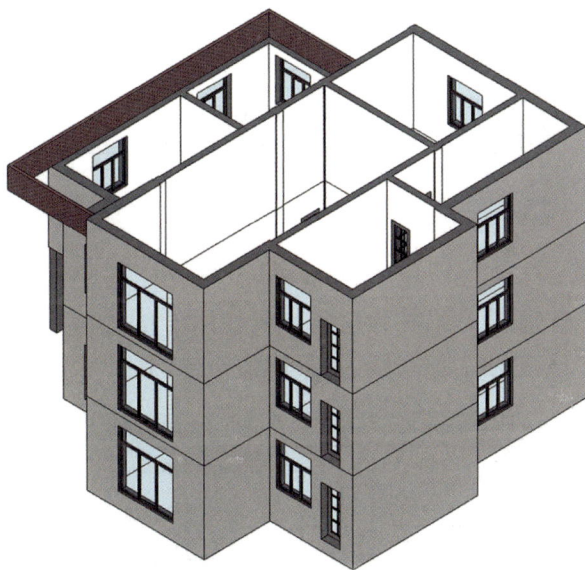

图 2-249

至此，"别墅"项目所有门窗创建完成。

2.5.3　拓展任务

1. 标记未标记的门(或窗)

如果视图中存在未标记的门(或窗)，可标记某一未标记的门(或窗)，也可标记所有未标记的门(或窗)。

1) 按类别标记

打开需要创建门窗标记的视图。单击"注释"选项卡下"标记"面板上的"按类别标记",如图 2-250 所示。

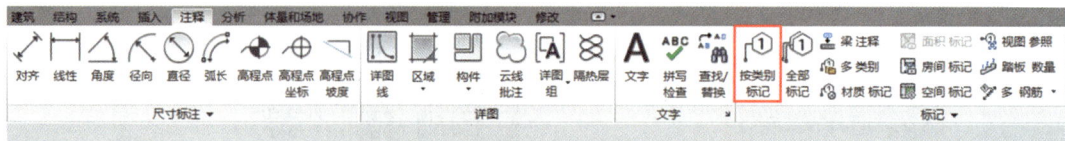

图 2-250

将鼠标移动至需要标记的门(或窗)附近,单击鼠标左键即可进行标记,如图 2-251 所示。

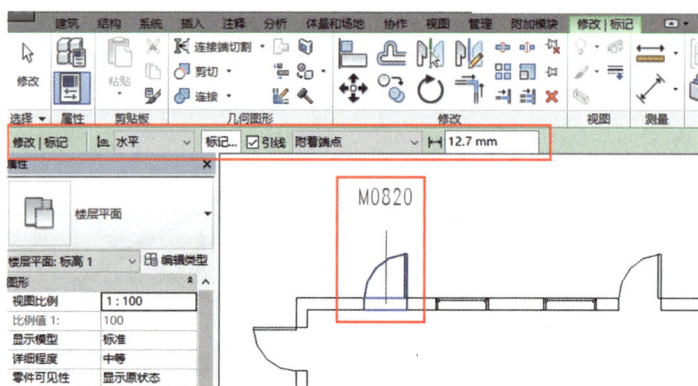

图 2-251

当门(或窗)为竖向(垂直)时,标记时需要调整标记方向,如图 2-252 所示。

此外,当门(或窗)标记不需要引线时,可取消勾选"引线"复选框,如图 2-253 所示。

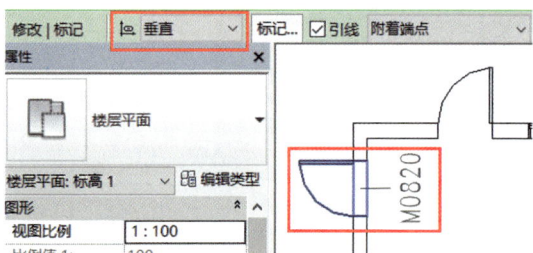

图 2-252

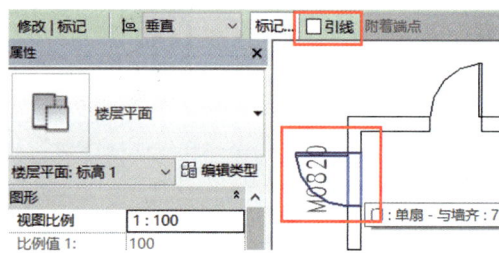

图 2-253

2) 全部标记

如果视图中存在未标记的门(或窗),可一次性标记所有未标记的门(或窗)。

单击"注释"选项卡下"标记"面板上的"全部标记",如图 2-254 所示。

此时软件弹出"标记所有未标记的对象"对话框,滑动滑块至合适位置,单击鼠标左键选择门标记(或窗标记),并选择是否需要标记引线,单击"确定"按钮完成标记,如图 2-255 所示。

图 2-254

2.门窗修改技巧

插入门(或窗)时输入"SM"快捷键命令,可将门(或窗)自动捕捉到墙体中点插入。

当门(或窗)插入后,可在平面单击 ⇔ 或 ↕ 双向箭头改变门(或窗)的开启方向,或按"空格"键进行翻转。

单击选择已插入的门(或窗),激活"修改|门(或窗)"选项卡,点击"主体"面板上的"拾取新主体"工具,可使门(或窗)更换放置的主体墙,即将门窗放置到新的主体墙上,而不需要进行先删除再插入这样的重复操作,如图 2-256 所示。

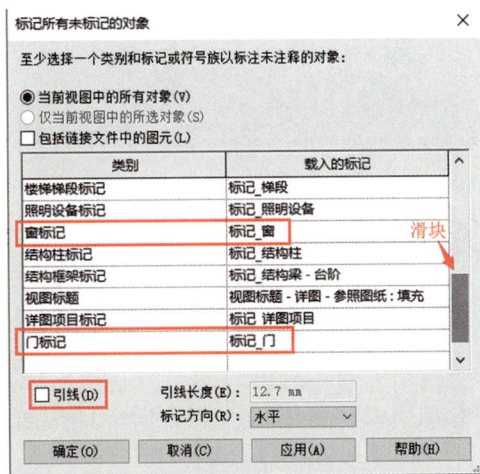

图 2-255

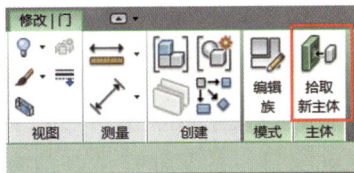

图 2-256

2.5.4　真题任务

以第一期全国 BIM 等级考试一级试题第四题为例,题目要求:请用基于墙的公制常规模型族模板,创建符合图 2-257 要求的窗族,各尺寸通过参数控制。该窗的窗框断面尺寸为 60 mm×60 mm,窗扇边框断面尺寸为40 mm×40 mm,玻璃厚度为 6 mm,墙、窗框、窗扇边框、玻璃全部中心对齐,并创建窗的平、立面表达。请将模型文件以"双扇窗.rfa"为文件名保存到考生文件夹中。(20 分)

双扇窗

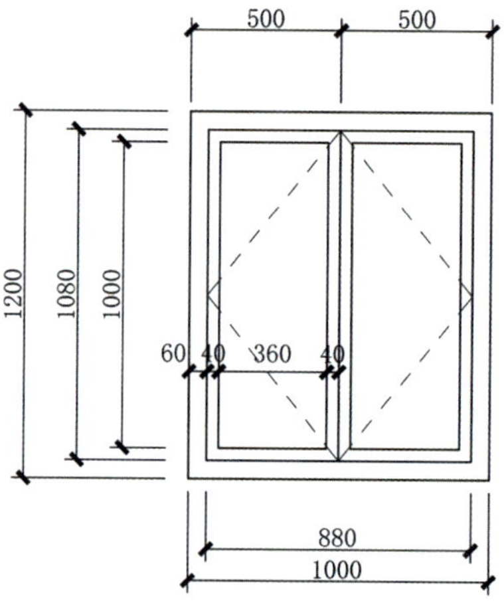

图 2-257

中国建筑师的当务之急,就是探索一种建筑形式,它既是我们有限的物力之所能及的,同时又是尊重自己文化的。

——贝聿铭

2.6 任务6:楼板

2.6.1 学习任务

楼板是建筑中最常用的水平承重构件,主要用来将房屋沿垂直方向分隔为若干层,并把人和家具等的竖向荷载及楼板自重通过墙体、梁或柱传给基础。

在 Revit 中,楼板属于系统族,只能利用软件自带的系统族创建,不可单独用样板进行建立。在 BIM 建模过程中,楼板根据不同专业特性可分为建筑楼板和结构楼板。建筑楼板与结构楼板在绘制和修改上并无区别。在配筋方面,结构楼板可以进行配筋,而建筑楼板不可进行配筋。在构件扣减方面,结构楼板会与其相连接的结构构件进行扣减,而建筑楼板无扣减特性。在实际项目中,如果建筑专业与结构专业分开建模,二者的楼板通常也分开建模,且建筑楼板位于结构楼板上方,一般用作面层、找平层及装饰层。

1.楼板绘制

绘制某层楼板时需要切换到相应的楼层平面,单击"建筑"选项卡下"构建"面板上"楼板"命令下的"楼板:建筑",如图 2-258 所示。

此时自动激活"修改|创建楼层边界"上下文选项卡,从"属性"选项板的"类型选择器"中选择所需的楼板类型,然后使用楼板边界线在平面视图中绘制封闭的楼板轮廓;也可单击"拾取墙"工具,完成楼板轮廓的绘制,如图 2-259 所示。

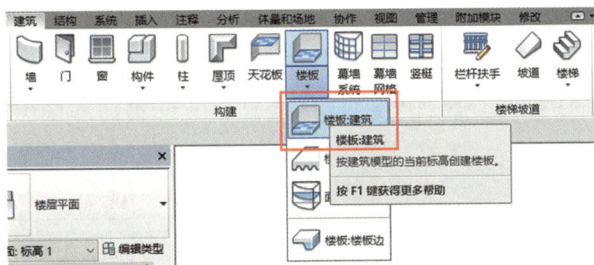

图 2-258

"拾取墙"工具

选择楼板类型

图 2-259

若"类型选择器"中楼板的类型不合适，可以先选择默认的楼板，点击"属性"选项板上的"编辑类型"，弹出"类型属性"对话框，如图 2-260 所示。

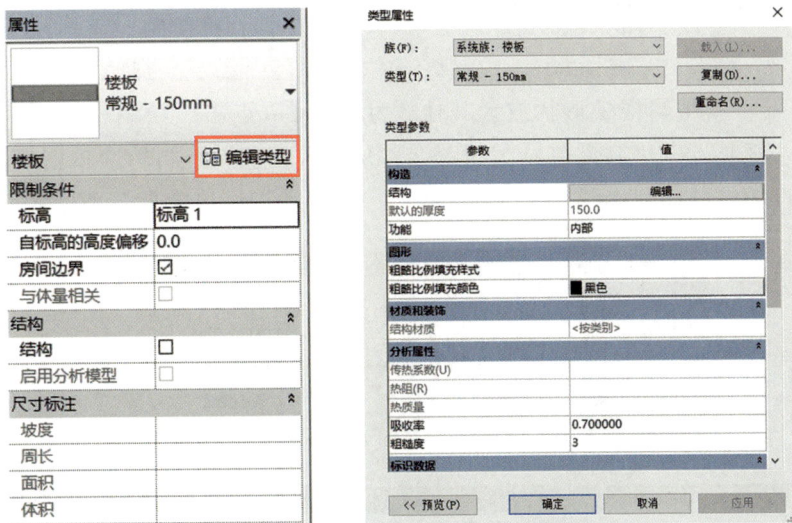

(a)　　(b)

图 2-260

单击"复制"工具可创建新的楼板类型，重新命名该类型后，可根据项目中建筑板（或结构板）的需要，修改该楼板的"结构"（构造）。单击"编辑…"进入"编辑部件"对话框，可在此对话框中进行插入面层及定义各面层材质操作，然后点击"确定"按钮，继续使用边界线进行楼板绘制，如图 2-261 所示。

2. 楼板编辑

单击已绘制好的楼板,在"属性"选项板中,可修改楼板所在的"标高""自标高的高度偏移"等实例参数,如图 2-262 所示。

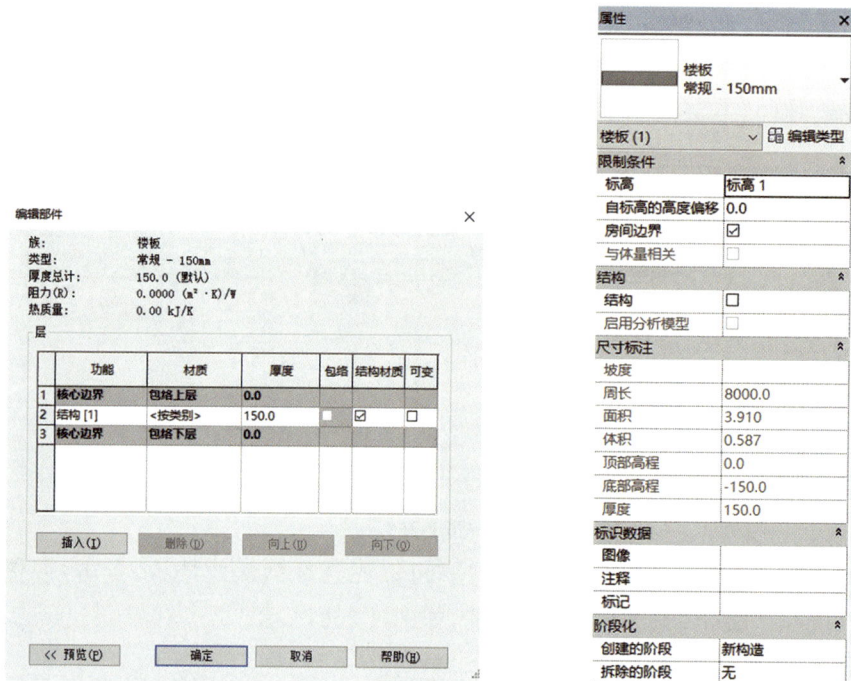

图 2-261

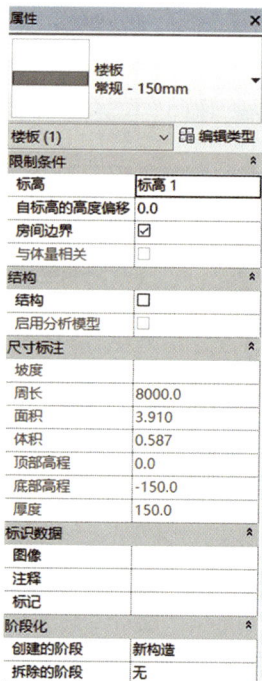

图 2-262

如果需要重新编辑楼板形状或者其他属性,则可以点击已绘制楼板,激活"修改|楼板"上下文选项卡,点击"编辑边界",如图 2-263 所示。进入绘制轮廓草图模式,单击"绘制"面板上的"边界线""坡度箭头""跨方向"等工具,进行楼板边界及坡度的修改。

(a)

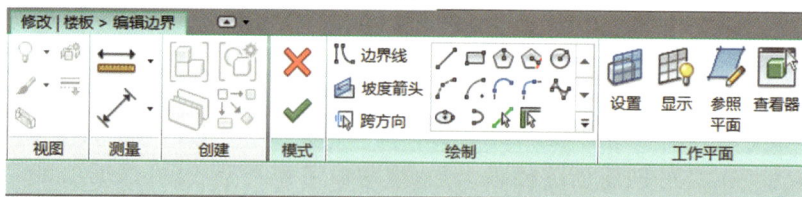

(b)

图 2-263

其中"边界线"工具可以在楼板边界线内直接绘制闭合的其他形状,将楼板修改成为有洞口的楼板,但需要确定相应的轮廓均闭合且不相交,如图 2-264 所示。

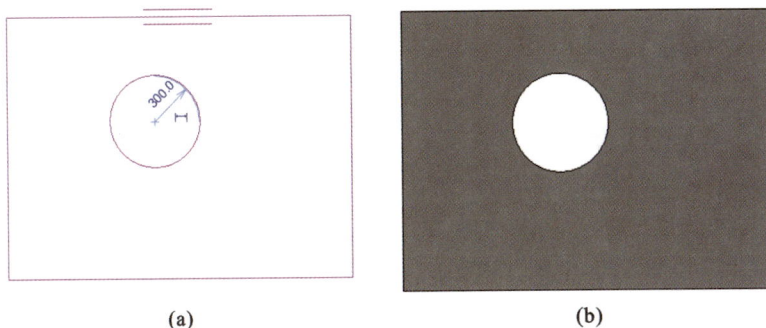

(a)

(b)

图 2-264

2.6.2　实施任务

1.创建一层室内楼板

1)设置一层室内楼板材质

由"别墅"项目建筑构件的参数要求可知,一层室内楼板为"150 厚混凝土"。在"项目浏览器"中的双击平面视图中楼层平面,切换到"F1-0.00"平面视图。

创建一层
室内楼板

单击"建筑"选项卡下"构建"面板上"楼板"命令下的"楼板:建筑",此时自动激活"修改|创建楼层边界"上下文选项卡,如图 2-265 所示。

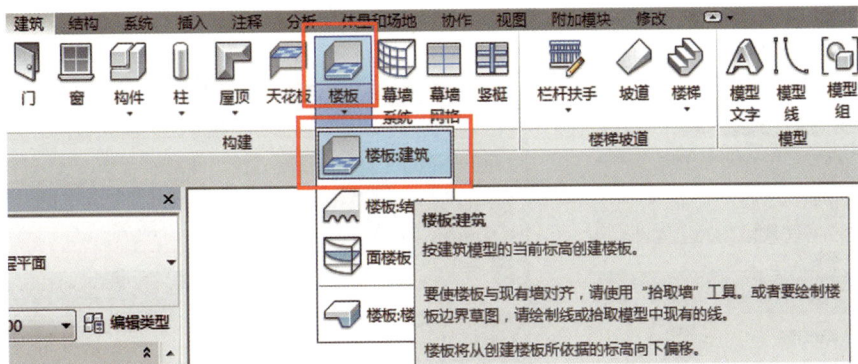

图 2-265

在"属性"选项板中单击"编辑类型",进入"类型属性"对话框,确定"类型属性"对话框中族为"系统族:楼板",设置类型为"常规 - 150 mm"。单击" 复制(D)... "工具,在"名称"对话框中输入"楼板"后单击"确定"按钮,返回"类型属性"对话框,如图 2-266 所示。

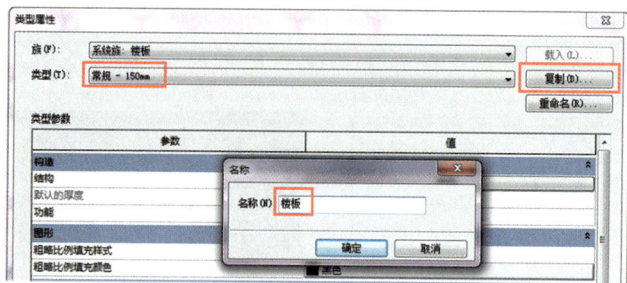

图 2-266

单击"类型属性"对话框中的"[编辑...]"工具进入"编辑部件"对话框,如图 2-267 所示。

在"编辑部件"对话框中单击"结构[1]"层材质栏中的 ⬚,弹出"材质浏览器"窗口,在搜索材质框中输入"混凝土",单击"显示/隐藏库面板",显示 Autodesk 材质库,在 Autodesk 材质库中选择相似材质"混凝土,现场浇注,灰色",并将其添加至项目材质,如图 2-268 所示。

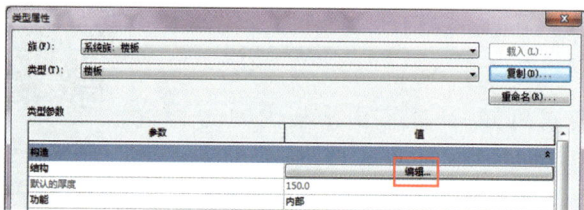

图 2-267

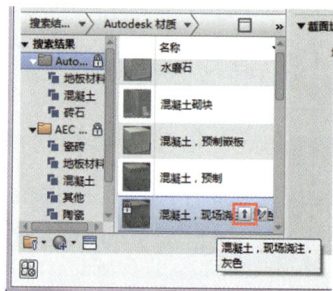

图 2-268

选择项目材质中"混凝土,现场浇注,灰色",单击鼠标右键选择"复制",得到新材质类型"混凝土,现场浇注,灰色(1)",名称呈蓝色字体显示,将其重命名为"混凝土",并单击"确定"按钮,如图 2-269 所示。

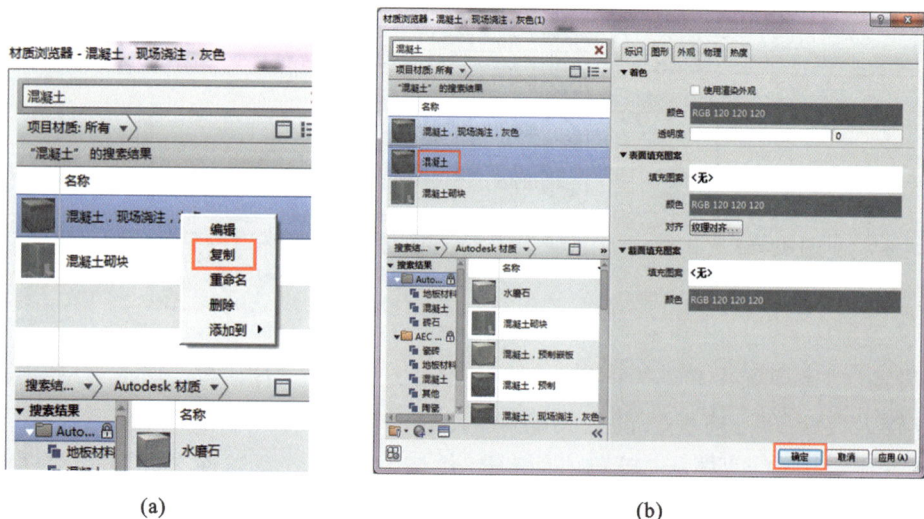

(a)   (b)

图 2-269

至此，一层室内楼板材质设置完成，单击"确定"按钮退出"编辑部件"对话框，继续单击"确定"按钮退出"类型属性"对话框，如图 2-270 所示。

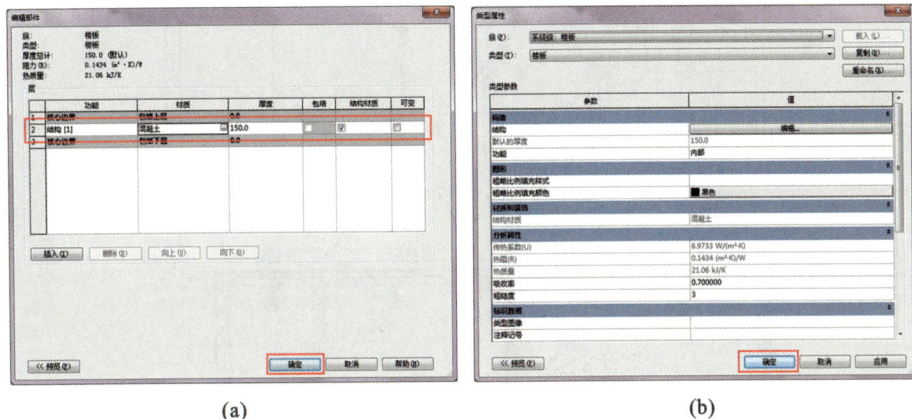

(a)　　　　　　　　　　　　　(b)

图 2-270

2）绘制一层室内楼板

此时软件回到"修改|创建楼层边界"上下文选项卡，确定"属性"选项板中"标高"为"F1-0.00"，表示创建此楼板以"F1-0.00"楼层平面为基准。由"别墅"项目一层平面图，可知一层室内楼板顶面标高为"±0.000"，确定"属性"选项板中"自标高的高度偏移"为"0.0"，如图 2-271 所示。

接下来进行楼板边界绘制。选择"绘制"面板上的"拾取墙"工具，如图 2-272 所示。

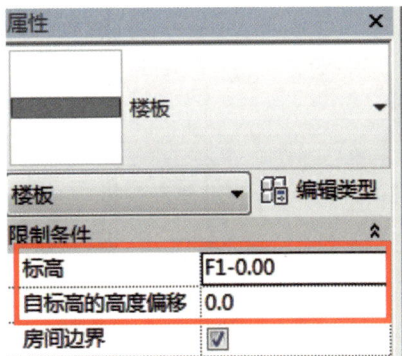

图 2-271

将鼠标移动至一层平面 G 轴处，此时 G 轴外墙蓝色高亮显示，单击鼠标左键创建 G 轴楼板边，此时在 G 轴外墙创建出一条粉色楼板边轮廓，如图 2-273 所示。

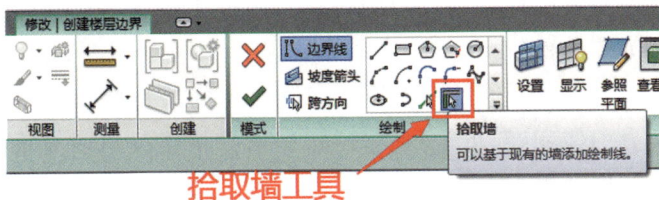

图 2-272

类似地，依次将鼠标移动至一层平面 6 轴、D 轴（6 轴和 7 轴之间）、7 轴、B 轴（5 轴和 7 轴之间）、5 轴（A 轴和 B 轴之间）、A 轴、4 轴（A 轴和 B 轴之间）、B 轴（2 轴和 4 轴之间）、2 轴（B 轴和 D 轴之间）、D 轴（2 轴和 3 轴之间）、3 轴（D 轴和 E 轴之间）、E 轴（1 轴和 3 轴之间）和 1 轴等外墙处单击鼠标左键，拾取对应墙体生成楼板边，如图 2-274 所示。

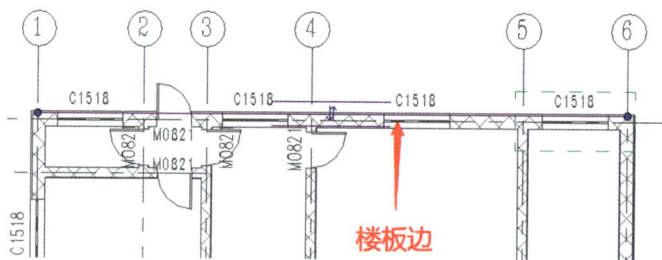

图 2-273

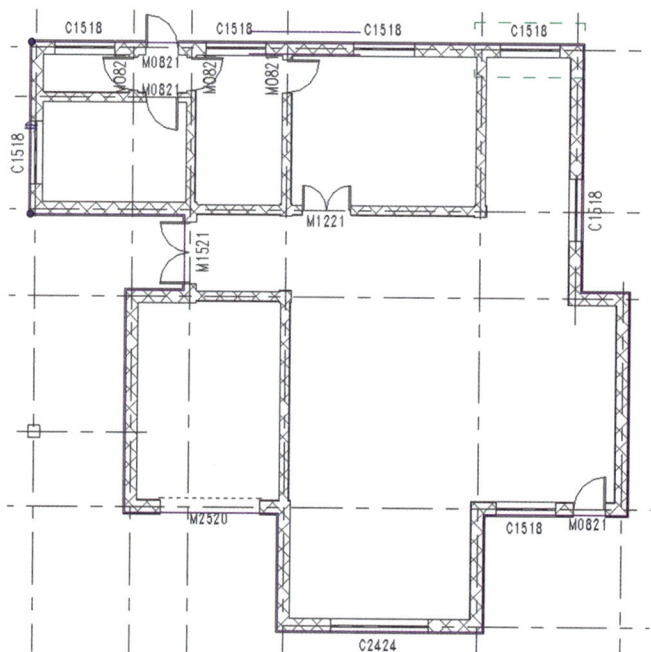

图 2-274

拾取墙体生成楼板边界轮廓线时,同一方向的墙体只能拾取一次,以免造成轮廓线的重叠。楼板边界轮廓线应连续、封闭且不重叠,确认无误后,单击"模式"面板上的"完成编辑模式"工具,如图 2-275 所示。

此时弹出"Revit"对话框:"楼板/屋顶与高亮显示的墙重叠。是否希望连接几何图形并从墙中剪切重叠的体积?",单击"是"按钮,即选择将楼板与墙体重叠的部分进行剪切,完成楼板创建,如图 2-276 所示。

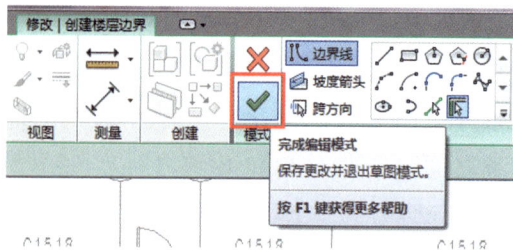

图 2-275

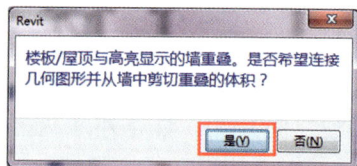

图 2-276

此时，一层室内楼板创建完成，如图 2-277 所示。

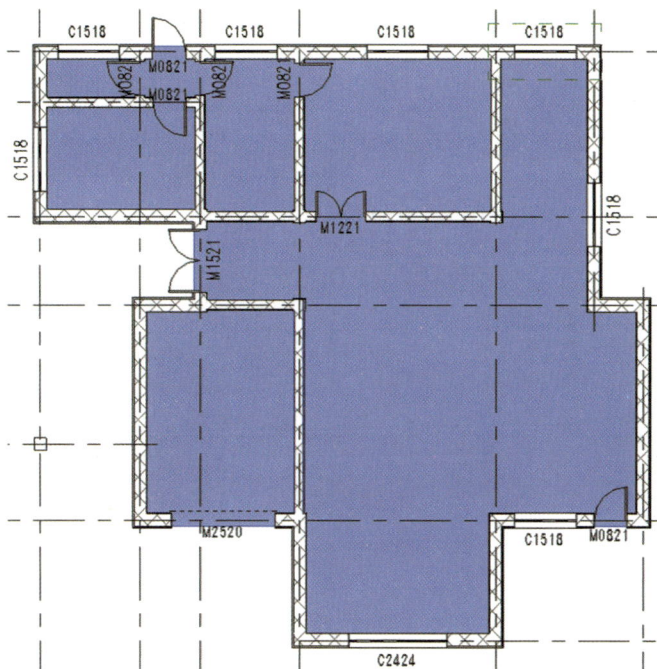

图 2-277

2. 创建一层室外平台楼板

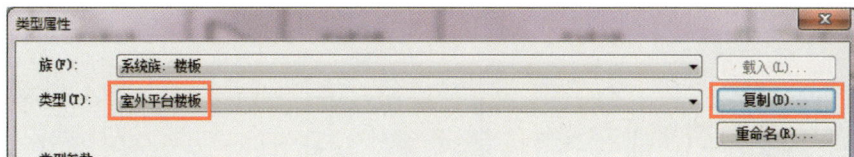

1）创建一层室外平台楼板材质

在"项目浏览器"中双击平面视图中的楼层平面，切换到"F1-0.00"平面视图。

创建一层室外平台楼板

单击"建筑"选项卡下"构建"面板上"楼板"命令下的"楼板：建筑"，在"属性"选项板中单击"编辑类型"，进入"类型属性"对话框，确定"类型属性"对话框中族为"系统族：楼板"，设置类型为"楼板"。单击" 复制(D)... "工具，在"名称"对话框中输入"室外平台楼板"后单击"确定"按钮，返回"类型属性"对话框，如图 2-278 所示。

图 2-278

修改室外平台楼板厚度。单击"类型属性"对话框中的" 编辑 "工具进入"编辑部件"对话框，在"编辑部件"对话框中修改"结构[1]"层厚度为"450.0"并按"Enter"键确定，如图 2-279 所示。

单击"类型属性"的对话框中"确定"按钮，完成一层室外平台楼板材质创建。

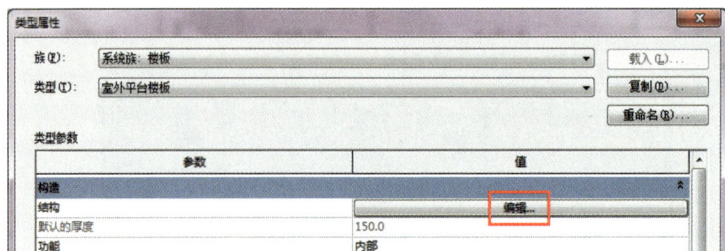

(a)

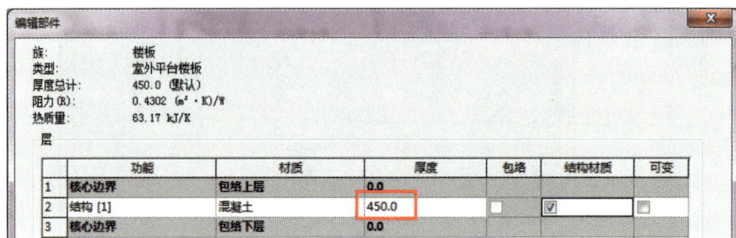

(b)

图 2-279

2)绘制一层 G 轴外墙北侧室外平台楼板

由"别墅"项目一层平面图,可知平台板形状为矩形,长度为 1455 mm,宽度为 1200 mm。

选择"绘制"面板上的"矩形"工具绘制楼板轮廓,如图 2-280 所示。

图 2-280

将鼠标移动至 G 轴外墙外面层外边界线与 2 轴交点处单击鼠标左键,向右移动鼠标至 3 轴并单击鼠标左键,修改临时尺寸约束为"1200",此时室外平台楼板尺寸正确但位置需要调整,如图 2-281 所示。

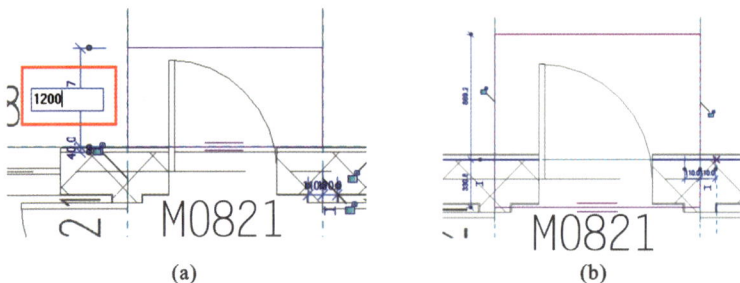

(a)   (b)

图 2-281

按"Esc"键两次,用鼠标框选室外平台楼板粉色矩形轮廓线,选择"修改"面板上的"移动"工具,并将移动起点选为矩形轮廓左下角点,将其移动至 G 轴外墙外面层外边界线与 2 轴交点处,最后点击"完成编辑模式"工具,完成此处室外平台楼板的绘制,如图 2-282 所示。

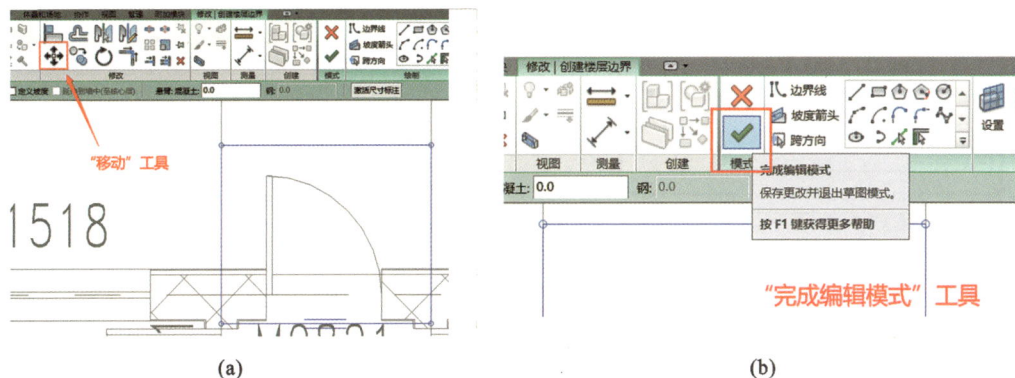

"移动"工具

"完成编辑模式"工具

(a)　　　　　　　　　　　　　　　　　(b)

图 2-282

在"项目浏览器"中单击三维视图前的 ,并双击"三维视图"下的"{三维}",切换至三维视图查看结果,将视图调整至合适角度,如图 2-283 所示。

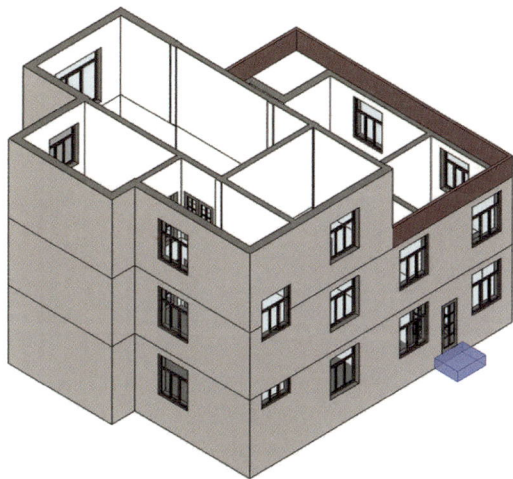

图 2-283

3) 绘制一层 5 轴外墙东侧室外平台楼板

在"项目浏览器"中双击平面视图中的楼层平面,切换到"F1-0.00"平面视图,继续绘制 5 轴外墙东侧室外平台楼板。由"别墅"项目一层平面图可知,5 轴外墙东侧室外平台楼板尺寸如图 2-284 所示(单位:mm)。

单击"建筑"选项卡下"构建"面板上"楼板"命令下的"楼板:建筑",从"属性"选项板的"类型选择器"中选择"室外平台楼板",选择"绘制"面板上的"直线"工具绘制楼板轮廓,如图 2-285 所示。

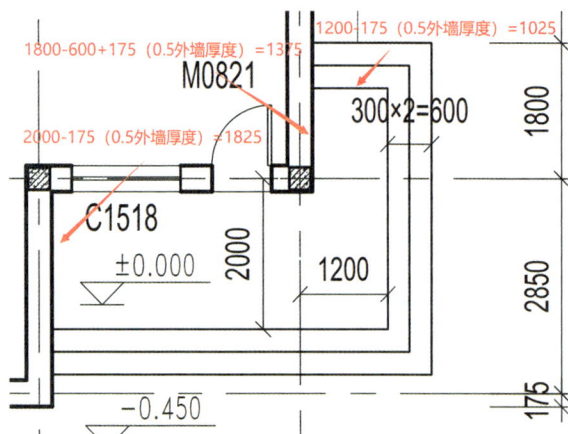

图 2-284

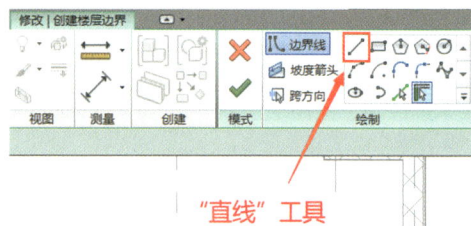

"直线"工具

图 2-285

将鼠标移动至 5 轴外墙外面层外边界线与 B 轴外墙外面层外边界线交点处并单击鼠标左键,向右移动鼠标至 7 轴外墙外面层外边界线交点处单击鼠标左键,竖直向上移动鼠标,在键盘上输入"=1800-600+175",并按"Enter"键确定,如图 2-286所示。

继续将鼠标向右移动,输入"=1200-350/2"(此处"350"为外墙厚度),并按"Enter"键确定,如图 2-287 所示。

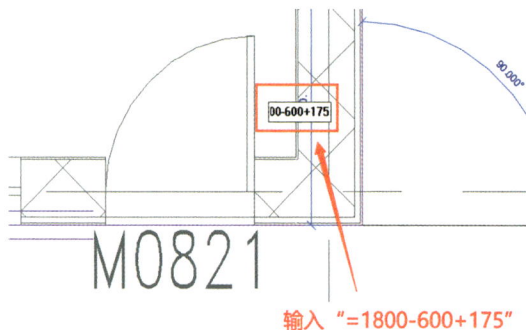

输入"=1800-600+175"

图 2-286

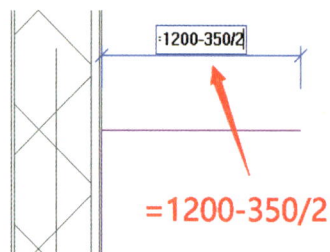

=1200-350/2

图 2-287

按"Esc"键退出当前命令,将鼠标移动至 5 轴外墙外面层外边界线与 B 轴外墙外面层外边界线交点处单击鼠标左键,竖直向下移动鼠标,输入"=2000-350/2"(此处"350"为外墙厚度),并按"Enter"键确定,如图 2-288 所示。

将鼠标向右移动至 7 轴单击鼠标左键,继续向右移动鼠标,输入"1200",并按"Enter"键确定。竖直向上移动鼠标至轮廓封闭时单击鼠标左键,完成室外平台楼板轮廓绘制,如图 2-289 所示。

最后点击"完成编辑模式"工具,完成此处室外平台楼板的绘制,一层 5 轴外墙东侧室外平台楼板即绘制完成,如图 2-290 所示。

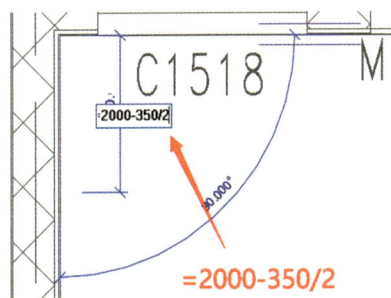

图 2-288

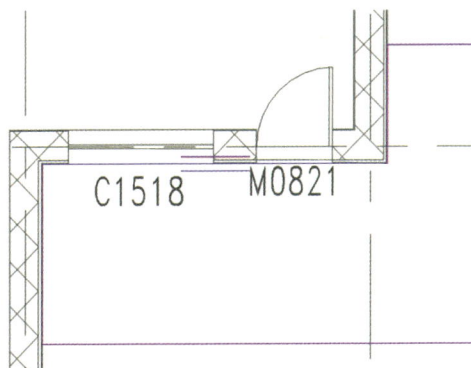

图 2-289

4)绘制一层 2 轴外墙西侧室外平台楼板

继续绘制 2 轴外墙西侧室外平台楼板。由"别墅"项目一层平面图可知,2 轴外墙西侧室外平台楼板尺寸如图 2-291 所示(单位:mm)。

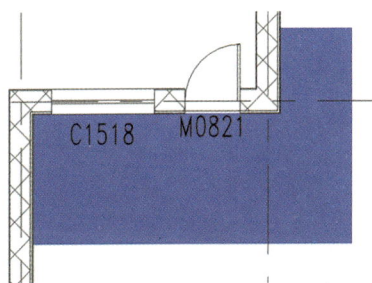

图 2-290

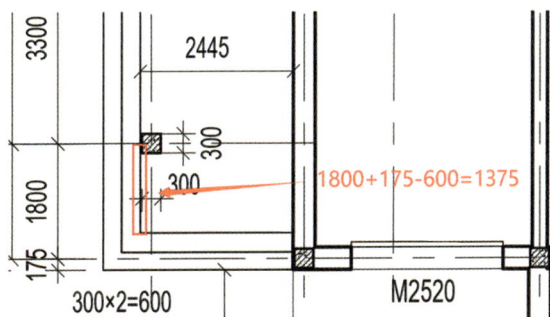

图 2-291

单击"建筑"选项卡下"构建"面板上"楼板"命令下的"楼板:建筑",从"属性"选项板的"类型选择器"中选择"室外平台楼板",选择"绘制"面板上的"直线"工具绘制楼板轮廓,如图 2-292 所示。

将鼠标移动至 1 轴外墙外面层外边界线与 E 轴外墙外面层外边界线交点处单击鼠标左键,竖直向下移动鼠标至 C 轴,继续竖直向下移动鼠标,输入"=1800+175-600",并按"Enter"键确定,继续将鼠标向右移动至 2 轴外墙外面层外边界线处单击鼠标左键,竖直向上移动鼠标至 2 轴外墙外面层外边界线与 D 轴外墙外面层外边界线交点处单击鼠标左键,继续向右移动鼠标至 D 轴外墙外面层外边界线与 3 轴外墙外面层外边界线交点处单击鼠标左键,竖直向上移动鼠标至 3 轴外墙外面层外边界线与 E 轴外墙外面层外边界线交点处单击鼠标左键,最后向左移动鼠标至轮廓封闭时单击鼠标左键,完成室外平台楼板轮廓绘制,如图 2-293 所示。

最后点击"完成编辑模式"工具,完成此处室外平台楼板的绘制,一层 2 轴外墙西侧室外平台楼板即绘制完成。

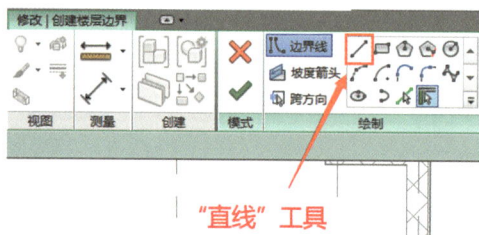

"直线"工具

图 2-292

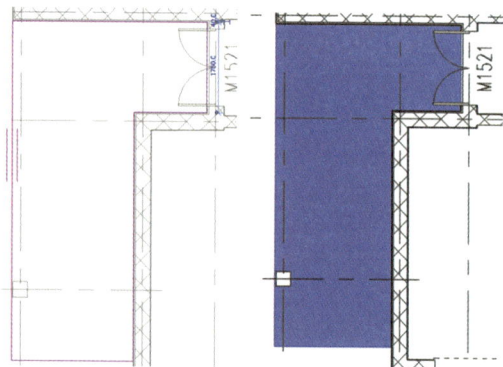

(a)　　　(b)

图 2-293

在"项目浏览器"中单击三维视图前的 ，并双击"三维视图"下的"{三维}"，切换至三维视图查看结果，将视图调整至合适角度，如图 2-294 所示。

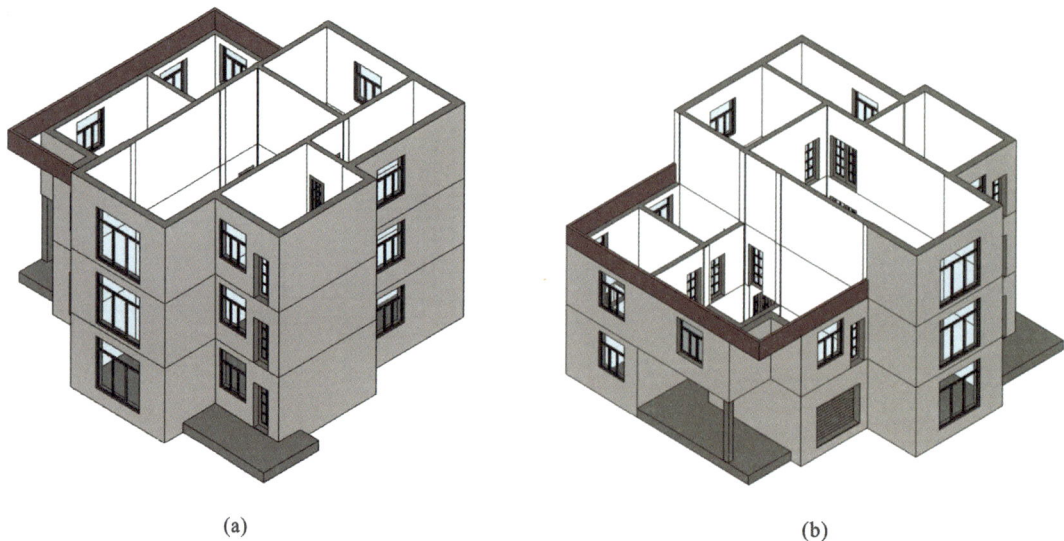

(a)　　　　　　　　　　　(b)

图 2-294

3.创建二层楼板

1)创建室内楼板

在"项目浏览器"中双击平面视图中的楼层平面，切换到"F2-3.00"平面视图。

单击"建筑"选项卡下"构建"面板上"楼板"命令下的"楼板：建筑"，从"属性"选项板的"类型选择器"中选择"楼板"，确定"属性"选项板中"标高"为"F2-3.00"，表示创建的楼板以"F2-3.00"楼层平面为基准。由"别墅"项目二层平面图可知，二层室内楼板顶面标高为"3.000"，确定"属性"选项板中的"自标高的高度偏移"为"0.0"，如图 2-295 所示。

创建二层楼板

接下来进行楼板边界绘制。选择"绘制"面板上的"拾取墙"工具,如图 2-296 所示。

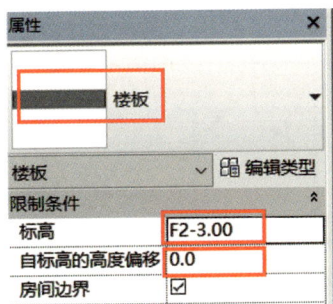

图 2-295

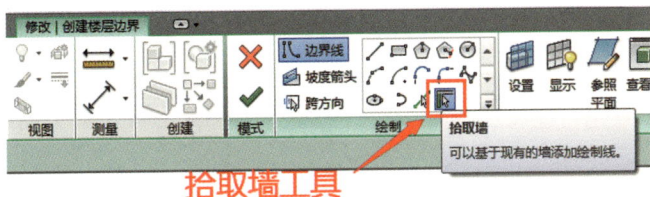

图 2-296

将鼠标移动至"别墅"项目 G 轴处,此时 G 轴外墙蓝色高亮显示,单击鼠标左键创建 G 轴楼板边,此时在 G 轴外墙创建出一条粉色楼板边轮廓,类似地,依次将鼠标移动至"别墅"项目 6 轴、D 轴(6 轴和 7 轴之间)、7 轴、B 轴(5 轴和 7 轴之间)、5 轴(A 轴和 B 轴之间)、A 轴、4 轴(A 轴和 B 轴之间)、B 轴(2 轴和 4 轴之间)、2 轴(B 轴和 C 轴之间)、C 轴和 1 轴等外墙处单击鼠标左键,拾取对应墙体生成楼板边,如图 2-297 所示。

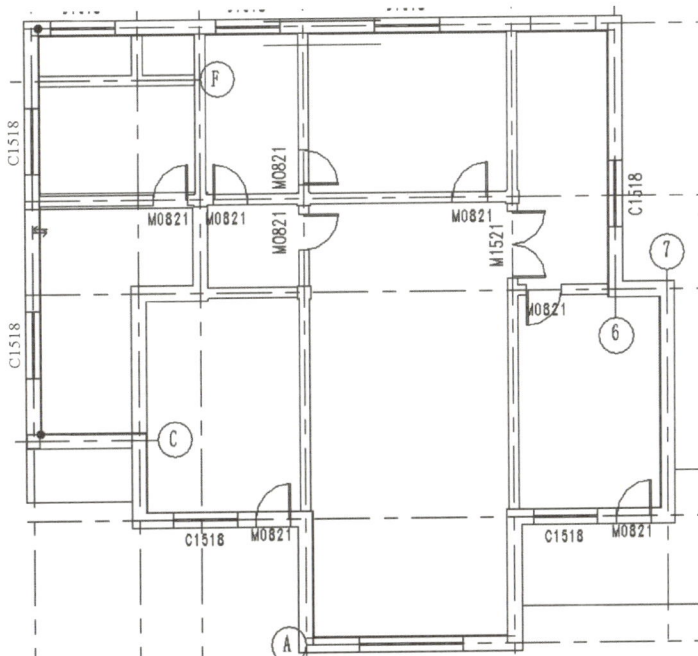

图 2-297

此时,如点击"模式"面板上的"完成编辑模式"工具,则弹出"错误-不能忽略"对话框,即显示"线不能彼此相交。高亮显示的线目前是相交的。",表示楼板边界轮廓线出现不连续或不封闭情况,单击对话框中的"继续"按钮,如图 2-298 所示。

滑动鼠标滚轮局部放大视图可见部分楼板边轮廓存在交叉情况,如图 2-299 所示。

145

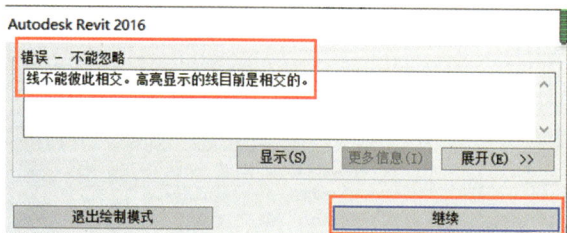

图 2-298

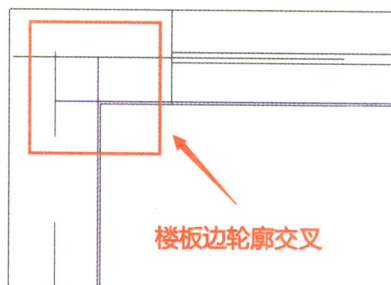

楼板边轮廓交叉

图 2-299

在"修改|创建楼层边界"选项卡下,单击"修改"面板上的"修剪/延伸为角(TR)"工具,将鼠标依次移动至需要修剪的两条轮廓线处,单击鼠标左键进行修剪,如图 2-300 所示。

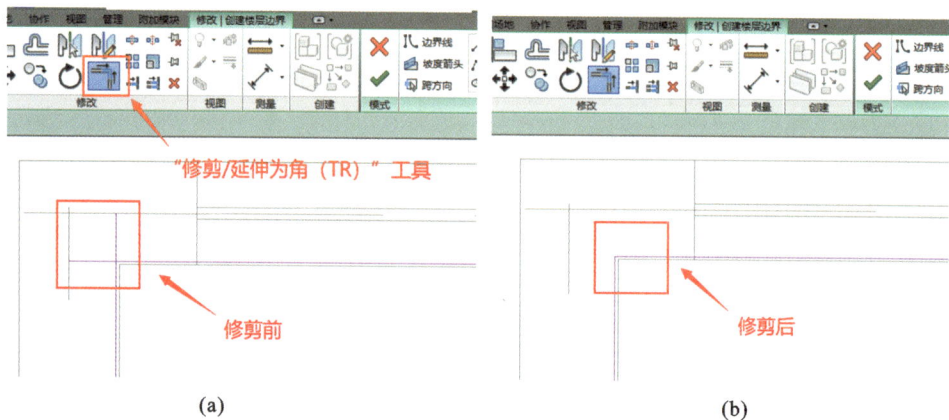

"修剪/延伸为角 (TR)"工具

修剪前

(a)

修剪后

(b)

图 2-300

类似地,依次修剪楼板边界轮廓,全部修剪完确认无误后,单击"模式"面板上的"完成编辑模式"工具,如图 2-301 所示。

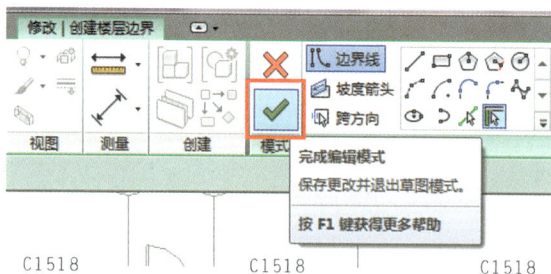

完成编辑模式
保存更改并退出草图模式。

按 F1 键获得更多帮助

C1518   C1518   C1518

图 2-301

此时弹出"Revit"对话框:"是否希望将高达此楼层标高的墙附着到此楼层的底部?",单击"否"按钮,即不需要将墙体附着到此楼板底部,如图 2-302 所示。

然后又弹出"Revit"对话框:"楼板/屋顶与高亮显示的墙重叠。是否希望连接几何图形并从墙中剪切重叠的体积?",单击"是"按钮,即选择将楼板与墙体重叠的部分进行剪切,完成楼板创建,如图 2-303 所示。

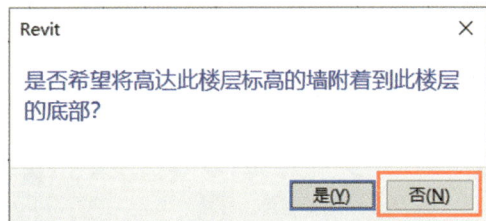

图 2-302

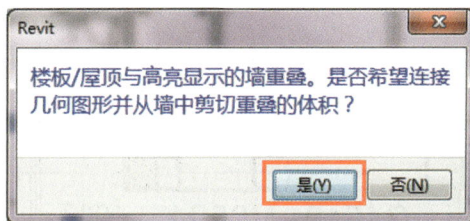

图 2-303

此时，二层室内楼板创建完成，如图 2-304 所示。

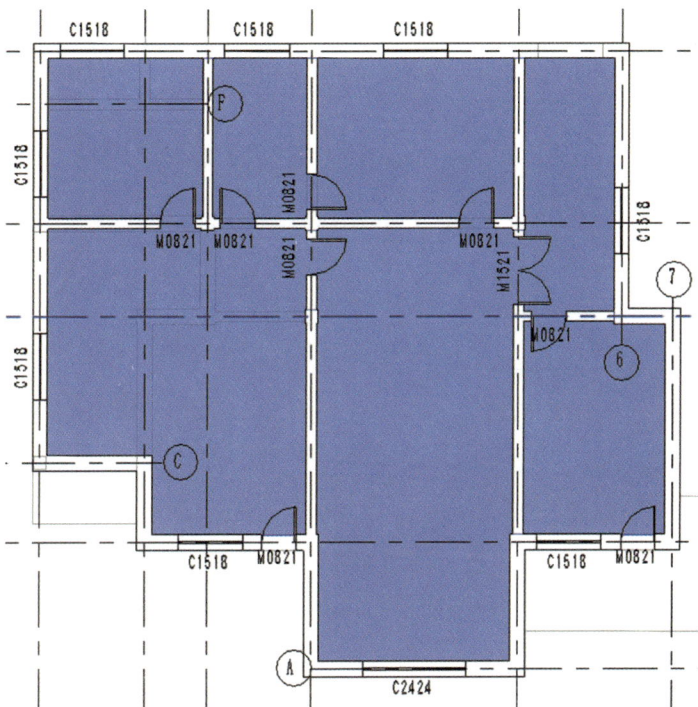

图 2-304

2）创建阳台板

创建二层 5 轴外墙东侧阳台板。在"项目浏览器"中双击平面视图中的楼层平面，切换到"F2-3.00"平面视图，创建 5 轴外墙东侧室外阳台板。由"别墅"项目二层平面图可知，5 轴外墙东侧阳台板尺寸如图 2-305 所示（单位：mm）。

单击"建筑"选项卡下"构建"面板上"楼板"命令下的"楼板：建筑"，从"属性"选项板的"类型选择器"中选择"楼板"，选择"绘制"面板上的"直线"工具绘制楼板轮廓，如图 2-306 所示。

将鼠标移动至 5 轴外墙外面层外边界线与 B 轴外墙外面层外边界线交点处单击鼠标左键，向右移动鼠标至 7 轴外墙外面层外边界线交点处单击鼠标左键，竖直向上移动鼠标，输入"＝1000＋175"（此处"175"为 0.5×外墙厚度 350），并按"Enter"键确定，如图 2-307 所示。

147

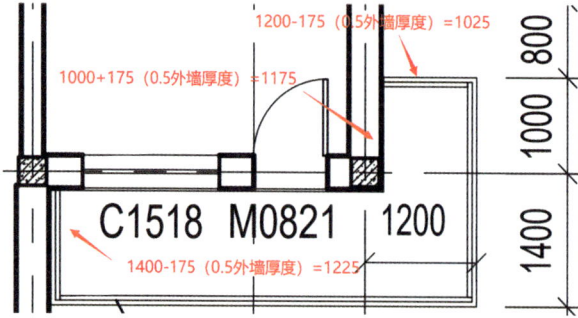

图 2-305

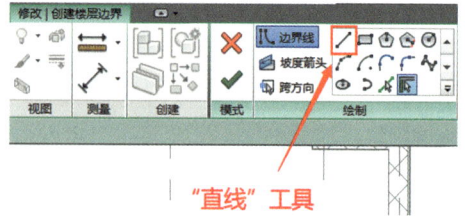

"直线"工具

图 2-306

继续将鼠标向右移动,输入"＝1200－175",并按"Enter"键确定,如图 2-308 所示。

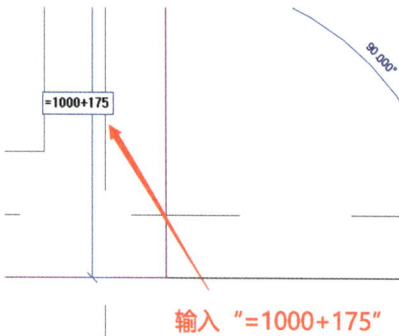

输入"＝1000+175"

图 2-307

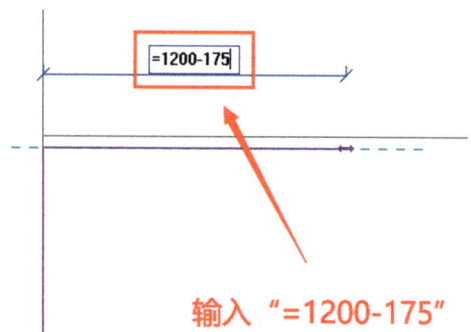

输入"＝1200-175"

图 2-308

竖直向下移动鼠标,输入"＝1000＋1400",并按"Enter"键确定,如图 2-309 所示。

继续水平向左移动鼠标至 5 轴外墙外面层外边界线时单击鼠标左键,竖直向上移动鼠标至轮廓封闭时单击鼠标左键,完成阳台板轮廓绘制,如图 2-310 所示。

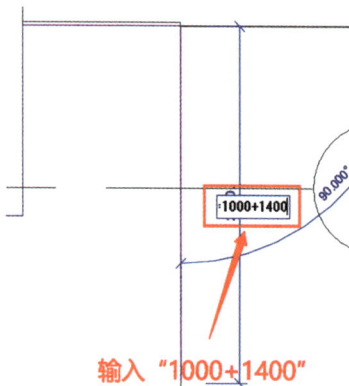

输入"1000+1400"

图 2-309

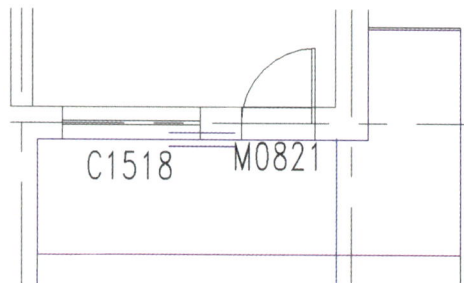

图 2-310

最后点击"完成编辑模式"工具,此时弹出"Revit"对话框:"是否希望将高达此楼层标高的墙附着到此楼层的底部?",单击"否"按钮,即不需要将墙体附着到此楼板底部。二层 5 轴外墙东侧阳台板即绘制完成,如图 2-311 所示。

创建二层 4 轴外墙西侧阳台板。由"别墅"项目二层平面图可知,4 轴外墙西侧阳台板为矩形,长度为 3855 mm,宽度为 1200 mm。

单击"建筑"选项卡下"构建"面板上"楼板"命令下的"楼板:建筑",从"属性"选项板的"类型选择器"中选择"楼板",选择"绘制"面板上的"矩形"工具绘制楼板轮廓,如图 2-312 所示。

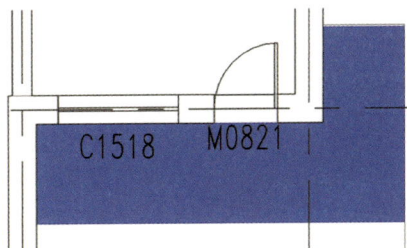

图 2-311

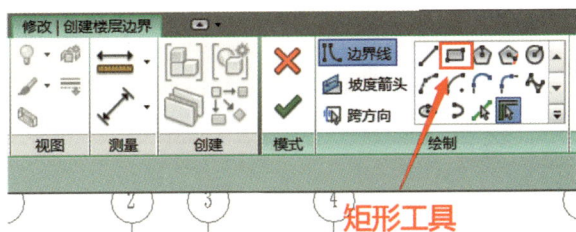

图 2-312

将鼠标移动至 B 轴外墙外面层外边界线与 2 轴交点处单击鼠标左键,向右下方移动鼠标至 4 轴外墙外面层外边界线并单击鼠标左键,修改临时尺寸约束为"1200",此时 4 轴外墙西侧阳台板尺寸正确但位置需要调整,如图 2-313 所示。

在键盘上按"Esc"键两次,用鼠标框选室外阳台板粉色矩形轮廓线,选择"修改"面板上的"移动"工具,并将移动起点选定矩形轮廓左上角点,将其移动至 B 轴外墙外面层外边界线与 2 轴交点处,如图 2-314 所示。

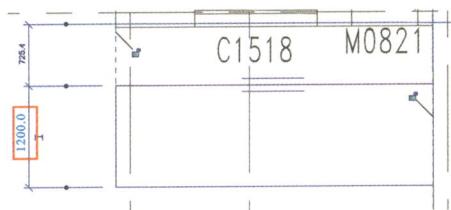

图 2-313

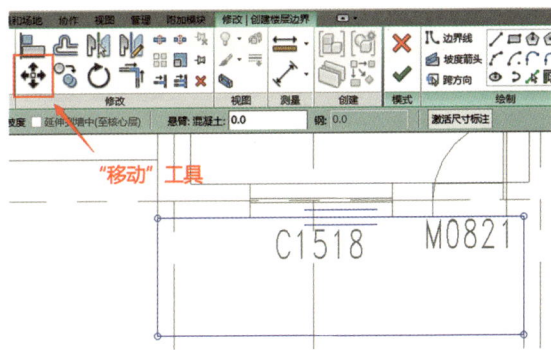

图 2-314

最后点击"完成编辑模式"工具,此时弹出"Revit"对话框:"是否希望将高达此楼层标高的墙附着到此楼层的底部?",单击"否"按钮,即不需要将墙体附着到此楼板底部。二层 4 轴外墙西侧阳台板即绘制完成,如图 2-315 所示。

在"项目浏览器"中单击三维视图前的 ⊞,并双击"三维视图"下的"{三维}",切换至三维视图查看结果,将视图调整至合适角度,如图 2-316 所示。

4.创建三层楼板

1)创建室内楼板

在"项目浏览器"中双击平面视图中的楼层平面,切换到"F3-6.00"平面视图。

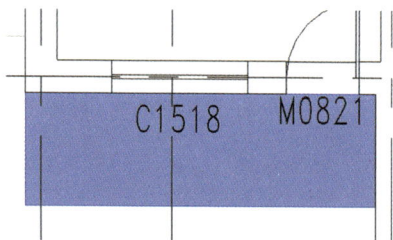

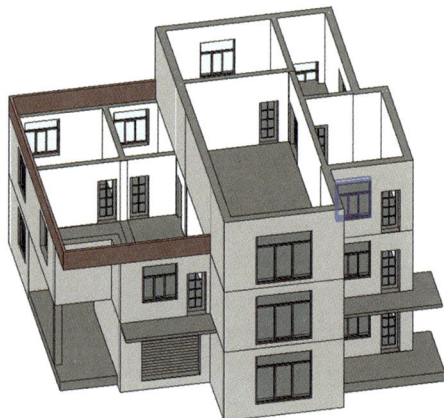

图 2-315   图 2-316

单击"建筑"选项卡下"构建"面板上"楼板"命令下的"楼板:建筑",从"属性"选项板的"类型选择器"中选择"楼板",确定"属性"选项板中的"标高"为"F3-6.00",表示创建的楼板以"F3-6.00"楼层平面为基准。由"别墅"项目三层平面图可知,三层室内楼板顶面标高为"6.000",确定"属性"选项板中的"自标高的高度偏移"为"0.0",如图 2-317 所示。

创建三层楼板

接下来进行楼板边界绘制。选择"绘制"面板上的"拾取墙"工具,如图 2-318 所示。

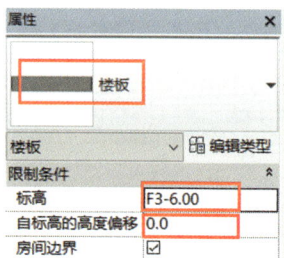

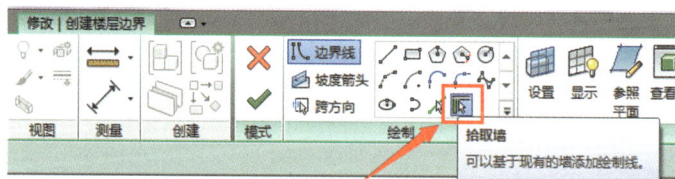

图 2-317   图 2-318

将鼠标移动至"别墅"项目 G 轴处,此时 G 轴外墙蓝色高亮显示,单击鼠标左键创建 G 轴楼板边,此时在 G 轴外墙创建出一条粉色楼板边轮廓,类似地,依次将鼠标移动至"别墅"项目 6 轴、D 轴(6 轴和 7 轴之间)、7 轴、B 轴(5 轴和 7 轴之间)、5 轴(A 轴和 B 轴之间)、A 轴和 4 轴(A 轴和 B 轴之间)等外墙处单击鼠标左键,拾取对应墙体生成楼板边,如图 2-319 所示。

拾取墙体生成楼板边界轮廓线时,同一方向的墙体只拾取一次,以免造成轮廓线的重叠。楼板边界轮廓线应连续、封闭且不重叠,在"修改│创建楼层边界"选项卡下,单击"修改"面板上的"修剪/延伸为角(TR)"工具,将鼠标依次移动至需要修剪的两条轮廓线处,单击鼠标左键进行修剪,全部修剪确认无误后,单击"模式"面板上的"完成编辑模式"工具,如图 2-320 所示。

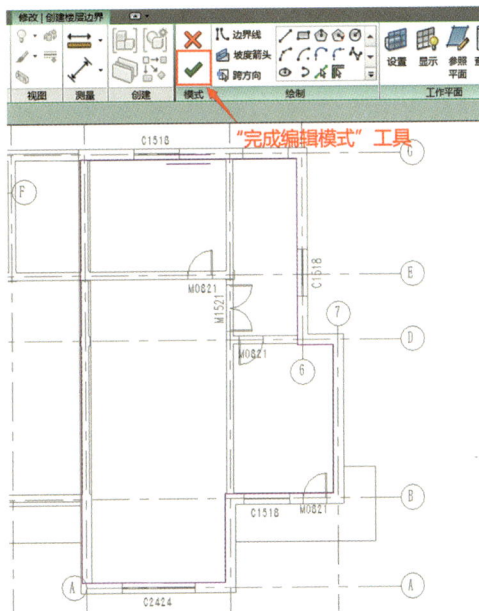

"完成编辑模式"工具

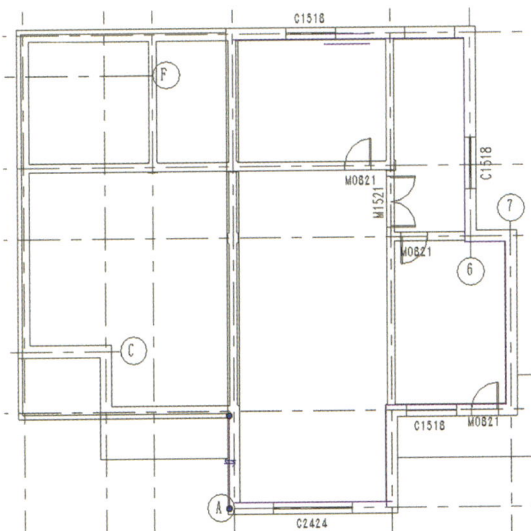

图 2-319

图 2-320

此时弹出"Revit"对话框:"是否希望将高达此楼层标高的墙附着到此楼层的底部?",单击"否"按钮,即不需要将墙体附着到此楼板底部,如图 2-321 所示。

然后又弹出"Revit"对话框:"楼板/屋顶与高亮显示的墙重叠。是否希望连接几何图形并从墙中剪切重叠的体积?",单击"是"按钮,即选择将楼板与墙体重叠的部分进行剪切,完成楼板创建,如图 2-322 所示。

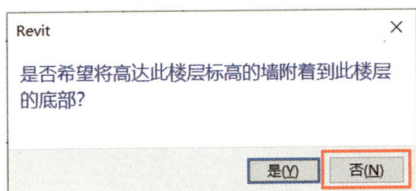

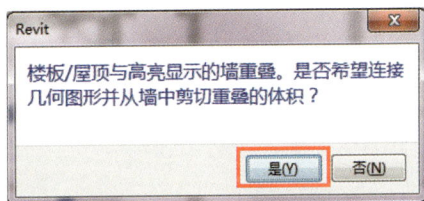

图 2-321

图 2-322

此时,三层室内楼板创建完成,如图 2-323 所示。

在"项目浏览器"中单击三维视图前的 ⊞ ,并双击"三维视图"下的"{三维}",切换至三维视图查看结果,将视图调整至合适角度,如图 2-324 所示。

2)创建阳台板

创建三层 5 轴外墙东侧阳台板。由"别墅"项目三层平面图可知,三层 5 轴外墙东侧阳台板尺寸与二层相同,故可以用复制命令完成三层 5 轴外墙东侧阳台板的创建。

将鼠标移动至二层 5 轴外墙东侧阳台板单击鼠标左键,选择此处阳台板,此时软件自动切换至"修改|楼板"上下文选项卡。单击"剪贴板"面板中的"复制"工具或按"Ctrl"键和"C"键,将所选阳台板复制至剪贴板中,如图 2-325 所示。

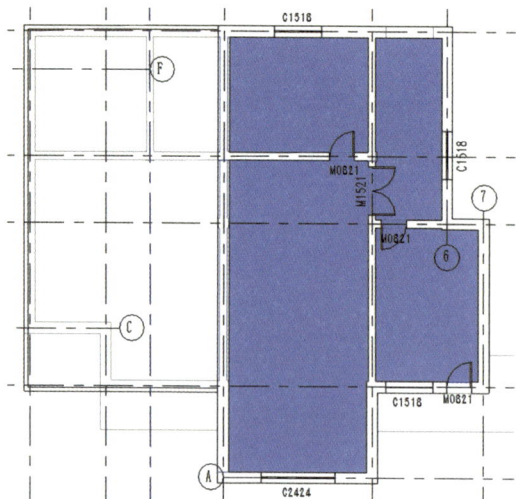

图 2-323

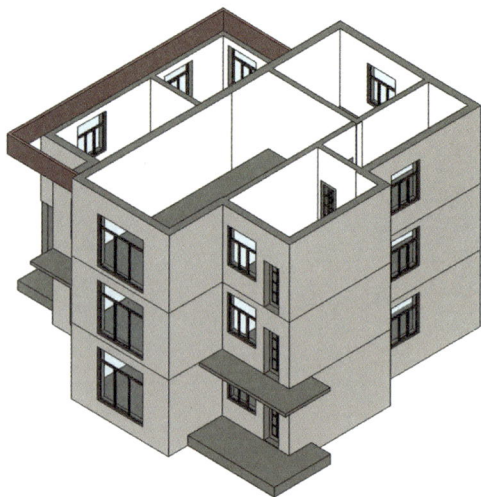

图 2-324

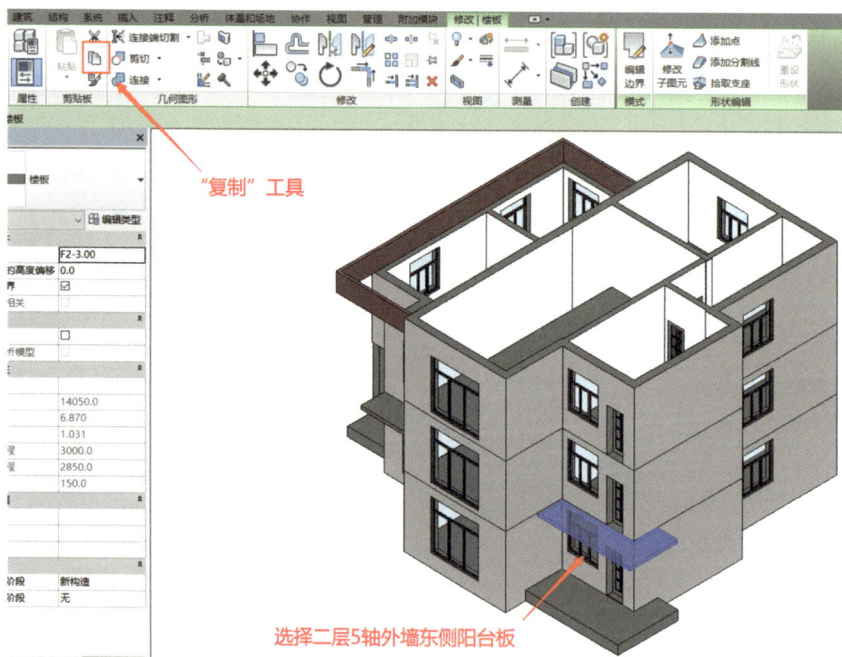

选择二层5轴外墙东侧阳台板

图 2-325

　　单击"粘贴"工具下拉列表,在下拉列表中选择"与选定的标高对齐"选项,弹出"选择标高"对话框,该对话框将列出当前项目中所有已创建的标高。在列表中选择"F3-6.00",单击"确定"按钮将所选二层 5 轴外墙东侧阳台板复制至三层,如图 2-326 所示。

　　此时,"别墅"项目所有楼板创建完成,如图 2-327 所示。

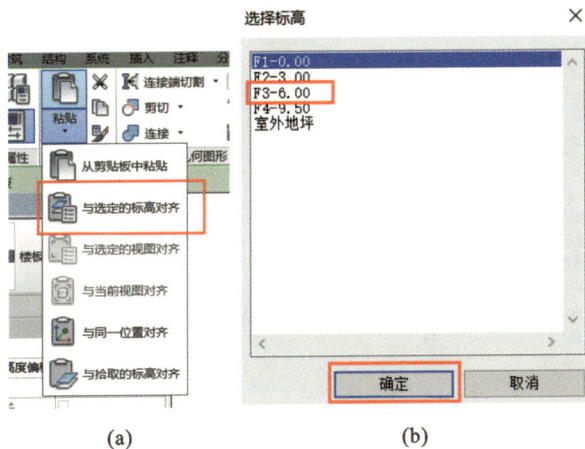

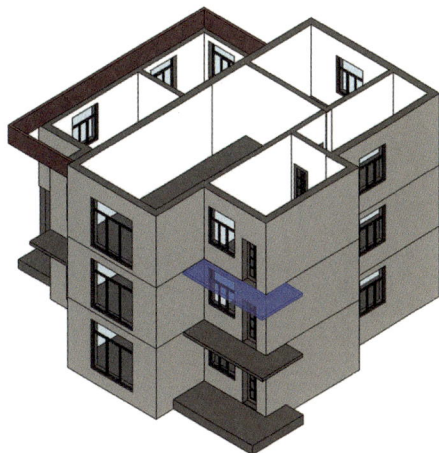

(a)	(b)

图 2-326

图 2-327

2.6.3　拓展任务

1.使用坡度箭头创建斜楼板(楼板斜表面)

在平面视图或三维视图中,单击鼠标左键选择需要定义坡度的楼板,单击"模式"面板上的"编辑边界"工具,或双击鼠标左键进入"修改|编辑边界"界面,如图 2-328 所示。

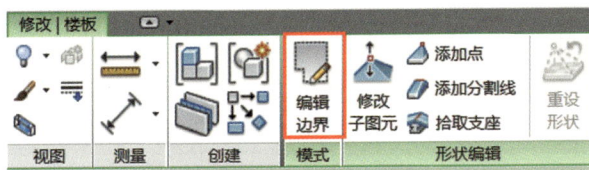

图 2-328

单击"绘制"面板上的"坡度箭头"工具,如图 2-329 所示,切换至坡度箭头绘制模式,设置绘制方式为"直线",确认选项栏中的"偏移量"为"0.0"。

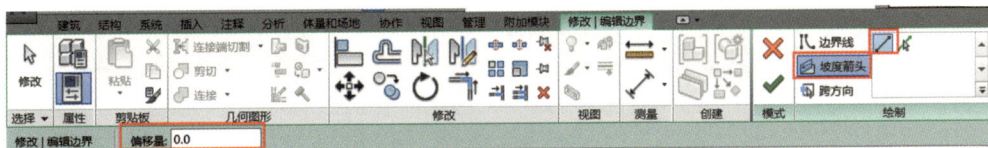

图 2-329

移动鼠标至楼板左侧边界线位置,捕捉边界线中间任意位置单击鼠标左键,捕捉一点作为坡度箭头的起点。沿水平方向向右移动鼠标直至捕捉到右侧边界线时单击鼠标左键,完成坡度箭头的绘制,如图 2-330 所示。

"属性"选项板会切换至坡度箭头"草图"属性,坡度的"指定"方式有"尾高"和"坡度"两种,如图 2-331 所示。"尾高"方式通过指定坡度箭头首、尾高度来定义坡度。"坡度"方式通过直接定义楼板坡度数值的形式创建斜楼板。

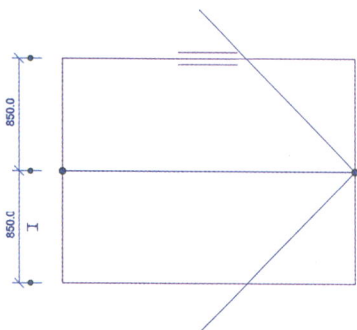

图 2-330

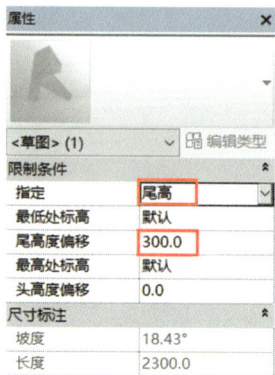

(a)

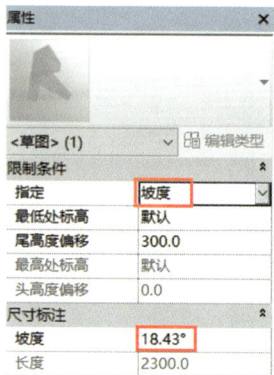

(b)

图 2-331

2.修改子图元

选择需要修改的楼板,自动激活"修改|楼板"选项卡,单击"形状编辑"面板上的"修改子图元"工具进入点编辑状态,点击"形状编辑"面板上的"添加点"工具,可在楼板需要添加控制点的地方上增加控制点,单击需要修改的点,在点的右侧会出现"0"数值,该数值表示偏离楼板相对标高的距离,可以通过修改其数值使该点高出或低于楼板的相对标高,如图 2-332 所示。

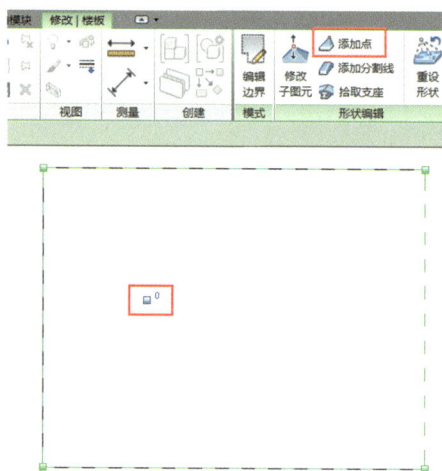

2.6.4 真题任务

图 2-332

以第四期全国 BIM 等级考试一级试题第二题为例,题目要求:根据图 2-333 中给定的尺寸及详图大样新建楼板,顶部所在标高为±0.000,命名为"卫生间楼板",构造层保持不变,水泥砂浆层进行放坡,并创建洞口。请将模型以"楼板"为文件名保存到考生文件夹中。(20 分)

楼板

桥是那么伟大,但也能娇小妩媚。秦少游为"秋千外,绿水桥平;东风里,朱门映柳"的绚丽景色所动,李肩吾爱看"直下小桥流水,门前一树桃花",欧阳修更痛快,他偏喜欢"独立小桥风满袖",多么潇洒!

——梁思成

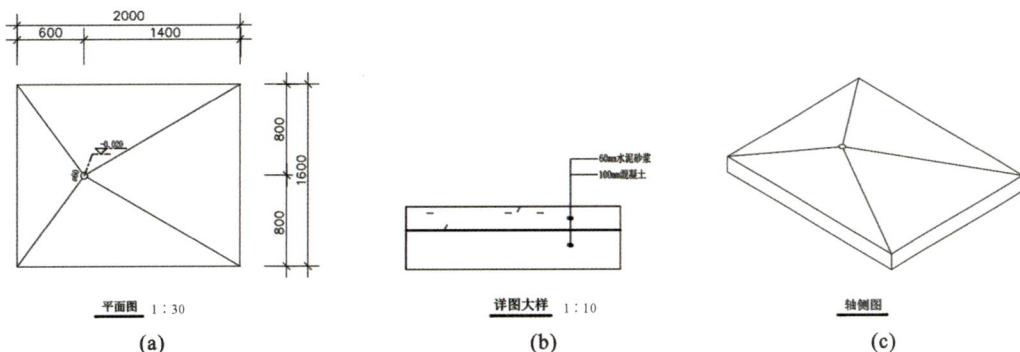

图 2-333

2.7　任务 7：屋顶

屋顶是房屋顶层覆盖的外围护结构，用于抵御自然界的风雪霜雨、太阳辐射、气温变化等外界不利因素，使屋顶覆盖的空间具有良好的使用环境。此外，屋顶需要承受作用于其表面的风荷载、雪荷载以及自身重力等荷载。屋顶根据样式不同一般可分为平屋顶（坡度小于 10%）、坡屋顶（坡度一般大于 10%）和其他形式的屋顶。

2.7.1　学习任务

在 Revit 中，可以使用按迹线创建屋顶、按拉伸创建屋顶和从体量的面创建屋顶三种方法来创建屋顶。

1. 按迹线创建屋顶

按迹线创建屋顶是指创建屋顶时使用建筑迹线定义其边界。首先需要切换到楼层平面视图或天花板投影平面视图，单击"建筑"选项卡下"构建"面板上"屋顶"工具下的"迹线屋顶"工具，在"绘制"面板上选择某一绘制工具或拾取工具。若要在绘制之前编辑屋顶属性，需要使用"属性"选项板。

创建屋顶时需要为屋顶绘制或拾取一个闭合环，然后指定坡度定义线，要修改某一屋顶轮廓线的坡度定义，选择该轮廓线，在"属性"选项板上单击"定义屋顶坡度"，即可修改坡度值。如果将某条屋顶线设置为坡度定义线，它的旁边便会出现三角符号 ▷ 。最后单击"完成编辑模式" ✔ 工具，如图 2-334 所示。

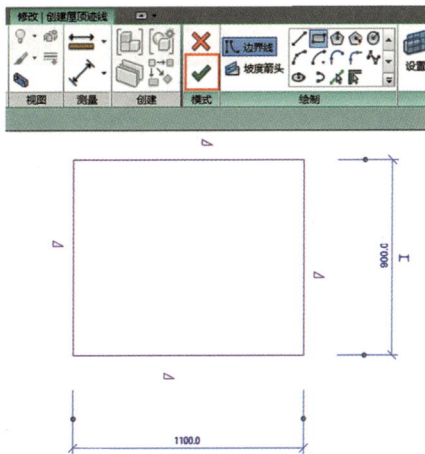

图 2-334

2.按拉伸创建屋顶

按拉伸创建屋顶是指通过拉伸绘制的轮廓来创建屋顶,可以按如下步骤操作。①显示立面视图、三维视图或剖面视图。②单击"建筑"选项卡下"构建"面板上"屋顶"工具下的"拉伸屋顶"工具。③指定一个工作平面。④在"屋顶参照标高和偏移"对话框中,为"标高"选择一个值。默认情况下,将选择项目中最高的标高。⑤要相对于参照标高提升或降低屋顶,可为"偏移"指定一个值。Revit 以指定的偏移放置参照平面。使用参照平面,可以相对于标高控制拉伸屋顶的位置。⑥绘制开放环形式的屋顶轮廓,如图 2-335(a)所示。⑦单击"完成编辑模式"工具,然后打开三维视图,完成的拉伸屋顶如图 2-335(b)所示。

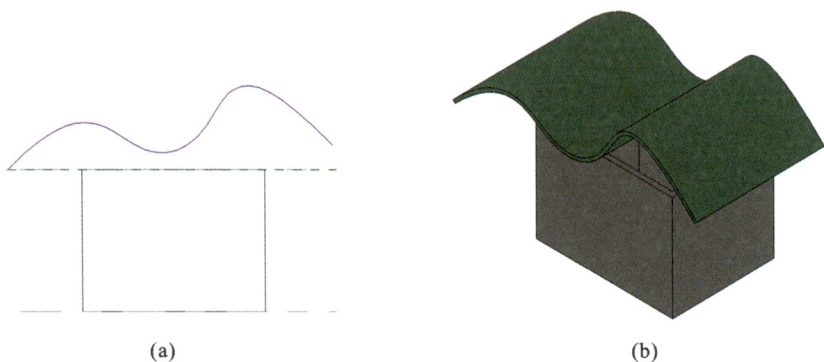

(a)　　　　　　　　　　　　　　　　(b)

图 2-335

3.从体量的面创建屋顶

从体量的面创建屋顶是指使用"面屋顶"工具在体量的任何非垂直面上创建屋顶(注意:无法从同一屋顶的不同体量中选择面),如图 2-336 所示。

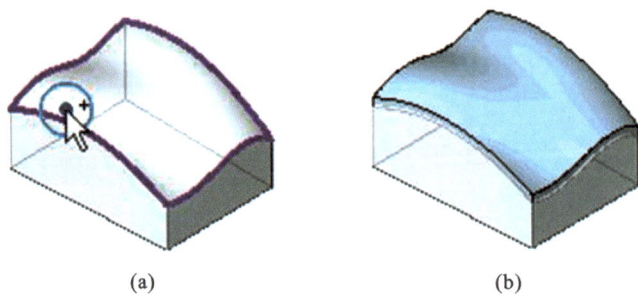

(a)　　　　　　　　　　　　　　　　(b)

图 2-336

2.7.2　实施任务

1.设置屋顶材质

由"别墅"项目建筑构件参数要求可知,屋顶材质为"125 厚混凝土"。在"项目浏览器"中双击平面视图中的楼层平面,切换到"F3-6.00"平面视图。

单击"建筑"选项卡下"构建"面板上"屋顶"命令下的"迹线屋顶",此时自动激活"修改|创建屋顶迹线"上下文选项卡,如图 2-337 所示。

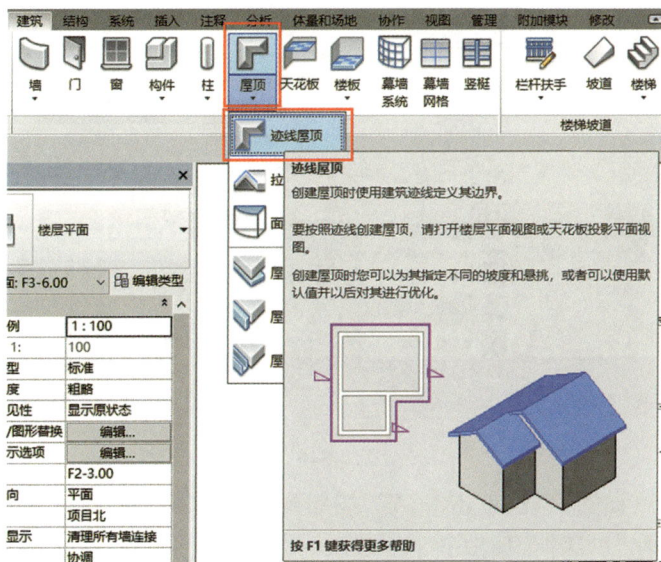

图 2-337

在"属性"选项板中单击"编辑类型",进入"类型属性"对话框,确定"类型属性"对话框中族为"系统族:基本屋顶",类型选择为"常规-125 mm"。单击"复制(D)..."工具,在"名称"对话框中输入"屋顶"后单击"确定"按钮,返回"类型属性"对话框,如图 2-338 所示。

单击"类型属性"对话框中的"编辑..."工具进入"编辑部件"对话框,如图 2-339所示。

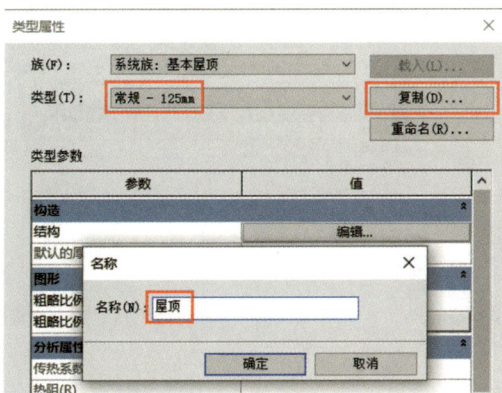

图 2-338

图 2-339

在"编辑部件"对话框中单击"结构[1]"层材质栏中的□,弹出"材质浏览器"对话框,在搜索材质框中输入"混凝土",选择项目材质中"混凝土",并单击"确定"按钮,如图 2-340 所示。

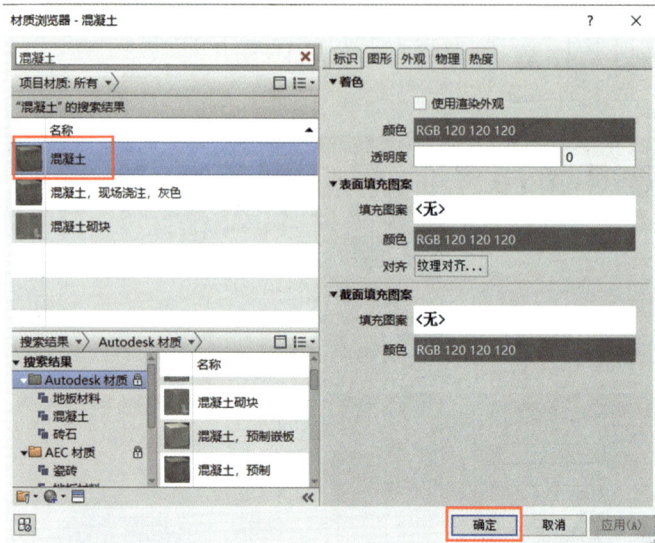

图 2-340

至此,屋顶材质设置完成,单击"确定"按钮退出"编辑部件"对话框,继续单击"确定"按钮退出"类型属性"对话框,如图 2-341 所示。

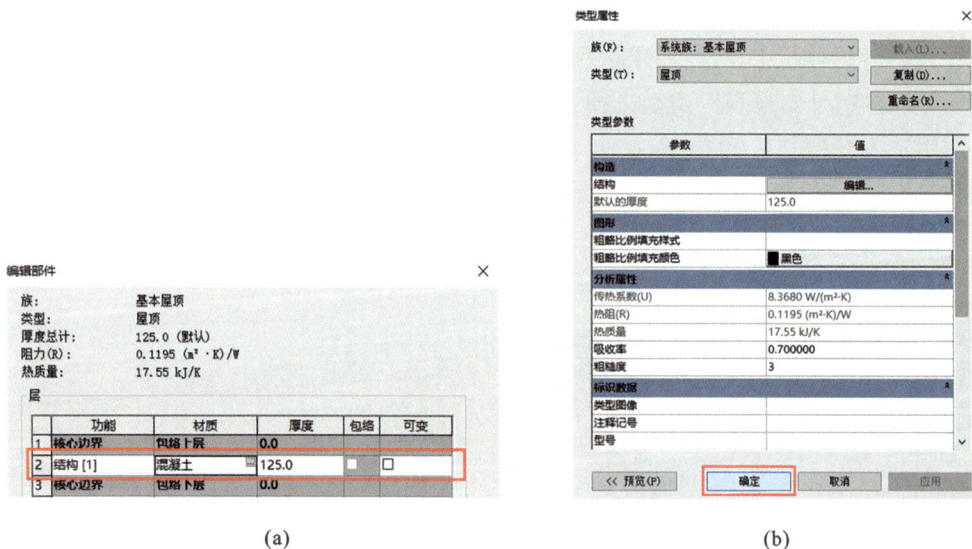

(a)

(b)

图 2-341

2. 绘制三层平屋顶

三层平屋顶无坡度,故取消勾选选项栏中"定义坡度"前的复选框,如图 2-342 所示。

选择"绘制"面板上的"矩形"工具绘制三层平屋顶轮廓,如图 2-343 所示。

绘制三层平屋顶

取消勾选

图 2-342

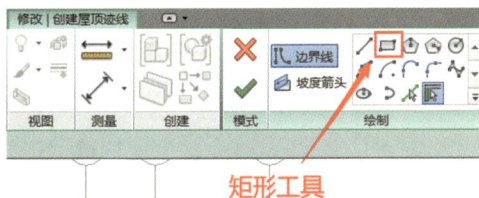

矩形工具

图 2-343

将鼠标移动至 G 轴女儿墙内边界线与 1 轴女儿墙内边界线交点处单击鼠标左键，向右下方移动鼠标至 B 轴女儿墙内边界线与 4 轴外墙外边界线交点处单击鼠标左键，完成平屋顶边界线绘制，最后点击"完成编辑模式"工具，如图 2-344 所示。

在"项目浏览器"中单击三维视图前的 $\boxed{+}$，并双击"三维视图"下的"{三维}"，切换至三维视图查看结果，将视图调整至合适角度，如图 2-345 所示。

"完成编辑模式"工具

图 2-344

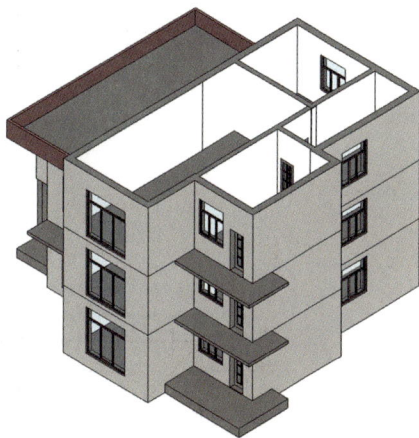

图 2-345

3. 绘制四层坡屋顶

"别墅"项目"屋顶平面图"（四层）如图 2-346 所示。

由"屋顶平面图"可知，四层屋顶轮廓线分别偏移了轴线一定距离，故可使用"拾取线"工具并指定"偏移量"进行屋顶轮廓绘制。此外，大部分屋顶边缘有放坡，坡度均为"45.00％"，屋顶放坡情况如图 2-347 所示。

绘制四层坡屋顶

在"项目浏览器"中双击平面视图中的楼层平面，切换到"F4-9.50"平面视图。

单击"建筑"选项卡下"构建"面板上"屋顶"命令下的"迹线屋顶"，此时自动激活"修改|创建屋顶迹线"上下文选项卡，从"属性"选项板的"类型选择器"中选择"屋顶"，选择"绘制"面板上的"拾取线"工具，勾选选项栏中"定义坡度"前的复选框，"偏移量"输入675，如图 2-348 所示。

将鼠标移动至 4 轴线附近，并左右微调鼠标位置使蓝色虚线（屋顶轮廓线）位于 4 轴线左侧时单击鼠标左键，绘制 4 轴坡屋顶轮廓线，如图 2-349 所示。

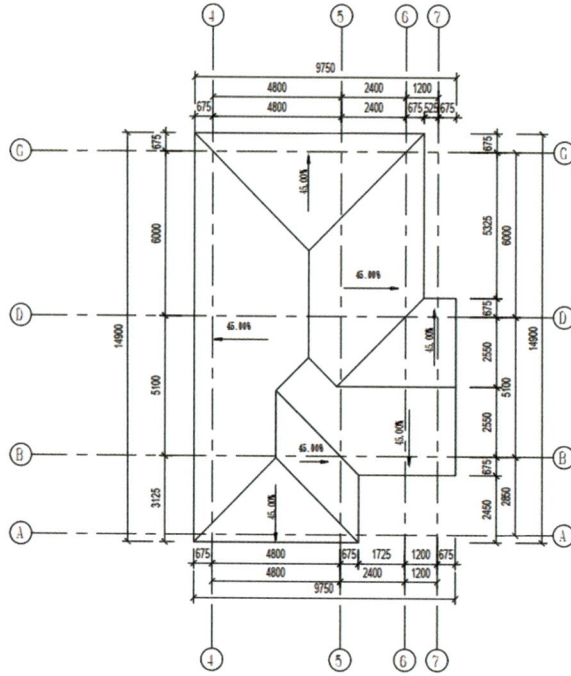

屋顶平面图 1:100

图 2-346

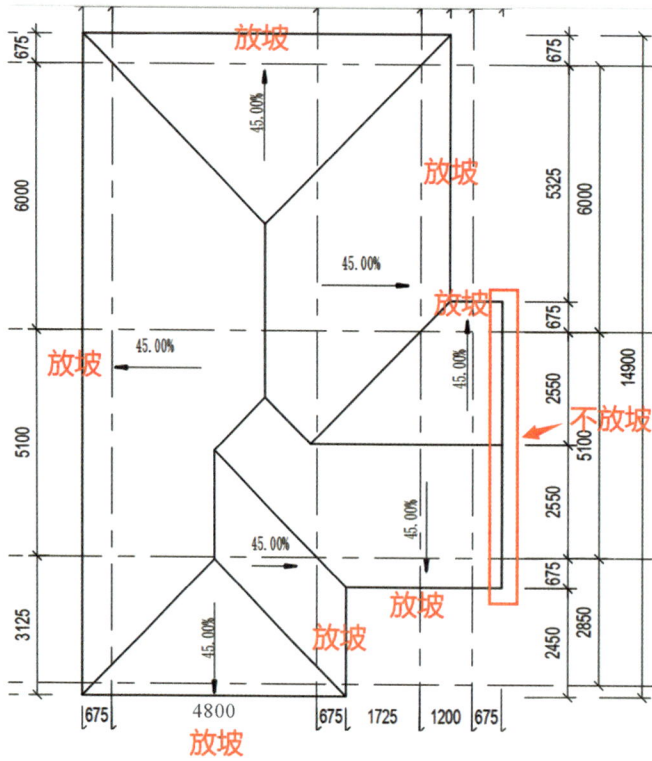

图 2-347

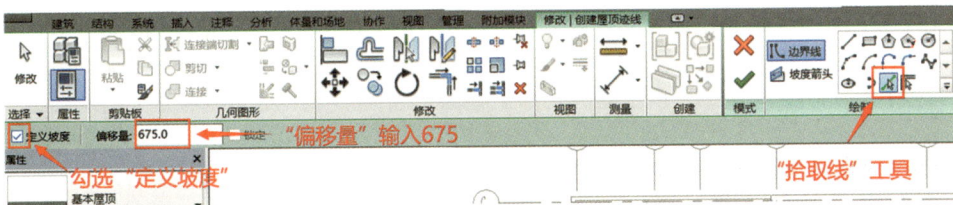

图 2-348

4 轴线屋顶廓线左侧出现"⊿ 30.00°",表示屋顶边缘放坡,坡度为 30°。类似地,继续绘制 G 轴、6 轴、D 轴、7 轴、B 轴、5 轴屋顶轮廓线,如图 2-350 所示。

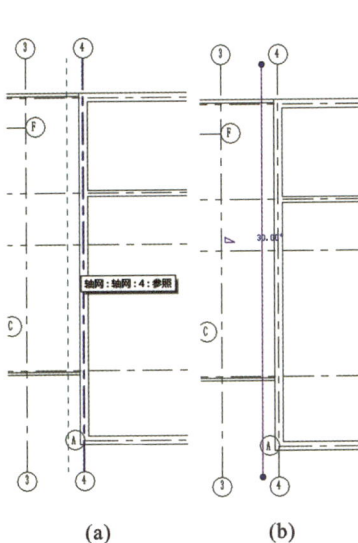

(a)　　　(b)

图 2-349

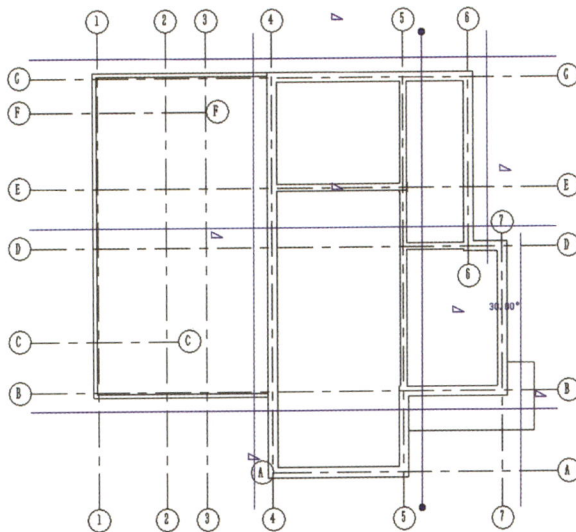

图 2-350

接下来绘制 A 轴屋顶轮廓线。修改选项栏中"偏移量"为"= 3125 − 2850"并按"Enter"键确定,将鼠标移动至 A 轴线附近,并上下微调鼠标位置使蓝色虚线(屋顶轮廓线)位于 A 轴线下侧时单击鼠标左键,绘制 A 轴坡屋顶轮廓线,如图 2-351 所示。

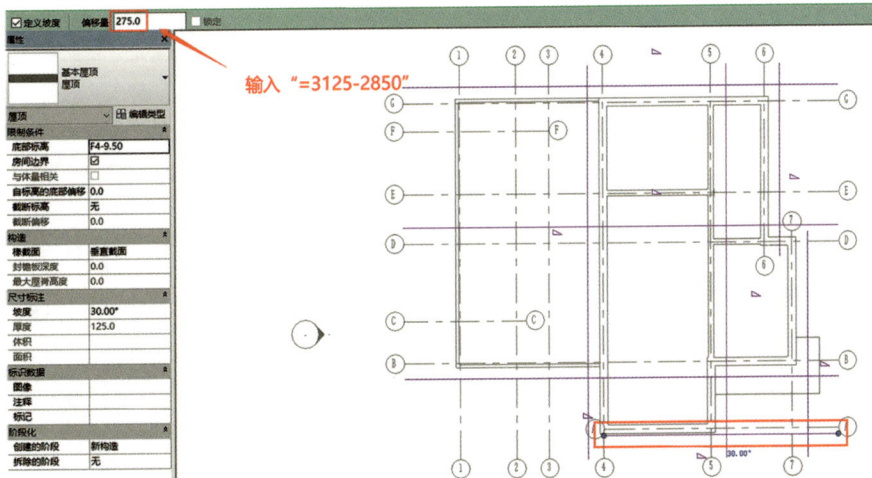

图 2-351

修剪屋顶轮廓线。在"修改|创建屋顶迹线"选项卡下,单击"修改"面板上的"修剪/延伸为角(TR)"工具,将鼠标依次移动至需要修剪的两条轮廓线处,单击鼠标左键进行修剪,如图 2-352 所示。

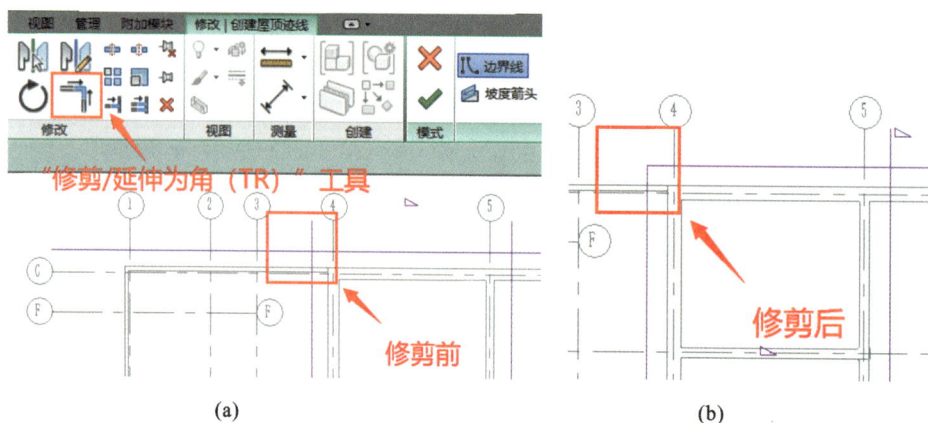

(a)   (b)

图 2-352

类似地,依次修剪屋顶轮廓线,全部修剪完后的屋顶轮廓如图 2-353 所示。

修改坡屋顶坡度。按"Esc"键退出当前命令,用鼠标从左上至右下框选全部屋顶轮廓线,在"属性"选项板中的"坡度"后输入"45%"并按"Enter"键确定,如图 2-354 所示。

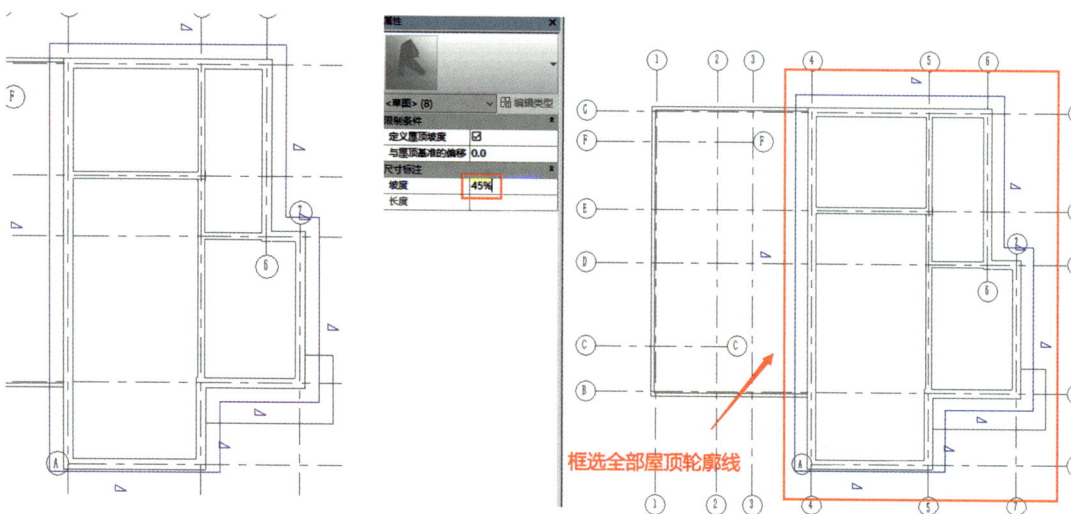

图 2-353

图 2-354

取消 7 轴外屋顶放坡。按"Esc"键退出当前命令,将鼠标移动至 7 轴外屋顶轮廓线处单击鼠标左键,选中该轮廓,在"属性"选项板中取消勾选"定义屋顶坡度"后的复选框,或取消勾选选项栏中"定义坡度"前的复选框,如图 2-355 所示。

此时屋顶轮廓及放坡完成,单击"模式"面板上的"完成编辑模式"工具,如图 2-356 所示。

坡屋顶创建完成,如图 2-357 所示。

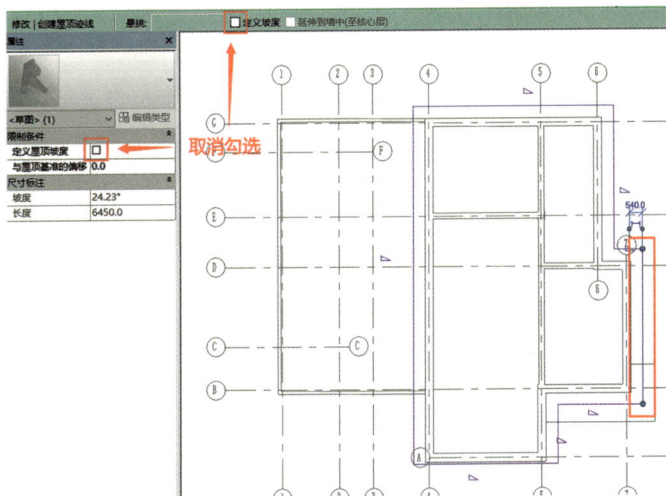

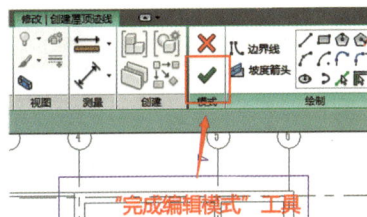

图 2-355　　　　　　　　　　　　　　　　图 2-356

在"项目浏览器"中单击三维视图前的 ，并双击"三维视图"下的"｛三维｝"，切换至三维视图查看结果，将视图调整至合适角度，如图 2-358 所示。

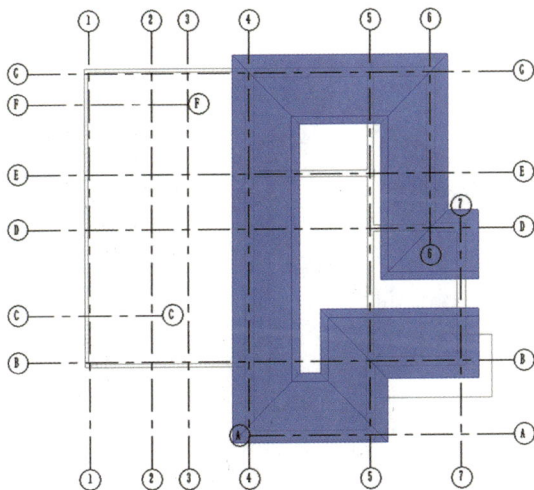

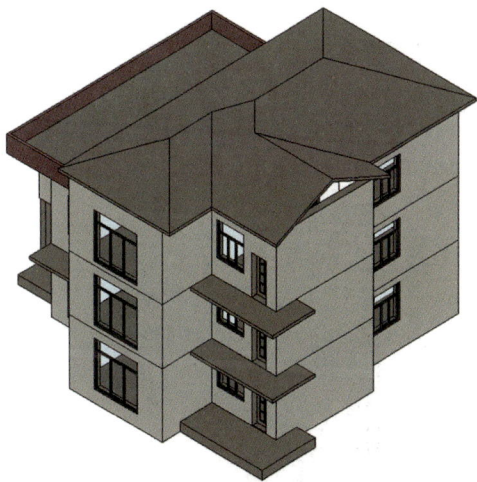

图 2-357　　　　　　　　　　　　　　　　图 2-358

可以看出，三层墙体与屋顶间存在间隙，需要修改墙体高度。在"项目浏览器"中双击平面视图中的楼层平面，切换到"F3-6.00"平面视图。用鼠标从 4 轴左上至右下框选别墅项目全部三层墙体（不包括女儿墙），此时软件自动切换至"修改|选择多个"上下文选项卡，单击"过滤器"工具，如图 2-359 所示。

在"过滤器"对话框中点击"放弃全部"，勾选"墙"类别，单击"确定"按钮退出"过滤器"对话框，如图 2-360 所示。

此时别墅项目全部三层墙体被选中，在"项目浏览器"中双击"三维视图"下的"｛三维｝"，切换至三维视图，点击"修改墙"面板上的"附着顶部/底部"工具，如图 2-361 所示。

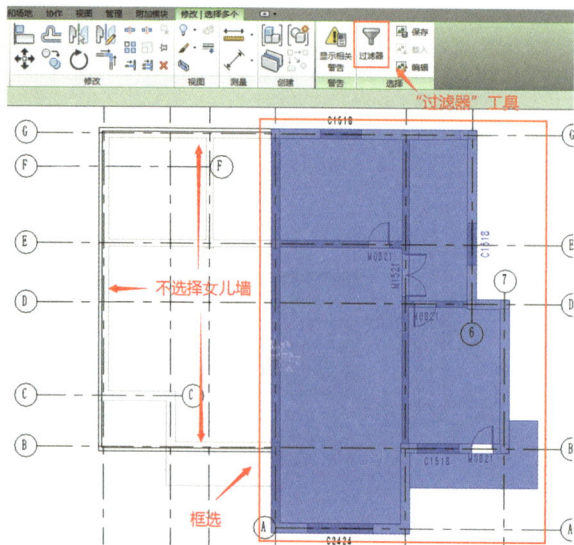

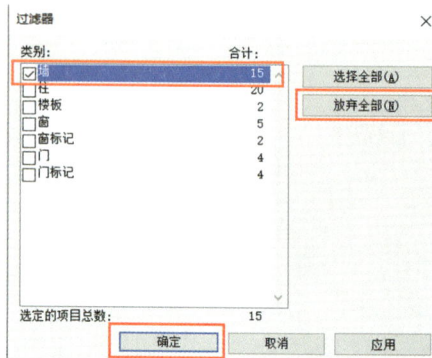

图 2-359   图 2-360

将鼠标移动至坡屋顶,当坡屋顶蓝色高亮显示时单击鼠标左键,将选中的墙体附着到坡屋顶,如图 2-362 所示。

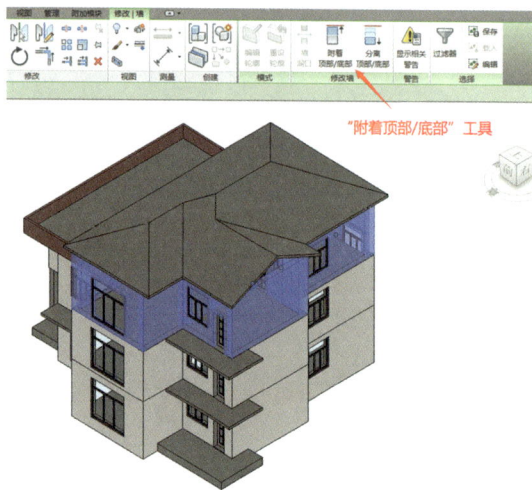

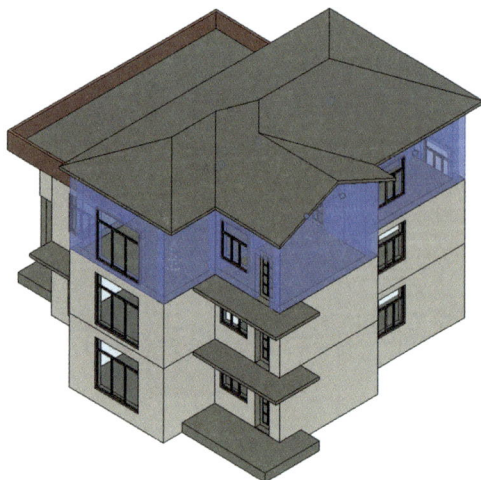

图 2-361   图 2-362

至此,别墅项目屋顶创建完成。

2.7.3 拓展任务

1.屋檐

创建屋顶时,可指定悬挑值来创建屋檐。完成屋顶的绘制后,可以对齐屋檐并修改其截面和高度,如图 2-363 所示。

2. 檐沟

软件可以为屋顶、屋檐底板和封檐带边缘添加檐沟,也可以向模型线添加檐沟。檐沟可以放置在二维视图(如平面或剖面视图)中,也可以放置在三维视图中,如图 2-364 所示。

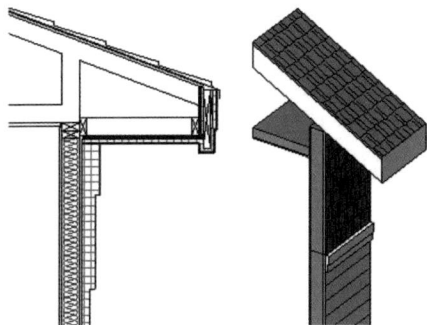

图 2-363

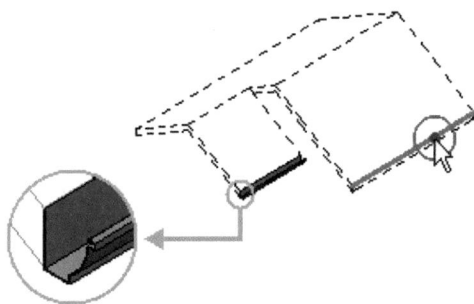

图 2-364

2.7.4　真题任务

以第十一期全国 BIM 等级考试一级试题第一题为例,题目要求:根据图 2-365 给定数据创建轴网与屋顶,轴网显示方式参考下图,屋顶底标高为 6.3 m,厚度 150 mm,坡度为 1∶1.5,材质不限。请将模型文件以"屋顶 + 考生姓名"为文件名保存到考生文件夹中。(20 分)

屋顶

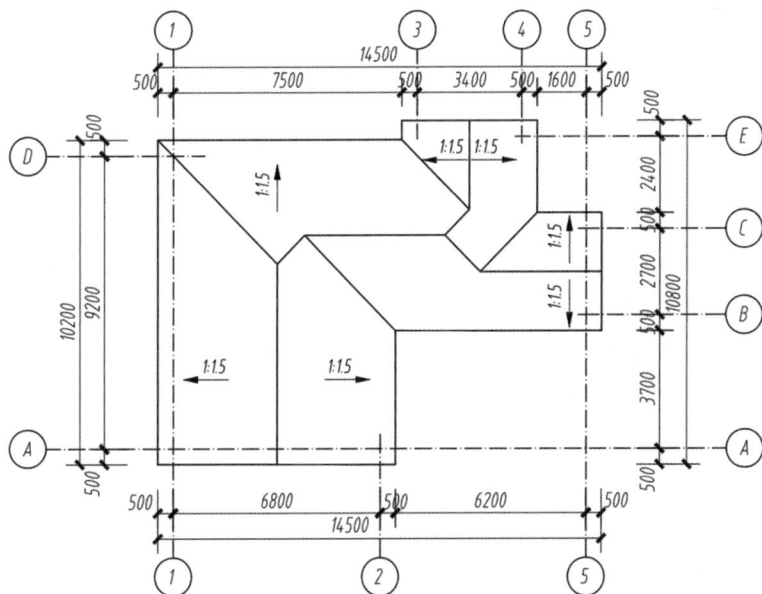

平面图 1∶200

图 2-365

2.8 任务 8:楼梯

楼梯是建筑物中楼层间的垂直交通工具,用于楼层之间和高差较大时的交通联系。在将电梯、自动扶梯作为主要垂直交通手段的多层和高层建筑中也要设置楼梯,供火灾时逃生用。

扶手是设在楼梯梯段及平台边缘的安全保护构件,一般附设于栏杆顶部,供依扶用。此外,扶手也可附设于墙上,称为靠墙扶手。

2.8.1 学习任务

1.楼梯基本概念

在 Revit 中,楼梯构件包括梯段、平台、支撑和栏杆扶手。其中,梯段包括直梯、螺旋梯段、U 形梯段、L 形梯段、自定义绘制的梯段。平台是指在梯段之间自动创建,通过拾取两个梯段,或通过创建自定义绘制的平台。支撑(侧边和中心)随梯段自动创建,或通过拾取梯段或平台边缘创建。栏杆扶手可以在创建楼梯梯段期间自动生成,或稍后放置。

2.楼梯的创建与修改

在 Revit 中,梯段包括直梯、全踏步螺旋、圆心-端点螺旋、L 形斜踏步梯段、U 形斜踏步梯段等类型,如表 2-1 所示。

表 2-1 梯段类型

直梯		全踏步螺旋		圆心-端点螺旋	
L 形斜踏步梯段		U 形斜踏步梯段			

在选项栏上,"定位线"用于为相对于向上方向的梯段选择创建路径;"偏移量"用于为创建路径指定一个可选偏移值;"实际梯段宽度"用于指定一个梯段宽度值(此为梯段值,且不包含支撑);"自动平台"用于确定相邻梯段间是否需要自动创建连接平台,如图 2-366 所示。

使用"楼梯"工具创建楼梯梯段的步骤如下,单击"建筑"选项卡下"楼梯坡道"面板上的"楼梯"工具,如图 2-367 所示。

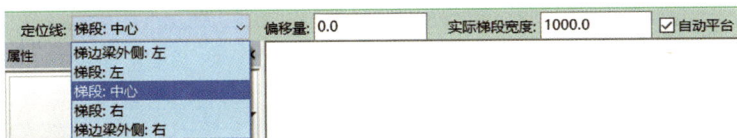

图 2-366

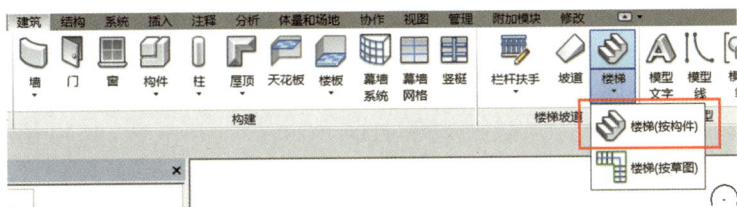

图 2-367

在"构件"面板上，确认"梯段"处于选中状态，在"构件"面板上选择创建所需梯段类型。在选项栏上选择合适的"定位线""偏移量"和"实际梯段宽度"，默认情况下勾选"自动平台"复选框，如图 2-368 所示。

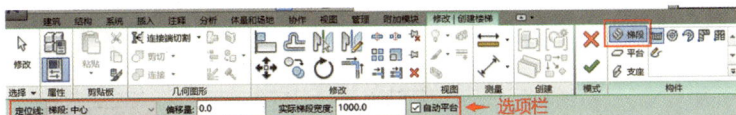

图 2-368

在"属性"选项板的"类型选择器"中，选择要创建的楼梯类型，此外还可以指定梯段实例属性，例如"相对基准高度"和"开始于踢面/结束于踢面"首选项。默认情况下，在创建梯段时会自动创建栏杆扶手，如图 2-369 所示。

在某些需要自定义楼梯梯段的情况下，可能需要绘制楼梯轮廓而不是通过构件进行装配。可以使用"创建草图"工具，在创建楼梯部件时，通过绘制形状来创建自定义梯段或平台构件，即单击"建筑"选项卡下"楼梯坡道"面板上的"楼梯"工具，在"修改|创建楼梯"楼板下"构件"面板上"梯段"下选择"创建草图"工具，如图 2-370 所示，最后单击"完成编辑模式"，退出草图模式。

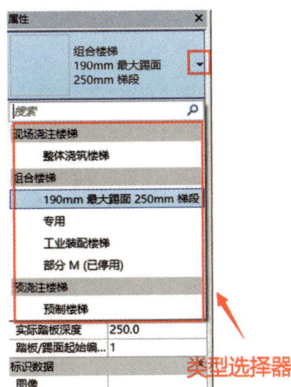

图 2-369

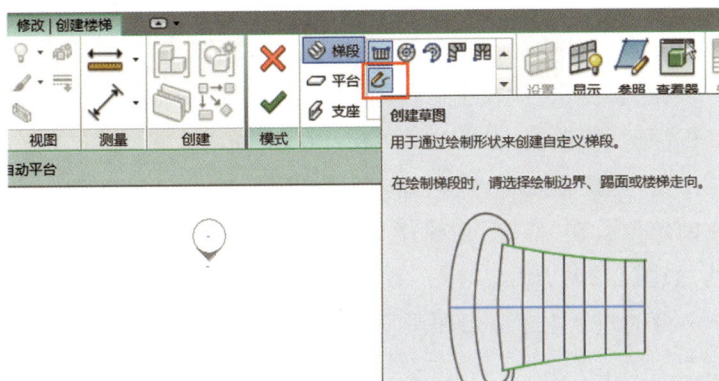

图 2-370

2.8.2　实施任务

1.识读图纸

由"别墅"项目"一层平面图""二层平面图"和"三层平面图"可知,楼梯布置于别墅一层至三层之间,位于 5 轴、6 轴以及 G 轴和 E 轴所围区域之间。由"一层楼梯详图""二层楼梯详图""三层楼梯详图"和"1—1 楼梯剖面图"可知,楼梯梯段宽度为"1030 mm",楼梯踏板深度(踏步宽度)为"250 mm",楼梯踢面高度为"150 mm",楼梯梯段起始处为 E 轴偏上"175 mm"处,从一层至三层所需踢面数为"40"。

在"项目浏览器"中双击平面视图中的楼层平面,切换到"F1-0.00"平面视图。

单击"建筑"选项卡下"楼梯坡道"面板上"楼梯"下的"楼梯(按构件)"工具,此时自动激活"修改|创建楼梯"上下文选项卡,如图 2-371 所示。

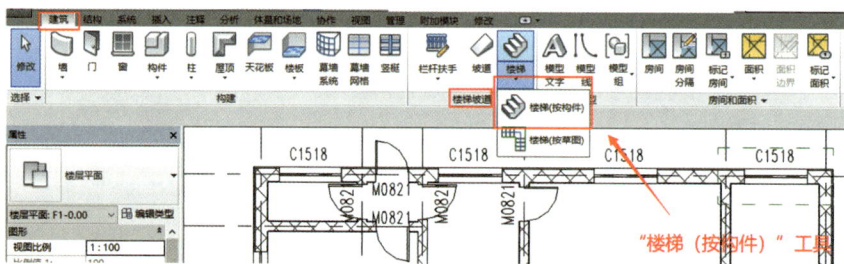

图 2-371

2.创建楼梯

在"属性"选项板中单击"编辑类型",进入"类型属性"对话框,确定"类型属性"对话框中族为"系统族:现场浇筑楼梯",类型选择为"整体浇筑楼梯"。单击"复制(D)..."工具,在"名称"对话框中输入"楼梯"后单击"确定"按钮,返回"类型属性"对话框,如图 2-372 所示。

选项栏中的"定位线"选择下拉菜单中的"梯段:左","实际梯段宽度"修改为"1030.0",勾选"自动平台"前的复选框,如图 2-373 所示。

在"属性"选项板中修改"顶部标高"为"F3-6.00","所需踢面数"修改为"40","实际踏板深度"修改为"250.0",如图 2-374 所示。

由"三层楼梯详图"可知,楼梯梯段起始处为 E 轴偏上"175 mm"处,需作"参照平面"帮助定位。在"修改|创建楼梯"上下文选项卡下"工作平面"面板上选择"参照平面"工具,如图 2-375 所示。

此时进入"放置 参照平面"上下文选项卡,在 E 轴上方从左至右绘制一个参照平面,如图 2-376 所示。

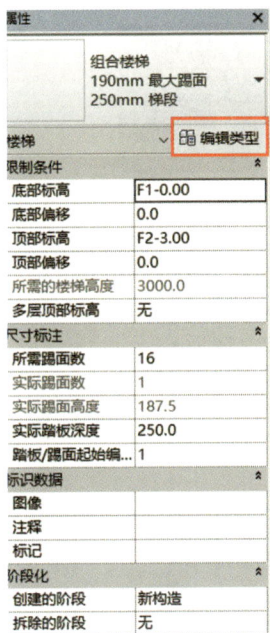
(a)

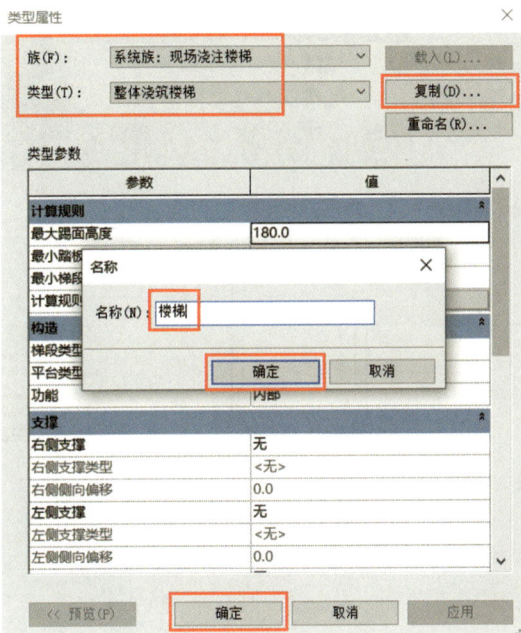
(b)

图 2-372

图 2-373

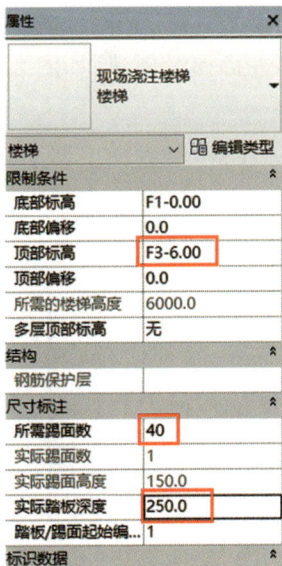

图 2-374

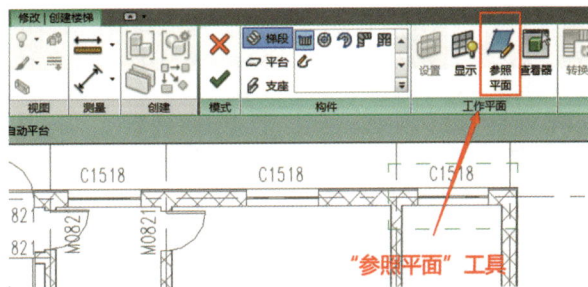

图 2-375

　　单击鼠标左键拖动参照平面下侧临时尺寸约束小蓝点(移动尺寸界限)至 E 轴线，单击鼠标左键修改参照平面下侧临时尺寸，输入"175"并按"Enter"键完成参照平面位置调整，如图 2-377 所示。

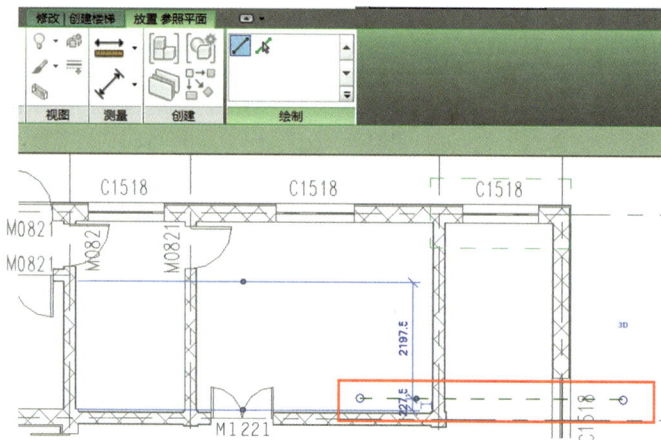

图 2-376

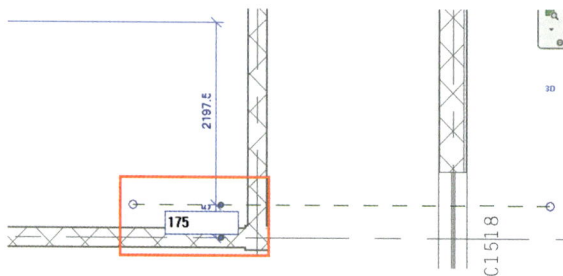

图 2-377

创建楼梯。在键盘上按"Esc"键两次,退出"放置 参照平面"上下文选项卡,回到"修改|创建楼梯"上下文选项卡,选择"构件"面板上的"梯段"工具进行梯段创建,如图 2-378 所示。

将鼠标移动至参照平面与 5 轴外墙内边缘交点处单击鼠标左键,竖直向上移动鼠标直至梯段下方显示"创建了 10 个踢面,剩余 30 个"时单击鼠标左键,完成第一段梯段的创建,如图 2-379 所示。

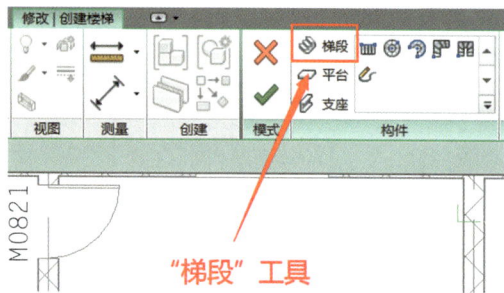

"梯段"工具

图 2-378

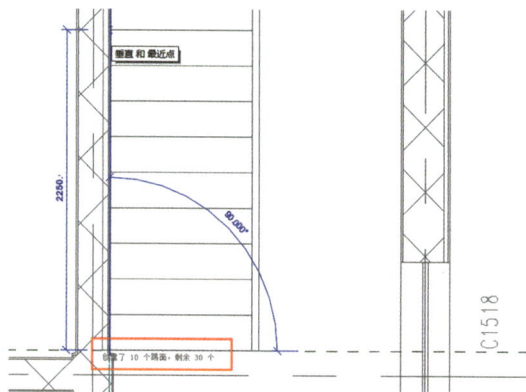

图 2-379

　　将鼠标向右移动至第一个梯段结束位置与 6 轴外墙内边缘交点处单击鼠标左键,此时会出现一条绿色定位虚线,如图 2-380 所示。

　　竖直向下移动鼠标直至参照平面与 6 轴外墙内边缘交点处单击鼠标左键,完成第二段梯段的创建,如图 2-381 所示。

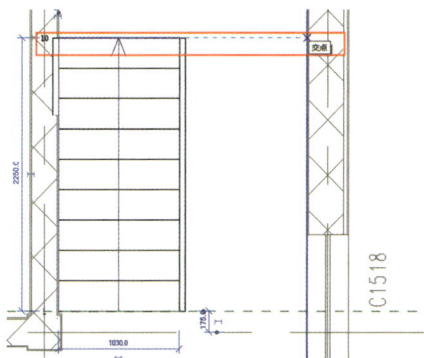

图 2-380

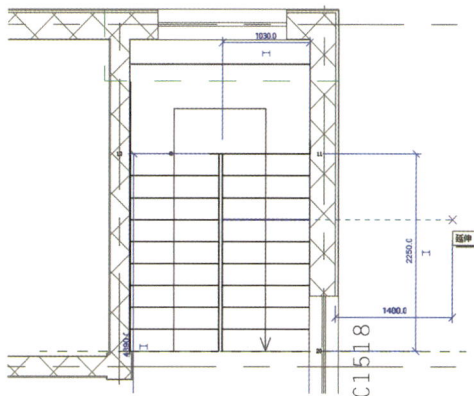

图 2-381

　　由于一层楼梯与二层楼梯之间有二层楼板,不需要创建平台,因此取消勾选选项栏中"自动平台"前的复选框,如图 2-382 所示。

图 2-382

　　将鼠标移动至参照平面与 5 轴外墙内边缘交点处单击鼠标左键,竖直向上移动鼠标直至梯段下方显示"创建了 10 个踢面,剩余 10 个"时单击鼠标左键,完成第三段梯段的创建,如图 2-383 所示。

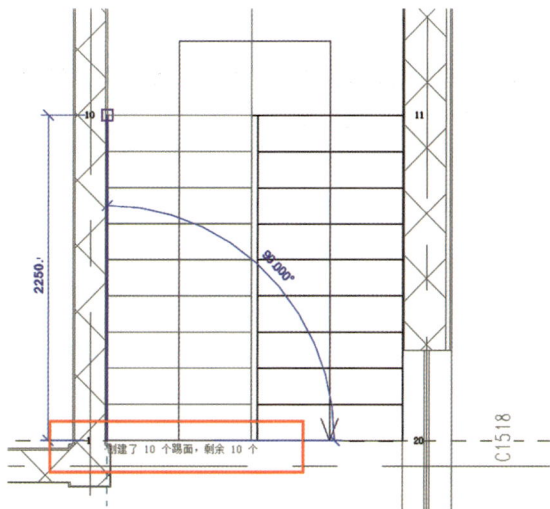

图 2-383

第三段楼梯梯段与第四段楼梯梯段之间需要创建平台板,因此勾选选项栏中"自动平台"前的复选框,如图 2-384 所示。

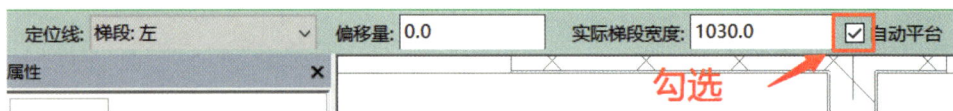

图 2-384

将鼠标向右移动至第一个梯段结束位置与 6 轴外墙内边缘交点处单击鼠标左键,此时会出现一条绿色定位虚线,竖直向下移动鼠标直至参照平面与 6 轴外墙内边缘交点处单击鼠标左键,完成第四段梯段的创建,此时梯段下方显示"创建了 10 个踢面,剩余 0个",如图 2-385 所示。

此时楼梯梯段创建完成,单击"模式"面板上的"完成编辑模式"工具,如图 2-386所示。

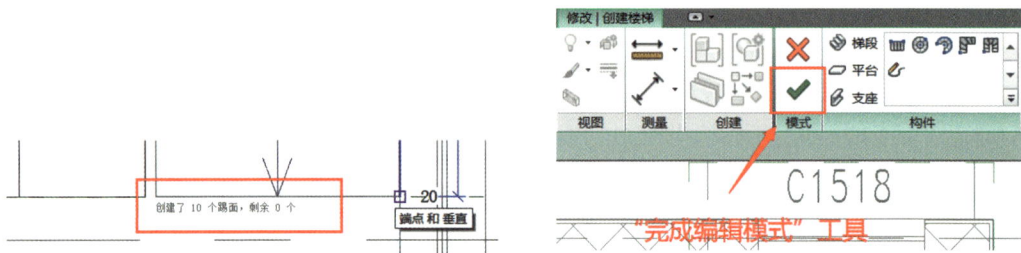

图 2-385

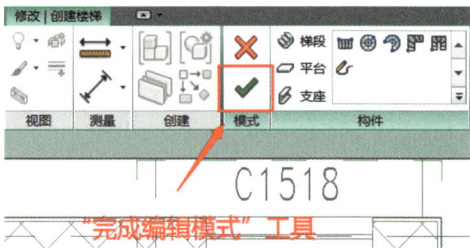

图 2-386

此时软件界面右下角弹出"警告"对话框:"扶栏是不连续的。扶栏的打断通常发生在转角锐利的过渡件处。要解决此问题,请尝试:

- 更改扶栏类型属性中的过渡件样式,或
- 修改过渡件处的栏杆扶手路径。",如图 2-387 所示。

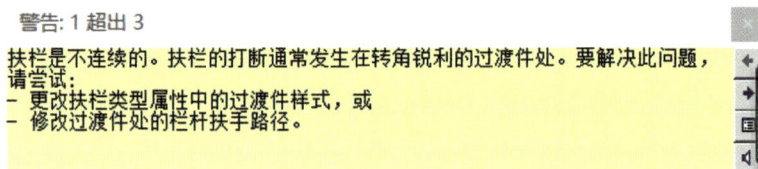

图 2-387

单击"警告"对话框右上角的"×"关闭对话框。在"项目浏览器"中单击三维视图前的 ⊞ ,并双击"三维视图"下的"{三维}",切换至三维视图查看结果,将视图调整至合适角度,如图 2-388 所示。

持续按下"Ctrl"键,此时鼠标指针右上角出现一个"＋"号,表示可以进行增选操作。将鼠标依次移动至一层、二层和三层 6 轴外墙处单击鼠标左键,选择楼梯旁的 6 轴外墙,单击"视图控制栏"上"临时隐藏/隔离"工具下的"隐藏图元"工具,将选中的外墙隐藏,如图 2-389 所示。

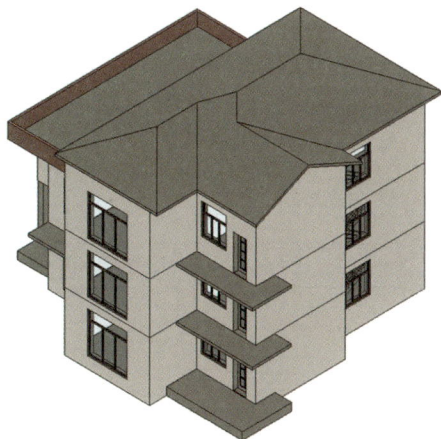

图 2-388

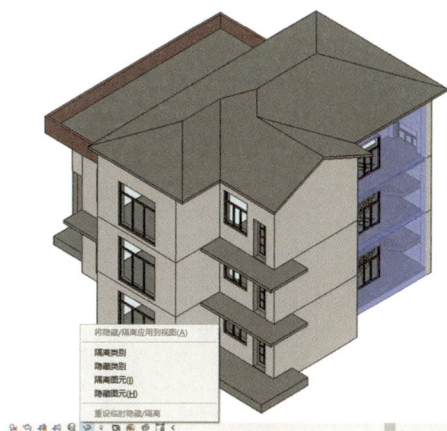

图 2-389

　　调整模型至合适的角度,可以看到楼梯靠近墙体位置自动创建了栏杆,但由"别墅"项目图纸可知此处没有栏杆。将鼠标移动至楼梯靠近墙体位置的栏杆处单击鼠标左键选择,按键盘上的"Delete"键进行删除,如图 2-390 所示。

　　此外,还可以看出楼梯 2 处平台尺寸需要调整。再次单击"视图控制栏"上的"临时隐藏/隔离"工具下的"重设临时隐藏/隔离"工具,将隐藏的外墙显示,并将模型调整至合适位置,如图 2-391 所示。

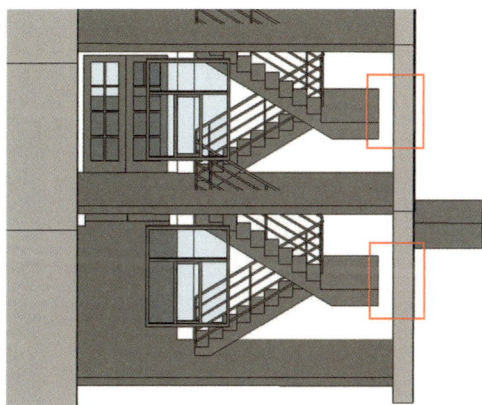

图 2-390

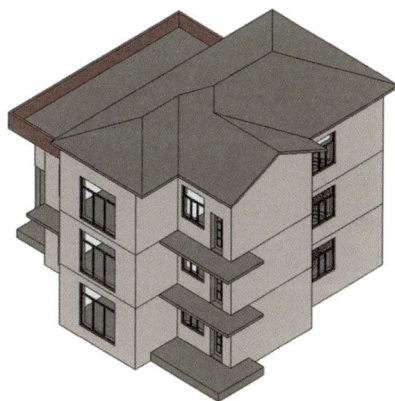

图 2-391

　　接下来修改平台尺寸。在"项目浏览器"中双击平面视图中的楼层平面,切换到"F1-0.00"平面视图。将鼠标移动至楼梯处直至楼梯高亮显示,单击鼠标左键选择楼梯,如图 2-392 所示。

　　此时软件进入"修改|楼梯"上下文选项卡界面,选择"编辑"面板上的"编辑楼梯"工具,如图 2-393 所示。

　　此时软件进入"修改|创建楼梯"上下文选项卡,将鼠标移动至平台位置,单击鼠标左键选择平台,拖动平台上"侧造型操纵柄"至 G 轴外墙内边缘,如图 2-394、图 2-395 所示。

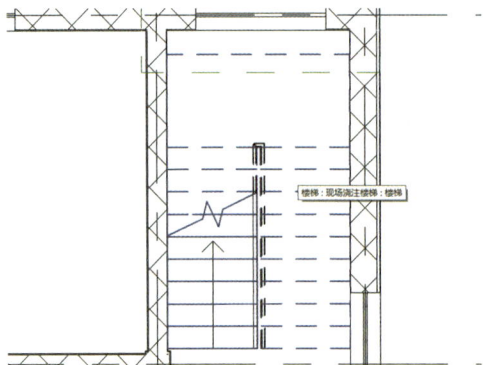

图 2-392

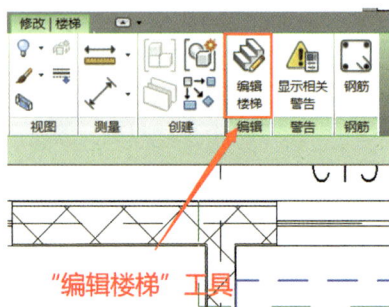

"编辑楼梯"工具

图 2-393

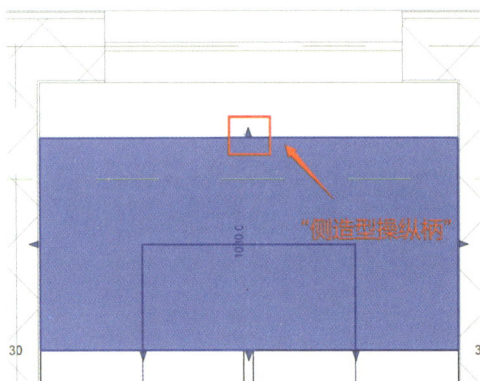

"侧造型操纵柄"

图 2-394

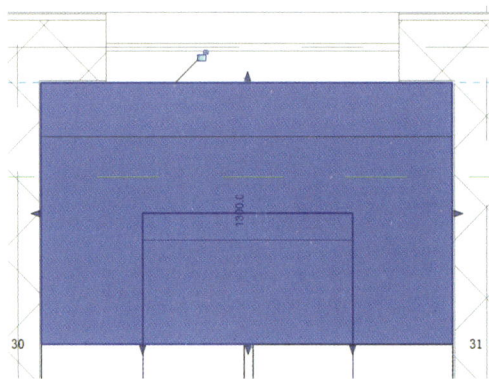

图 2-395

此时其中一层平台修改完成,继续修改另一层楼梯平台尺寸。单击"视图控制栏"上"视觉样式"工具下的"线框"工具,此时另一层楼梯平台显示,如图 2-396 所示。

将鼠标移动至待修改平台处单击鼠标左键,此时软件进入"修改|创建楼梯"上下文选项卡,将鼠标移动至平台位置,单击鼠标左键选择平台,拖动平台上"侧造型操纵柄"至 G 轴外墙内边缘,此时楼梯所有平台修改完成,单击"模式"面板上的"完成编辑模式"工具,如图 2-397 所示。

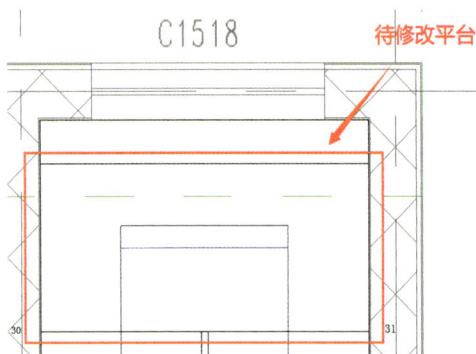

待修改平台

图 2-396

"完成编辑模式"工具

图 2-397

至此,楼梯创建完成。

2.8.3　拓展任务

本拓展任务主要为创建螺旋楼梯。

在 Revit 中,可以使用"楼梯(按草图)"工具来创建小于 360°的螺旋楼梯。创建时,如果螺旋楼梯梯段发生重叠,软件将显示警告:此时梯边梁和栏杆扶手的放置不精确。

创建螺旋楼梯(按草图)时,需要打开平面视图或三维视图。单击"建筑"选项卡下"楼梯坡道"面板上"楼梯"下拉列表中的"楼梯(按草图)"工具,单击"修改|创建楼梯草图"上下文选项卡下"绘制"面板上的"圆心-端点弧"工具。在绘图区域中,单击鼠标左键以选择螺旋楼梯的中心点。分别单击鼠标左键确定起点和终点,完成螺旋楼梯绘制,最后点击"完成编辑模式"工具,最终生成的螺旋楼梯如图 2-398 所示。

图 2-398

2.8.4　真题任务

以第九期全国 BIM 等级考试一级试题第二题为例,题目要求:根据图 2-399 给定数值创建楼梯与扶手,扶手截面为 50 mm×50 mm,高度为 900 mm,栏杆截面为 20 mm×20 mm,栏杆间距为 280 mm,未标明尺寸不作要求,楼梯整体材质为混凝土,请将模型以"楼梯扶手"为文件名保存到考生文件夹中。(10 分)

楼梯

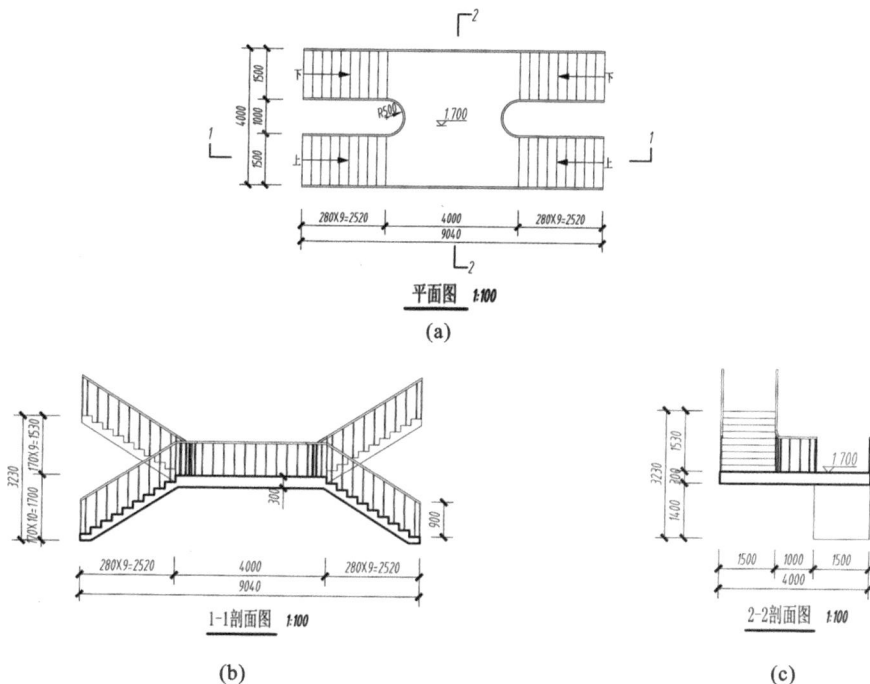

(a)

(b)　　　　　　　　(c)

图 2-399

2.9　任务 9:坡道

坡道是连接高差地面或楼面的斜向交通通道,可以用作门口的垂直交通和疏散通道。

2.9.1　学习任务

在 Revit 中,可在平面视图或三维视图直接绘制一段坡道或绘制边界线来创建坡道。

添加坡道最简单的方法是绘制梯段。但是,"梯段"工具会将坡道设计限制为直梯段、带平台的直梯段和螺旋梯段。要了解设计坡道时的更多控制选项,可使用边界和踢面工具绘制坡道。打开平面视图或三维视图,单击"建筑"选项卡下"楼梯坡道"面板上的"坡道"工具,如图 2-400 所示。

图 2-400

绘制时如需选择不同的工作平面,可在"建筑""结构"或"系统"选项卡上单击"工作平面"面板中的"设置"。单击"修改|创建坡道草图"上下文选项卡下"绘制"面板上的"梯段"工具,然后选择线或圆心-端点弧,将光标放置在绘图区域中,并拖曳光标绘制坡道梯段,最后单击"完成编辑模式"工具,如图 2-401 所示。

此外,在"属性"选项板中可通过修改"底部标高""底部偏移""顶部标高"和"顶部偏移"来修改坡道的高度,通过修改"宽度"来修改坡道宽度,如图 2-402 所示。

图 2-401

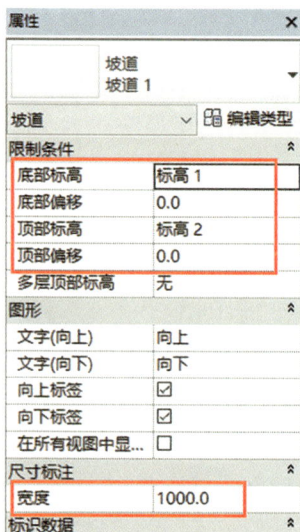

图 2-402

2.9.2　实施任务

由"别墅"项目"一层平面图"可知,G 轴外墙上侧 3 轴和 4 轴之间有坡道,由"7—1 轴立面图"可知坡道由"室外地坪"(-0.450)竖向延伸至"F1-0.00"(±0.000)。此外,由"别墅"项目"一层平面图"可知,B 轴外墙下侧 2 轴和 4 轴之间有坡道,由"G—A 轴立面图"可知坡道由"室外地坪"(-0.450)竖向延伸至"F1-0.00"(±0.000)。

创建坡道

在"项目浏览器"中双击平面视图中的楼层平面,切换到"室外地坪"平面视图。

单击"建筑"选项卡下"楼梯坡道"面板上的"坡道"工具,如图 2-403 所示。

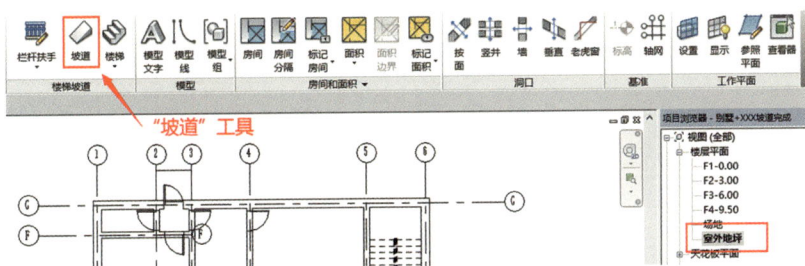

图 2-403

软件自动切换至"修改丨创建坡道草图"上下文选项卡,在"属性"选项板中单击"编辑类型",进入"类型属性"对话框,确定"类型属性"对话框中族为"系统族:坡道",类型选择为"坡道 1"。单击"　复制(D)…　"工具,在"名称"对话框中输入"坡道"后单击"确定"按钮,返回"类型属性"对话框,如图 2-404 所示。

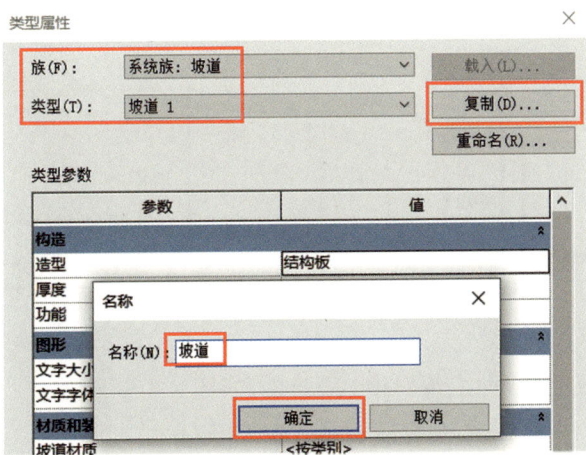

图 2-404

在"类型属性"对话框中将造型修改为"实体",坡道最大坡度(1/x)修改为"1",单击"确定"按钮,如图 2-405 所示。

确定"属性"选项板中的"底部标高"为"室外地坪","顶部标高"为"F1-0.00","底部偏移"和"顶部偏移"均为"0.0",修改"宽度"为"1200",如图 2-406 所示。

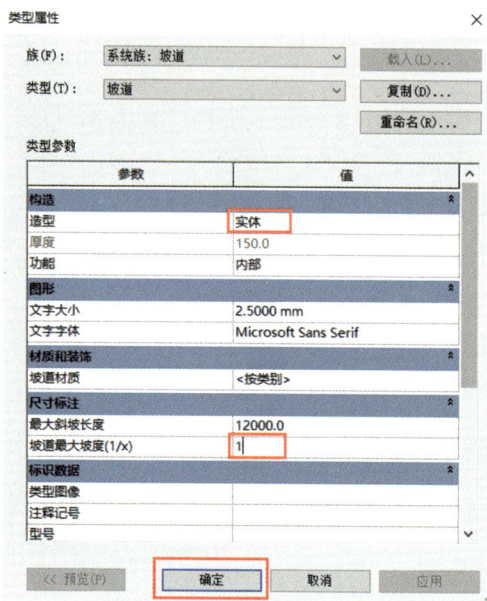
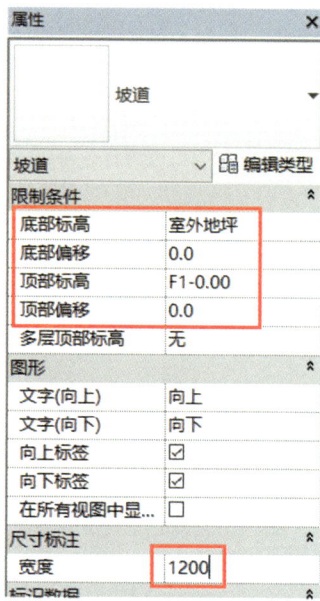

图 2-405 图 2-406

将鼠标移动至 G 轴外墙上侧平台右边线中点附近,当鼠标下侧出现"中点"时单击鼠标左键,如图 2-407 所示。

水平向右移动鼠标,此时坡道上侧出现临时尺寸约束,输入"=2400−150"并按"Enter"键确定,如图 2-408 所示。

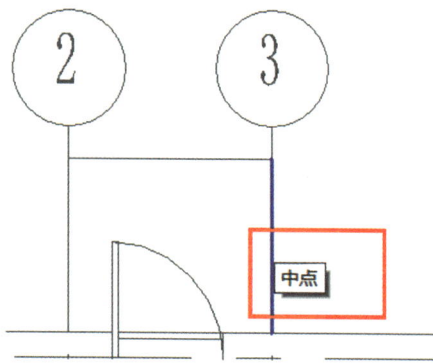
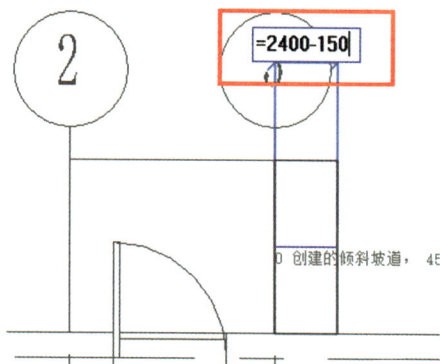

图 2-407 图 2-408

单击"模式"面板上的"完成编辑模式"工具,如图 2-409 所示。

在"项目浏览器"中单击三维视图前的 ⊞ ,并双击"三维视图"下的"{三维}",切换至三维视图查看结果,将视图调整至合适角度,可以看出坡道方向需要调整,如图 2-410 所示。

在"项目浏览器"中双击平面视图中的楼层平面,切换到"室外地坪"平面视图。将鼠标移动至坡道位置单击鼠标左键选择坡道,单击坡道左侧的箭头("向上翻转楼梯的方向"工具),翻转坡道方向,如图 2-411 所示。

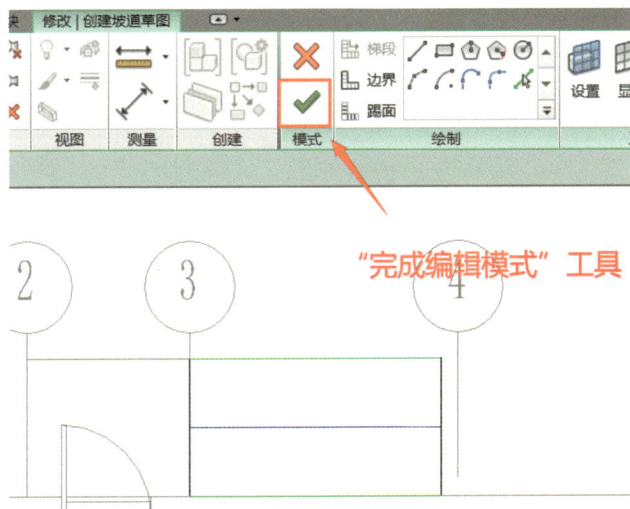

"完成编辑模式" 工具

图 2-409

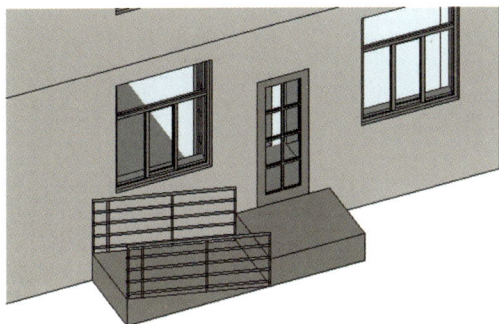

图 2-410

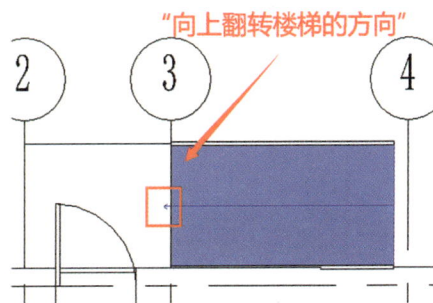

"向上翻转楼梯的方向"

图 2-411

在"项目浏览器"中单击三维视图前的 ⊞ ,并双击"三维视图"下的"{三维}",切换至三维视图查看结果,将视图调整至合适角度,可以看出坡道修改完成,如图 2-412(a)所示。

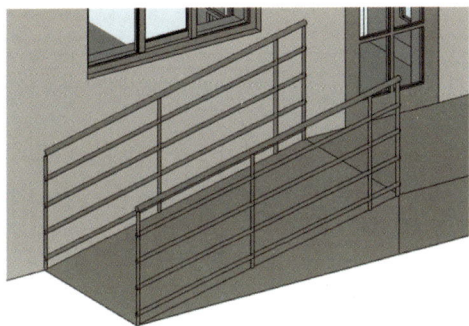

(a)

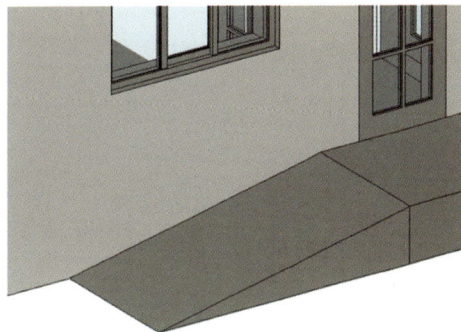

(b)

图 2-412

选择坡道上栏杆并按"Delete"键进行删除,如图 2-412(b)所示。

类似地,继续创建 B 轴外墙下侧 2 轴和 4 轴之间的坡道。在"项目浏览器"中双击平面视图中的楼层平面,切换到"室外地坪"平面视图。确定"属性"选项板中的"底部标高"为"室外地坪","顶部标高"为"F1-0.00","底部偏移"和"顶部偏移"均为"0.0",修改"宽度"为"3855",如图 2-413 所示。

将鼠标移动至 B 轴外墙外边线中点附近,当鼠标下侧出现"中点"时单击鼠标左键,如图 2-414 所示。

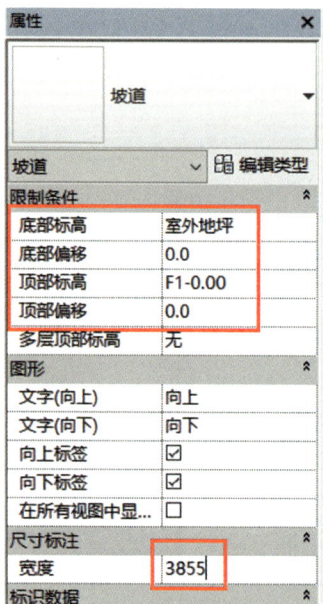

图 2-413

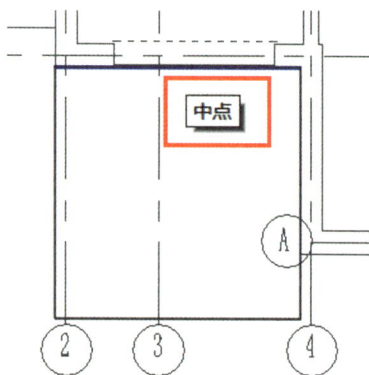

图 2-414

竖直向下移动鼠标,此时坡道中心出现临时尺寸约束,输入"2250"并按"Enter"键确定,如图 2-415 所示。

此时坡道轮廓创建完成,如图 2-416 所示。

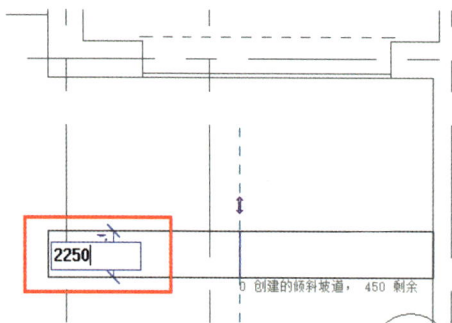

图 2-415

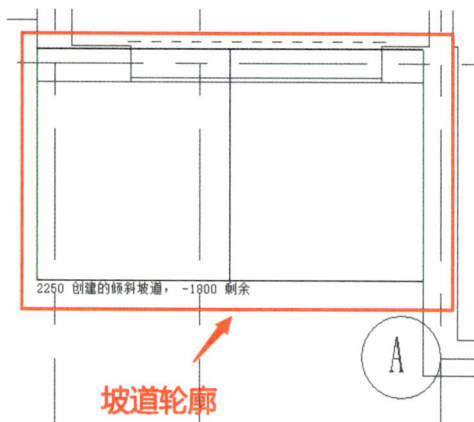

坡道轮廓

图 2-416

移动坡道至正确位置。鼠标从坡道左上侧至右下侧框选全部坡道轮廓,选择"修改"面板上的"移动"工具,如图2-417所示。

将鼠标移动至坡道轮廓左上角端点处单击鼠标左键,竖直移动鼠标至2轴外墙与B轴外墙外边缘交界处单击鼠标左键,完成坡道轮廓的移动,如图2-418所示。

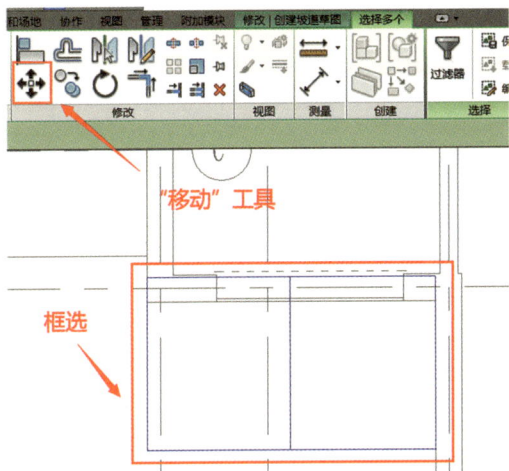

图 2-417

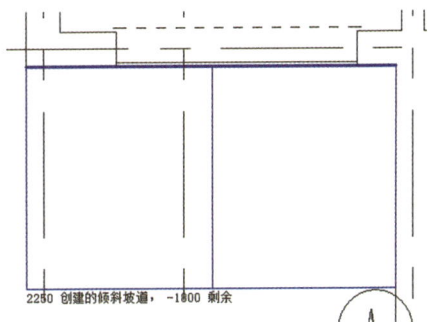

图 2-418

按"Esc"键退出当前命令,单击"模式"面板上的"完成编辑模式"工具。在"项目浏览器"中单击三维视图前的 ➕ ,并双击"三维视图"下的"{三维}",切换至三维视图查看结果,将视图调整至合适角度,可以看出坡道修改完成,如图2-419(a)所示。

选择坡道上的栏杆并按"Delete"键进行删除,如图2-419(b)所示。

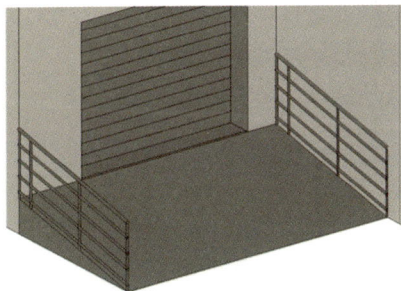

(a)

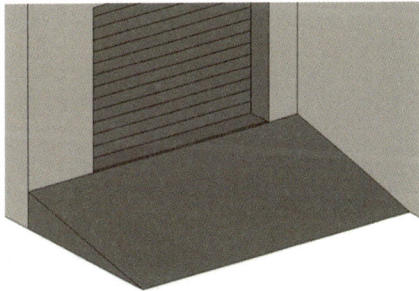

(b)

图 2-419

2.9.3　拓展任务

在Revit中,可以通过修改类型属性来更改坡道族的构造、图形、材质和其他属性。

若要修改坡道类型属性,可选择一个待修改坡道,然后单击"修改"选项卡下"属性"选项板上的"编辑类型",如图2-420所示。

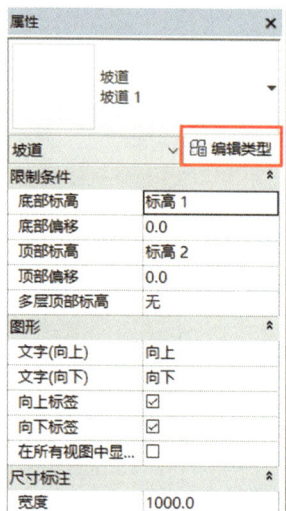

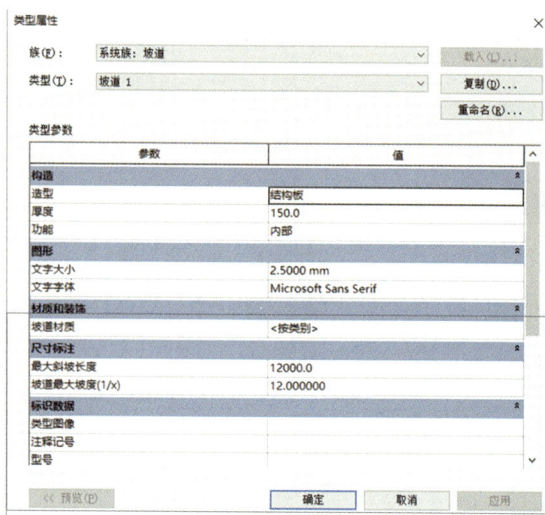

(a)　　　　　　　　　　　　　　　　(b)

图 2-420

在"类型属性"对话框中,可修改"造型"为"结构板"和"实体",其中"结构板"和"实体"样式如图 2-421 所示。

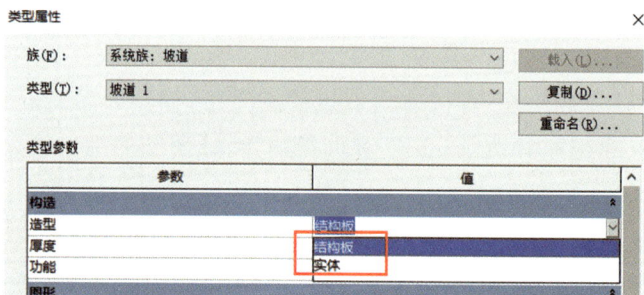

(a)

(b)结构板　　　　　　　　　　　　(c)实体

图 2-421

在"类型属性"对话框中,"最大斜坡长度"可以指定坡道中连续踢面高度的最大数量,即控制坡道的倾斜程度,"最大斜坡长度"后的"值"越大,坡道越平缓,"最大斜坡长度"后的"值"越小,坡道越陡峭,如图 2-422 所示。

图 2-422

2.9.4　真题任务

以第十五期全国 BIM 等级考试一级试题第一题为例,题目要求:根据图 2-423 给定尺寸建立无障碍坡道模型,墙体与坡道材质请参照第 2 页,地形尺寸自定义,请将模型文件以"无障碍坡道＋考生姓名"为文件名保存到考生文件夹中。(15 分)

无障碍坡道

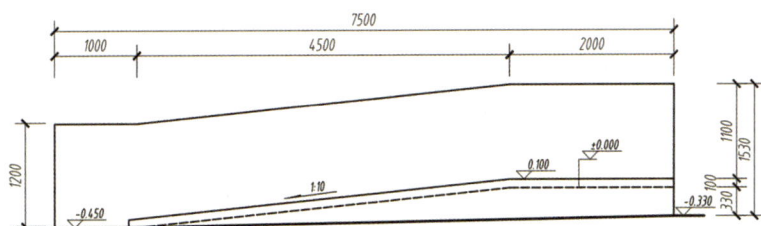

主视图 1:50

(a)

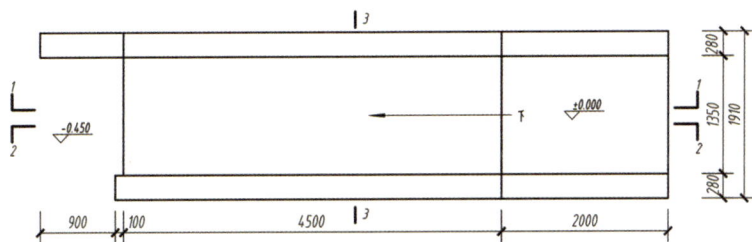

俯视图 1:50

(b)

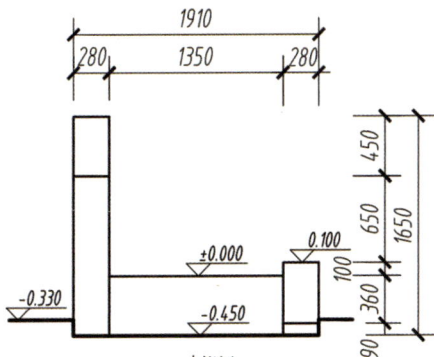

左视图 1:50

(c)

图 2-423

2.10　任务 10:栏杆扶手

栏杆在古代称为阑干,也称勾阑,是桥梁和建筑上的安全设施。栏杆在使用中起分隔和导向的作用,使被分隔区域边界明确清晰,此外栏杆还具有装饰意义。

扶手指的是用来保持身体平衡或支撑身体的横木或把手。

2.10.1　学习任务

在 Revit 中,可以将栏杆扶手作为独立构件添加到楼层,并将栏杆扶手附着到主体(楼板、楼梯和坡道)。创建楼梯和坡道时,软件可自动创建栏杆扶手,也可在现有楼梯或坡道上放置栏杆扶手或自定义栏杆扶手路径。

单击"建筑"选项卡下"楼梯坡道"面板上"栏杆扶手"工具下的"绘制路径"工具,如图 2-424 所示。

在"属性"选项板中,可选择需要创建的栏杆类型,如图 2-425 所示。

图 2-424

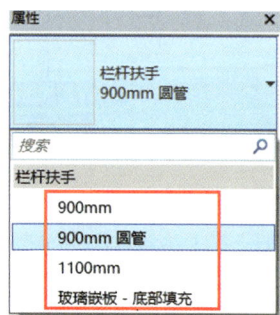

图 2-425

单击"属性"选项板中的"编辑类型",在弹出的"类型属性"对话框中,通过"复制(D)..."工具,对栏杆类型重新命名。编辑扶栏结构,对名称、高度、偏移、轮廓、材质进行编辑,编辑完成后点击"确定"按钮,如图 2-426 所示。

2.10.2　实施任务

1.创建平台坡道栏杆

由"别墅"项目"一层平面图"可知,G 轴外墙上侧 2 轴和 4 轴之间的平台

创建栏杆扶手

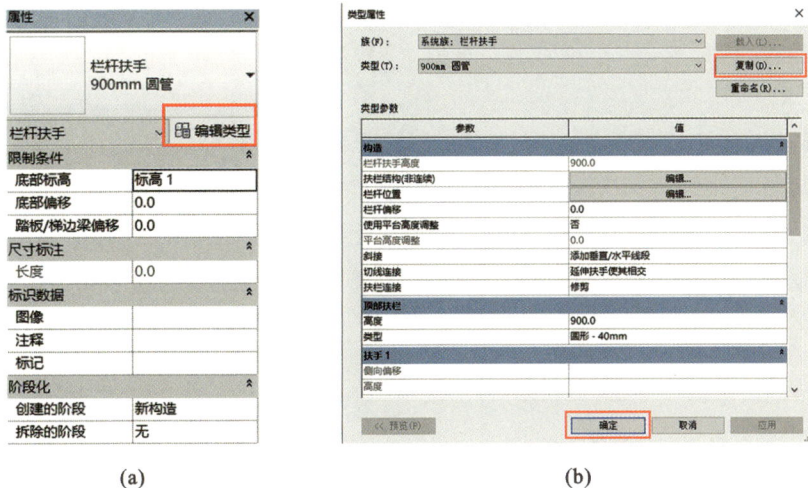

| (a) | (b) |

图 2-426

及坡道需创建栏杆（图纸上标注护栏）。由"别墅"项目"二层平面图"和"三层平面图"可知，室外阳台处需创建栏杆（图纸上标注护栏）。此外，三层楼梯间楼板边缘处需创建栏杆，如图 2-427 所示。

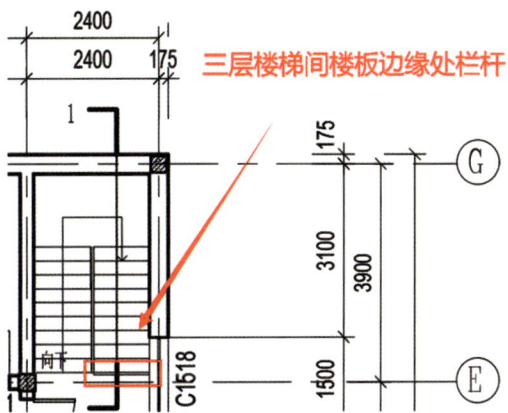

图 2-427

由"别墅"项目"7—1 轴立面图"可知，G 轴外墙上侧 2 轴和 4 轴之间的平台及坡道的栏杆样式，如图 2-428(a)所示，软件中可选择"900 mm 圆管"栏杆类型。由"别墅"项目"1—7 轴立面图"可知，室外阳台处栏杆样式如图 2-428(b)所示，软件中可选择"900 mm"栏杆类型。由"别墅"项目"1—1 楼梯剖面图"可知，三层楼梯间楼板边缘处栏杆可选择"900 mm 圆管"栏杆类型。

| (a) | (b) |

图 2-428

在"项目浏览器"中双击平面视图中的楼层平面,切换到"F1-0.00"平面视图。

单击"建筑"选项卡下"楼梯坡道"面板上"栏杆扶手"工具下的"绘制路径"工具,如图 2-429 所示。

进入"修改|创建栏杆扶手路径"上下文选项卡,创建平台坡道栏杆。在"属性"选项板中单击"编辑类型",进入"类型属性"对话框,确定"类型属性"对话框中族为"系统族:栏杆扶手",类型选择为"900 mm 圆管"。单击"复制(D)..."工具,在"名称"对话框中输入"平台坡道栏杆"后单击"确定"按钮,返回"类型属性"对话框,如图 2-430 所示。

图 2-429

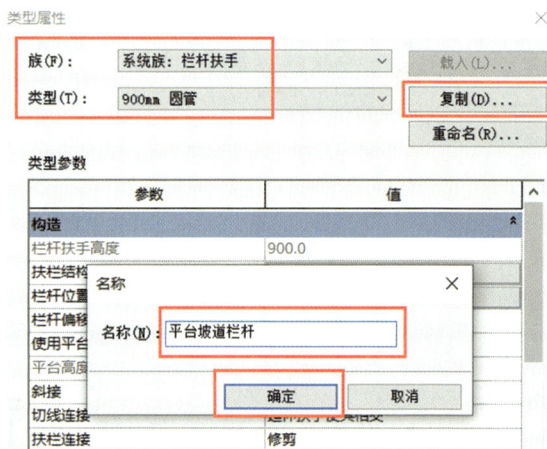

图 2-430

2. 创建阳台栏杆

在"类型属性"对话框中确定族为"系统族:栏杆扶手",类型修改为"900 mm"。单击"复制(D)..."工具,在"名称"对话框中输入"阳台栏杆"后单击"确定"按钮,返回"类型属性"对话框,如图 2-431 所示。

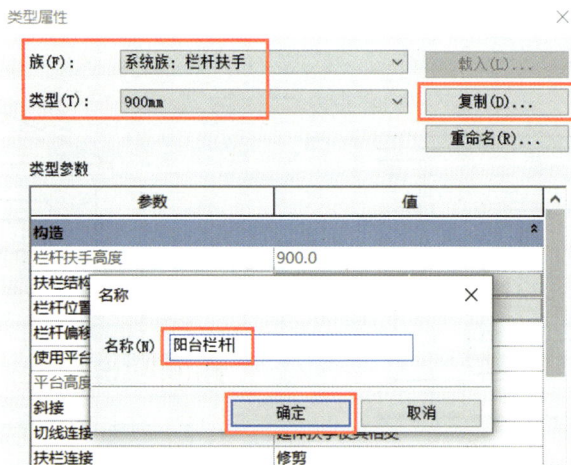

图 2-431

3. 绘制平台坡道栏杆

在"属性"选项板的"类型选择器"中选择"平台坡道栏杆",如图 2-432 所示。

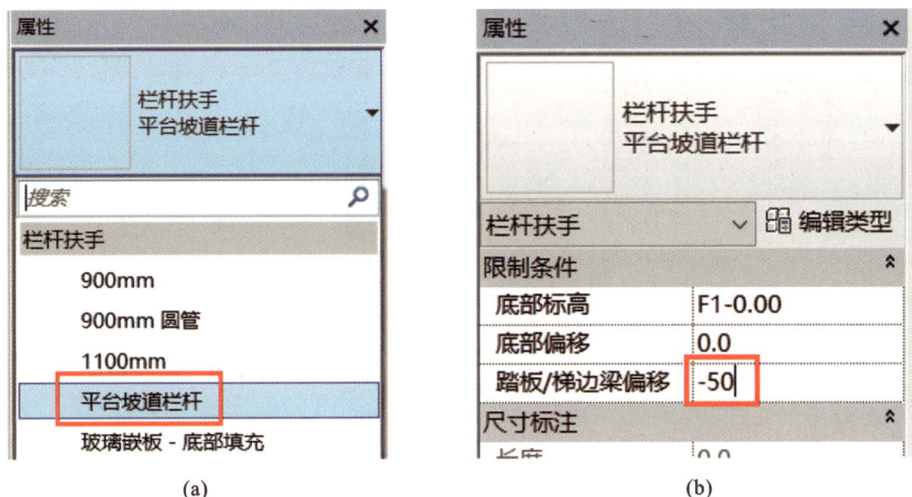

(a) (b)

图 2-432

将"属性"选项板中的"踏板/梯边梁偏移"设置为"－50"(顺时针绘制时,负值表示向内偏移,正值表示向外偏移),勾选选项栏中"链"前的复选框,确保可连续绘制栏杆,如图 2-433 所示。

图 2-433

将鼠标移动至 G 轴外墙上侧 2 轴和 4 轴之间的平台轮廓左下角,单击鼠标左键,竖直向上移动鼠标至平台轮廓左上角时单击鼠标左键,水平向右移动鼠标至平台轮廓右上角时单击鼠标左键,继续水平向右移动鼠标至坡道轮廓右上角时单击鼠标左键,平台坡道栏杆路径绘制完成,如图 2-434 所示。

单击"模式"面板上的"完成编辑模式"工具,如图 2-435 所示。

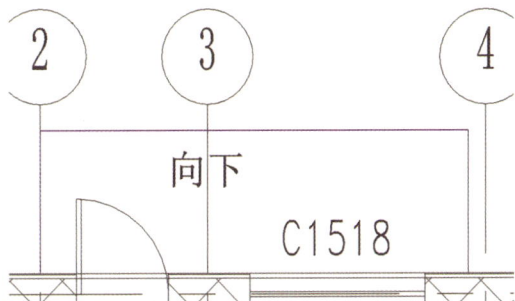

图 2-434

图 2-435

在"项目浏览器"中单击三维视图前的 ⊞ ，并双击"三维视图"下的"{三维}"，切换至三维视图查看结果，将视图调整至合适角度，如图 2-436 所示。

可以看出坡道的栏杆位置需要调整。将鼠标移动至平台坡道栏杆处单击鼠标左键选择栏杆，选择"工具"面板上的"拾取新主体"工具，如图 2-437 所示。

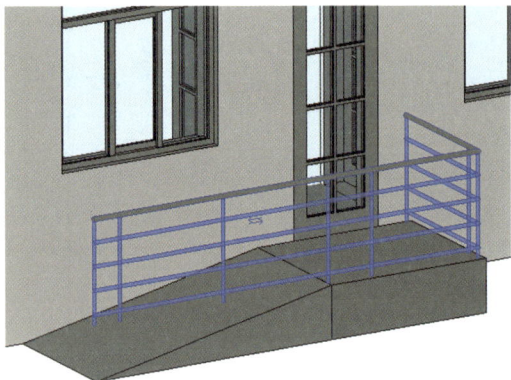

图 2-436

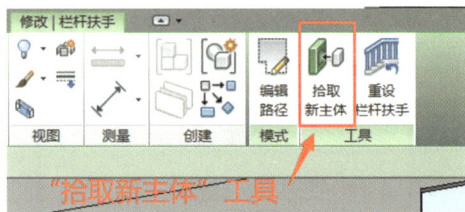

图 2-437

将鼠标移动至坡道处单击鼠标左键选择坡道，将坡道栏杆拾取到坡道，如图 2-438 所示。

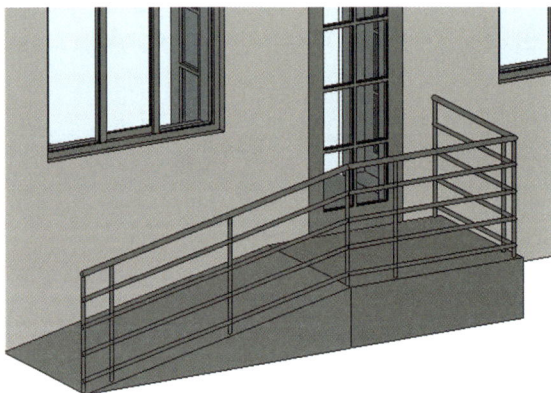

图 2-438

至此，平台坡道栏杆创建完成。

4. 绘制阳台栏杆

在"项目浏览器"中双击平面视图中的楼层平面，切换到"F2-3.00"平面视图。

单击"建筑"选项卡下"楼梯坡道"面板上"栏杆扶手"工具下的"绘制路径"工具。在"属性"选项板的"类型选择器"中选择"阳台栏杆"，将"属性"选项板中"踏板/梯边梁偏移"设置为"−50.0"(负值表示向内偏移，正值表示向外偏移)，如图 2-439 所示。

确定勾选选项栏中"链"前的复选框，依据图纸，沿着 7 轴外墙东侧二层阳台外轮廓顺时针方向绘制阳台栏杆路径，如图 2-440 所示，在键盘上按"Esc"键退出。

单击"模式"面板上的"完成编辑模式"工具，如图 2-441 所示。

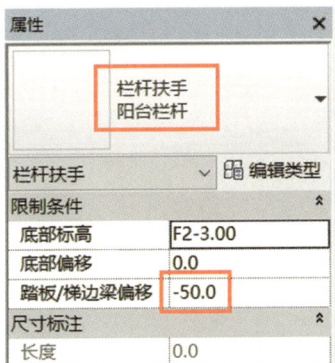

图 2-439

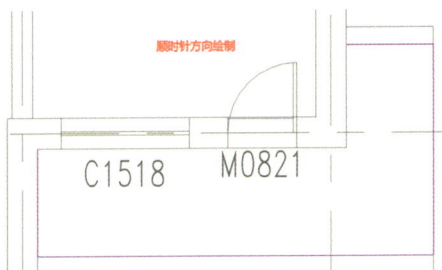

图 2-440

类似地,绘制二层 4 轴外墙西侧阳台栏杆。在"项目浏览器"中单击三维视图前的 ⊞,并双击"三维视图"下的"{三维}",切换至三维视图查看结果,将视图调整至合适角度,如图 2-442 所示。

"完成编辑模式"工具

图 2-441

图 2-442

创建三层阳台栏杆。由"别墅"项目三层平面图可知,三层 5 轴外墙东侧阳台栏杆与二层相同,故可以用复制命令完成三层 5 轴外墙东侧阳台栏杆的创建。

将鼠标移动至二层 5 轴外墙东侧阳台栏杆处单击鼠标左键,选择此处阳台栏杆,此时软件自动切换至"修改|栏杆扶手"上下文选项卡。单击"剪贴板"面板中的"复制"工具或按"Ctrl"键和"C"键,将所选栏杆复制至剪贴板中,如图 2-443 所示。

单击"粘贴"工具下拉列表,在下拉列表中选择"与选定的标高对齐"选项,弹出"选择标高"对话框,该对话框将列出当前项目中所有已创建的标高。在列表中选择"F3-6.00",单击"确定"按钮将所选二层 5 轴外墙东侧阳台栏杆复制至三层,如图 2-444 所示。

此时,"别墅"项目所有栏杆创建完成,如图 2-445 所示。

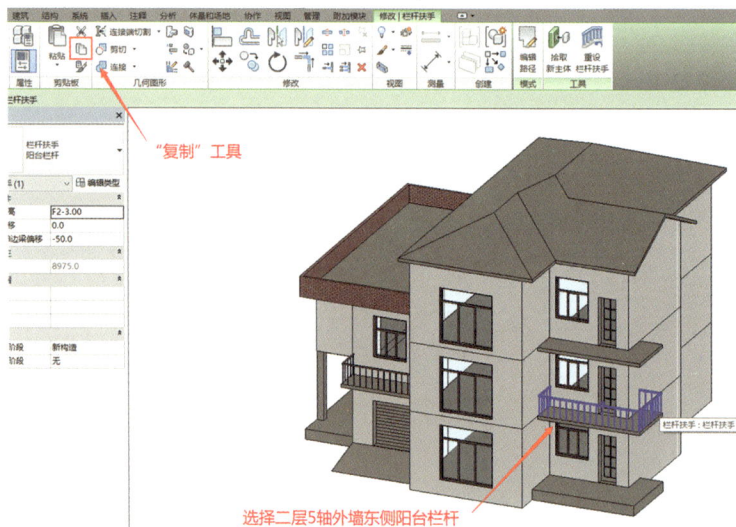

图 2-443

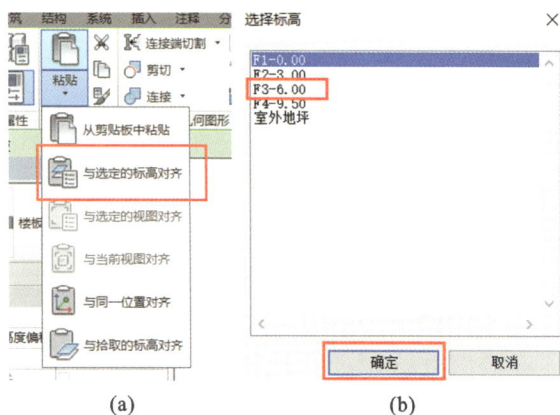

(a)　　　　　(b)

图 2-444

图 2-445

5.绘制三层楼梯间楼板边缘栏杆

在"项目浏览器"中双击平面视图中的楼层平面,切换到"F3-6.00"平面视图。

单击"建筑"选项卡下"楼梯坡道"面板上"栏杆扶手"工具下的"绘制路径"工具,如图 2-446 所示。

软件进入"修改|创建栏杆扶手路径"上下文选项卡,在"属性"选项板的"类型选择器"中选择"900 mm 圆管",将"属性"选项板中"踏板/梯边梁偏移"修改为"0",如图 2-447 所示。

将鼠标移动至三层楼梯栏杆端点外侧单击鼠标左键,水平向右移动鼠标至 6 轴外墙内侧边缘,如图 2-448 所示。

单击"模式"面板上的"完成编辑模式"工具,最终完成的边缘栏杆如图 2-449 所示。

至此,三层楼梯间楼板边缘栏杆创建完成。

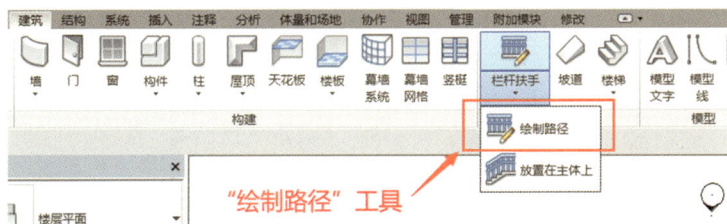

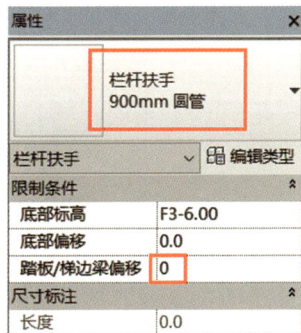

图 2-446　"绘制路径"工具　　　　　图 2-447

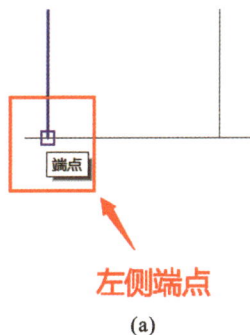

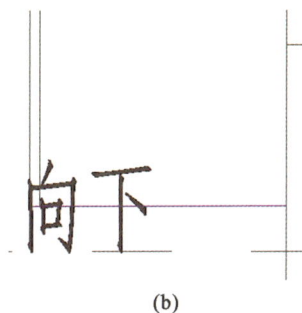

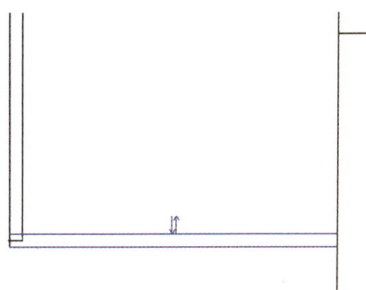

左侧端点

（a）　　　　　　　（b）

图 2-448　　　　　　　　　　　图 2-449

2.10.3　拓展任务

编辑栏杆位置。单击"属性"选项板中的"编辑类型"，在弹出的"类型属性"对话框中，点击"栏杆位置"的"编辑…"，如图 2-450 所示。

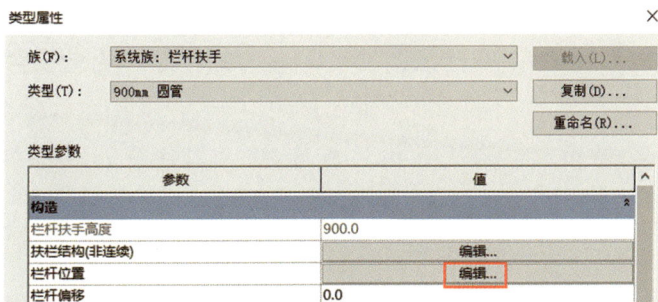

图 2-450

首先修改主样式，选择已有栏杆进行复制。选择"嵌板-玻璃 800 mm"栏杆族，设置栏杆族的底部约束为"扶栏 2"、顶部约束为"扶栏 1-900"，设置相对前一栏杆的距离为 400，其余栏杆设置如图 2-451 所示。（注：这是中心到中心的距离。另外，"填充图"一栏中，"相对前一栏杆的距离"指的是以图中序号 1 为一个组，每组之间的距离）

选择对齐方式（对齐方式指的是栏杆从哪一个位置开始展开），如图 2-452 所示。

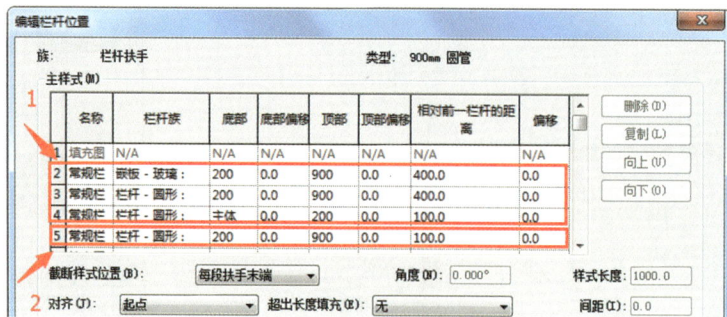

图 2-451

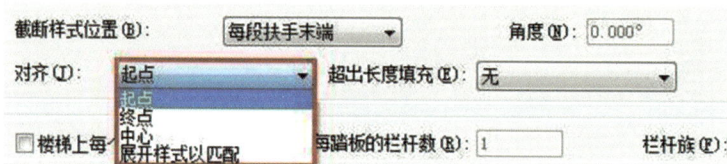

图 2-452

选择超出长度填充,如图 2-453 所示。

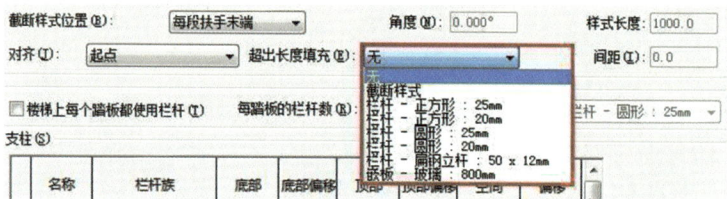

图 2-453

如果楼梯每一个踏板都需要使用栏杆,那么可以通过勾选"楼梯上每个踏板都使用栏杆"复选框来设置每个踏板的栏杆数以及栏杆族,如图 2-454 所示。

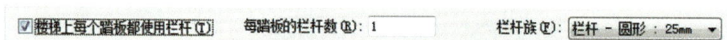

图 2-454

可以编辑起点、转角和终点支柱的栏杆族,以及其底部与顶部的约束条件等,如图 2-455 所示。

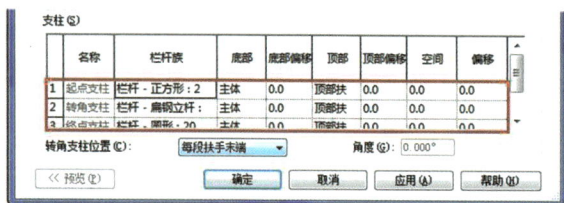

(a)

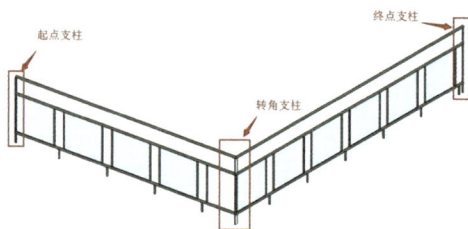

(b)

图 2-455

2.10.4　真题任务

以第七期全国 BIM 等级考试一级试题第二题为例,题目要求:请根据图 2-456 创建楼梯与扶手,楼梯构造与扶手样式如图所示,顶部扶手为直径 4 mm 圆管,其余扶栏为直径 30 mm 圆管,栏杆扶手的标注均为中心间距。请将模型以"楼梯扶手"为文件名保存到考生文件夹中。(20 分)

栏杆扶手

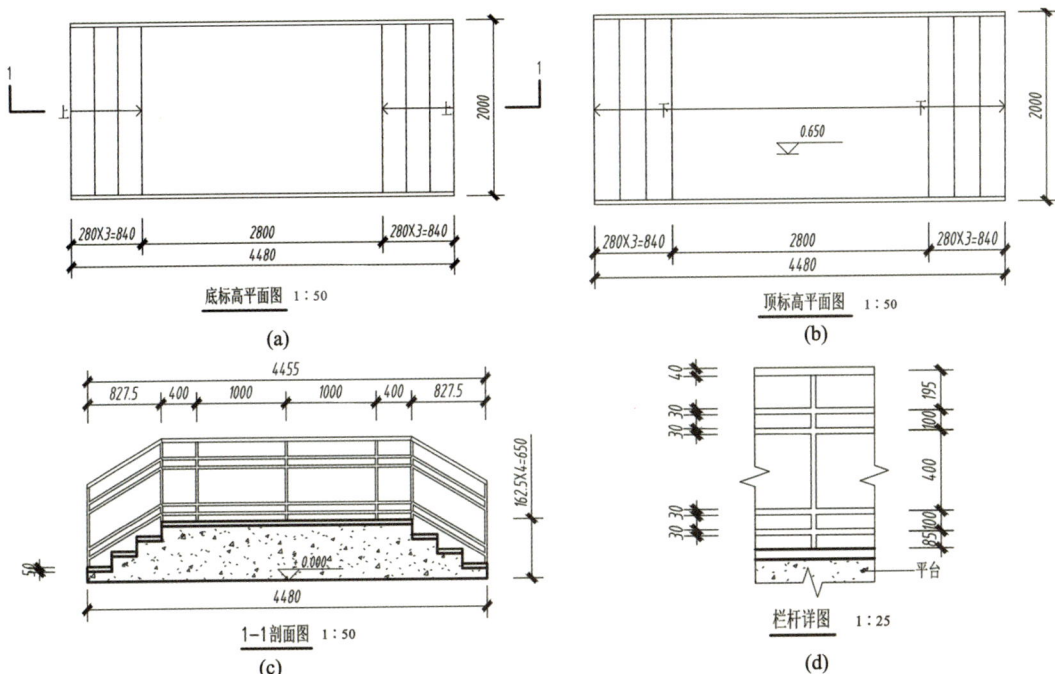

图 2-456

<blockquote>
建筑是对阳光下的各种体量的精妙、正确而壮丽的组合。

——勒·柯布西耶
</blockquote>

2.11　任务 11:洞口

由于建筑和结构专业需要,建筑物楼板或屋顶上有时需创建洞口。

2.11.1　学习任务

使用"洞口"工具可以在墙、楼板、天花板、屋顶、结构梁、支撑和结构柱上剪切洞口。比较常见的洞口创建工具有"按面"工具、"竖井"工具、"墙"工具、"垂直"工具、"老虎窗"工具,如图 2-457 所示。

图 2-457

1. 创建"按面"洞口或"垂直"洞口

单击"建筑"选项卡下"洞口"面板上的"按面"工具或"垂直"工具,如果希望洞口垂直于所选的面,使用"按面"工具;如果希望洞口垂直于某个标高,使用"垂直"工具。如果选择了"按面"工具,则在楼板、天花板或屋顶中选择一个面。如果选择了"垂直"工具,则选择整个图元,Revit 将进入草图模式,可以在此模式下创建任意形状的洞口。最后单击"完成编辑模式"工具完成洞口创建。

2. 创建"墙"洞口

在墙上剪切矩形洞口,使用"墙"工具可以在直线墙或曲线墙上剪切矩形洞口。

3. 创建"竖井"洞口

使用"竖井"工具可以放置跨越整个建筑高度(或者跨越选定标高)的洞口,洞口可同时贯穿屋顶、楼板或天花板的表面。单击"建筑"选项卡下"洞口"面板上的"竖井"工具,通过绘制线或拾取墙来绘制竖井洞口,如图 2-458 所示。

(a)

(b)

图 2-458

通常在"属性"选项板上进行洞口高度调整,即修改"属性"选项板上的"底部限制条件""底部偏移""顶部约束"和"顶部偏移"等,如图 2-459 所示。其中,"底部限制条件"指竖井起点(底部)的标高,"顶部约束"指竖井终点(顶部)的标高。

2.11.2 实施任务

由"别墅"项目"一层平面图""二层平面图"和"三层平面图"可知楼梯间二层至三层楼板需开设洞口,洞口位于 5 轴、6 轴以及 G 轴和 E 轴所围区域。

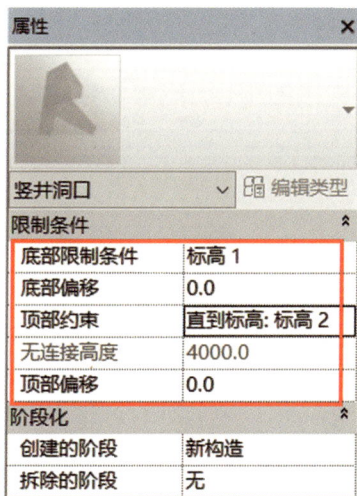

图 2-459

在"项目浏览器"中双击平面视图中的楼层平面,切换到"F1-0.00"平面视图。

单击"建筑"选项卡下"洞口"面板上的"竖井"工具,如图 2-460 所示。

此时软件进入创建竖井洞口草图编辑模式,通过绘制"边界线"来绘制竖井洞口,选择"绘制"面板上的"矩形"工具绘制洞口轮廓,如图 2-461所示。

创建洞口

图 2-460

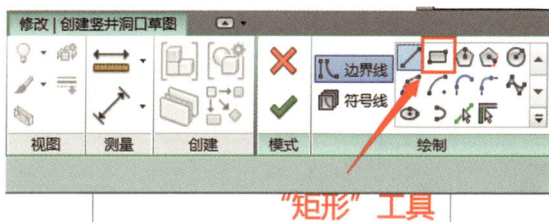

图 2-461

在"属性"选项板里确定"底部限制条件"为"F1-0.00",修改"底部偏移"为"0.0",修改"顶部约束"为"直到标高:F3-6.00",确定"顶部偏移"为"0.0",如图 2-462 所示。

将鼠标移动至 G 轴外墙内边界线与 5 轴内墙右边界线交点处单击鼠标左键,向右下方移动鼠标至楼梯右侧梯段最下方踢面与 6 轴外墙内边界线交点处单击鼠标左键,完成竖井洞口边界线绘制,最后单击"模式"面板上的"完成编辑模式"工具,如图 2-463所示。

竖井洞口创建完成。在"项目浏览器"中单击三维视图前的 ⊞ ,并双击"三维视图"下的"{三维}",切换至三维视图查看。在键盘上按"Esc"键退出当前命令。勾选"属性"选项板的"剖面框"复选框,如图 2-464 所示。

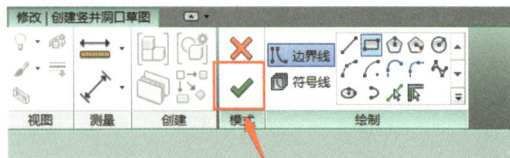

"完成编辑模式"工具

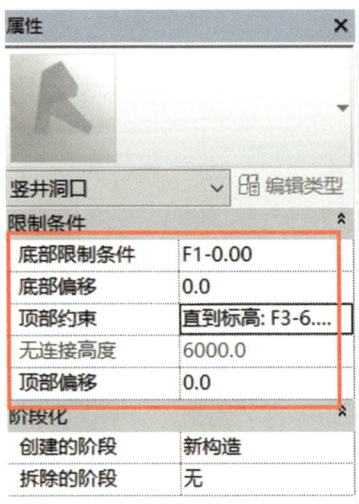

图 2-462

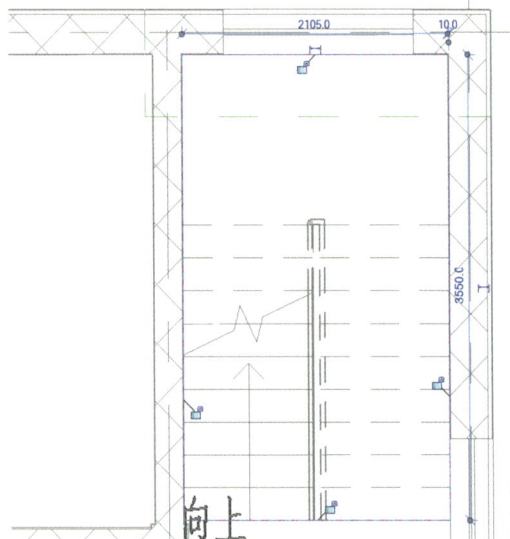

图 2-463

勾选"剖面框"

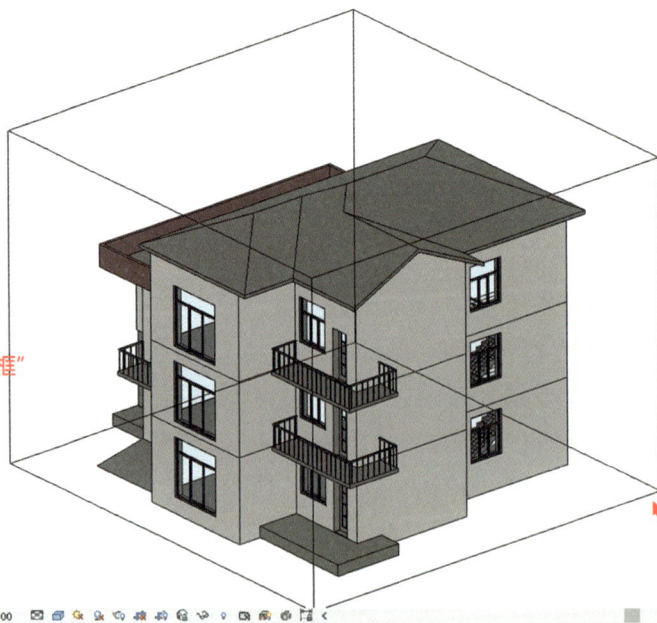

剖面框

图 2-464

移动鼠标至绘图区域剖面框线框上,点击线框激活剖面框的编辑,移动剖面框控制柄使剖面框剖切至合适位置,如图 2-465 所示。

可以看出,二层、三层楼板洞口创建完成。在键盘上按"Esc"键退出当前命令,取消勾选"属性"选项板的"剖面框"复选框,退出"剖面框"工具,如图 2-466 所示。

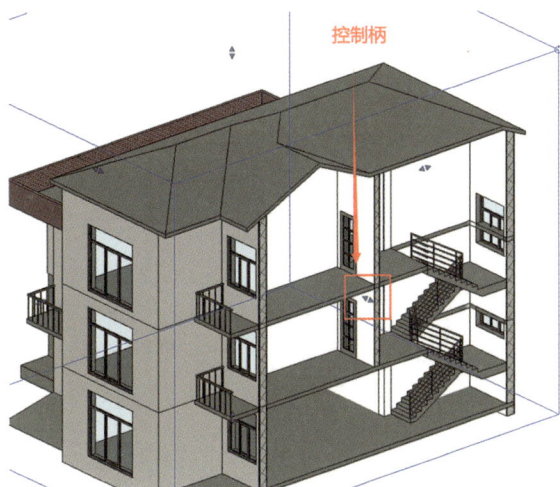

图 2-465

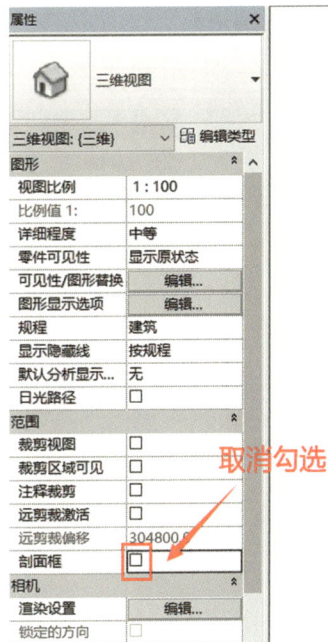

图 2-466

2.11.3　拓展任务

老虎窗,又称老虎天窗,是指一种开在屋顶上的天窗,也就是在斜屋面上凸出的窗,用于房屋顶部的采光和通风,如图 2-467 所示。

图 2-467

在 Revit 中,可在屋顶上创建老虎窗洞口,即在添加老虎窗后,为其剪切一个穿过屋顶的洞口。

首先需要创建构成老虎窗的墙和屋顶图元，使用"修改"选项卡下"几何图形"面板上的"连接屋顶"工具将老虎窗屋顶连接到主屋顶，如图 2-468 所示。这里需注意，此处屋顶连接不可使用"连接几何图形"屋顶工具，否则在创建老虎窗洞口时会遇到错误。

打开一个可在其中看到老虎窗屋顶及附着墙的平面视图或立面视图。如果此屋顶已拉伸，则可打开立面视图。

单击"建筑"选项卡下"洞口"面板上的"老虎窗"工具，如图 2-469 所示。

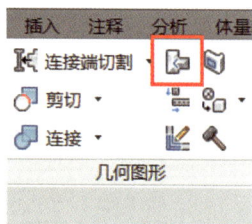

图 2-468   图 2-469

将鼠标移动至屋顶直至其高亮显示然后单击选择屋顶，此时"拾取屋顶/墙边缘"工具处于激活状态，可以拾取构成老虎窗洞口的边界。有效边界包括连接的屋顶或其底面、墙的侧面、楼板的底面、要剪切的屋顶边缘或要剪切的屋顶面上的模型线。绘制完成后单击"完成编辑模式"工具即可。

2.11.4 真题任务

以建筑信息模型（BIM）职业技能等级考试——初级样题第二题为例，题目要求：建立如下图所示屋顶模型，并对平面及东立面做如图 2-470 所示标注，文件以"老虎窗屋顶"命名保存在考生文件夹中。屋顶类型：常规-125 mm；墙体类型：基本墙-常规 200 mm，老虎窗墙外边线齐小屋顶际线；窗户类型：固定-0915 类型；其他见标注。（20 分）

老虎窗屋顶

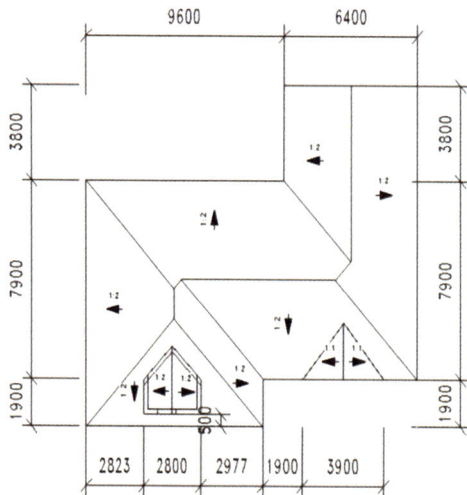

(a)平面图 1：100

图 2-470

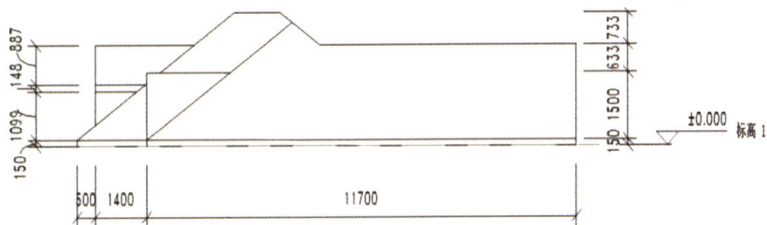

(b)东立面图 1∶100

(c)东南-三维视图 1∶100

续图 2-470

> 光赋予美以戏剧性,风和雨通过它们对人体的作用给生活增添色彩。建筑是一种媒介,使人们去感受自然的存在。
>
> ——安藤忠雄

2.12　任务 12:室外常用零星构件

室外常用零星构件主要包括散水和台阶。

1.散水

为了保护房屋基础不受雨水侵蚀,常将外墙四周的地面做成向外倾斜的坡面,以便将屋面的雨水排至远处,这样的坡面称为散水,是保护房屋基础的有效措施之一。

2. 台阶

室外台阶与坡道是设在建筑物出入口的辅助配件,用来解决建筑物室内外的高差问题。一般建筑物多采用台阶,当有车辆通行或室内外地面高差较小时,可采用坡道。

2.12.1　学习任务

本学习任务主要为创建实心或空心放样。

在"族编辑器"中"创建"选项卡下的"形状"面板上,单击"放样"工具,如图 2-471所示。

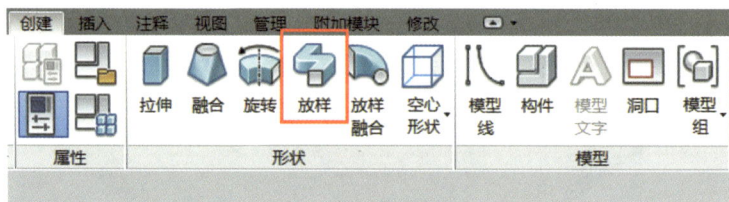

图 2-471

指定放样路径。若要为放样绘制新的路径,可单击"修改|放样"上下文选项卡下"放样"面板上的"绘制路径"工具,如图 2-472 所示。

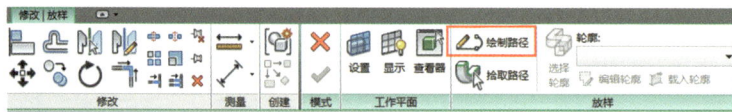

图 2-472

路径既可以是单一的闭合路径,也可以是单一的开放路径,但路径不可有多条,可以是直线和曲线的组合。若要为放样选择现有的线,可单击"修改|放样"上下文选项卡下"放样"面板上的"拾取路径"工具。在"模式"面板上,单击"完成编辑模式"工具,放样路径绘制完成,如图 2-473 所示。

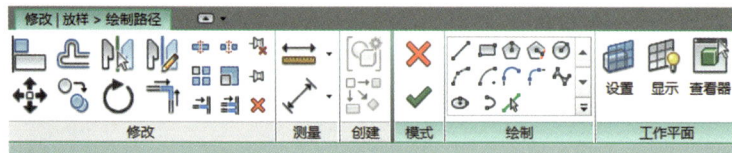

图 2-473

载入或绘制轮廓。载入轮廓时,单击"修改|放样"上下文选项卡下的"放样"面板,从"轮廓"列表中选择一个轮廓,如果所需的轮廓尚未载入项目,可单击"修改|放样"上下文选项卡下"放样"面板上的"载入轮廓"工具,以载入该轮廓,单击"应用"工具,如图 2-474所示。

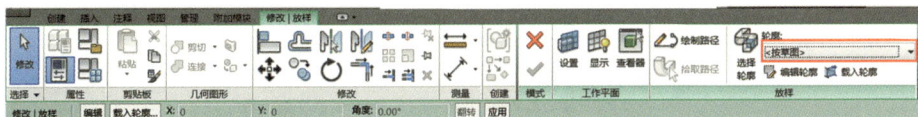

图 2-474

绘制轮廓时,单击"修改|放样"上下文选项卡下的"放样"面板,确认"〈按草图〉"已经显示出来,然后单击"编辑轮廓"工具。如果显示"进入视图"对话框,则选择要从中绘制该轮廓的视图,然后单击"确定"按钮。如果在平面视图中绘制路径,则应选择立面视图来绘制轮廓。绘制的轮廓草图可以是单个闭合环形,也可以是不相交的多个闭合环形。然后单击"修改|放样"上下文选项卡下"模式"面板上的"完成编辑模式"工具完成轮廓的绘制,如图 2-475 所示。

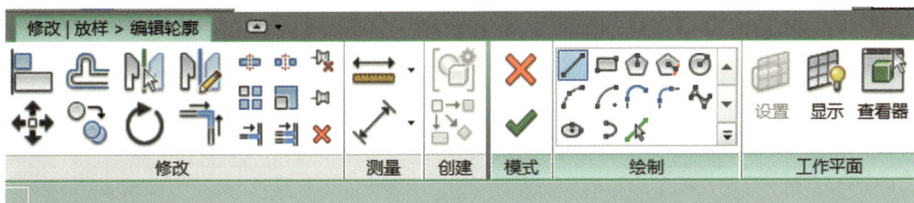

图 2-475

此外,在"属性"选项板上,可指定放样属性。若要设置实心放样的可见性,可在"图形"下单击"可见性/图形替换"对应的"编辑…",然后指定可见性设置。若要按类别将材质应用于实心放样,可在"材质和装饰"下单击"材质"字段,单击"按类别"后的█,然后指定材质。若要将实心放样指定给子类别,可在"标识数据"下选择子类别。最后在"模式"面板上,单击"完成编辑模式"工具,如图 2-476 所示。

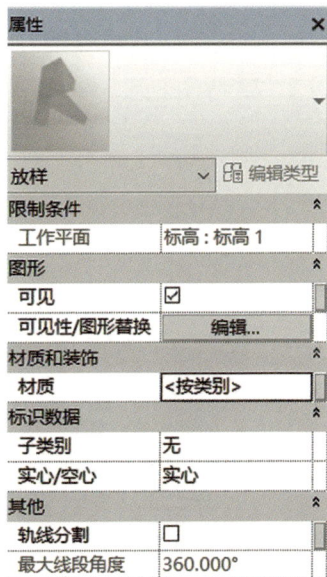

2.12.2　实施任务

1.台阶

由"别墅"项目"一层平面图"和"1—7 轴立面图"可知 5 轴外墙东侧室外平台板台阶和 2 轴外墙西侧室外平台板台阶踏步宽度为"300 mm",台阶踢面高度为"150 mm",如图 2-477 所示。

1)5 轴外墙东侧室外平台板台阶

在"项目浏览器"中双击平面视图中的楼层平面,切换到"F1-0.00"平面视图。

图 2-476

台阶

201

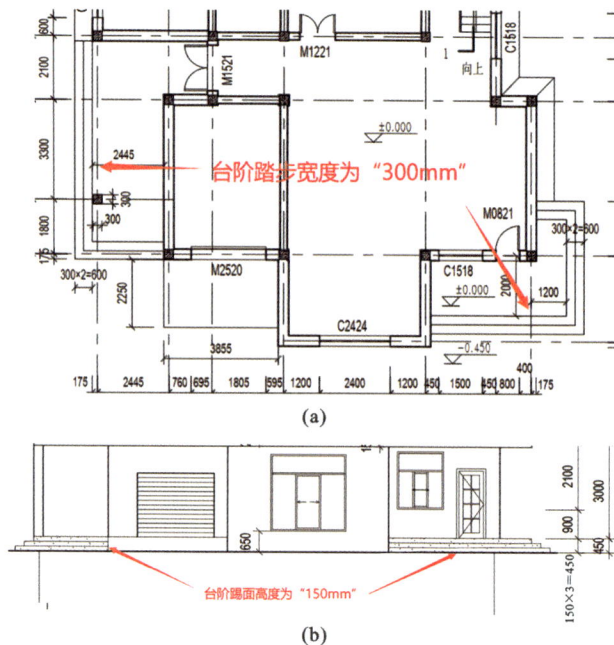

图 2-477

单击"建筑"选项卡下"构建"面板上"构件"工具下的"内建模型",如图 2-478 所示。

弹出"族类别和族参数"对话框,向下滑动滑块,选择"常规模型"并单击"确定"按钮,如图 2-479 所示。

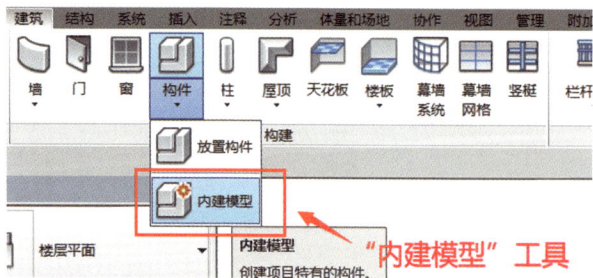

图 2-478

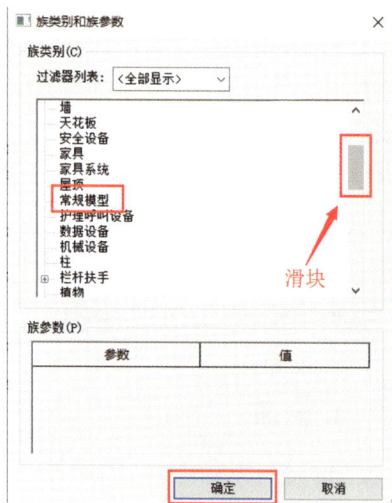

图 2-479

弹出"名称"对话框,在"名称"后输入"台阶",并单击"确定"按钮,如图 2-480所示。

此时进入常规模型创建界面。单击"创建"选项卡下"形状"面板上的"放样"工具,如图 2-481 所示。

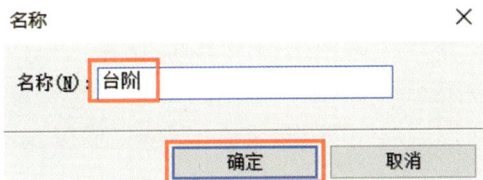

图 2-480

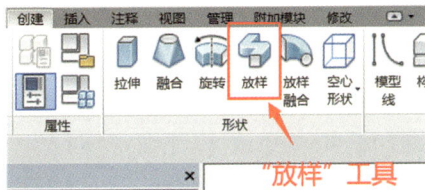

"放样"工具

图 2-481

①绘制放样路径。单击"修改|放样"上下文选项卡下"放样"面板上的"拾取路径"工具，如图 2-482 所示。

将鼠标移动至 5 轴外墙东侧室外平台板边缘单击鼠标左键，顺时针方向选择此处平台板 3 条边，单击"模式"面板上的"完成编辑模式"工具，如图 2-483 所示。

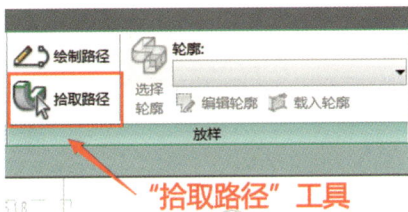

"拾取路径"工具

图 2-482

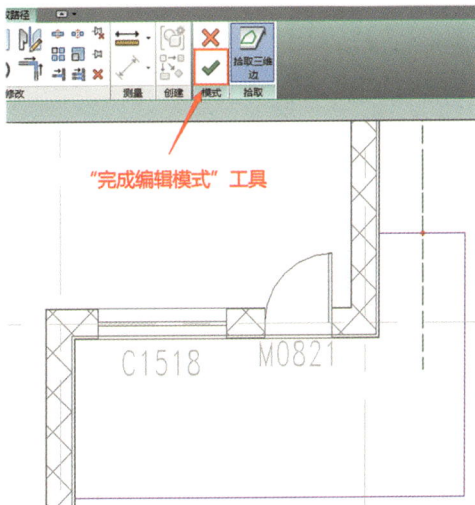

"完成编辑模式"工具

图 2-483

②绘制放样轮廓。单击"修改|放样"上下文选项卡下"放样"面板上的"编辑轮廓"工具，如图 2-484 所示。

弹出"转到视图"对话框，选择"立面:东"并单击"打开视图"，切换到东立面视图，如图 2-485 所示。

"编辑轮廓"工具

图 2-484

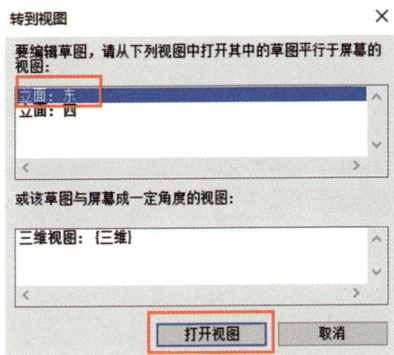

图 2-485

　　将鼠标移动至平台右下角处单击鼠标左键,水平向右移动鼠标,输入"600"并按"Enter"键确定,完成第一段台阶轮廓的绘制。继续竖直向上移动鼠标,输入"150"并按"Enter"键确定,向左移动鼠标,输入"300"并按"Enter"键确定,继续竖直向上移动鼠标,输入"150"并按"Enter"键确定,向左移动鼠标,输入"300"并按"Enter"键确定,竖直向下移动鼠标至轮廓封闭时单击鼠标左键,完成台阶轮廓绘制,如图 2-486 所示。

　　单击"模式"面板上的"完成编辑模式"工具退出"编辑轮廓"界面,如图 2-487 所示。

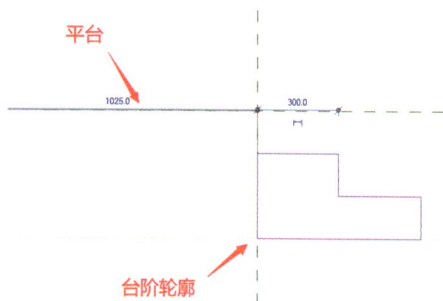

图 2-486

图 2-487

　　再次单击"模式"面板上的"完成编辑模式"工具退出"放样"界面,如图 2-488 所示。

　　在"项目浏览器"中单击三维视图前的 ⊞ ,并双击"三维视图"下的"{三维}",切换至三维视图查看结果,将视图调整至合适角度,如图 2-489 所示。

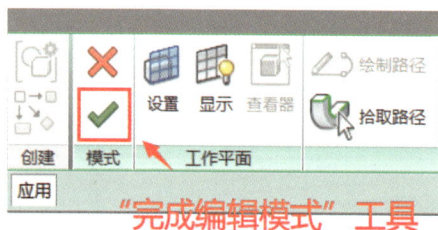

图 2-488

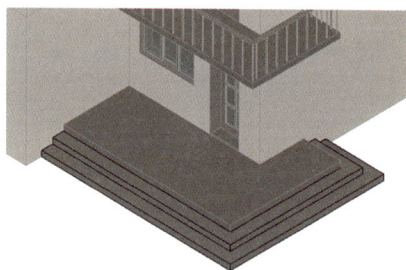

图 2-489

2) 2 轴外墙西侧室外平台板台阶

　　在"项目浏览器"中双击平面视图中的楼层平面,切换到"F1-0.00"平面视图。

　　单击"创建"选项卡下"形状"面板上的"放样"工具,如图 2-490 所示。

　　① 绘制放样路径。单击"修改|放样"上下文选项卡下"放样"面板上的"拾取路径"工具,如图 2-491 所示。

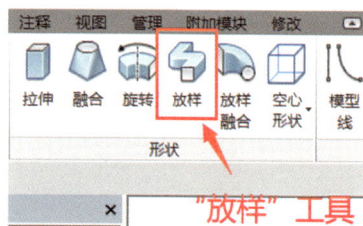

图 2-490

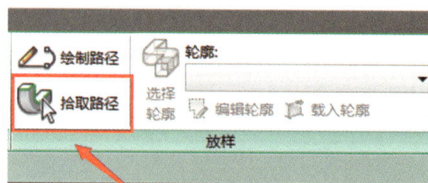

图 2-491

将鼠标移动至 2 轴外墙西侧室外平台板边缘单击鼠标左键,顺时针方向选择此处平台板 2 条边,单击"模式"面板上的"完成编辑模式"工具,如图 2-492 所示。

②绘制放样轮廓。单击"修改|放样"上下文选项卡下"放样"面板上的"编辑轮廓"工具,如图 2-493 所示。

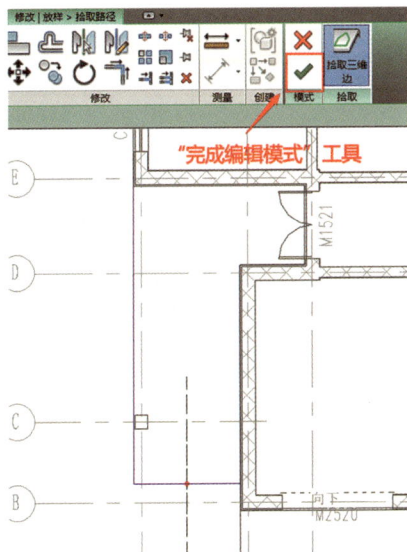

图 2-492

图 2-493

弹出"转到视图"对话框,选择"立面:西"并单击"打开视图",切换到西立面视图,如图 2-494 所示。

将鼠标移动至平台右下角单击鼠标左键,水平向右移动鼠标,输入"600"并按"Enter"键确定,完成第一段台阶轮廓的绘制。继续竖直向上移动鼠标,输入"150"并按"Enter"键确定,向左移动鼠标,输入"300"并按"Enter"键确定,继续竖直向上移动鼠标,输入"150"并按"Enter"键确定,向左移动鼠标,输入"300"并按"Enter"键确定,竖直向下移动鼠标至轮廓封闭时单击鼠标左键,完成台阶轮廓绘制,如图 2-495 所示。

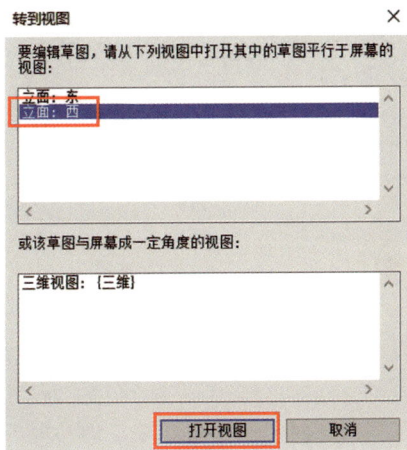

图 2-494

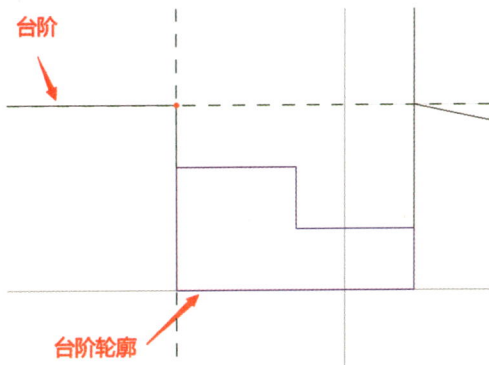

图 2-495

单击"模式"面板上的"完成编辑模式"工具退出"编辑轮廓"界面,如图 2-496 所示。

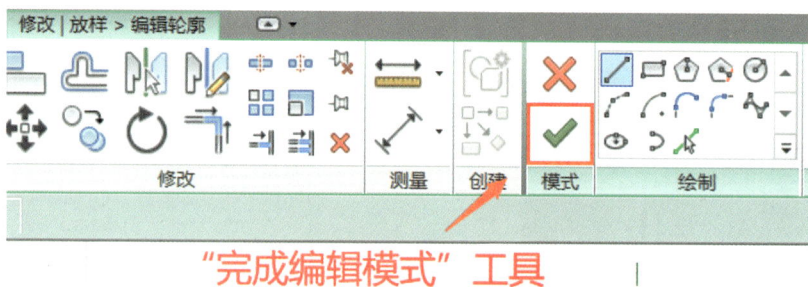

图 2-496

再次单击"模式"面板上的"完成编辑模式"工具退出"放样"界面,如图 2-497 所示。

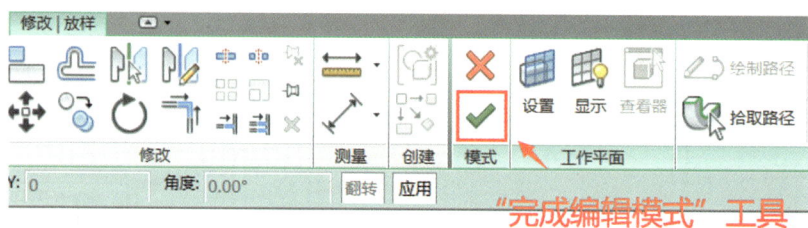

图 2-497

在"项目浏览器"中单击三维视图前的 ➕ ,并双击"三维视图"下的"{三维}",切换至三维视图查看结果,将视图调整至合适角度,如图 2-498 所示。

此时,"别墅"项目所有台阶创建完成,单击"修改"选项卡下"在位编辑器"面板上的"完成模型"工具,退出"族:常规模型"创建界面,如图 2-499 所示。

图 2-498

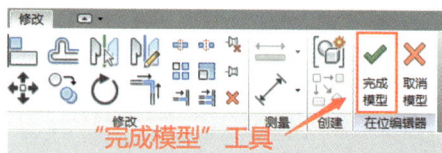

图 2-499

2. 散水

由"别墅"项目主要建筑构件参数可知:散水宽度为 600 mm,厚度为 50 mm。

在"项目浏览器"中双击平面视图中的楼层平面,切换到"F1-0.00"平面视图。

散水

单击"建筑"选项卡下"构建"面板上"构件"工具下的"内建模型",如图 2-500 所示。

弹出"族类别和族参数"对话框,向下滑动滑块,选择"常规模型"并单击"确定"按钮,如图 2-501 所示。

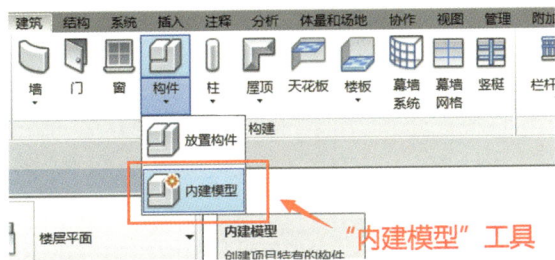

图 2-500

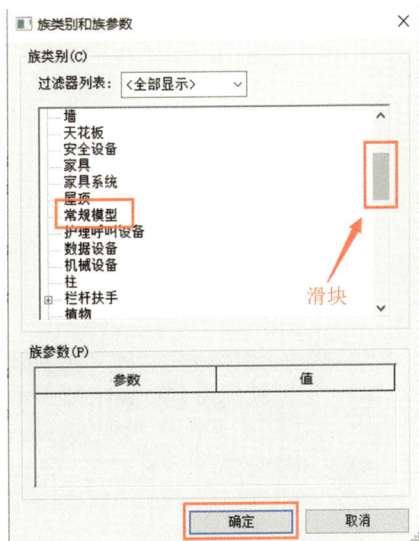

图 2-501

弹出"名称"对话框,在"名称"后输入"散水",并单击"确定"按钮,如图 2-502 所示。

1)西侧散水

进入常规模型创建界面。单击"创建"选项卡下"形状"面板上的"放样"工具,如图 2-503 所示。

图 2-502

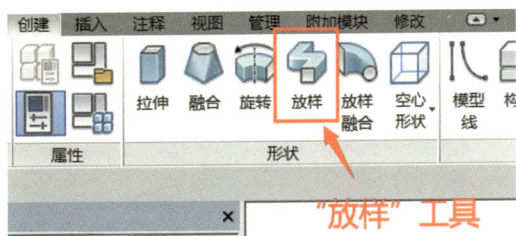

图 2-503

①绘制放样路径。单击"修改|放样"上下文选项卡下"放样"面板上的"绘制路径"工具,如图 2-504 所示。

将鼠标移动至 1 轴外墙外边界线单击鼠标左键,竖直向上移动鼠标至 1 轴外墙外边界线与 G 轴外墙外边界线交点处单击鼠标左键,水平向右移动鼠标至 5 轴外墙东侧室外平台板左侧边缘,单击"模式"面板上的"完成编辑模式"工具,如图 2-505 所示。

"完成编辑模式"工具

C1518

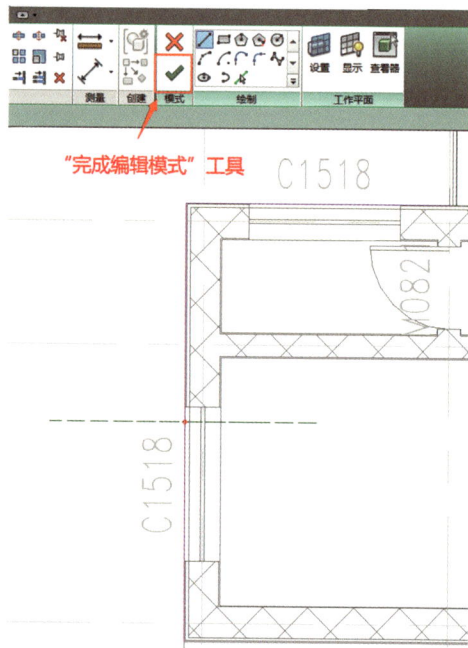

"绘制路径"工具

图 2-504

图 2-505

②绘制放样轮廓。单击"修改|放样"上下文选项卡下"放样"面板上的"编辑轮廓"工具,如图 2-506 所示。

弹出"转到视图"对话框,选择"立面:北"并单击"打开视图",切换到北立面视图,如图 2-507 所示。

"编辑轮廓"工具

图 2-506

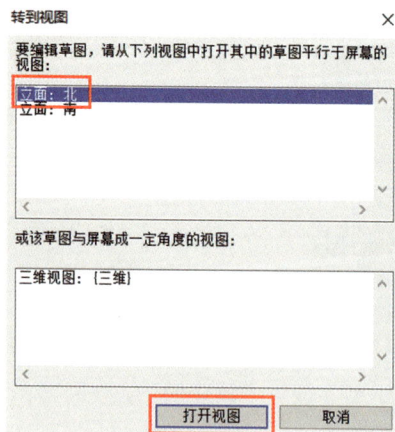

图 2-507

将鼠标移动至平台右下角单击鼠标左键,水平向右移动鼠标,输入"600"并按"Enter"键确定,完成第一段散水轮廓的绘制。在键盘上按"Esc"键退出当前命令,再次将鼠标移动至平台右下角单击鼠标左键,竖直向上移动鼠标,输入"50"并按"Enter"键确定,向右下方移动鼠标至轮廓封闭时单击鼠标左键,完成散水轮廓绘制,如图 2-508 所示。

单击"模式"面板上"完成编辑模式"工具退出"编辑轮廓"界面,如图 2-509 所示。

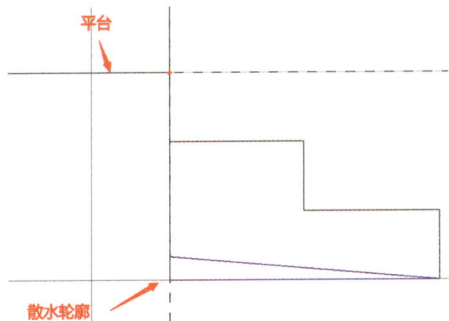

图 2-508

"完成编辑模式"工具

图 2-509

再次单击"模式"面板上的"完成编辑模式"工具退出"放样"界面,如图 2-510 所示。

在"项目浏览器"中单击三维视图前的 ⊞,并双击"三维视图"下的"{三维}",切换至三维视图查看结果,将视图调整至合适角度,如图 2-511 所示。

"完成编辑模式"工具

图 2-510

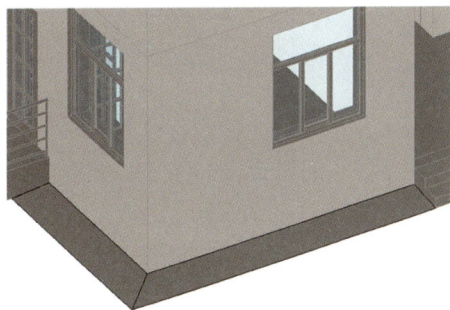

图 2-511

2)东侧散水

继续创建东侧散水。单击"创建"选项卡下"形状"面板上的"放样"工具,如图 2-512 所示。

①绘制放样路径。单击"修改|放样"上下文选项卡下"放样"面板上的"绘制路径"工具,如图 2-513 所示。

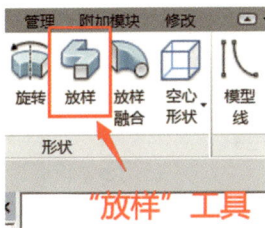

"放样"工具

图 2-512

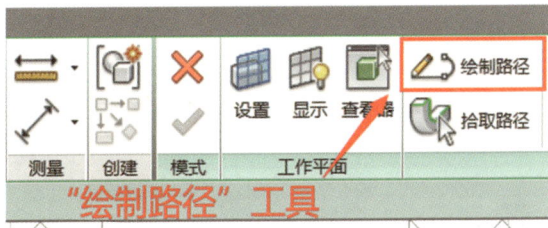

"绘制路径"工具

图 2-513

将鼠标移动至坡道轮廓右下角时单击鼠标左键,水平向右移动鼠标至 G 轴外墙外边界线与 6 轴外墙外边界线交点处单击鼠标左键,竖直向下移动鼠标至 6 轴外墙外边界线与 D 轴外墙外边界线交点处单击鼠标左键,水平向右移动鼠标至 D 轴外墙外边界线与 7 轴外墙外边界线交点处单击鼠标左键,竖直向下移动鼠标,输入"＝175＋3300"(此处"175"为 0.5×外墙厚度 350)并按"Enter"键确定,单击"模式"面板上的"完成编辑模式"工具,如图 2-514 所示。

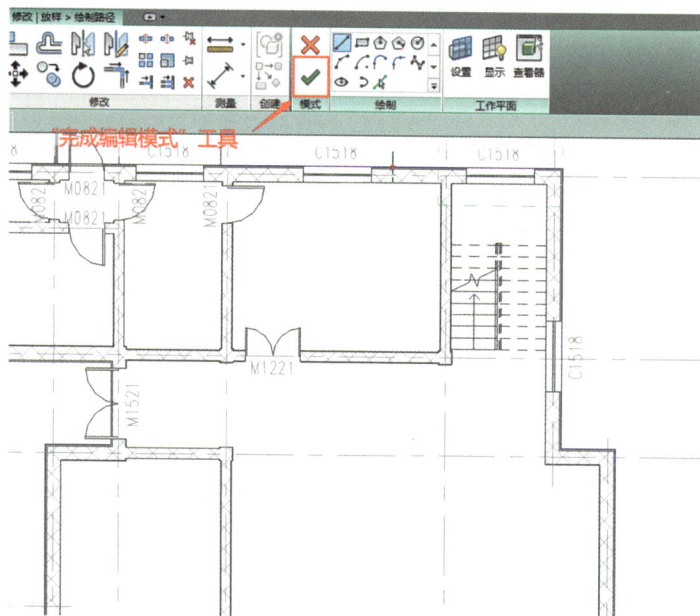

图 2-514

②绘制放样轮廓。单击"修改|放样"上下文选项卡下"放样"面板上的"编辑轮廓"工具,如图 2-515 所示。

弹出"转到视图"对话框,选择"立面:东"并单击"打开视图",切换到东立面视图,如图 2-516 所示。

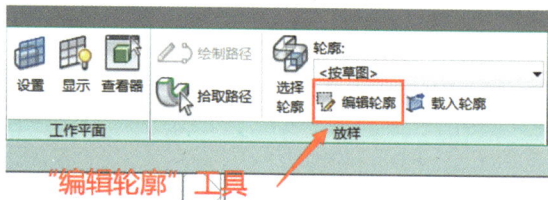

图 2-515

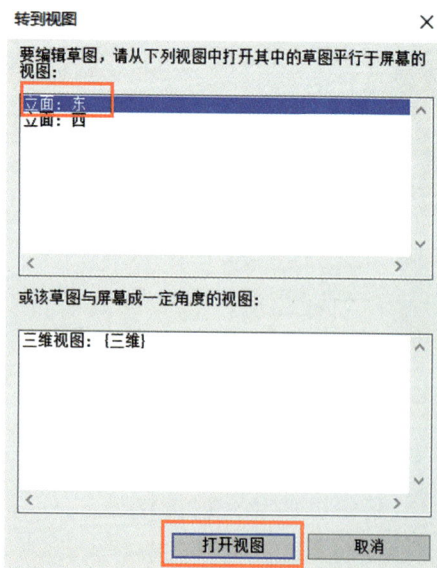

图 2-516

将鼠标移动至坡道左下角单击鼠标左键,水平向右移动鼠标,输入"600"并按"Enter"键确定,完成第一段散水轮廓的绘制。在键盘上按"Esc"键,再次将鼠标移动至坡道左下角单击鼠标左键,竖直向上移动鼠标,输入"50"并按"Enter"键确定,向右下方移动鼠标至轮廓封闭时单击鼠标左键,完成散水轮廓绘制,如图 2-517 所示。

单击"模式"面板上的"完成编辑模式"工具退出"编辑轮廓"界面,如图 2-518 所示。

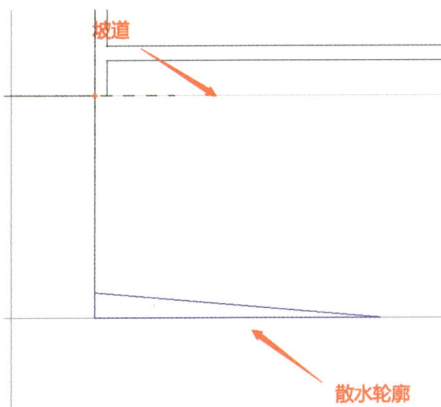

图 2-517

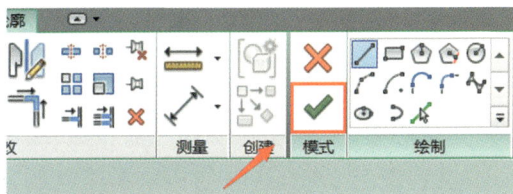

"完成编辑模式"工具

图 2-518

再次单击"模式"面板上的"完成编辑模式"工具退出"放样"界面,如图 2-519 所示。

在"项目浏览器"中单击三维视图前的 ⊞,并双击"三维视图"下的"{三维}",切换至三维视图查看结果,将视图调整至合适角度,如图 2-520 所示。

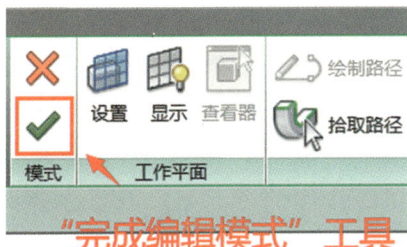

"完成编辑模式"工具

图 2-519

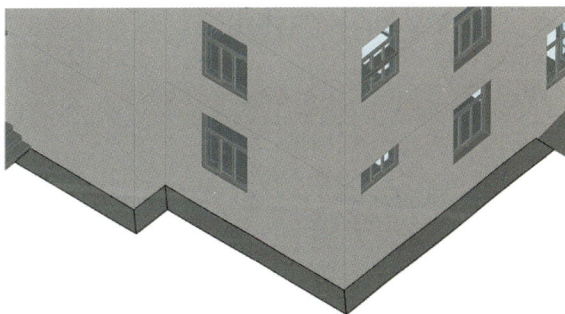

图 2-520

此时,"别墅"项目所有散水创建完成,单击"修改"选项卡下"在位编辑器"面板上的"完成模型"工具,退出"族:常规模型"创建界面,如图 2-521 所示。

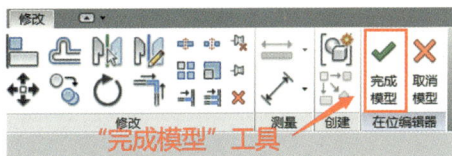

"完成模型"工具

图 2-521

2.12.3　拓展任务

本拓展任务主要为创建实心拉伸。

在"族编辑器"中"创建"选项卡下的"形状"面板上单击"拉伸"工具,如图 2-522 所示。

图 2-522

如有必要,可在绘制拉伸之前设置工作平面,即单击"创建"选项卡下"工作平面"面板上的"设置"工具。接着使用绘制工具绘制拉伸轮廓,若要创建单个实心形状,可绘制一个闭合环;若要创建多个形状,可绘制多个不相交的闭合环,如图 2-523 所示。

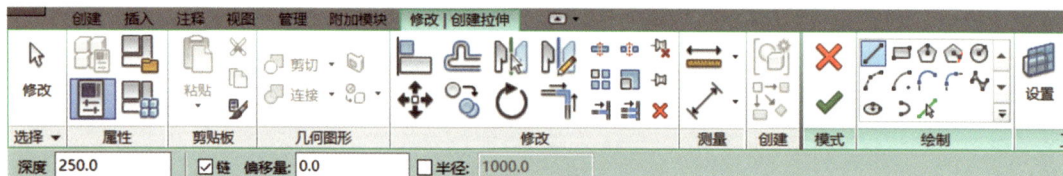

图 2-523

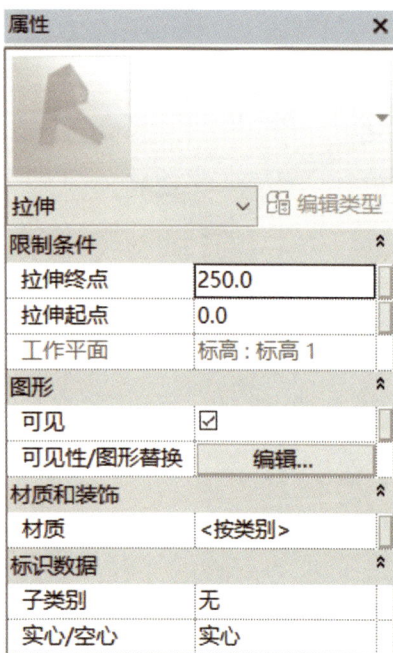

图 2-524

在"属性"选项板上,可指定拉伸属性。若要从默认"拉伸起点"为"0.0"拉伸轮廓,可在"属性"选项板上"限制条件"下的"拉伸终点"中输入一个正/负拉伸深度,此值将更改拉伸的终点。创建拉伸之后,将不再保留拉伸深度。如果需要生成具有同一终点的多个拉伸,可绘制拉伸图形,然后选择它们,再应用该终点。若从不同的起点拉伸,可在"限制条件"下输入新值作为"拉伸起点"。若要设置实心拉伸的可见性,可在"图形"下单击"可见性/图形替换"对应的"编辑",然后设置可见性参数。若要按类别将材质应用于实心拉伸,可在"材质和装饰"下单击"材质"字段,单击 ...,然后指定材质,如图 2-524 所示。

最后单击"修改|创建拉伸"上下文选项卡下"模式"面板上的"完成编辑模式"工具,创建完成拉伸,并返回开始创建拉伸时的视图。

2.12.4 真题任务

以 2021 年第一期"1+X"建筑信息模型(BIM)职业技能等级考试——初级——实操试题第一题为例,题目要求:根据图 2-525 给定的尺寸,创建椅子模型,坐垫材质为"皮革",其余材质为"红木",请将模型以"椅子+考生姓名"为文件名保存至本题文件夹中。(20 分)

椅子

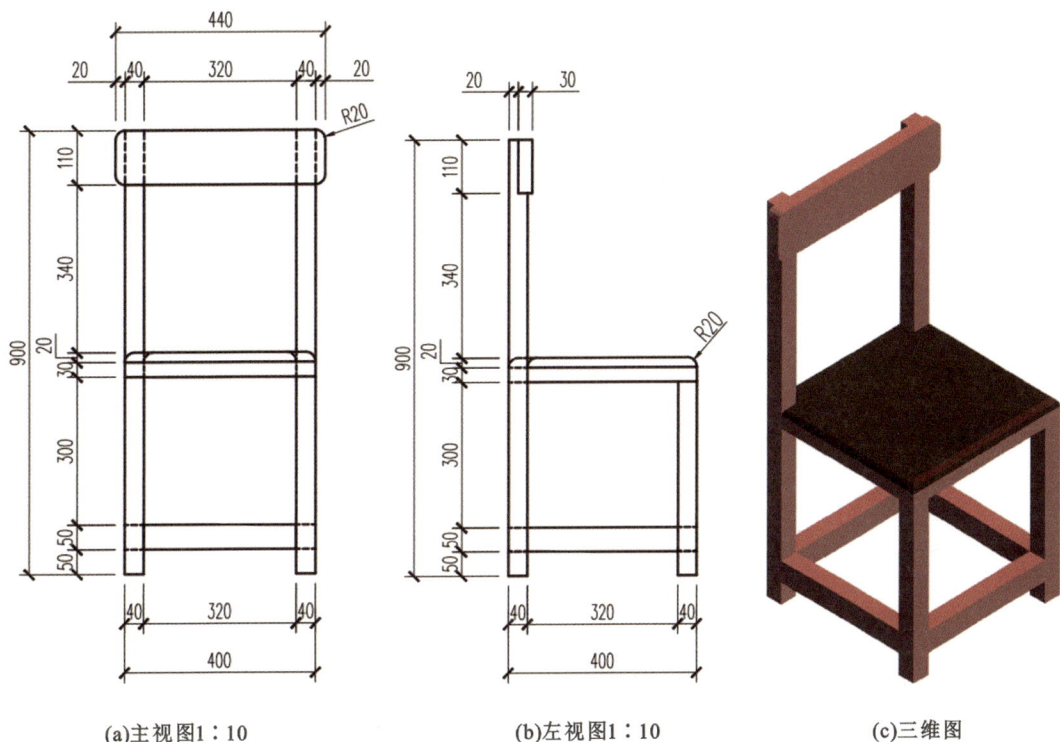

(a)主视图1:10   (b)左视图1:10   (c)三维图

图 2-525

最好的建筑是这样的,我们深处在其中,却不知道自然在哪里终了,艺术在哪里开始。

——林语堂

2.13   任务 13:幕墙

2.13.1 学习任务

幕墙是建筑的外墙围护,通常不承重,就像幕布一样挂在结构上,故又称为"帷幕墙"。幕墙是现代大型建筑和高层建筑常用的带有装饰效果的轻质墙体。在 Revit 中,幕墙由幕墙网格、竖梃和幕墙嵌板组成,如图 2-526 所示。幕墙是墙体的一种特殊类型,其绘制方法和常规墙体相同,并具有常规墙体的各种属性。幕墙默认有三种类型,分别为幕墙、外部玻璃、店面。

2.13.2 拓展任务

1. 幕墙绘制

单击"建筑"选项卡下"构建"面板上"墙"命令下的"墙:建筑",在"属性"选项板的类型浏览器的最下方可以看到幕墙、外部玻璃、店面三种类型,如图 2-527 所示。

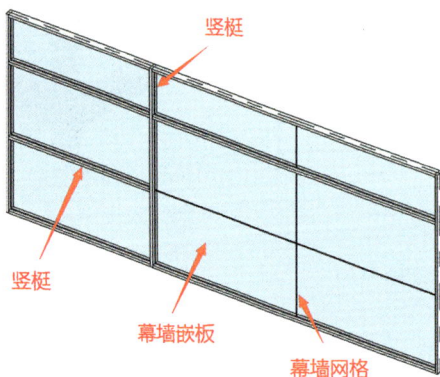

图 2-526

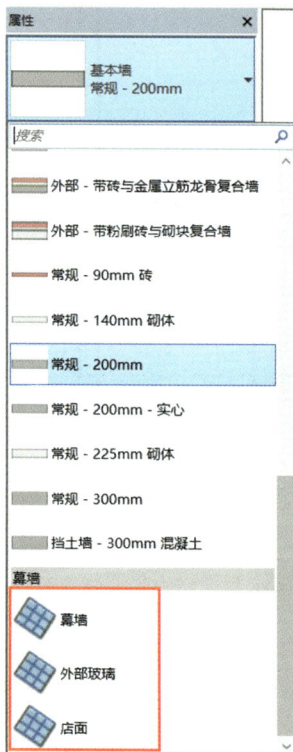

图 2-527

选择幕墙类型,自动激活"修改|放置 墙"上下文选项卡,出现与绘制普通墙一样的绘制面板,如图 2-528 所示。

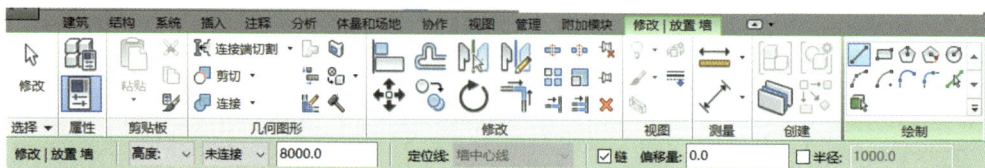

图 2-528

幕墙高度的设置方法与普通墙一样,可以在选项栏设置,也可在"属性"选项板的限制条件中设置。在选项栏中设置墙高时,应注意"高度"或"深度"的区别,通常选择"高度",默认在楼层平面上方绘制墙体,如图 2-529 所示。

2. 幕墙图元属性编辑

选择已绘制好的幕墙,自动激活"修改|墙"上下文选项卡,在"属性"选项板的限制条件中可以设置幕墙的高度参数,如图 2-530 所示。

图 2-529　　　　　　　　　　　　　图 2-530

点击"属性"选项板上的"编辑类型"工具,弹出"类型属性"对话框,可在其中设置如"自动嵌入"等幕墙的类型参数,如图 2-531 所示。

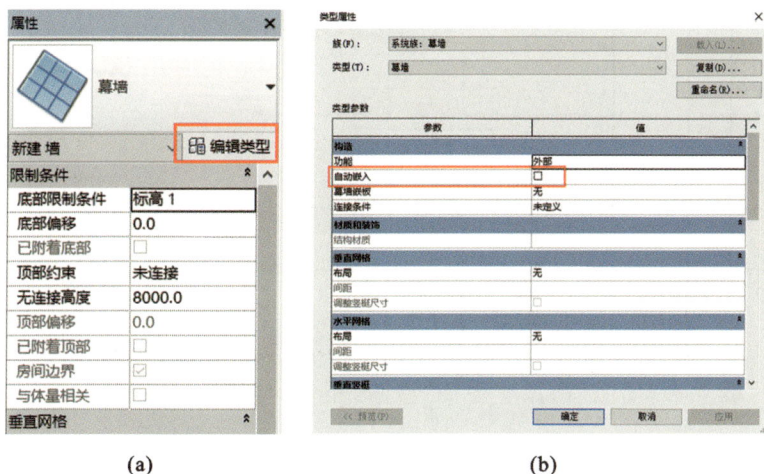

(a)　　　　　　　　　　　　　(b)

图 2-531

幕墙网格样式分为垂直网格和水平网格,竖梃样式分为垂直竖梃和水平竖梃,可以在"类型属性"对话框中设置网格的间距及竖梃类型,如图 2-532 所示。

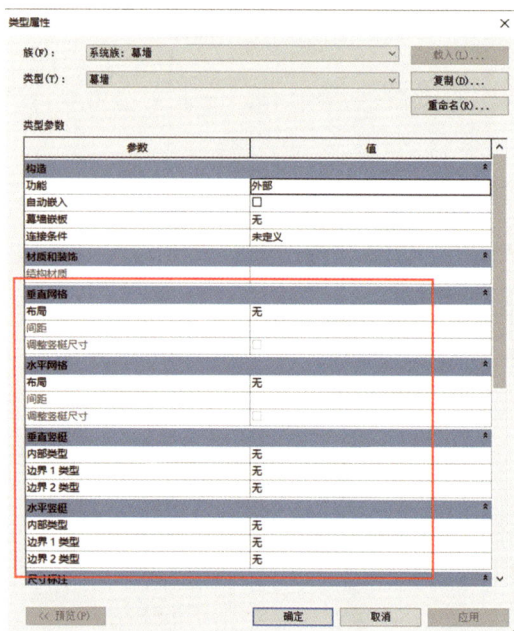

图 2-532

2.13.3　真题任务

以第一期全国 BIM 等级考试一级试题第三题为例,题目要求:根据图 2-533 给定的北立面和东立面,创建玻璃幕墙及其水平竖梃模型。请将模型文件以"幕墙.rvt"为文件名保存到考生文件夹中。(20 分)

幕墙

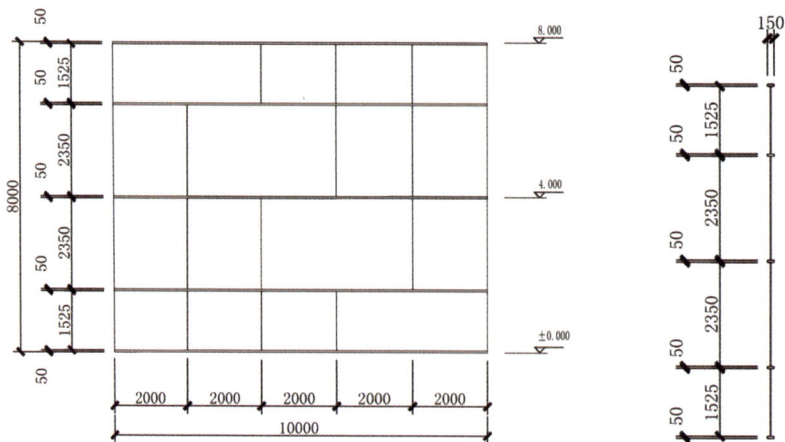

(a)北立面图1∶100　　　　(b)东立面图1∶100

图 2-533

> 　　技术工人队伍是支撑中国制造、中国创造的重要力量。我国工人阶级和广大劳动群众要大力弘扬劳模精神、劳动精神、工匠精神,适应当今世界科技革命和产业变革的需要,勤学苦练、深入钻研,勇于创新、敢为人先,不断提高技术技能水平,为推动高质量发展、实施制造强国战略、全面建设社会主义现代化国家贡献智慧和力量。
>
> ——习近平

技术前沿

机器人技术

　　各种施工机器人在建筑领域的应用越来越广泛,如测量机器人、焊接机器人、砌砖机器人、抹灰机器人等,这些机器人可以提高施工效率、降低劳动强度、减少人为错误,提高施工质量和安全性。此外,还有一些自动化设备,如自动物料运输车、5G 无人塔吊等,可以在施工现场自动完成物料运输、吊装等任务,提高施工效率和安全性。

学习情境 3　模型注释与创建视图

学习情境

·目标

掌握标注、标记等模型注释方法,掌握创建模型平面视图、立面视图、剖面视图及三维视图的方法。

·任务

	序号	任务描述	典型真题
任务	任务1:标注	掌握对齐尺寸标注的创建与编辑方法,掌握高程点标注的创建与编辑方法; 了解线性、角度、径向、直径、弧长、高程点坐标及高程点坡度等的创建与编辑方法	2023年第二期"1＋X"建筑信息模型(BIM)职业技能等级考试——中级(结构工程方向)——实操试题第二题
	任务2:标记	掌握门标记、窗标记及房间标记等建筑标记的创建与编辑方法; 掌握结构柱、结构框架(结构梁)、结构楼板、结构墙及结构基础等结构标记的创建与编辑方法; 了解其他标记的创建与编辑方法	第二十期全国BIM技能等级考试二级(结构)试题第四题
	任务3:创建视图	掌握创建模型平面视图和剖面视图的方法; 了解创建模型立面视图和三维视图的方法。	第二十四期全国BIM技能等级考试一级试题第四题

· 思考

1. 职业道德的规范功能是指(   )。

A. 岗位责任的总体规定效用   B. 劝阻作用

C. 爱干什么就干什么   D. 自律作用

2. 下列符合 BIM 工程师职业道德规范的有(   )。

A. 寻求可持续发展的技术解决方案

B. 树立客户至上的工作态度

C. 重视方法创新和技术进步

D. 以项目利润为基本出发点考虑问题,利用自身的专业优势,诱导关联方做出对自己有利的决定

E. 进度高于一切,工期紧张时降低模型成果质量,先提交一版成果

3.1 任务 1:标注

3.1.1 学习任务

尺寸标注是在项目中显示某一测量值。

在"注释"选项卡下的"尺寸标注"面板上单击某一命令即可进行尺寸或高程点标注,如图 3-1 所示。

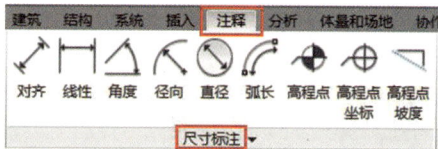

图 3-1

1. 对齐尺寸标注

对齐尺寸标注可测量 2 个或 2 个以上平行参照(点)之间的距离并注释。

在"注释"选项卡下"尺寸标注"面板上单击"对齐"命令,如图 3-2(a)所示,按照默认设置,将光标放置在某个图元的参照点上,如果可以在此添加尺寸标注,则参照点会高亮显示,如图 3-2(b)所示,单击鼠标左键以指定参照点,将光标放置在下一个参照点的目标位置上(移动光标时会显示一条尺寸标注线)并单击鼠标左键可完成一次标注,继续按此方法连续选择多个参照点后移开光标并单击鼠标左键,对齐尺寸标注将会显示出来,如图 3-2(c)所示。

2. 高程点标注

高程点标注会显示选定点的实际高程并注释。

在"注释"选项卡下的"尺寸标注"面板上单击"高程点"命令,如图 3-3(a)所示,按照默认设置,将光标移动到可以放置高程点的图元上方(图元的边缘或选择地形表面上的

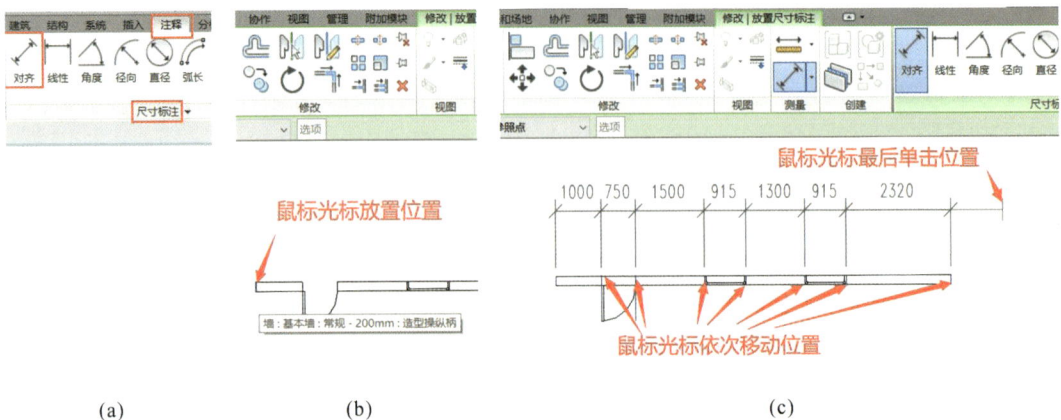

(a)　　　　　　　(b)　　　　　　　　　　(c)

图 3-2

点)时,高程点值会显示在绘图区域中,默认高程点标注带引线和水平段,将光标移到图元外的位置,单击一次放置引线水平段,再次移动光标,然后单击可放置高程点值,如图 3-3(b)所示。

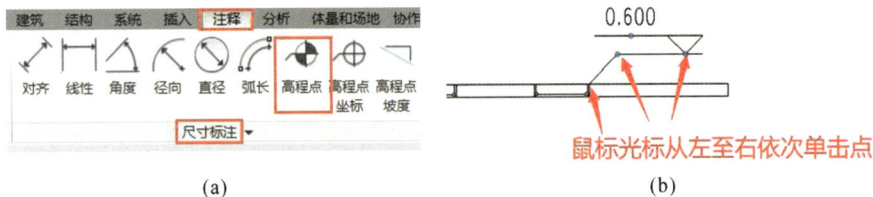

(a)　　　　　　　　　　　　　　(b)

图 3-3

3.1.2　实施任务

本学习情境以 2020 年第四期"1＋X"建筑信息模型(BIM)职业技能等级考试——初级——实操试题第三题考题一为项目案例进行讲解,以下简称"别墅"项目。

1.创建对齐尺寸标注

由"别墅"项目"一层平面图"可知,G 轴外墙尺寸标注包括三道,最外一道尺寸标注房屋水平方向的总长度,中间一道尺寸标注竖向轴线间距,最内一道尺寸标注门窗位置以及门窗宽度,如图 3-4 所示。

在"项目浏览器"中双击平面视图中的楼层平面,切换到"F1-0.00"平面视图,可以看到目前竖向轴线较短,无法适当布置三道尺寸标注,因此需调整轴线长度,此过程已在"学习情境 2——任务 2:轴网"中详细讲解,在此不再赘述,建模过程可观看"调整轴线长度"视频学习。

调整轴线长度

首先创建最内一道尺寸标注,单击"注释"选项卡下"尺寸标注"面板上的"对齐"工具,按照默认设置,将光标放置在 G 轴外墙左端附近,此时无法选择 G 轴外墙左端边线,按"Tab"键可以在不同的参照点之间循环切换,直至选中 G 轴外墙左端边

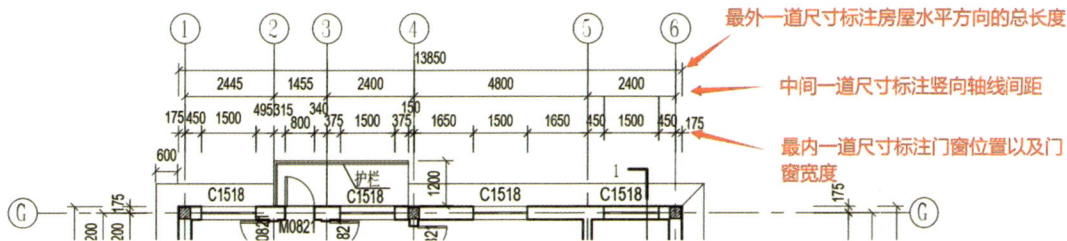

图 3-4

线（此时 G 轴外墙左端边线会高亮显示）时单击鼠标左键,将光标移动放置在轴线 1 处并单击鼠标左键可完成一次标注。继续从左至右移动鼠标依次选择门窗洞口边缘、竖向轴线以及 G 轴外墙右端边线处进行标记,最后移开光标并单击鼠标左键,可完成 G 轴外墙最内一道尺寸标注,建模过程可观看"G 轴外墙最内一道尺寸标注"视频学习。

G 轴外墙最内一道尺寸标注

类似地,可以创建 G 轴外墙中间一道和最外一道尺寸标注,建模过程可观看"G 轴外墙中间一道和最外一道尺寸标注"视频学习。

G 轴外墙中间一道和最外一道尺寸标注

2. 创建高程点标注

由"别墅"项目"一层平面图"可知,在房间内部有标高设置,如图 3-5 所示。

在"注释"选项卡下的"尺寸标注"面板上单击"高程点"命令,按照默认设置,将光标移动到房间内合适位置,高程点值会显示在绘图区域中,如图 3-6 所示。

高程点标注

可以看出默认高程点标注样式与图纸不符,在"属性"选项板中选择"正负零高程点(项目)"样式,然后取消勾选"引线"和"水平段"复选框,如图 3-7(a)所示,将光标移动到房间内合适位置,单击鼠标左键一次,确定高程点箭头朝向正确,再次单击鼠标左键完成一层高程点标注创建,在键盘上按两次"Esc"键退出高程点创建即可,如图 3-7(b)所示。建模过程可观看"高程点标注"视频学习。

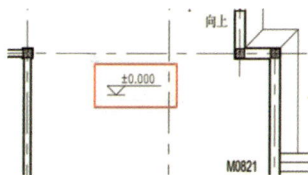

图 3-5

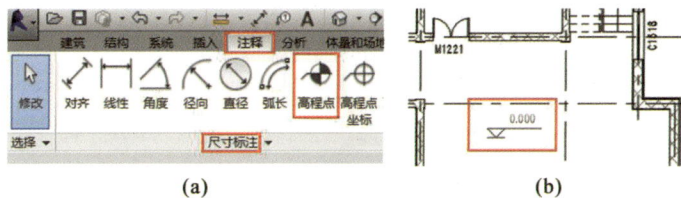

(a)　(b)

图 3-6

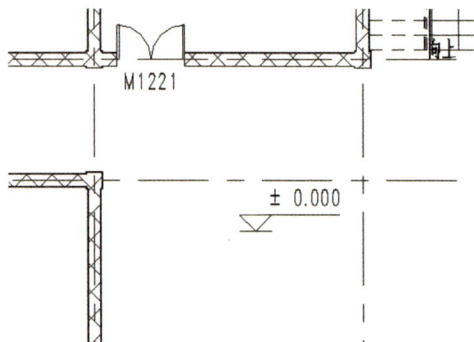

(a)   (b)

图 3-7

3.1.3 拓展任务

为快速创建墙体门窗洞口等尺寸标注,可以对一整面墙体进行标注。

在"项目浏览器"中双击平面视图中的楼层平面,切换到"F1-0.00"平面视图,单击"注释"选项卡下"尺寸标注"面板上的"对齐"工具,在选项栏下拉菜单中选择"参照墙面",在"拾取"下拉菜单中选择"整个墙",如图 3-8 所示。

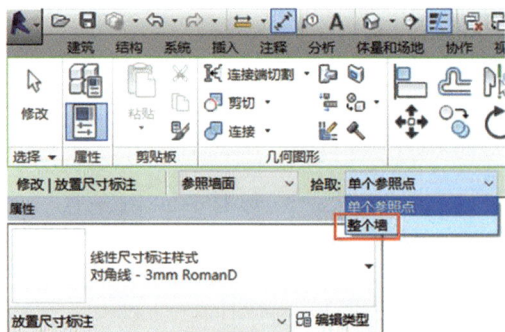

(a)   (b)

图 3-8

此时选项栏上的"选项"命令高亮显示,表示可以进行设置,单击"选项"命令,弹出"自动尺寸标注选项"对话框,选择参照勾选"洞口"和"相交轴网"复选框(即在洞口位置以及墙体与轴网相交处进行尺寸标注),在"洞口"下选择"宽度(W)"选项(即洞口尺寸以洞口宽度方式标注),并点击"确定"按钮即可完成标注设置,如图 3-9 所示。

　　将鼠标移动至需要标注的墙体附近,待墙体蓝色高亮显示并单击鼠标左键即可进行尺寸标注,移动标注至合适位置,并在标注位置外侧单击鼠标左键放置标注,如图 3-10 所示。

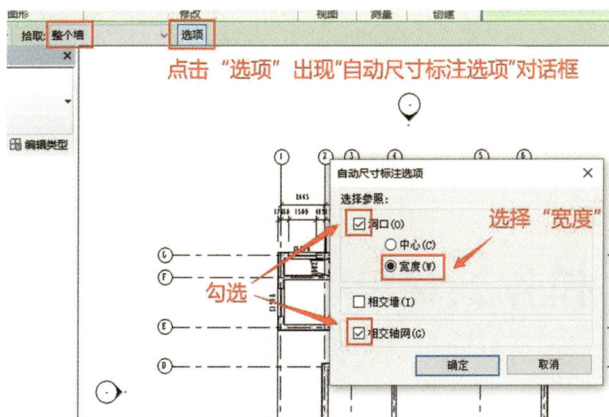
图 3-9

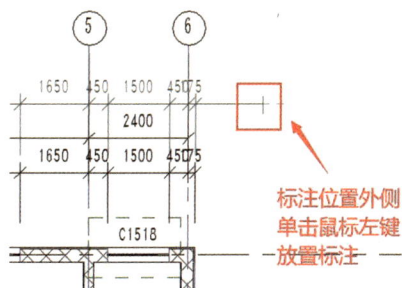

图 3-10

　　可以看出,此方法与"3.1.2　实施任务——1.创建对齐尺寸标注"中最内一道尺寸标注方法创建的标注完全一样,但效率较高。建模过程可观看"拾取整个墙创建对齐尺寸标注"视频学习。

拾取整个墙创建
对齐尺寸标注

3.1.4　真题任务

　　1.以 2023 年第二期"1+X"建筑信息模型(BIM)职业技能等级考试——中级(结构工程方向)——实操试题第二题为例,使用"尺寸标注"命令创建标注,如图 3-11 所示。题目要求:创建混凝土空心板模型。板长 3000 mm,截面尺寸见下图,板材质为 C35 混凝土,并在适当位置进行标注,标注方式如题所示。请将模型以"2 混凝土空心板模型+考生姓名"为文件名保存到"02"文件夹,最终压缩上传为 02.zip。(20 分)

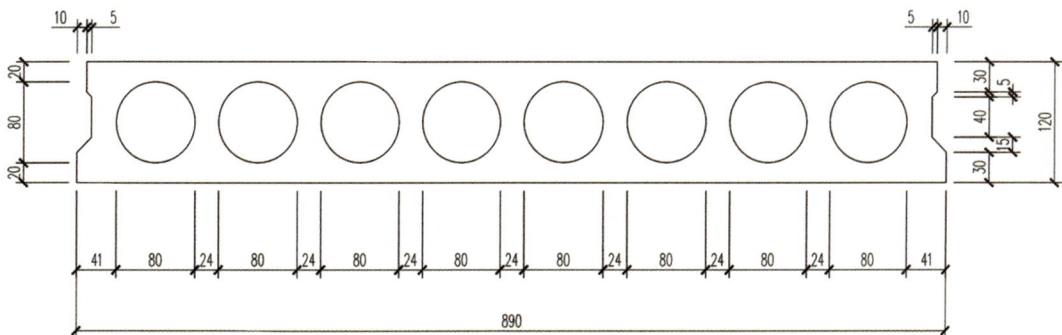

剖面图 1:4

图 3-11

2.以 2024 年第二期"1＋X"建筑信息模型(BIM)职业技能等级考试——中级(结构工程方向)——实操试题第五-(3)题为例,使用标注命令创建尺寸标注,题目要求:对基础平面图、各层结构平面图、南立面图、西立面图按照图纸所示进行尺寸标注和构件标注,其中基础平面图采用线框显示,标注混凝土桩定位。(6 分)

> 材分八等,以定功限;方圆曲直,皆有法式。
>
> ——李诫

3.2　任务 2:标记

3.2.1　学习任务

标记是用于在图纸中识别图元的注释。

创建标记后,会添加标签以显示图元某类参数(值),将标记载入并放置在项目中后,这些标签将显示对象相应参数的值。在"注释"选项卡下的"标记"面板上单击某一命令即可进行标注,如图 3-12 所示。

图 3-12

创建标记主要包括门窗标记和房间标记等,门窗标记已在"学习情境 2——任务 5:门窗"中详细讲解,接下来主要讲解房间标记。

3.2.2　实施任务

1.创建房间

打开"F1-0.00"平面视图,单击"建筑"选项卡下"房间和面积"面板上的"房间"命令,进入"修改|放置 房间"界面,如图 3-13 所示。

点击"修改|放置 房间"上下文选项卡下的"在放置时进行标记"命令(确定"在放置时进行标记"为蓝色高亮显示),将鼠标移动至合适位置单击鼠标左键即可放置一个房间(并标记房间),如图 3-14(a)所示,单击"Esc"键退出"修改|放置 房间"命令,可以看到房间已创建好,如图 3-14(b)所示。

创建房间

图 3-13

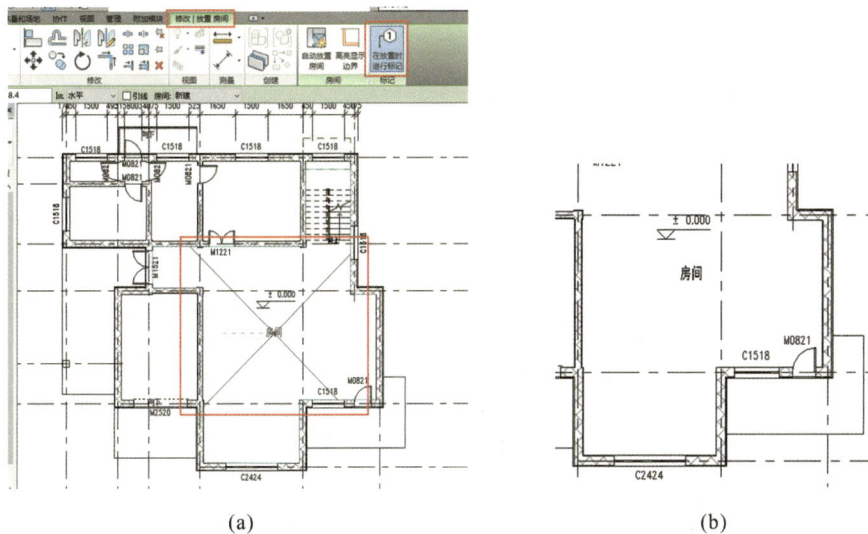

(a)　　　　　　　　　　　　　(b)

图 3-14

2.修改房间名称

将鼠标移动至"房间"标记处双击鼠标左键,即可修改房间名称,如图 3-15(a)所示,将"房间"二字修改为"客厅",并在输入框外单击鼠标左键,完成房间名称修改,如图 3-15(b)所示,单击"Esc"键退出"修改|放置房间"命令。

修改房间名称

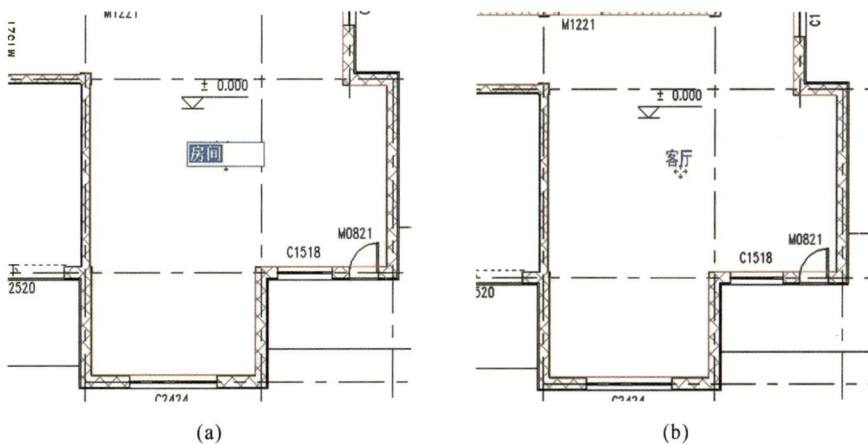

(a)　　　　　　　　　　　　　(b)

图 3-15

3. 标记房间

标记房间

单击"建筑"选项卡下"房间和面积"面板上的"房间"命令,进入"修改|放置 房间"界面,再次单击"修改|放置 房间"上下文选项卡下的"在放置时进行标记"命令(确定"在放置时进行标记"未有蓝色高亮显示),将鼠标移动至合适位置单击鼠标左键即可放置一个房间(未标记房间),如图 3-16 所示,单击"Esc"键退出"修改|放置 房间"命令。

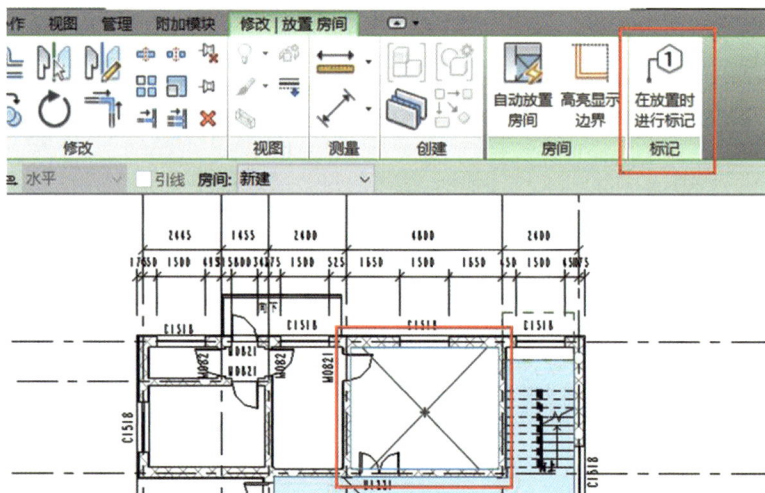

图 3-16

单击"注释"选项卡下"标记"面板上的"房间 标记"命令,进入"修改|放置 房间"界面,如图 3-17 所示。将鼠标移动至合适位置并单击鼠标左键即可创建房间标记,如图 3-18 所示,单击"Esc"键退出"修改|放置 房间"命令,即可完成房间标记。

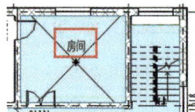

图 3-17   图 3-18

类似地,可以继续创建房间并标记,然后修改房间名称,为项目添加多个房间并标记。

4. 全部标记

全部标记

当创建多个房间且并均未标记时,可以通过"全部标记"命令添加全部房间标记。

单击"注释"选项卡下"标记"面板上的"全部标记"命令,弹出"标记所有未标记的对象"对话框,单击鼠标左键选择"房间标记"类别,然后点击"确定"按钮,如图 3-19 所示,即可将本视图内未标记的房间全部标记,建模过程可观看"全部标记"视频学习。

修改全部标记
房间名称

按照前述修改房间名称的方法,对房间名称进行修改,修改后的房间名称如图 3-20 所示,建模过程可观看"修改全部标记房间名称"视频学习。

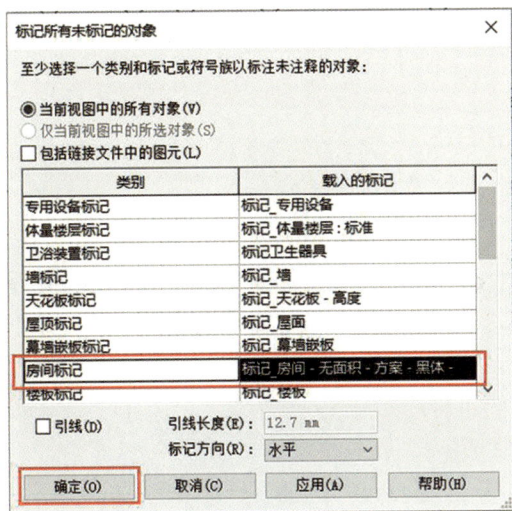

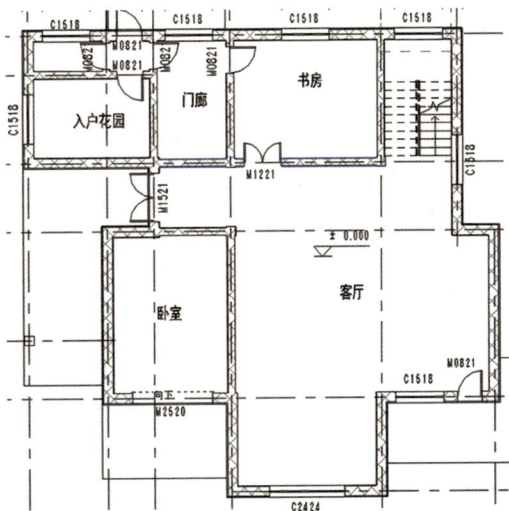

图 3-19　　　　　　　　　　　　　　　　　图 3-20

3.2.3　拓展任务

1. 颜色填充

颜色填充可以将创建的不同房间(名称不同)设置成不同区域颜色,并应用于楼层平面视图。

先创建颜色填充图例。单击"注释"选项卡,在"颜色填充"面板中单击"颜色填充 图例",如图 3-21 所示,进入"修改|放置颜色填充图例"界面。

颜色填充

图 3-21

在合适位置单击鼠标左键放置"没有向视图指定颜色方案",此时弹出"选择空间类型和颜色方案"对话框,在"空间类型"下拉菜单中选择"房间"选项,"颜色方案"选择默认设置"方案一",并单击"确定"按钮,如图 3-22(a)所示,此时"没有向视图指定颜色方案"变为"未定义颜色",如图 3-22(b)所示。

2. 编辑颜色方案

将鼠标移至"未定义颜色",单击鼠标左键,进入"修改|颜色填充图例"界面,点击"方案"面板上的"编辑方案"命令,如图 3-23(a)所示,此时弹出"编辑颜色方案"对话框,如图 3-23(b)所示,将"颜色"方案由默认的"部门"修改为下拉菜单中的"名称",弹

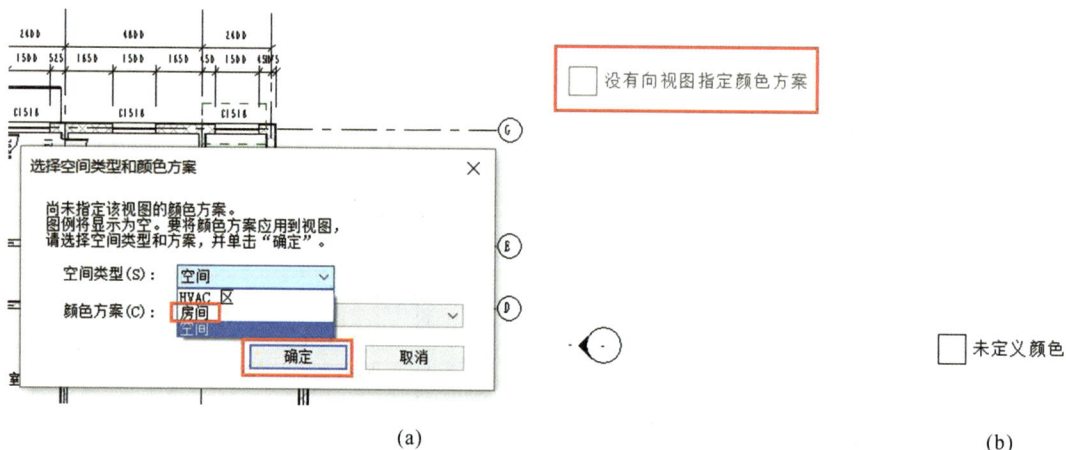

没有向视图指定颜色方案

未定义颜色

(a)

(b)

图 3-22

出"不保留颜色"对话框,单击"确定"按钮,如图 3-23(c)所示,此时"颜色方案"更改为不同房间(名称不同)颜色填充不同,单击"确定"按钮完成设置,如图 3-23(d)所示,这样就将创建的不同房间(名称不同)设置为不同颜色并应用于楼层平面视图,如图 3-23(e)所示。

编辑颜色方案

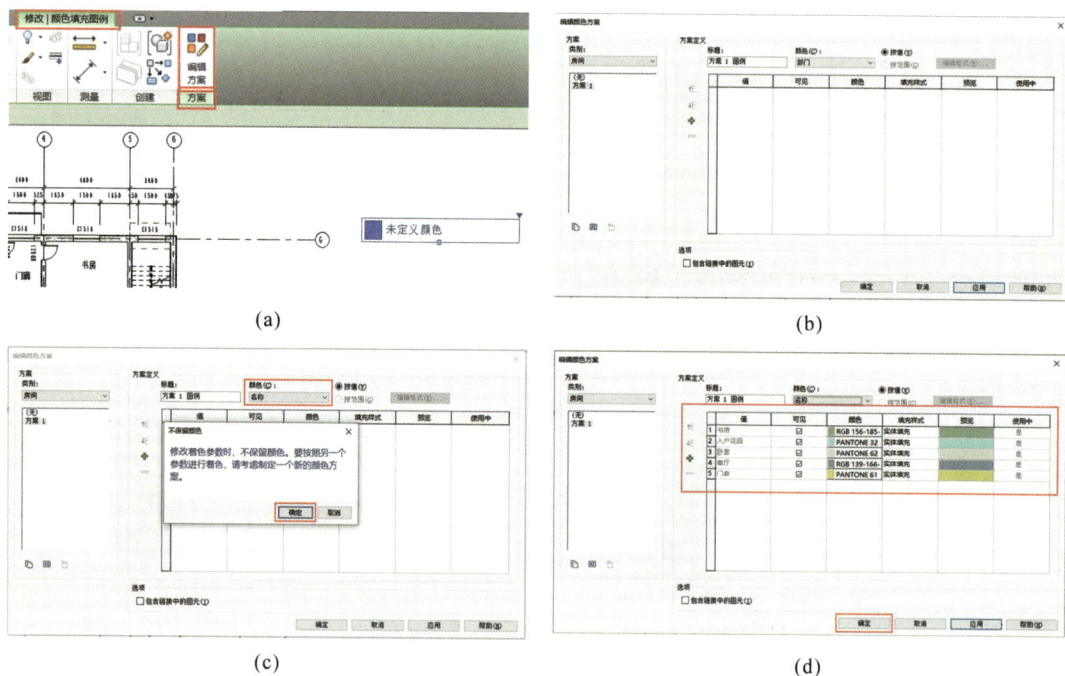

未定义颜色

(a)

(b)

(c)

(d)

图 3-23

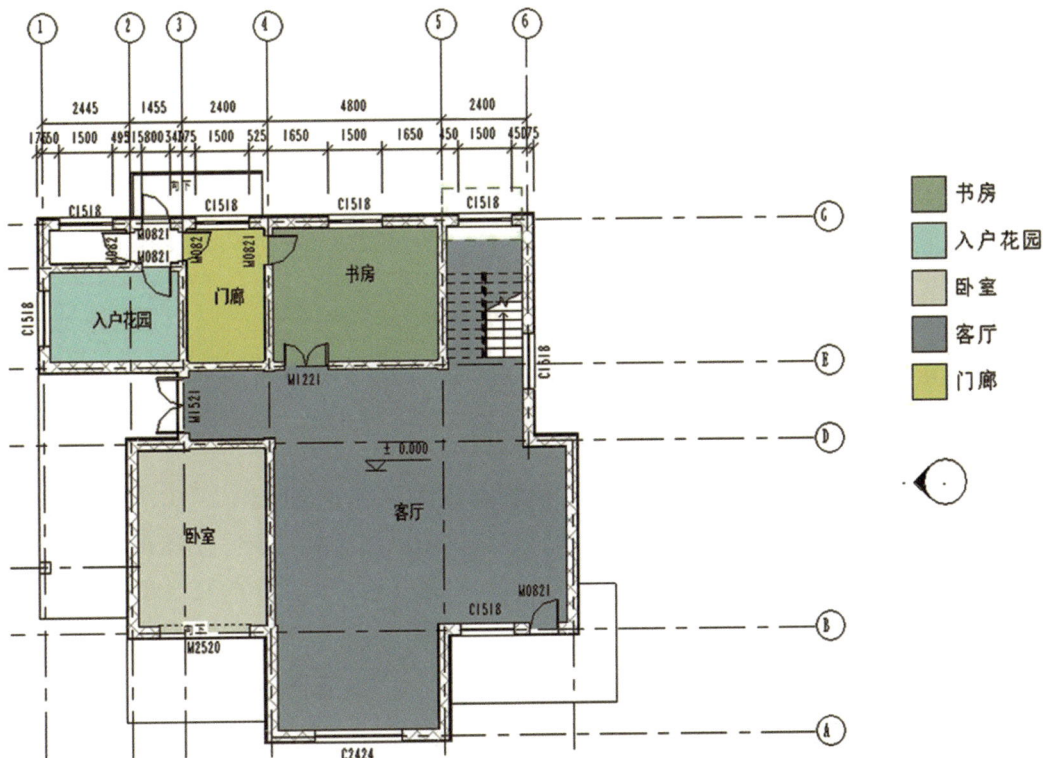

(e)

续图 3-23

3.2.4　真题任务

1.以第二十四期"全国 BIM 技能等级考试"一级试题第四-2-(3)题为例,使用标记命令创建房间标记,题目要求:创建房间,并根据首层平面图为首层房间命名。（2 分）

2.以 2024 年第二期"1＋X"建筑信息模型（BIM）职业技能等级考试——中级（结构工程方向）——实操试题第五-(2)题为例,使用标记命令创建构件标记,题目要求:对基础平面图、各层结构平面图、南立面图、西立面图按照图纸所示进行尺寸标注和构件标注,其中基础平面图采用线框显示,标注混凝土桩定位。（6 分）

3.以全国职业院校技能大赛——建筑信息模型建模与应用赛项样题一的"任务 1-1:建筑建模与成果输出"第(9)题为例,使用标记命令创建房间标记,题目要求:对一层所有房间进行标记,并创建一层桌椅等家具模型。

3.3 任务 3:创建视图

在 Revit 中,可以通过"楼层平面"创建平面视图,通过"立面(建筑立面)"创建立面视图,通过"三维视图"创建三维视图,通过"剖面"创建剖面视图。其中立面视图和三维视图的创建方法与平面视图的创建方法类似,因此接下来主要学习平面视图和剖面视图的创建。

3.3.1 学习任务

1.平面视图

平面视图可用于后续施工图的创建,一般通过"楼层平面"创建。

将鼠标移至"项目浏览器"中某一楼层平面,单击鼠标右键,选择"复制视图"下的"带细节复制(W)"命令,即可完成楼层平面的复制,如图 3-24 所示,修改复制出的楼层平面名称,即可创建一个新的平面视图。

2.剖面视图

剖面视图亦可用于后续施工图的创建。在平面或立面视图中,在"视图"选项卡下"创建"面板上单击"剖面"命令即可创建剖面视图,如图 3-25 所示。

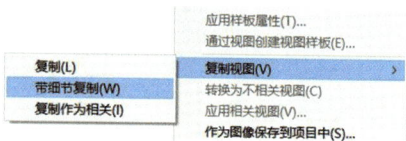

图 3-24

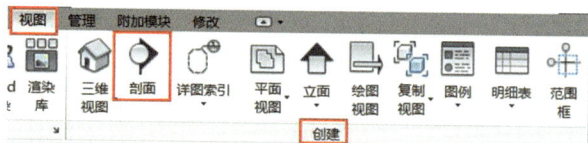

图 3-25

3.3.2 实施任务

平面视图

1.平面视图

由 2020 年第四期"1+X"建筑信息模型(BIM)职业技能等级考试——初级——实操试题第三题考题一"3.创建图纸"中"(2)创建项目一层平面图"的要求可知,需创建一层平面视图,如图 3-26 所示。

打开"别墅"项目,在"项目浏览器"中双击平面视图中的楼层平面"F1-0.00",切换到"F1-0.00"平面视图,将鼠标移至"楼层平面"下的"F1-0.00",单击鼠标右键,选择"复制视图"下的"带细节复制"命令,即创建出"F1-0.00 副本 1"视图,如图 3-27 所示。

三、综合建模（以下两道考题，考生二选一作答）（40 分）

考题一：根据以下要求和给出的图纸，创建模型并将结果输出。在本题文件夹下新建名为"第三题输出结果+考生姓名"的文件夹，将本题结果文件保存至该文件夹中。（40 分）

1.BIM 建模环境设置（2 分）

设置项目信息：①项目发布日期：2020年11月26日；②项目名称：别墅；③项目地址：中国北京市

2.BIM 参数化建模（30 分）

（1）根据给出的图纸创建标高、轴网、柱、墙、门、窗、楼板、屋顶、台阶、散水、楼梯等，阳台栏杆尺寸及类型自定。门窗需按门窗表尺寸完成，窗台自定义，未标明尺寸不做要求。（24 分）

（2）主要建筑构件参数要求如下：（6 分）

外墙：350，10厚灰色涂料、30厚泡沫保温板、300厚混凝土砌块、10厚白色涂料；内墙：240，10厚白色涂料、220厚混凝土砌块、10厚白色涂料；女儿墙：120厚砖砌体；楼板：150厚混凝土；屋顶：125厚混凝土；柱子尺寸为300×300；散水宽度600，厚度50。

3.创建图纸（5 分）

（1）创建门窗明细表，门明细表要求包含：类型标记、宽度、高度、合计字段；窗明细表要求包含：类型标记、底高度、宽度、高度、合计字段；并计算总数。（3 分）

（2）创建项目一层平面图，创建A3公制图纸，将一层平面图插入，并将视图比例调整为1:100。（2 分）

4.模型渲染（2 分）

图 3-26

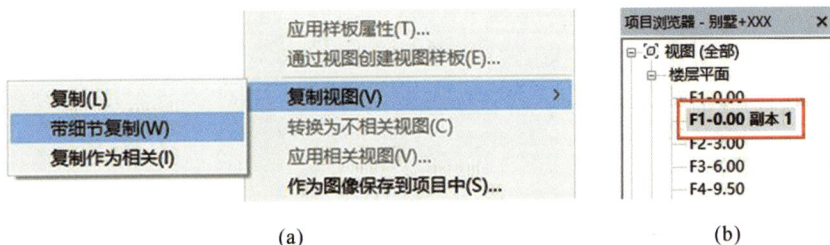

(a)　　　　　　　　　　(b)

图 3-27

将鼠标移至"楼层平面"下的"F1-0.00 副本 1"，单击鼠标右键，选择"重命名"命令，弹出"重命名视图"对话框，将"名称"修改为"一层平面图"并单击"确定"按钮，即可在楼层平面中创建出新的平面视图"一层平面图"，如图 3-28 所示。

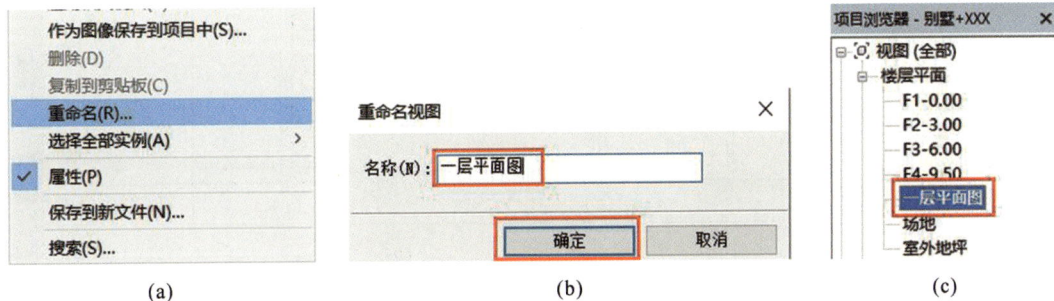

(a)　　　　　　　　(b)　　　　　　　　(c)

图 3-28

2. 剖面视图

打开"别墅"项目，在"项目浏览器"中双击平面视图中的楼层平面"F1-0.00"，切换到"F1-0.00"平面视图。在"视图"选项卡下"创建"面板上单击"剖面"命令即可创建剖面视图，此时进入"修改|剖面"界面，将光标移动至别墅左侧合适位置单击鼠标左键，水平移动鼠标至别墅右侧合适位置再次单击鼠标左键，创建出"剖面 1"视图，如图 3-29 所示。

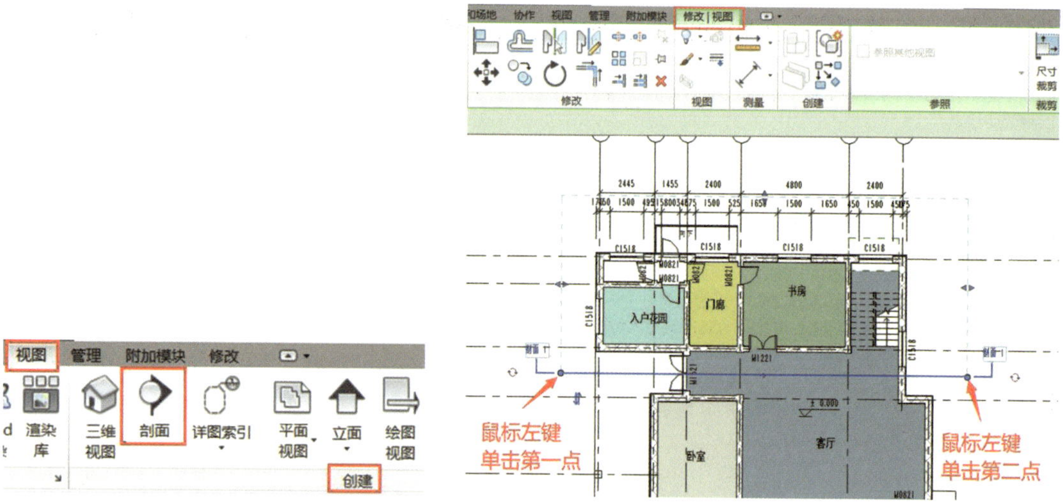

图 3-29

将鼠标移至"剖面 1"附近并单击鼠标右键,选择"转到视图"命令,即可转到"剖面 1"视图,如图 3-30 所示。

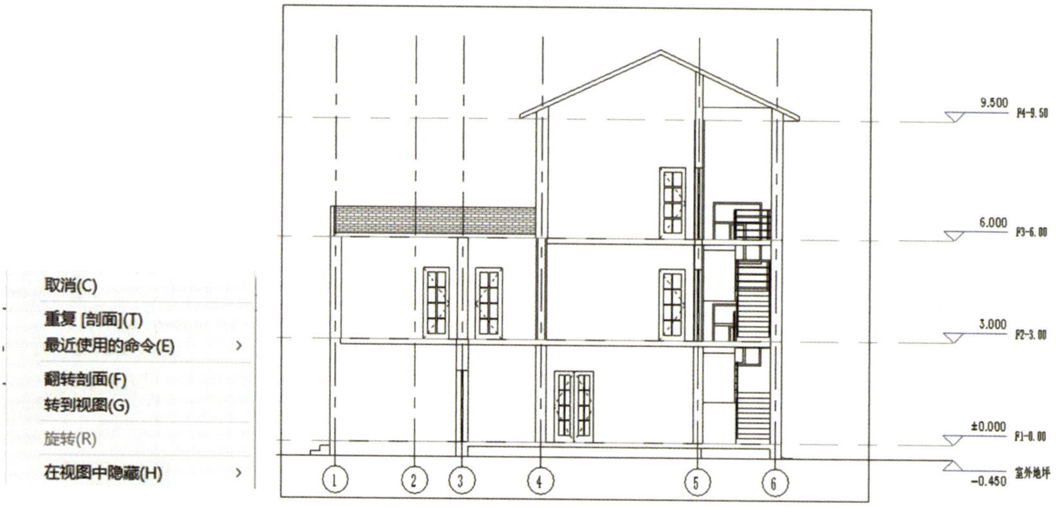

图 3-30

3.3.3　拓展任务

为方便创建一层平面施工图,需要将平面视图中的一些图元如"平面区域"和"立面"等隐藏。

在"项目浏览器"中双击平面视图中的楼层平面"一层平面图",切换到"一层平面图"后可以看到"平面区域"和"立面"等,如图 3-31 所示。

隐藏命令

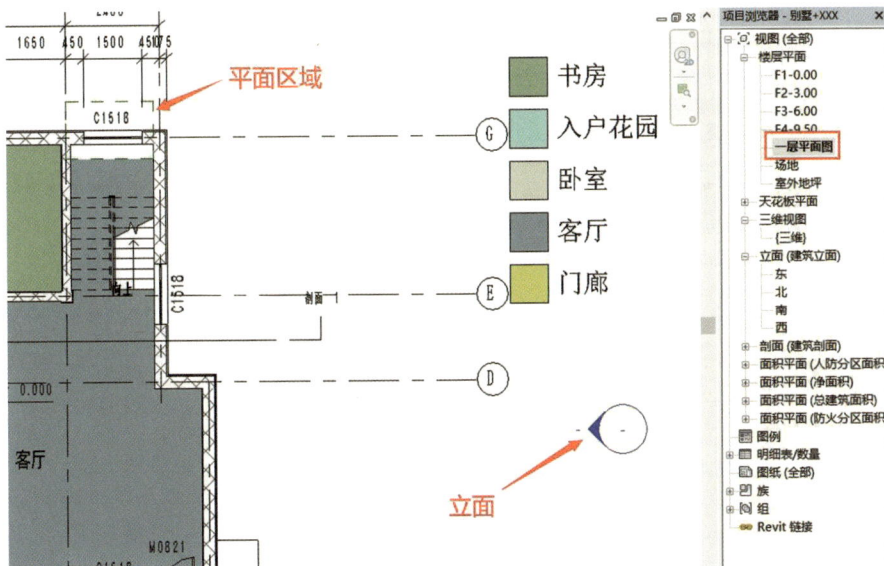

图 3-31

　　将鼠标移至"平面区域"附近并单击鼠标右键,选择"在视图中隐藏"下的"类别"命令,即可将本视图全部"平面区域"隐藏,如图 3-32 所示。

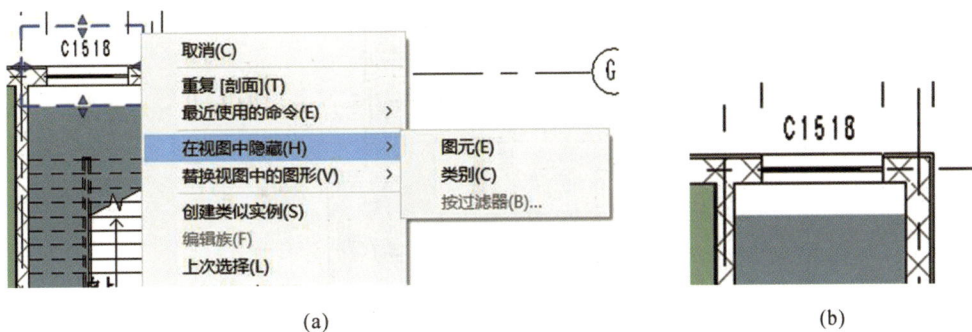

(a)　　　　　　　　　　　　　　　　　　　(b)

图 3-32

　　类似地,框选整个"立面"(可利用过滤器等命令确保选择"立面"和"视图"两类图元),单击鼠标右键,选择"在视图中隐藏"下的"类别"命令,即可将本视图全部"立面"隐藏,如图 3-33 所示。

　　至此,一层平面图中全部"平面区域"和"立面"均被隐藏,可用于后续施工图创建,如图 3-34 所示。

3.3.4　真题任务

　　1.以 2024 年第四期"1+X"建筑信息模型(BIM)职业技能等级考试——初级——实操试题第三题考题一-3-(2)为例,通过"楼层平面"创建平面视图,题目要求:创建项目一层平面图,创建 A1 公制图纸,将一层平面图插入,并将视图比例调整为 1∶200。(2 分)

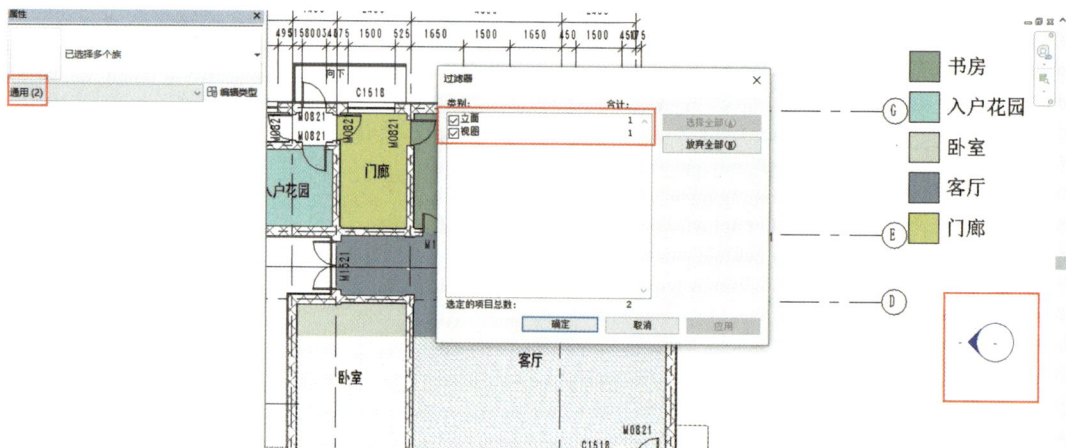

图 3-33

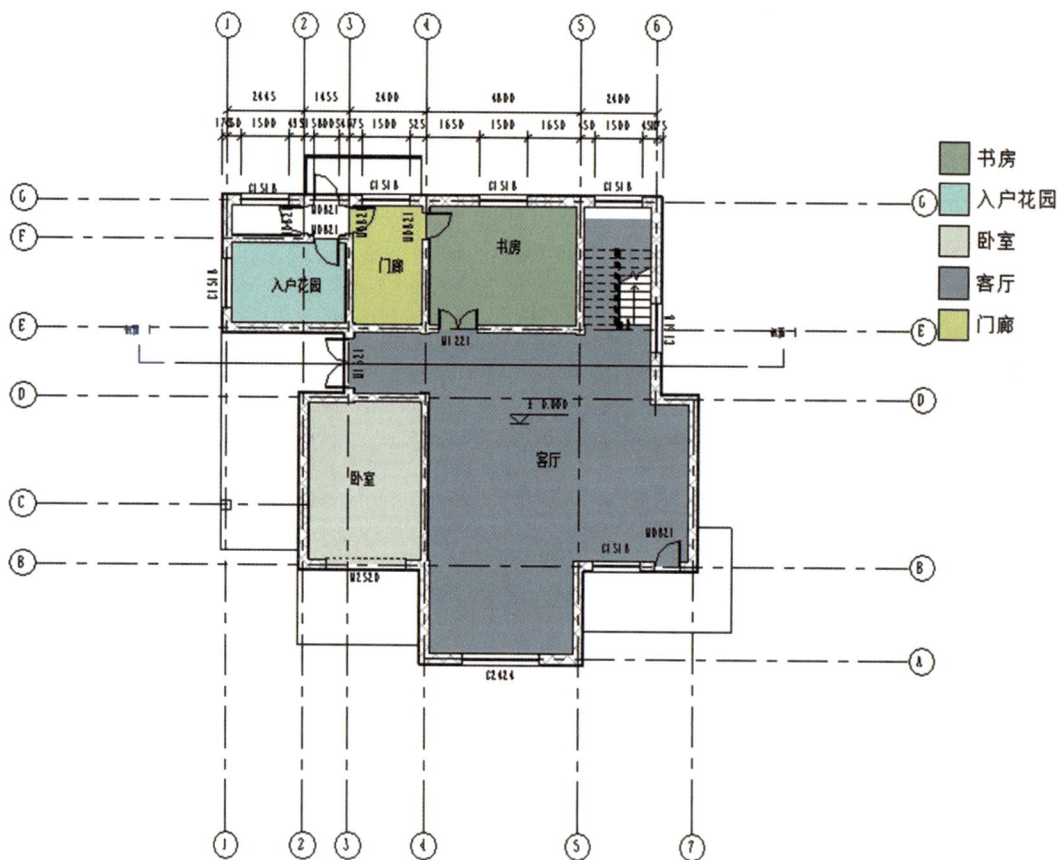

图 3-34

2.以第二十四期"全国 BIM 技能等级考试"一级试题第四-3-(2)题为例,使用"剖面"命令即创建剖面视图,题目要求:建立 A3 尺寸图纸,创建"1—1 剖面图",尺寸、标高、轴线等标注须符合国家房屋建筑制图标准。要求:作图比例:1∶100;截面填充样式:实心填充;图纸命名:1—1 剖面图。(8 分)

> 正确的结果,是从大量错误中得出来的;没有大量错误作台阶,也就登不上最后正确结果的高座。
>
> ——钱学森

技术前沿

无人机技术

无人机可以开展工程进度监控和安全风险识别。通过无人机可以对建筑工程进度进行实时航拍和图像采集,生成三维模型和进度报告,帮助项目管理人员及时了解工程进展情况,发现潜在问题并采取相应措施。通过无人机搭载的摄像头和传感器,可以对施工现场进行安全风险识别和监控,如识别高空作业人员的安全带佩戴情况、发现施工现场的危险区域等,提高施工安全性。

学习情境 4　成 果 输 出

·目标

掌握明细表和图纸的创建方法,掌握 BIM 模型效果的展现方法。

·任务

	序号	任务描述	典型真题
任务	任务 1:明细表	掌握建筑专业明细表的创建与编辑方法,包括门明细表和窗明细表; 　了解结构专业明细表的创建与编辑方法,包括混凝土用量明细表和钢筋明细表	2024 年第四期"1＋X"建筑信息模型(BIM)职业技能等级考试——初级——实操试题第三题考题一
	任务 2:图纸	掌握建筑专业图纸的创建与编辑方法,并满足布局和样式要求; 　了解结构专业图纸的创建与编辑方法,并满足布局和样式要求	
	任务 3:效果展现	掌握 BIM 模型渲染方法; 了解 BIM 模型漫游方法	

·思考

1.职业道德基本行为规范的内容包括(　　)。

A.爱岗敬业,忠于职守

B.诚实守信,宽厚待人

236

C.以身作则,奉献社会

D.特立独行,桀骜不驯

E.遵纪守法,文明安全

2.作为 BIM 工程师,职业道德与专业技能的关系是(　　)。

A.企业招聘的标准通常是技能高于职业道德

B.没有职业道德的人,无论技能如何,无法充分发挥其自身价值

C.只要技能提高了,就表明职业道德素质相应地提高了

D.职业道德注重的是工程师的内在修养,而不包含职业技能

3.从我国历史和国情出发,社会主义职业道德建设要坚持的最根本的原则是(　　)。

A.人道主义　　　　　　　　　B.爱国主义

C.社会主义　　　　　　　　　D.集体主义

4.1　任务 1:明细表

4.1.1　学习任务

明细表是以表格形式显示项目中图元属性信息的列表。

在"视图"选项卡下"创建"面板上"明细表"下拉菜单中单击"明细表/数量"命令,如图 4-1(a)所示,弹出"新建明细表"对话框。在"新建明细表"对话框中,滑动鼠标滚轮可查看明细表的不同类别,单击鼠标左键进行选择后单击"确定"按钮,此时已确定明细表类别,如图 4-1(b)所示,并弹出"明细表属性"对话框。

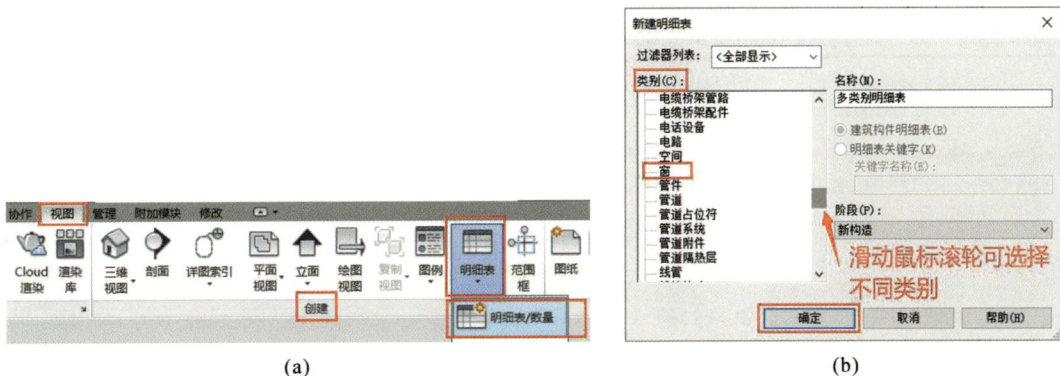

(a)　　　　　　　　　　　　　　(b)

图 4-1

"明细表属性"对话框可以设置明细表"字段"(为明细表选择可用的字段并调整字段排序)、"过滤器"(用以仅查看明细表中的特定类型信息)、"排序/成组"(指定明细表中行的排序选项,选择显示某个图元类型的每一个实例,或将多个实例层叠在单行上显示)、

"格式"(指定各种格式选项)和"外观"(指定明细表图形和文字样式),如图 4-2 所示,设置完成后单击"确定"按钮即可创建明细表。

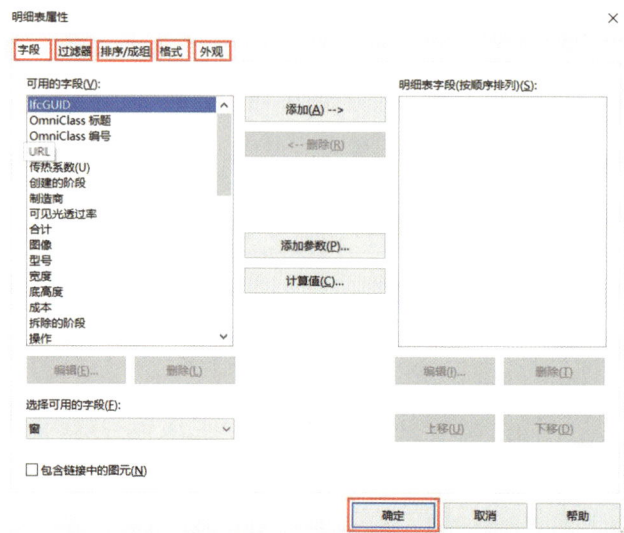

图 4-2

4.1.2　实施任务

本学习情境以 2020 年第四期"1＋X"建筑信息模型(BIM)职业技能等级考试——初级——实操试题第三题考题一为项目案例进行讲解,以下简称"别墅"项目。由"别墅"项目题目可知,要求考生创建门窗明细表,门明细表要求包含类型标记、宽度、高度、合计字段;窗明细表要求包含类型标记、底高度、宽度、高度、合计字段;并计算总数,如图 4-3 所示。

图 4-3

1. 门明细表

在"视图"选项卡下"创建"面板上的"明细表"下拉菜单中单击"明细表/数量"命令,弹出"新建明细表"对话框,在"新建明细表"对话框中,滑动鼠标滚轮选择"门"类别后单击"确定"按钮,如图 4-4 所示,此时弹出"明细表属性"对话框。

门明细表

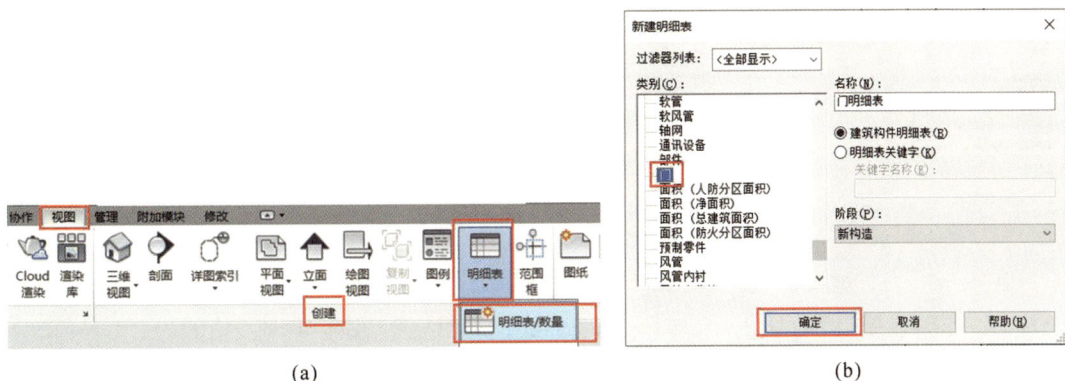

(a)　　　　　　　　　　　　(b)

图 4-4

在"明细表属性"对话框中,单击鼠标左键选中"类型标记"字段,快速双击鼠标左键或点击"添加(A)-->"命令,将"类型标记"添加至"明细表字段(按顺序排列)",如图 4-5(a)所示,类似地,将"宽度""高度"以及"合计"添加至"明细表字段(按顺序排列)",如图 4-5(b)所示。

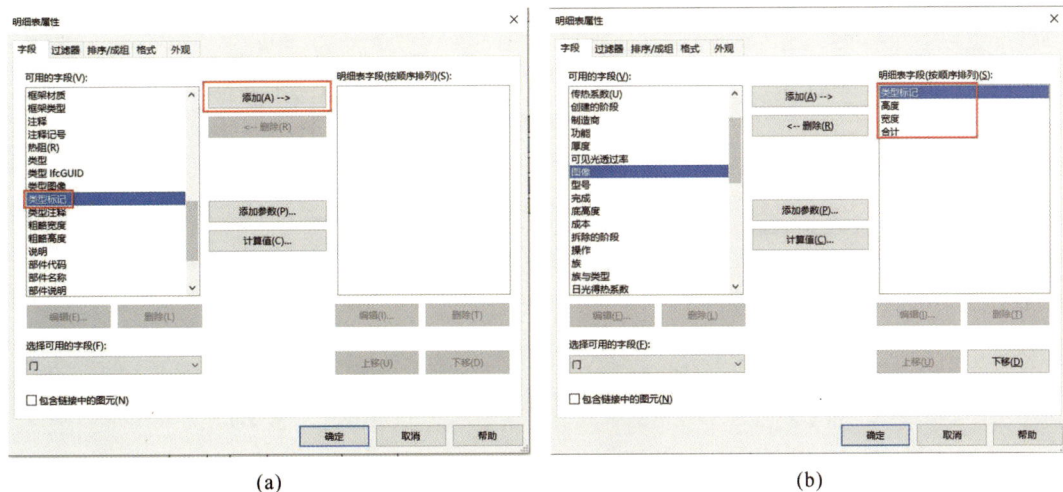

(a)　　　　　　　　　　　　(b)

图 4-5

如字段顺序错误,可以通过"上移(U)"和"下移(D)"命令进行调整;如字段添加错误,可通过"删除(R)"命令调整,如图 4-6 所示。

在"明细表属性"对话框中,单击鼠标左键选择"排序/成组"选项卡,在"排序/成组"设置界面,"排序方式"选择"类型标记",勾选"总计(G)"复选框,取消勾选"逐项列举每个实例(Z)"复选框,完成"排序/成组"设置,如图 4-7 所示。

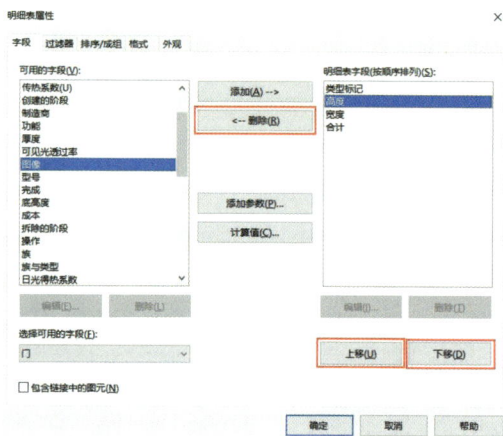

图 4-6

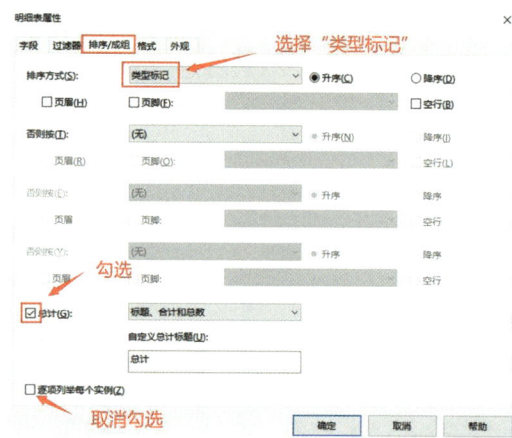

图 4-7

在"明细表属性"对话框中,单击鼠标左键选择"格式"选项卡,在"格式"设置界面,分别将"类型标记""宽度""高度"以及"合计"的对齐方式设置为"中心线",并勾选"合计"字段下的"计算总数"复选框,完成"格式"设置,如图 4-8 所示。

在"明细表属性"对话框中,单击鼠标左键选择"外观"选项卡命令,在"外观"设置界面,取消勾选"数据前的空行(K)"复选框,完成"外观"设置,如图 4-9 所示,单击"确定"按钮完成门明细表属性设置。

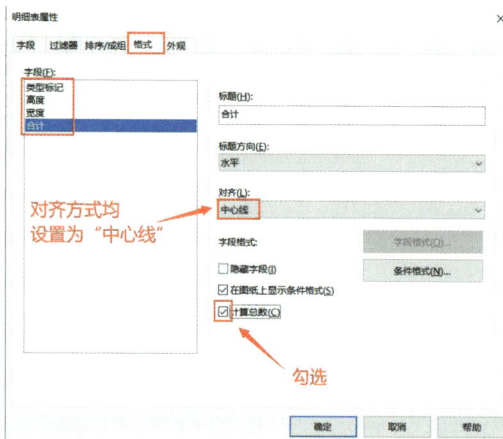

图 4-8

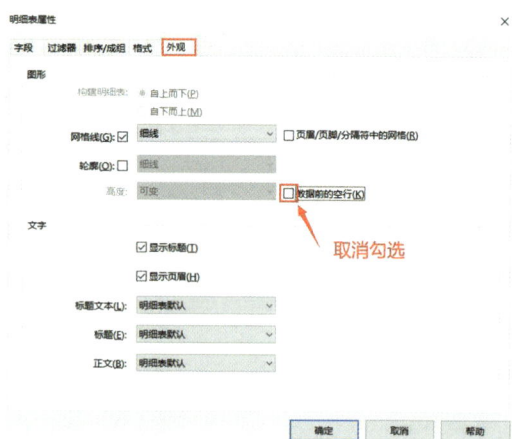

图 4-9

此时,门明细表已创建完成,如图 4-10 所示。

2. 窗明细表

窗明细表的创建与门明细表类似,在"视图"选项卡下"创建"面板上的"明细表"下拉菜单中单击"明细表/数量"命令,弹出"新建明细表"对话框,

窗明细表

图 4-10

在"新建明细表"对话框中,滑动鼠标滚轮选择"窗"类别后单击"确定"按钮,如图 4-11 所示,此时弹出"明细表属性"对话框。

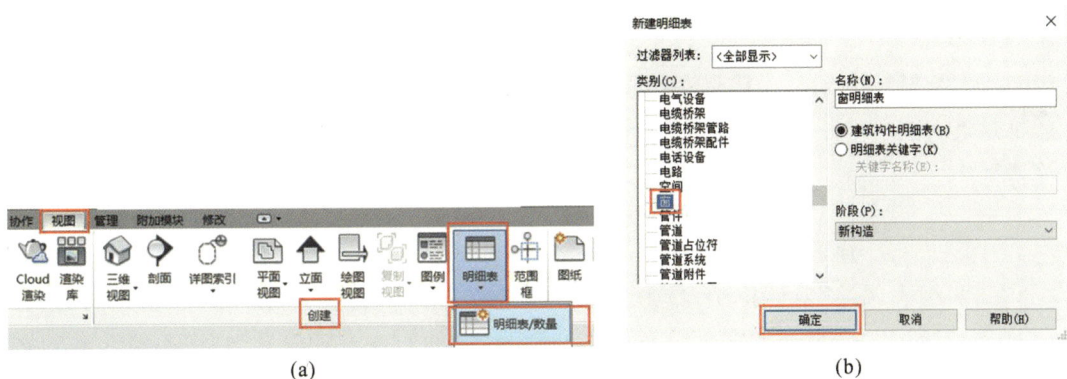

(a)　　　　　　　　　　　　　　(b)

图 4-11

在"明细表属性"对话框中,单击鼠标左键选中"类型标记"字段,快速双击鼠标左键或点击"　添加(A) --> 　"命令,将"类型标记"添加至"明细表字段(按顺序排列)",如图 4-12(a)所示,类似地,将"底高度""宽度""高度"以及"合计"添加至"明细表字段(按顺序排列)",如图 4-12(b)所示。

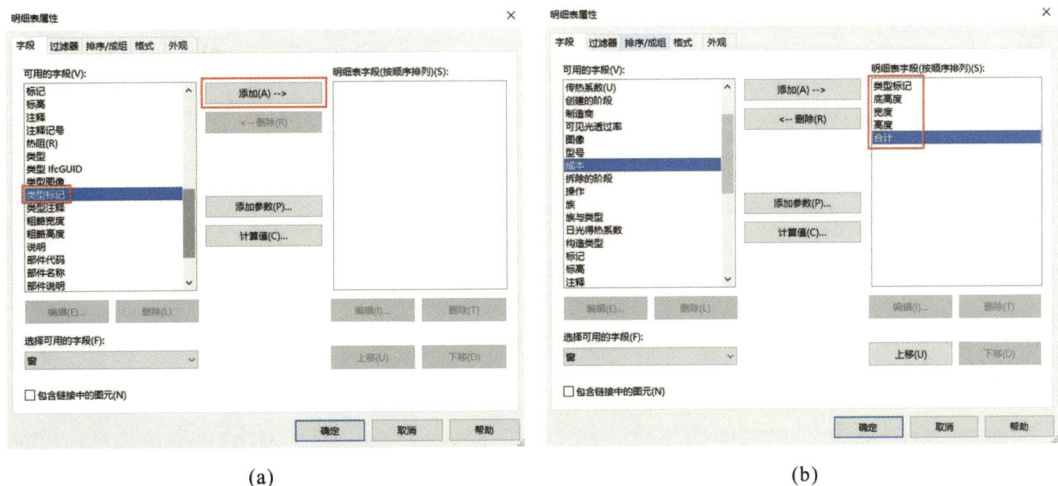

(a)　　　　　　　　　　　　　　(b)

图 4-12

如字段顺序错误,可以通过"上移(U)"和"下移(D)"命令进行调整;如字段添加错误,可通过"删除(R)"命令调整,如图 4-13 所示。

在"明细表属性"对话框中,单击鼠标左键选择"排序/成组"选项卡,在"排序/成组"设置界面,"排序方式"选择"类型标记",勾选"总计(G)"复选框,取消勾选"逐项列举每个实例(Z)"复选框,完成"排序/成组"设置,如图 4-14 所示。

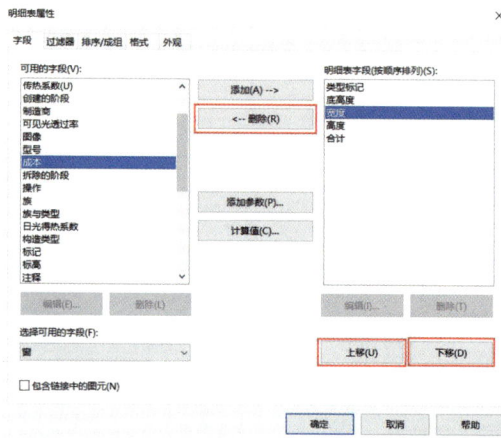

图 4-13

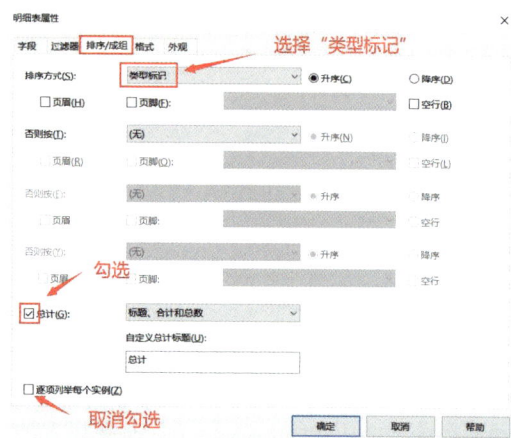

图 4-14

在"明细表属性"对话框中,单击鼠标左键选择"格式"选项卡,在"格式"设置界面,分别将"类型标记""底高度""宽度""高度"以及"合计"的对齐方式设置为"中心线",并勾选"合计"字段下的"计算总数"复选框,完成"格式"设置,如图 4-15 所示。

在"明细表属性"对话框中,单击鼠标左键选择"外观"选项卡,在"外观"设置界面,取消勾选"数据前的空行(K)"复选框,完成"外观"设置,如图 4-16 所示,单击"确定"按钮完成窗明细表属性设置。

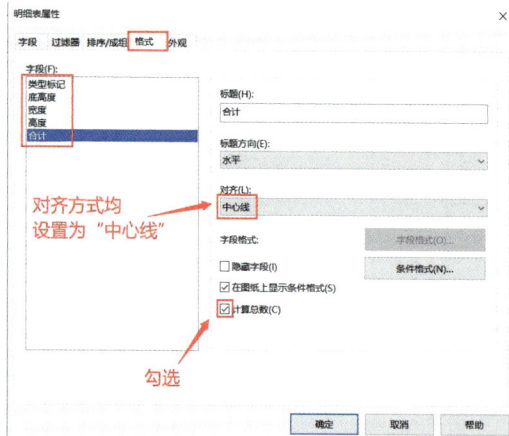

图 4-15

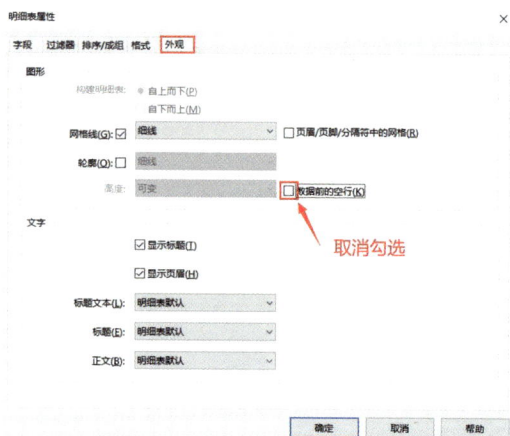

图 4-16

此时,窗明细表已基本创建完成,如图 4-17 所示,可以看出窗明细表中窗"C1518"的"底高度"没有显示,这是因为窗"C1518"底高度不唯一,需要继续调整窗明细表属性参数。

点击"属性"选项板中"排序/成组"后的"编辑..."命令,如图 4-18(a)所示,进入"明细表属性"对话框,将"否则按(T)"选择为"底高度",单击"确定"按钮完成窗明细表"排序/成组"设置,如图 4-18(b)所示。

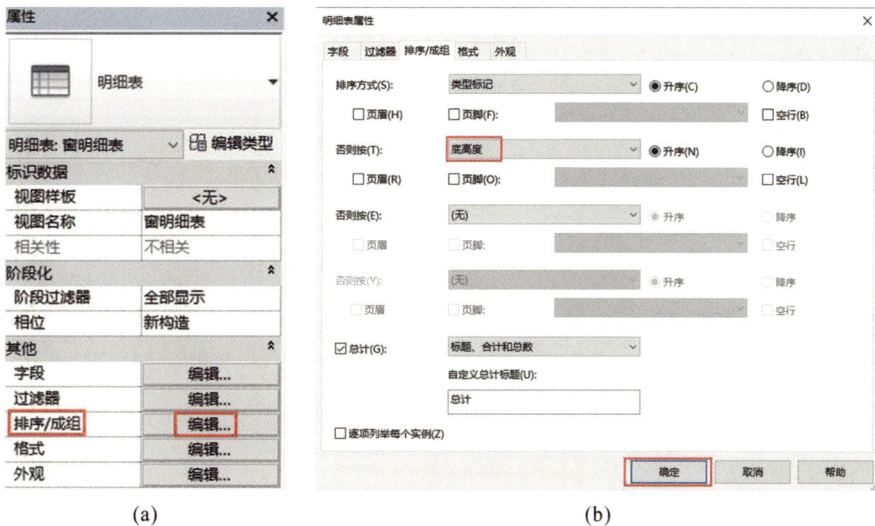

图 4-17

(a)　　　　　　　　　　　　　　　　(b)

图 4-18

此时,窗明细表已创建完成,如图 4-19 所示。

A	B	C	D	E
类型标记	底高度	宽度	高度	合计
C1518	900	1500	1800	17
C1518	2300	1500	1800	2
C2424	200	2400	2400	3
总计: 22				22

图 4-19

4.1.3　拓展任务

1. 钢筋明细表

将鼠标移动至"项目浏览器",并选择"明细表/数量",单击鼠标右键,选择"新建明细表/数量..."命令,弹出"新建明细表"对话框。在"新建明细表"对话框中,滑动鼠标滚轮选择"结构钢筋"类别后单击"确定"按钮,如图 4-20 所示,此时弹出"明细表属性"对话框,这是创建明细表的第二种方法。

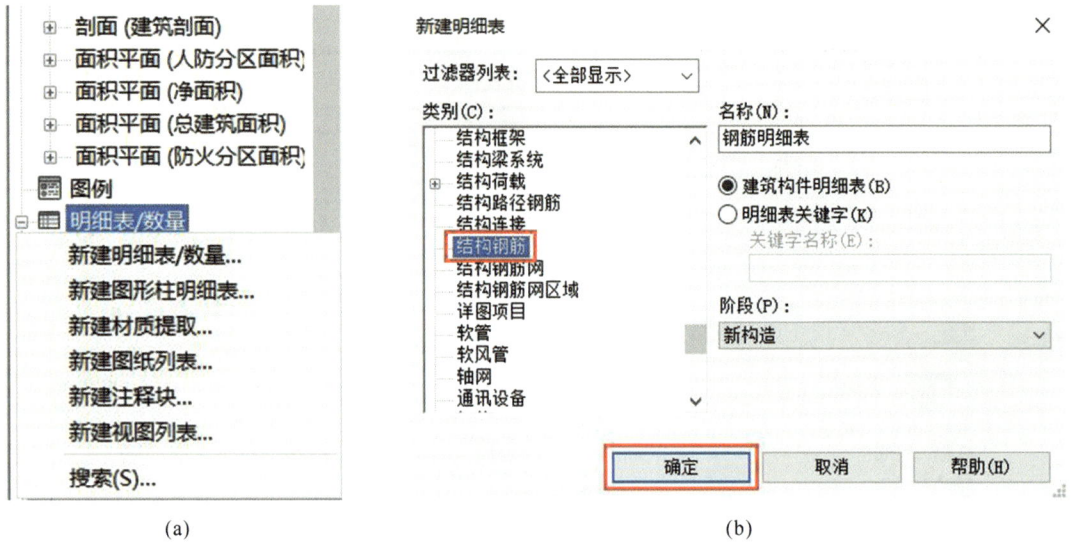

(a)　　　　　　　　　　　　　　　　(b)

图 4-20

在"明细表属性"对话框中,单击鼠标左键选中"类型"字段,快速双击鼠标左键或点击"添加(A)→"命令,将"类型"添加至"明细表字段(按顺序排列)",如图 4-21(a)所示,类似地,将"钢筋长度"和"数量"等添加至"明细表字段(按顺序排列)",如图 4-21(b)所示。

(a)　　　　　　　　　　　　　　　　(b)

图 4-21

"明细表属性"对话框中其余参数的设置方法同门窗明细表类似,在此不再赘述。

2. 混凝土用量明细表

在"视图"选项卡下"创建"面板上的"明细表"下拉菜单中单击"材质提取"命令,弹出"新建材质提取"对话框。在"新建材质提取"对话框中,选择默认设置"〈多类别〉"后单击"确定"按钮,如图 4-22 所示,此时弹出"材质提取属性"对话框。

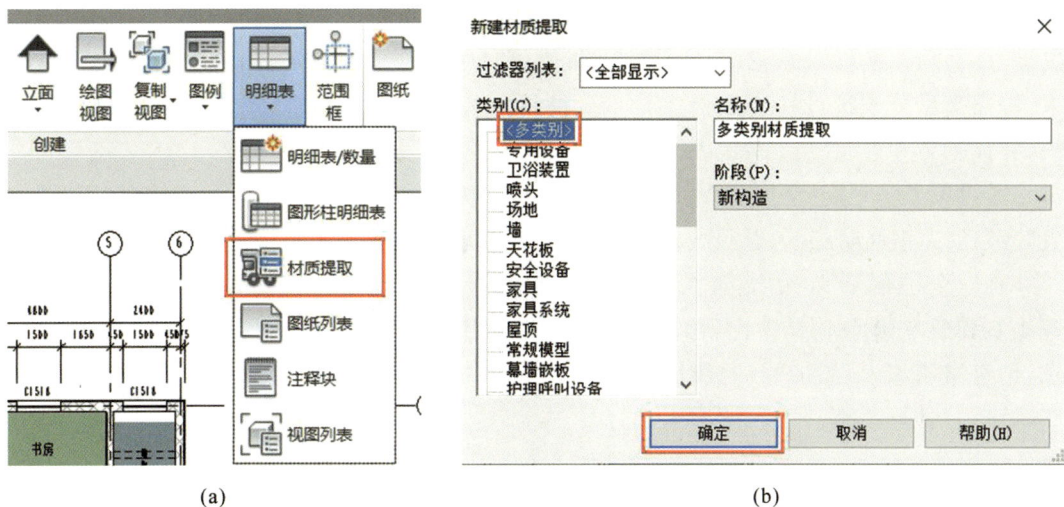

(a)　　　　　　　　　　　　　　(b)

图 4-22

在"材质提取属性"对话框中,单击鼠标左键选中"类型"字段,快速双击鼠标左键或点击"　添加(A) -->　"命令,将"类型"添加至"明细表字段(按顺序排列)",如图 4-23(a)所示,类似地,将"材质:名称""合计"和"材质:体积"等添加至"明细表字段(按顺序排列)",如图 4-23(b)所示。

(a)　　　　　　　　　　　　　　(b)

图 4-23

"材质提取属性"对话框中其余参数的设置方法同门窗明细表类似,在此不再赘述。

4.1.4　真题任务

1.以第二十四期"全国 BIM 技能等级考试"一级试题第四-3-(1)题为例,使用"明细表"命令创建门窗明细表,题目要求:创建门窗表,包含类型标记、宽度、高度、合计,并计算总数。(4分)

2.以 2024 年第二期"1＋X"建筑信息模型(BIM)职业技能等级考试——中级(结构工程方向)——实操试题第五-(3)题为例,使用"材质提取"命令统计混凝土用量,题目要求:按照类型分类统计柱、梁、板、剪力墙、桩承台基础混凝土用量,含类型、材质、数量、体积,并计算体积总量。(5分)

3.以第二十一期"全国 BIM 技能等级考试"二级(结构)试题第四-8 题为例,使用"明细表"命令创建钢筋明细图,题目要求:创建钢筋明细表,统计钢筋的类型、长度、数量。

4.以全国职业院校技能大赛——建筑信息模型建模与应用赛项样题一的"任务 1-1:建筑建模与成果输出"第(10)题为例,使用"明细表"命令创建窗明细表,题目要求:创建窗明细表,添加"族与类型""宽度""高度""底高度""合计"字段,按"族与类型"升序排序,并计算总数。

> 其实工匠精神就是对细节完美的病态追求。如果所有企业都这么做,那我们中国品牌、中国产品才能在世界上站住脚。
>
> ——雷军

4.2　任务 2:图纸

4.2.1　学习任务

施工图是表示工程项目总体布局、建筑物(构筑物)外部形状、内部布置、结构构造、内外装修、材料作法,以及设备、施工等要求的图样。施工图按种类可划分为建筑施工图、结构施工图、水电施工图等。在 Revit 中,图纸视图用于展示和收集施工图文档。

在"视图"选项卡下的"图纸组合"面板上单击"图纸"命令,如图 4-24(a)所示,弹出"新建图纸"对话框。在"新建图纸"对话框中,单击鼠标左键选择合适的"标题栏"(图纸尺寸)后单击"确定"按钮,可在项目中创建图纸,如图 4-24(b)所示。如果项目自带的标题栏不符合要求,则可点击"载入(L)..."进入族库,选择并载入需要的标题栏(图纸)。

4.2.2　实施任务

由"别墅"项目题目可知,要求考生创建项目一层平面图,创建 A3 公制图纸,将一层平面图插入,并将视图比例调整为 1:100,如图 4-25 所示。

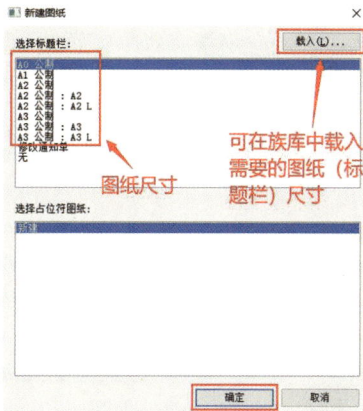

可在族库中载入
需要的图纸（标
题栏）尺寸

图纸尺寸

(a)　　　　　　　　　　　　　　(b)

图 4-24

三、综合建模（以下两道考题，考生二选一作答）（40分）

考题一：根据以下要求和给出的图纸，创建模型并将结果输出。在本题文件夹下新建名为"第三题输出结果+考生姓名"的文件夹，将本题结果文件保存至该文件夹中。（40分）

1. BIM建模环境设置（2分）

设置项目信息：①项目发布日期：2020年11月26日；②项目名称：别墅；③项目地址：中国北京市

2. BIM参数化建模（30分）

（1）根据给出的图纸创建标高、轴网、柱、墙、门、窗、楼板、屋顶、台阶、散水、楼梯等，阳台栏杆尺寸及类型自定。门窗需按门窗表尺寸完成，窗台自定义，未标明尺寸不做要求。（24分）

（2）主要建筑构件参数要求如下：（6分）

外墙：350，10厚灰色涂料、30厚泡沫保温板、300厚混凝土砌块、10厚白色涂料；内墙：240，10厚白色涂料、220厚混凝土砌块、10厚白色涂料；女儿墙：120厚砖砌体；楼板：150厚混凝土；屋顶，125厚混凝土；柱子尺寸为300×300；散水宽度600，厚度50。

3. 创建图纸（5分）

（1）创建门窗明细表，门明细表要求包含：类型标记、宽度、高度、合计字段；窗明细表要求包含：类型标记、底高度、宽度、高度、合计字段；并计算总数。（3分）

（2）创建项目一层平面图，创建A3公制图纸，将一层平面图插入，并将视图比例调整为1:100。（2分）

4. 模型渲染（2分）

对房屋的三维模型进行渲染，质量设置：中，设置背景为"天空：少云"，照明方案为"室外：日光和人造光"，其他未标明选项不做要求，结果以"别墅渲染.JPG"

图 4-25

1. 创建图纸

在"视图"选项卡下的"图纸组合"面板上单击"图纸"命令，如图 4-26（a）所示，弹出"新建图纸"对话框。在"新建图纸"对话框中，选择"A3 公制"标题栏，然后单击"确定"按钮，如图 4-26（b）所示，则已在项目中创建图纸，如图 4-26（c）所示。

创建图纸

将鼠标移动至"项目浏览器"面板"楼层平面"下的"一层平面图"，如图 4-27（a）所示，并持续按压鼠标左键（单击不松手）选择"一层平面图"并将其移动至"标题栏"合适位置，松开鼠标左键进行放置，如图 4-27（b）所示，这样带图框的一层平面图即创建完成，如图 4-27（c）所示。

(a)

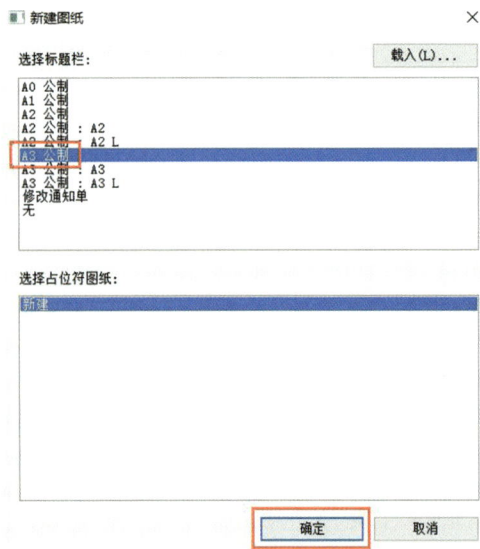

(b)

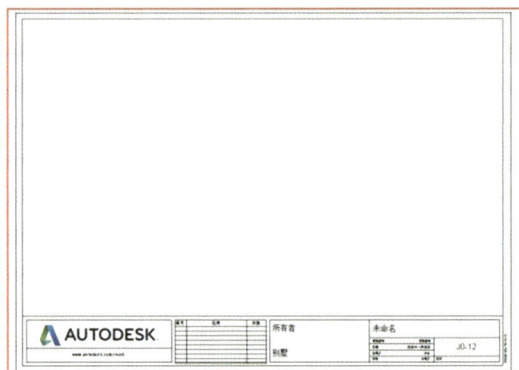

(c)

图 4-26

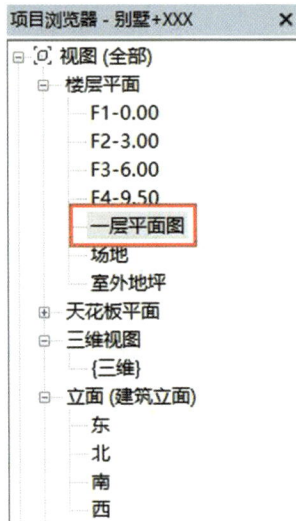

(a)

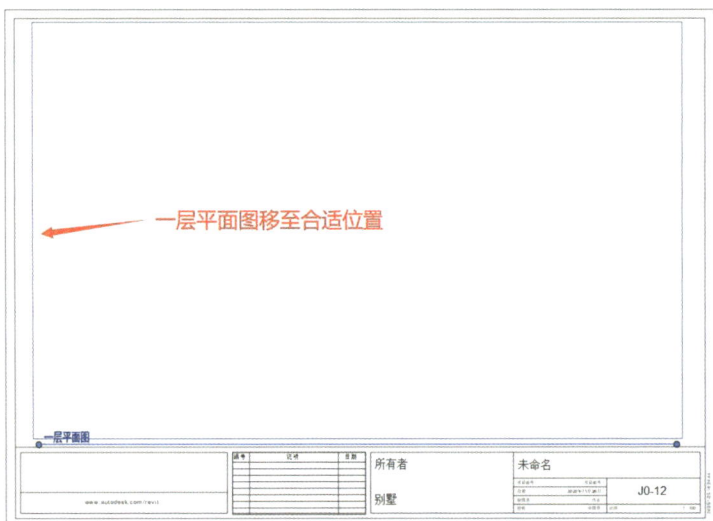

一层平面图移至合适位置

(b)

图 4-27

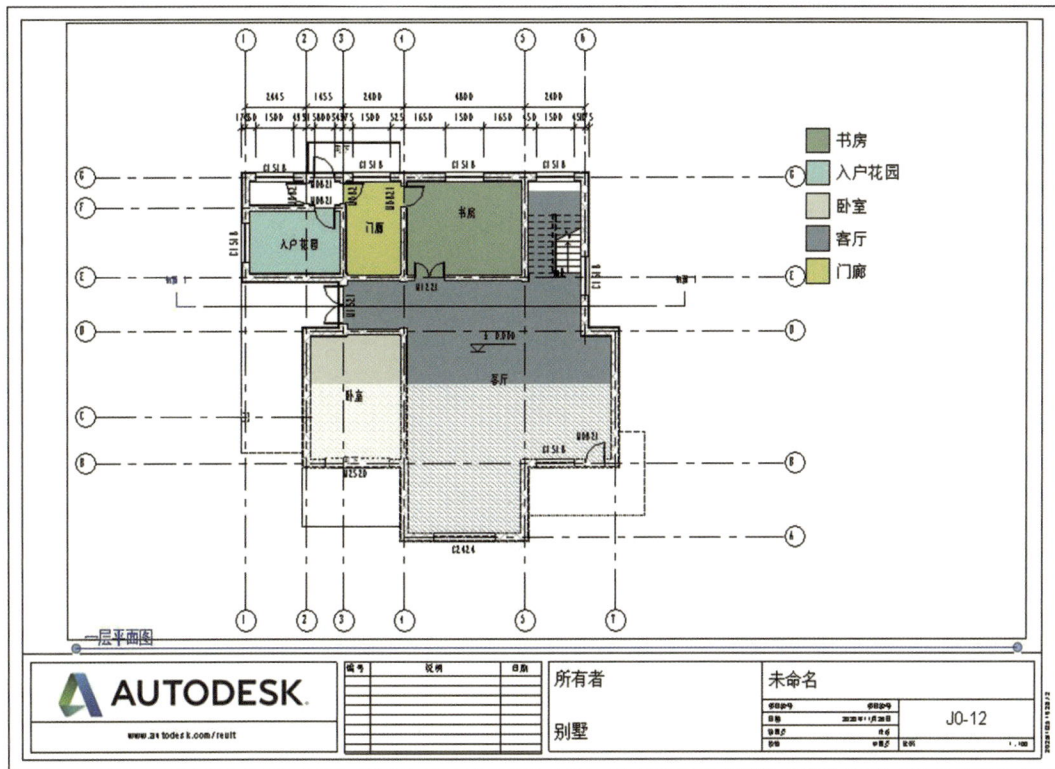

(c)

续图 4-27

2. 视图比例调整

　　将鼠标移动至"一层平面图"上快速双击鼠标左键,进入"一层平面图",可以看到视图比例默认值即为 1∶100,因此无须调整,如图 4-28 所示。将鼠标移动出"一层平面图"并快速双击鼠标左键,退出"一层平面图",完成视图比例调整。

视图比例调整

图 4-28

3. 修改图纸编号和名称

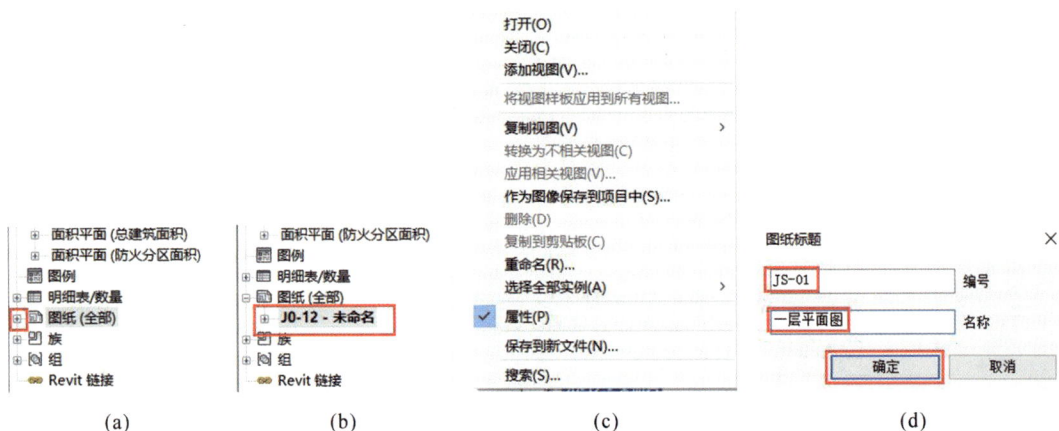

在"项目浏览器"面板上"图纸(全部)"前的 ⊞ 处单击鼠标左键,如图 4-29(a)所示,展开"图纸(全部)",如图 4-29(b)所示。将鼠标移至"J0-12-未命名"处单击鼠标右键,点击"重命名",如图 4-29(c)所示,弹出"图纸标题"对话框,将"图纸标题"对话框中的"编号"修改为"JS-01",将"名称"修改为"一层平面图",点击"确定"按钮完成图纸编号和名称的修改,如图4-29(d)所示。

修改图纸
编号和名称

| (a) | (b) | (c) | (d) |

图 4-29

此时,一层平面图的图纸编号和名称修改完成,如图 4-30 所示。

图 4-30

4.2.3　拓展任务

1. 图纸标题样式修改

将鼠标移动至"一层平面图"上单击鼠标左键,在"属性选项板"上的"视口"下拉菜单中可以调整图纸标题样式,如图 4-31(a)所示,默认设置"有线条的标题"样式如图 4-31(b)所示。

将"属性"选项板上"视口"下拉菜单中的图纸标题样式修改为"没有线条的标题",如图 4-32(a)所示,则修改后的图纸标题样式如图 4-32(b)所示。

图纸标题
样式修改

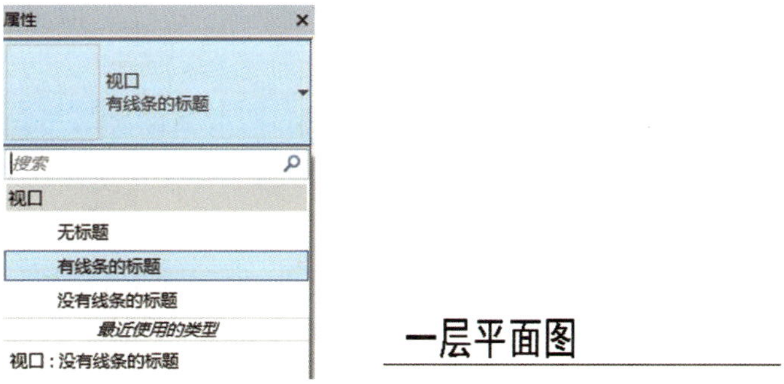

(a)　　　　　　　　　　　　　　(b)

图 4-31

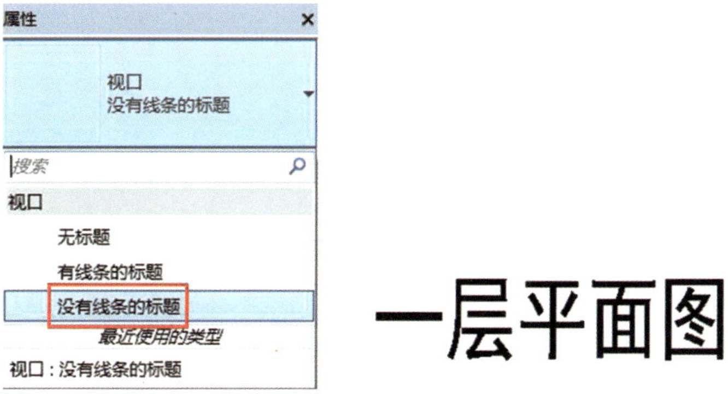

(a)　　　　　　　　　　　　　　(b)

图 4-32

2.移动图纸标题

将鼠标移动至图纸标题"一层平面图",持续按压鼠标左键(单击不松手)选择图纸标题"一层平面图",并将其移动至"标题栏"合适位置,松开鼠标左键进行放置,如图 4-33 所示。

移动
图纸标题

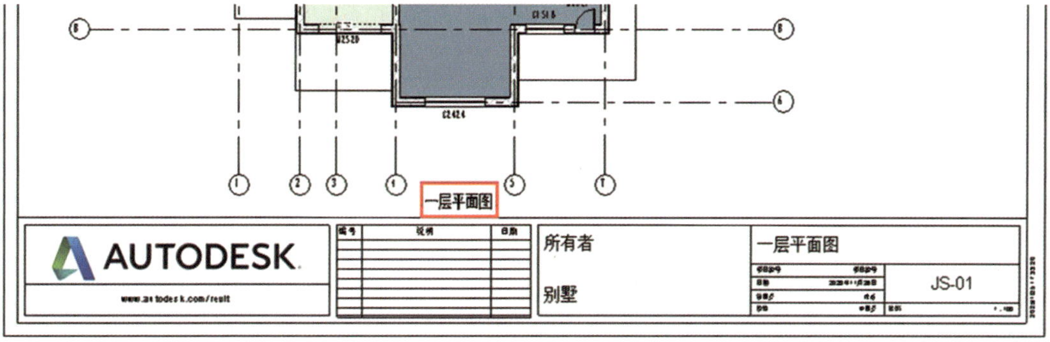

图 4-33

4.2.4　真题任务

1.以 2024 年第四期"1+X"建筑信息模型(BIM)职业技能等级考试——初级——实操试题第三题考题一-3-(2)为例,通过"楼层平面"创建平面视图,题目要求:创建项目一层平面图,创建 A1 公制图纸,将一层平面图插入,并将视图比例调整为 1:200。(2 分)

2.以第二十四期"全国 BIM 技能等级考试"一级试题第四-3-(2)题为例,使用"剖面"命令创建剖面视图,题目要求:建立 A3 尺寸图纸,创建"1—1 剖面图",尺寸、标高、轴线等标注须符合国家房屋建筑制图标准。要求:作图比例:1:100;截面填充样式:实心填充;图纸命名:1—1 剖面图。(8 分)

3.以全国职业院校技能大赛——建筑信息模型建模与应用赛项样题一的"任务 1-1:建筑建模与成果输出"第(11)题为例,通过"楼层平面"创建平面视图,题目要求:输出"一层建筑平面图"。要求符合国家现行制图标准。

> 人是科技创新最关键的因素。
>
> ——习近平

4.3　任务 3:效果展现

4.3.1　学习任务

1.渲染

渲染能为建筑模型创建照片级真实感图像。

将模型切换至"三维视图",并点击"主视图"命令,如图 4-34 所示。在"视图"选项卡下的"图形"面板上单击"渲染"命令,如图 4-35(a)所示,弹出"渲染"对话框,如图 4-35(b)所示。在"渲染"对话框中进行渲染设置,设置完成后单击"渲染"命令,即可进行渲染。

值得注意的是,"渲染"命令仅可在三维视图状态下激活,在平面视图、立面视图以及剖面视图状态下无法进行渲染。

2.漫游

漫游是创建模拟观测建筑模型的虚拟巡视,以生成动画展示模型。

进入项目平面视图,单击"视图"选项卡下"创建"面板上"三维视图"下拉菜单中的"漫游"命令,进入"修改|漫游"界面,如图 4-36 所示。

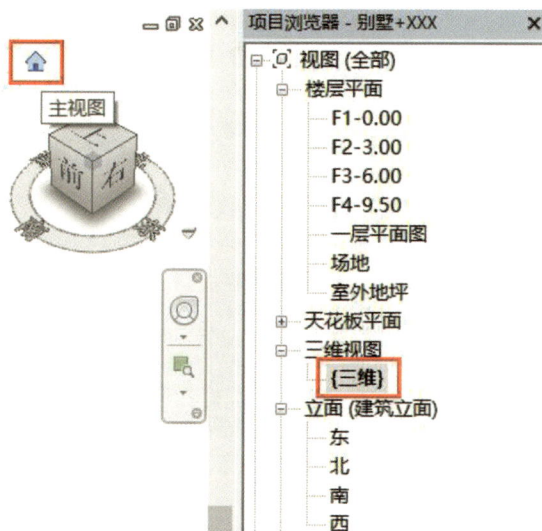

图 4-34

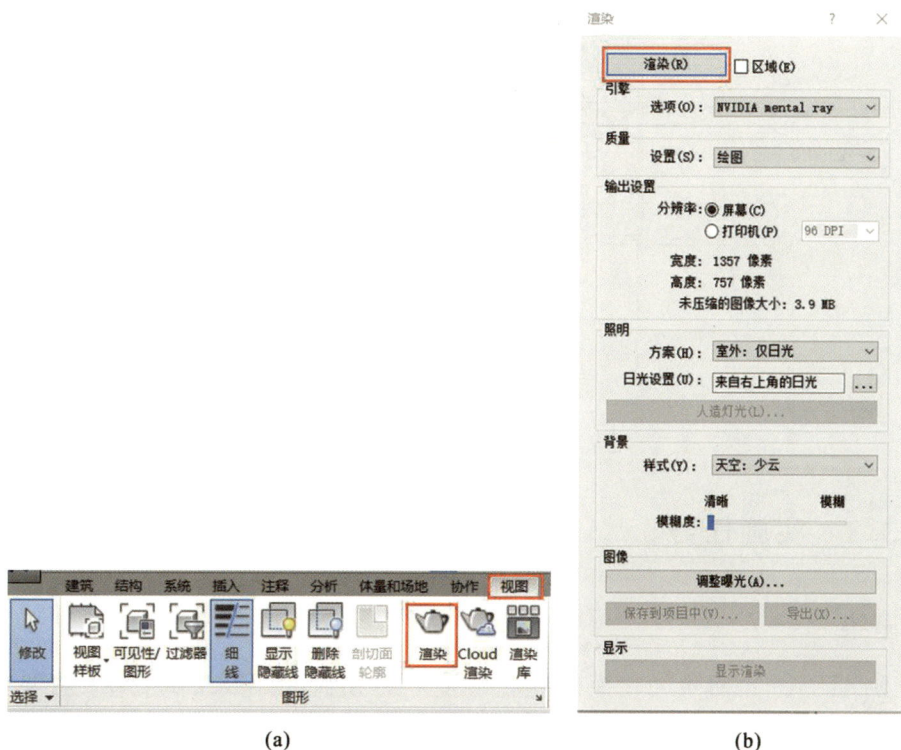

(a)　　　　　　　　　　(b)

图 4-35

在平面视图合适位置单击鼠标可以放置一个漫游关键帧(关键帧是指可在其中修改相机方向和位置的可修改帧),接着移动鼠标至合适位置并单击鼠标左键以继续放置漫游关键帧,继续此操作可以创建关键帧路径,如图 4-37 所示。放置完所有漫游关键帧后双击"Esc"键即完成"漫游"创建。

图 4-36

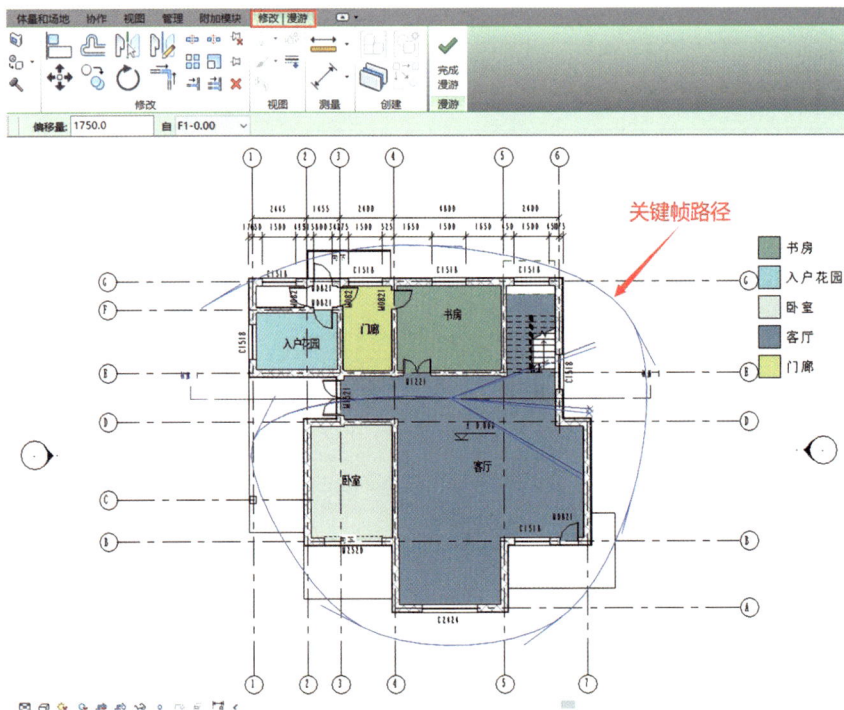

图 4-37

4.3.2 实施任务

1. 渲染

由"别墅"项目题目可知,"模型渲染(2 分)"要求如下,对房屋的三维模型进行渲染,质量设置为中,设置背景为"天空:少云",照明方案为"室外:日光和人造光",其他未标明选项不做要求,结果以"别墅渲染.JPG"为文件名保存至本题文件夹中,如图 4-38 所示。

将模型切换至"三维视图",并点击"主视图"命令,如图 4-39 所示。

渲染

三、综合建模（以下两道考题，考生二选一作答）（40分）

考题一：根据以下要求和给出的图纸，创建模型并将结果输出。在本题文件夹下新建名为"第三题输出结果+考生姓名"的文件夹，将本题结果文件保存至该文件夹中。（40分）

1. BIM 建模环境设置（2分）

设置项目信息：①项目发布日期：2020年11月26日；②项目名称：别墅；③项目地址：中国北京市

2. BIM 参数化建模（30分）

（1）根据给出的图纸创建标高、轴网、柱、墙、门、窗、楼板、屋顶、台阶、散水、楼梯等，阳台栏杆尺寸及类型自定。门窗需按门窗表尺寸完成，窗台自定义，未标明尺寸不做要求。（24分）

（2）主要建筑构件参数要求如下：（6分）

外墙：350，10厚灰色涂料、30厚泡沫保温板、300厚混凝土砌块、10厚白色涂料；内墙：240，10厚白色涂料、220厚混凝土砌块、10厚白色涂料；女儿墙：120厚砖砌体；楼板：150厚混凝土；屋顶：125厚混凝土；柱子尺寸为300×300；散水宽度600，厚度50。

3. 创建图纸（5分）

（1）创建门窗明细表，门明细表要求包含：类型标记、宽度、高度、合计字段；窗明细表要求包含：类型标记、底高度、宽度、高度、合计字段；并计算总数。（3分）

（2）创建项目一层平面图，创建A3公制图纸，将一层平面图插入，并将视图比例调整为1:100。（2分）

4. 模型渲染（2分）

对房屋的三维模型进行渲染，质量设置：中，设置背景为"天空：少云"，照明方案为"室外：日光和人造光"，其他未标明选项不做要求，结果以"别墅渲染.JPG"为文件名保存至本题文件夹中。

5. 模型文件管理（1分）

将模型文件命名为"别墅+考生姓名"，并保存项目文件。

图 4-38

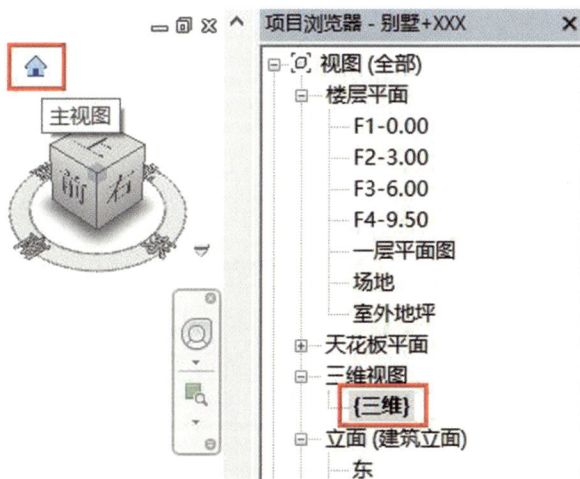

图 4-39

在"视图"选项卡下的"图形"面板上单击"渲染"命令，如图4-40（a）所示，弹出"渲染"对话框，在"渲染"对话框中将"质量"设置为"中"，"背景"设置为"天空：少云"，"照明方案"设置为"室外：日光和人造光"，设置完成后单击"渲染"按钮，即可进行渲染，如图4-40（b）所示。

使用Revit进行渲染时，会弹出"渲染进度"对话框，从对话框上可以看到渲染进度，如图4-41所示。渲染需要一定时间，且随着模型体量的增大，渲染时长也会增加，渲染过程中尽量不要操作软件以免造成软件出现问题。

渲染完成后，会显示渲染成果，如图4-42（a）所示，如对渲染结果不满意，可以继续调整"渲染"对话框中的渲染设置，如对渲染结果满意，则可在"渲染"对话框中单击"导出"按钮，如图4-42（b）所示，此时弹出"保存图像"对话框，在此对话框中选择合适位置（"第

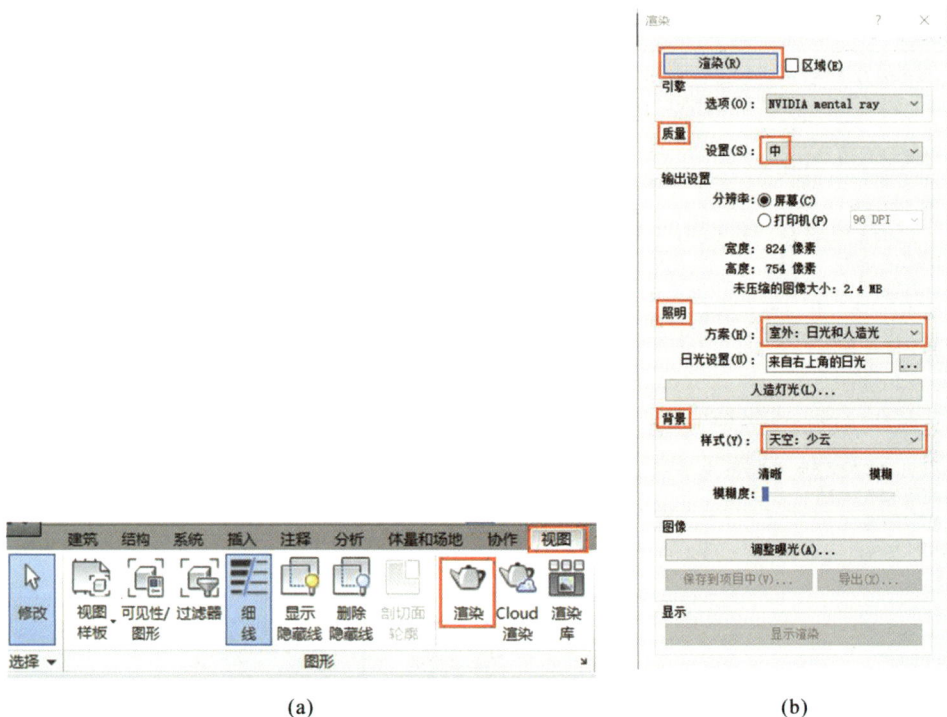

(a) (b)

图 4-40

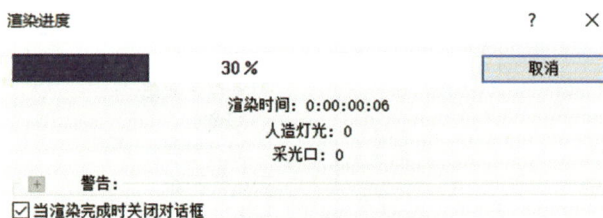

图 4-41

三题输出结果＋XXX"文件夹),修改"文件名"为"别墅渲染","文件类型"选择"JPEG 文件(＊.jpg,jpeg)",并单击"保存"按钮,如图 4-42(c)所示,此时"第三题输出结果＋XXX"文件夹下已创建好渲染成果图片,渲染完成。

2. 漫游

漫游

在"项目浏览器"中双击平面视图中的楼层平面,切换到"F1-0.00"平面视图,单击"视图"选项卡下"创建"面板上"三维视图"下拉菜单中的"漫游"命令,进入"修改|漫游"界面,如图 4-43 所示。

在平面视图中的合适位置单击鼠标可以放置一个漫游关键帧,接着移动鼠标至合适位置并单击鼠标左键以继续放置漫游关键帧,继续此操作可以创建关键帧路径,放置完漫游关键帧后单击"Esc"键进入"修改|相机"界面,点击"漫游"面板上的"编辑漫游"命令,如图 4-44 所示,此时进入"编辑漫游"界面。

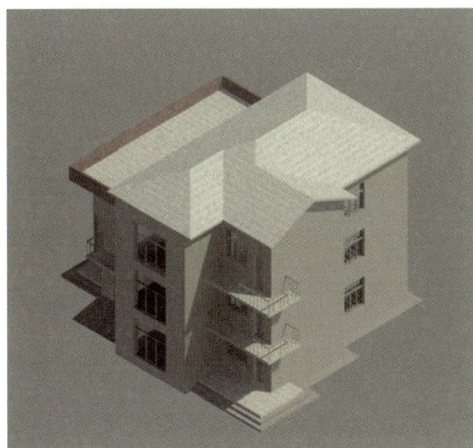
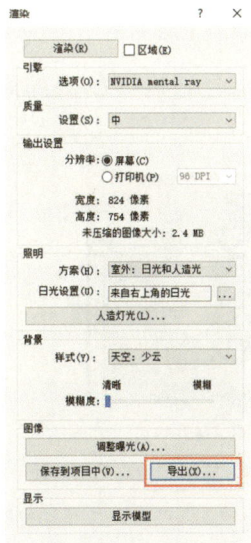

(a)　　　　　　　　　　　(b)

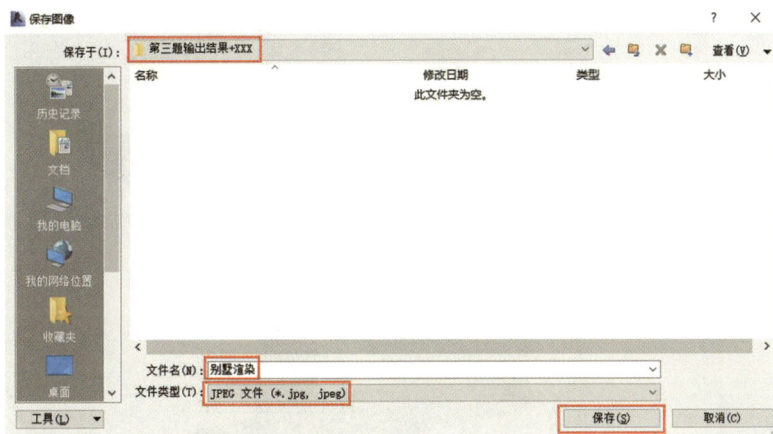

(c)

图 4-42

图 4-43　　　　　　　　　　　　　　图 4-44

　　在"编辑漫游"界面可调整每一个关键帧的相机方向,以保证相机可以拍摄到需展示的建筑模型区域。将鼠标移至"漫游:移动目标点"上持续按压鼠标左键(单击不松手)并移动至合适位置,松开鼠标左键进行放置以调整相机方向,如图 4-45 所示,此时完成一个关键帧相机方向调整。

点击"漫游"面板上的"上一关键帧"命令,如图 4-46 所示,重复上述关键帧相机方向调整操作,即可继续调整这一关键帧相机方向。类似地,将全部关键帧相机方向调整至合适位置以保证相机可拍摄到需展示的建筑模型区域,完成后点击"打开漫游"命令以调整漫游视口。

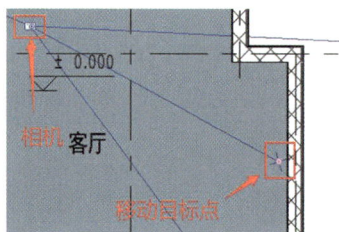

图 4-45

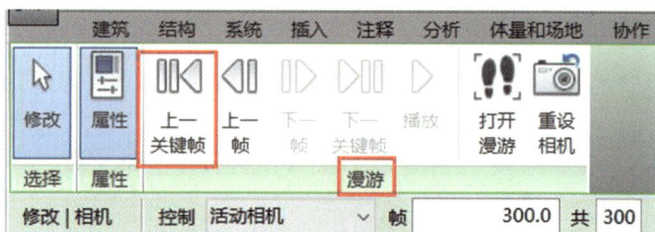

图 4-46

滑动鼠标滚轮调整漫游视口至合适位置,拖拽控制点调整漫游视口大小,将"视觉样式"调整为"着色",点击"播放"命令即可播放漫游视频,如图 4-47 所示。

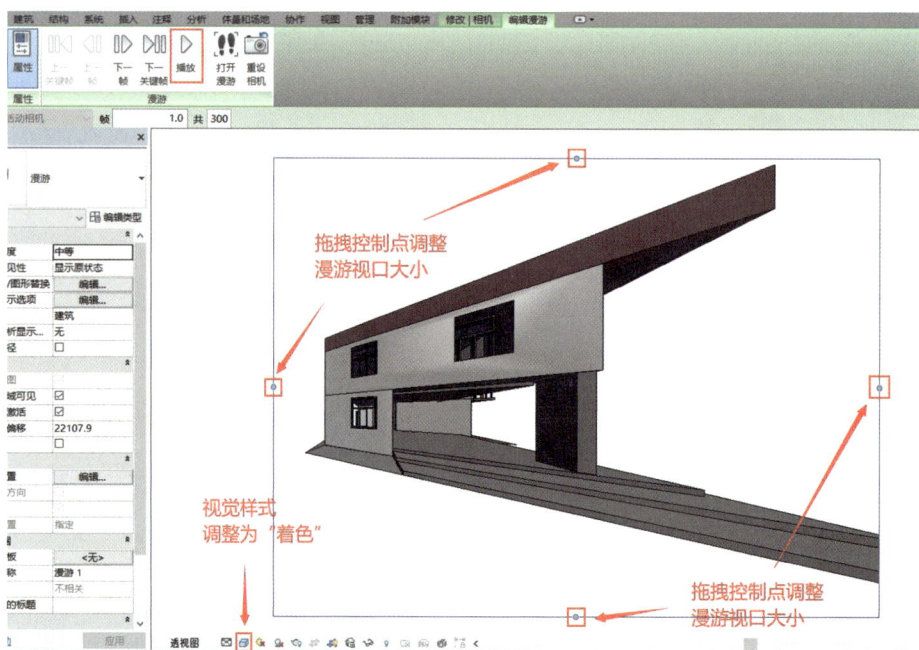

图 4-47

漫游视频符合要求即完成设置,如果漫游视频需要调整,则继续上述编辑漫游操作直至漫游视频符合要求。

4.3.3 拓展任务

1.明细表成果导出

在 Revit 软件中,创建的明细表可导出报告文本(.txt 格式)。

在"项目浏览器"中双击"明细表/数量"门明细表,切换到"门明细表"视图,如图 4-48(a)所示。单击软件"应用程序菜单"下拉菜单中的"导出",在"导出"下拉菜单中选择"报告",在"报告"下拉菜单中选择"明细表",如图 4-48(b)所示。

门明细表导出

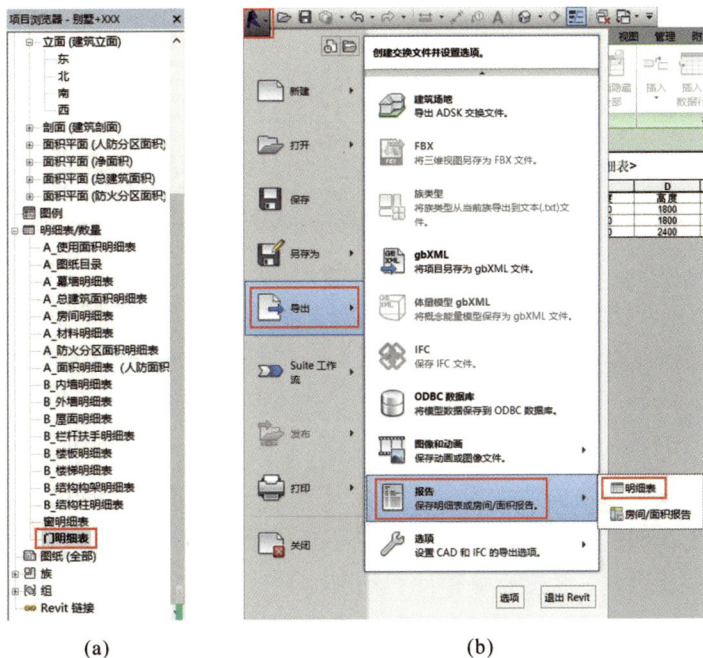

(a)　　　　　　　　　　　(b)

图 4-48

此时弹出"导出明细表"对话框,在此对话框中选择合适位置("第三题输出结果＋XXX"文件夹),修改"文件名"为"门明细表"(默认值),"文件类型"选择"分隔符文本(＊.txt)"(默认值),并单击"保存"按钮,如图 4-49(a)所示,在弹出的"导出明细表"对话框中单击"确定"按钮,如图 4-49(b)所示,此时"第三题输出结果＋XXX"文件夹下已生成导出的门明细表。

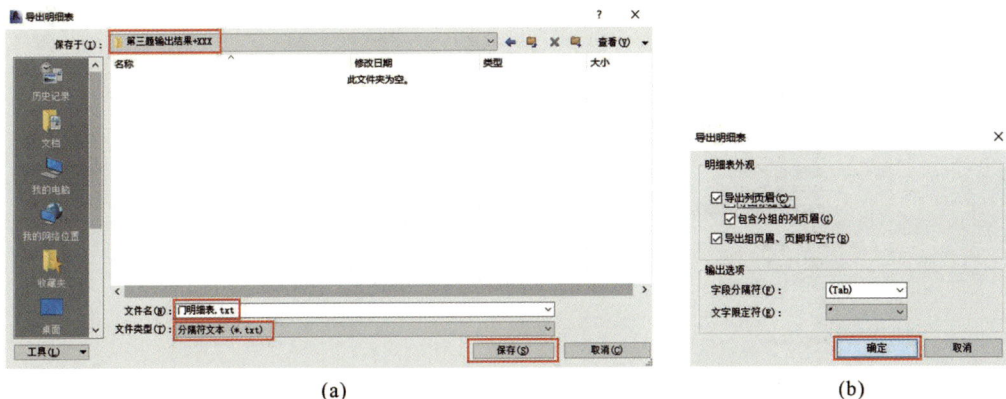

(a)　　　　　　　　　　　(b)

图 4-49

导出的门明细表是文本格式,如图 4-50 所示,可全选门明细表数据并将其复制导入 Excel 表中。

窗明细表导出

图 4-50

导出窗明细表的操作类似,在此不再赘述,建模过程可观看"窗明细表导出"视频学习。

2. 漫游成果导出

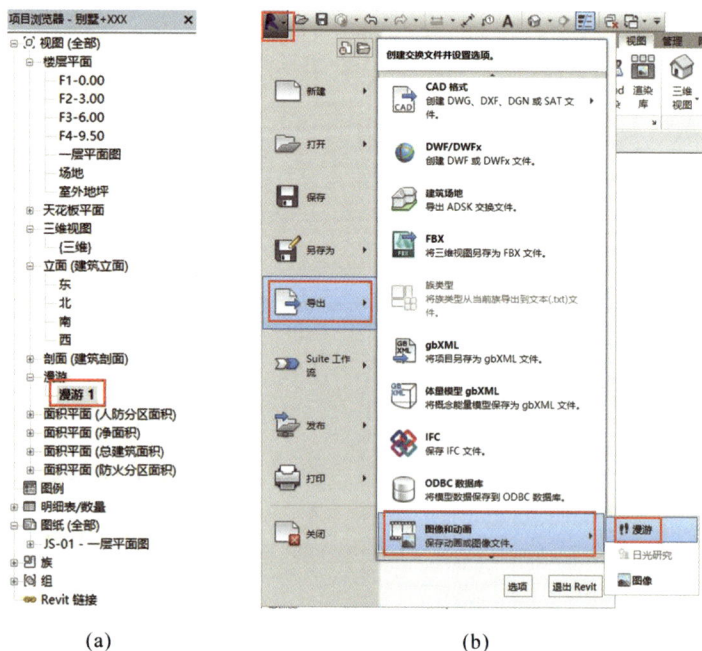

在 Revit 软件中,创建的漫游可导出漫游视频(.avi 格式)。

在"项目浏览器"中双击"漫游 1",进入"漫游"视图,如图 4-51(a)所示。单击软件"应用程序菜单"下拉菜单中的"导出"命令,在"导出"下拉菜单中选择"图像和动画",在"图像和动画"下拉菜单中选择"漫游"命令,如图 4-51(b)所示。

漫游成果导出

(a)   (b)

图 4-51

　　此时弹出"长度/格式"对话框,在此对话框中单击"确定"按钮,如图 4-52(a)所示,弹出"导出漫游"对话框,在此对话框中选择合适位置("第三题输出结果＋XXX"文件夹),修改"文件名"为"别墅＋XXX 漫游 1"(默认值),"文件类型"选择"AVI 文件(＊.avi)"(默认值),并单击"保存"按钮,如图 4-52(b)所示,在弹出的"视频压缩"对话框中单击"确定"按钮,如图 4-52(c)所示,则软件开始在"第三题输出结果＋XXX"文件夹下导出漫游视频。

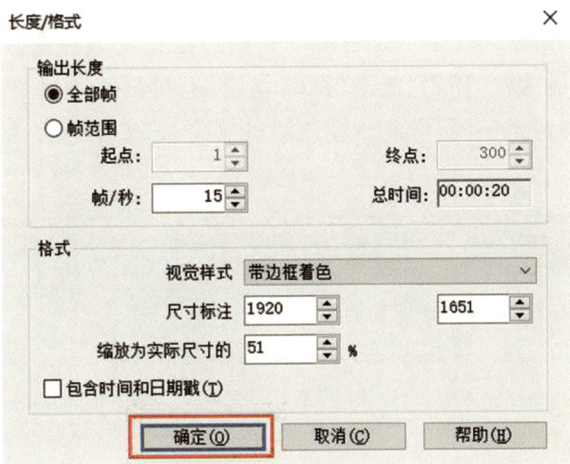

(a)

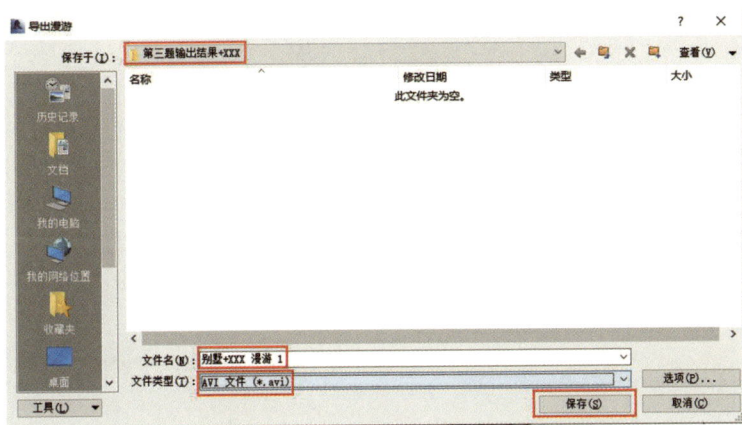

(b)

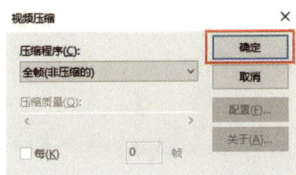

(c)

图 4-52

　　导出漫游视频需要一定时间,且随着模型体量及漫游时长的增加,导出时长也会增加,在漫游视频导出过程中尽量不要操作软件,以免造成软件出现问题。

4.3.4　真题任务

　　1.以 2024 年第四期"1＋X"建筑信息模型(BIM)职业技能等级考试——初级——实操试题第三题考题一-4 为例,使用"渲染"命令对模型渲染,题目要求:对建筑的三维模型进行渲染,质量设置为中,背景为"天空:少云",照明方案为"室外:日光和人造光",其他未标明选项不做要求,并将渲染结果以"教学楼.JPG"为文件名保存至本题文件夹中。(2分)

2.以全国职业院校技能大赛——建筑信息模型建模与应用赛项样题一的"任务 1-4:BIM 深化设计"第(7)题为例,使用"渲染"命令对模型进行渲染,题目要求:输出"模型渲染图"。要求选取项目全专业模型东南向鸟瞰正等轴测侧视图视角,采用真实感视觉模式。

3.以全国职业院校技能大赛——建筑信息模型建模与应用赛项样题一的"任务 1-4:BIM 深化设计"第(8)题为例,使用"漫游"命令创建漫游视频,题目要求:输出"室外全景漫游视频"。要求视频绕建筑一周,能看到建筑物外观全景,视角合理,时长不超过 20 秒。

> 掌握新技术,要善于学习,更要善于创新。
>
> ——邓小平

✎ 技术前沿

物联网与智能感知

搭建智能传感器网络进行实时数据收集与监控:在建筑工地安装物联网设备和传感器,可以实时收集施工现场的数据,如人员位置、设备状态、环境参数等,这些数据可用于实时监控施工进度、质量和安全,提高施工效率和管理水平。

学习情境 5　参数化族创建与编辑

学习情境

·目标

掌握创建族并编辑族相关属性的方法,包括拉伸、融合、旋转、放样、放样融合等命令,以及对应的创建空心形状命令;掌握实体编辑方法,包括对齐、偏移、镜像、移动、复制、旋转、修剪/延伸为角、拆分图元、阵列、缩放、删除、创建组等命令。

·任务

	序号	任务描述	典型真题
任务	任务 1:拉伸	掌握使用拉伸命令以及创建空心拉伸命令,创建族并编辑族相关属性的方法; 掌握实体编辑方法,如对齐、偏移、镜像、移动、复制、旋转、修剪/延伸为角、拆分图元、阵列、缩放、删除、创建组等命令	第七期全国 BIM 技能等级考试一级试题第三题
	任务 2:放样	掌握使用放样命令以及创建空心放样命令,创建族并编辑族相关属性的方法; 掌握实体编辑方法,如对齐、偏移、镜像、移动、复制、旋转、修剪/延伸为角、拆分图元、阵列、缩放、删除、创建组等命令	第三期全国 BIM 技能等级考试一级试题第四题
	任务 3:融合	掌握使用融合命令以及创建空心融合命令,创建族并编辑族相关属性的方法; 掌握实体编辑方法,如对齐、偏移、镜像、移动、复制、旋转、修剪/延伸为角、拆分图元、阵列、缩放、删除、创建组等命令	2021 年第七期"1+X"建筑信息模型(BIM)职业技能等级考试——中级(结构工程方向)——实操试题第二题

续表

	序号	任务描述	典型真题
任务	任务 4:旋转	掌握使用旋转命令以及创建空心旋转命令,创建族并编辑族相关属性的方法; 掌握实体编辑方法,如对齐、偏移、镜像、移动、复制、旋转、修剪/延伸为角、拆分图元、阵列、缩放、删除、创建组等命令	2020 年第二期"1＋X"建筑信息模型(BIM)职业技能等级考试——初级——实操试题第一题

·思考

作为一名想要从事 BIM 行业的学生,我们应做好未来的职业规划,下列说法不正确的是(　　)。

A.培养自己的专业技能

B.提高自己的 BIM 应用能力

C.BIM 行业处于时代的风口,无须自身努力就能取得很大成就

D.时刻关注行业的最新需求

5.1　任务 1:拉伸

5.1.1　学习任务

拉伸是通过将二维轮廓沿着垂直于轮廓方向拉伸来创建三维实心形状的操作过程。

在 Revit 初始界面族模块下,点击"新建..."命令,如图 5-1(a)所示,弹出"新族－选择样板文件"对话框,在此对话框下单击鼠标左键选择"公制常规模型",再点击"打开"按钮,如图 5-1(b)所示,即可进入参数化族创建界面。

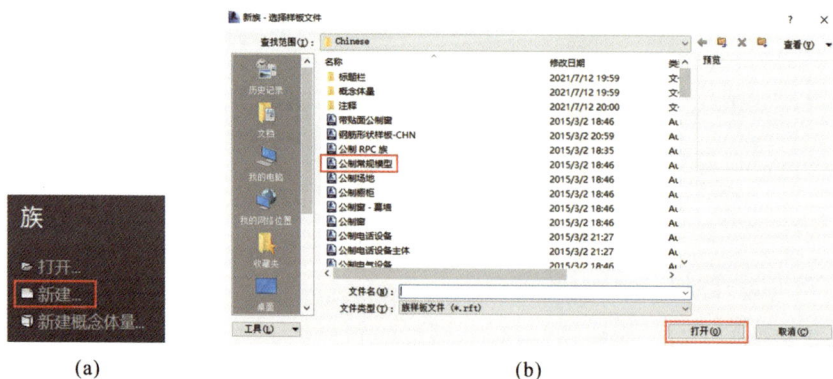

(a)　　　　　　　　　　　　(b)

图 5-1

在"创建"选项卡下的"形状"面板上单击"拉伸"命令即可创建拉伸参数化族,如图 5-2 所示。

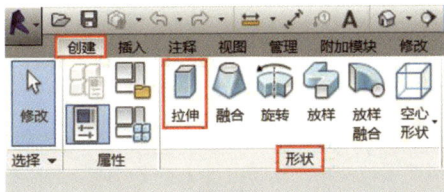

图 5-2

5.1.2　实施（真题）任务

本实施(真题)任务通过全国 BIM 技能等级考试一级试题真题和"1＋X"建筑信息模型(BIM)职业技能等级考试——初级——实操试题中的典型真题,由浅入深、由易至难展开,建模过程可观看对应视频学习。

1.空心砖

空心砖

2021 年第三期"1＋X"建筑信息模型(BIM)职业技能等级考试——初级——实操试题第一题:如图 5-3 所示,根据给定尺寸,创建混凝土空心砖模型,整体材质为"混凝土",请将模型以"空心砖＋考生姓名"为文件名保存至本题文件夹中。（20 分）

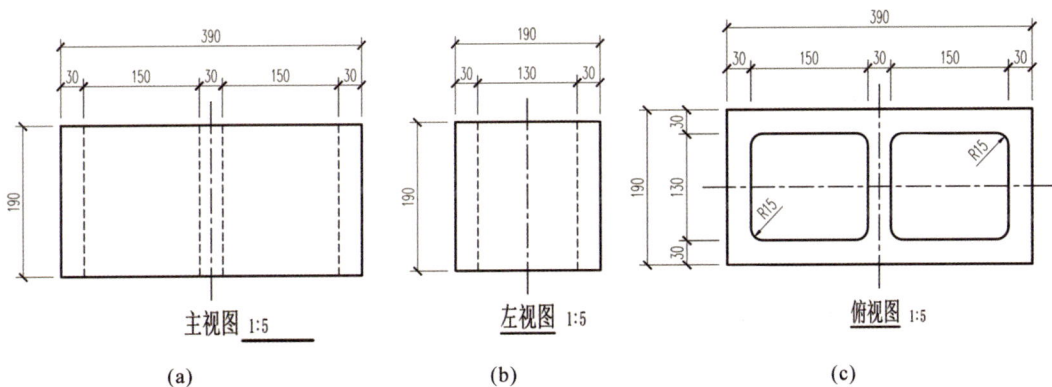

图 5-3

2.台阶

台阶

第十期全国 BIM 技能等级考试一级试题第二题:如图 5-4 所示,根据给定尺寸生成台阶实体模型,并以"台阶"为文件名保存到考生文件夹中。（10 分）

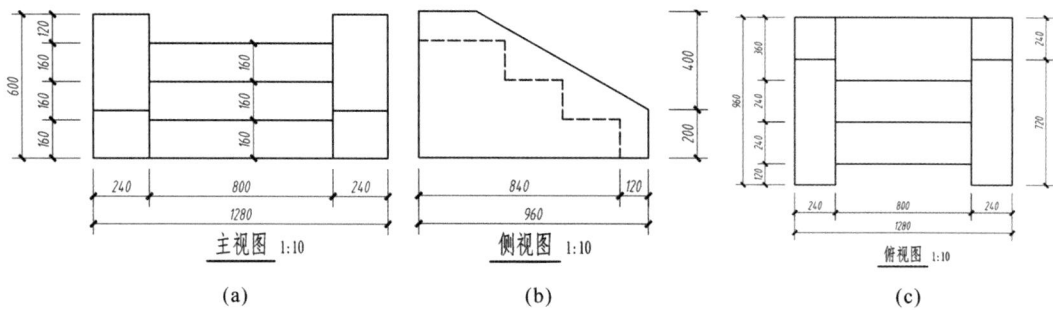

图 5-4

3. 溪石

2021年第四期"1+X"建筑信息模型（BIM）职业技能等级考试——初级——实操试题第一题：如图 5-5 所示，根据给定尺寸，创建石桥模型，整体材质为"溪石"，请将模型以"石桥＋考生姓名"为文件名保存至本题文件夹中。（20 分）

石桥

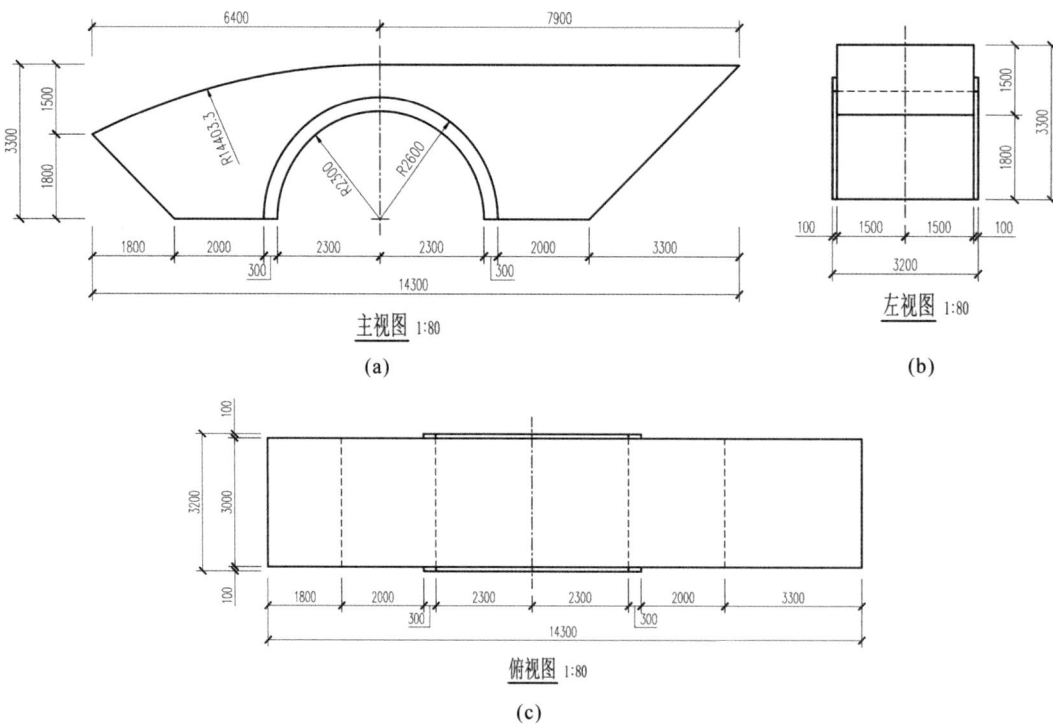

图 5-5

4. 餐桌

2022 年第二期"1＋X"建筑信息模型(BIM)职业技能等级考试——初级——实操试题第一题:如图 5-6 所示,根据给定尺寸,创建餐桌模型,桌面材质为"橡木",其余材质为"不锈钢",请将模型以"餐桌＋考生姓名"为文件名保存至本题文件夹中。(20 分)

餐桌

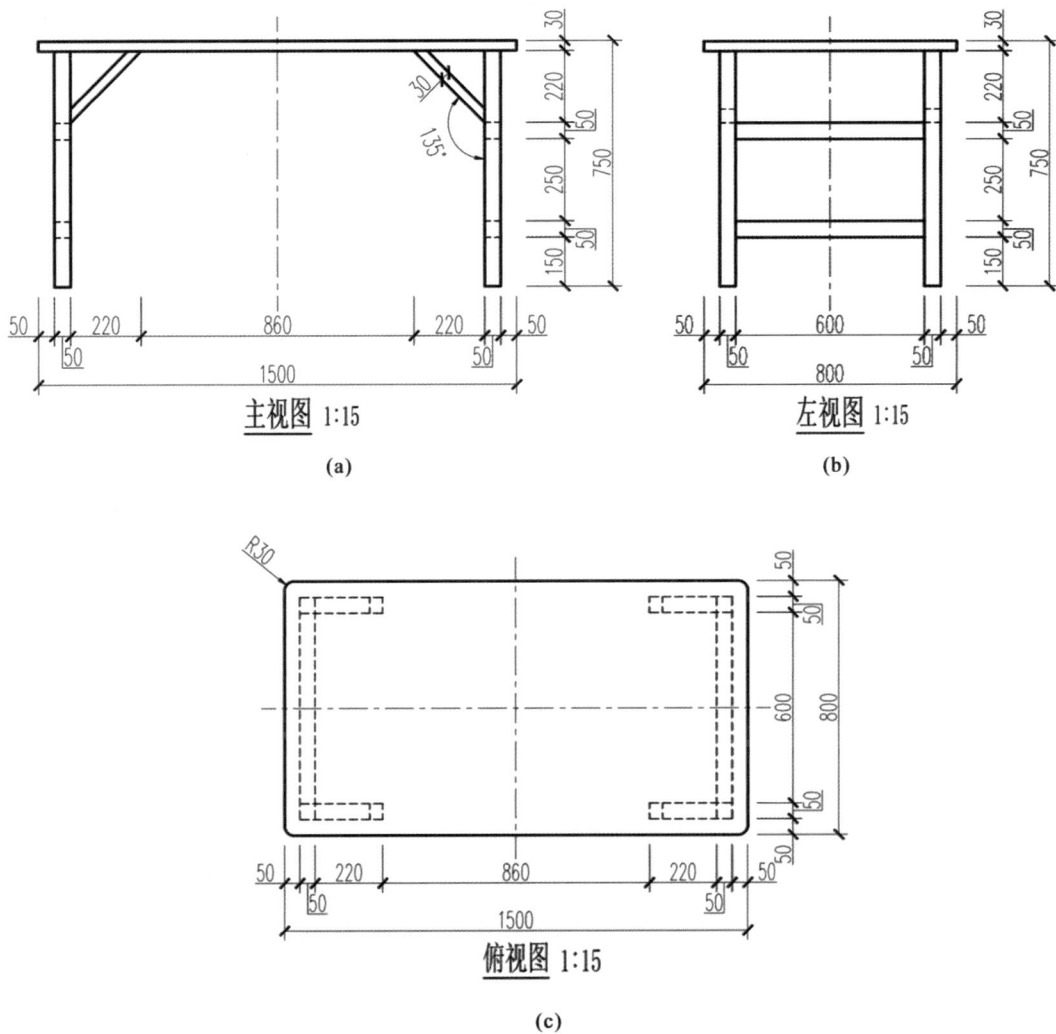

(a)

(b)

(c)

图 5-6

5. 砌块

第十三期全国 BIM 技能等级考试一级试题第一题：如图 5-7 所示，根据给定的投影图及尺寸建立镂空混凝土砌块模型，投影图中所有镂空图案的倒圆角半径均为 10 mm，请将模型文件以"砌块＋考生姓名"为文件名保存到考生文件夹中。（15 分）

砌块

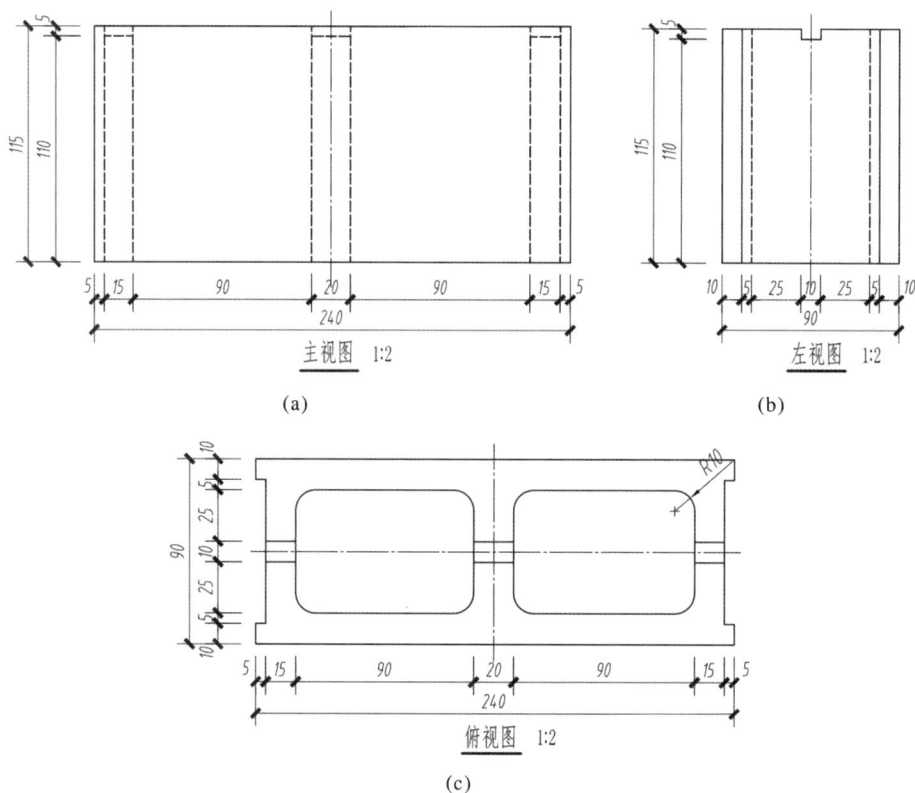

图 5-7

6. 榫卯结构

第七期全国 BIM 技能等级考试一级试题第三题：创建图 5-8 中的榫卯结构，并建在一个模型中，将该模型以构件集保存，命名为"榫卯结构"，保存到考生文件夹中。（10 分）

榫卯结构

7. 鸟居

第十一期全国 BIM 技能等级考试一级试题第三题：如图 5-9 所示，根据给定尺寸，用构件集方式创建模型，整体材质为木材，请将模型以"鸟居＋考生姓名"为文件名保存到考生文件夹中。（20 分）

鸟居

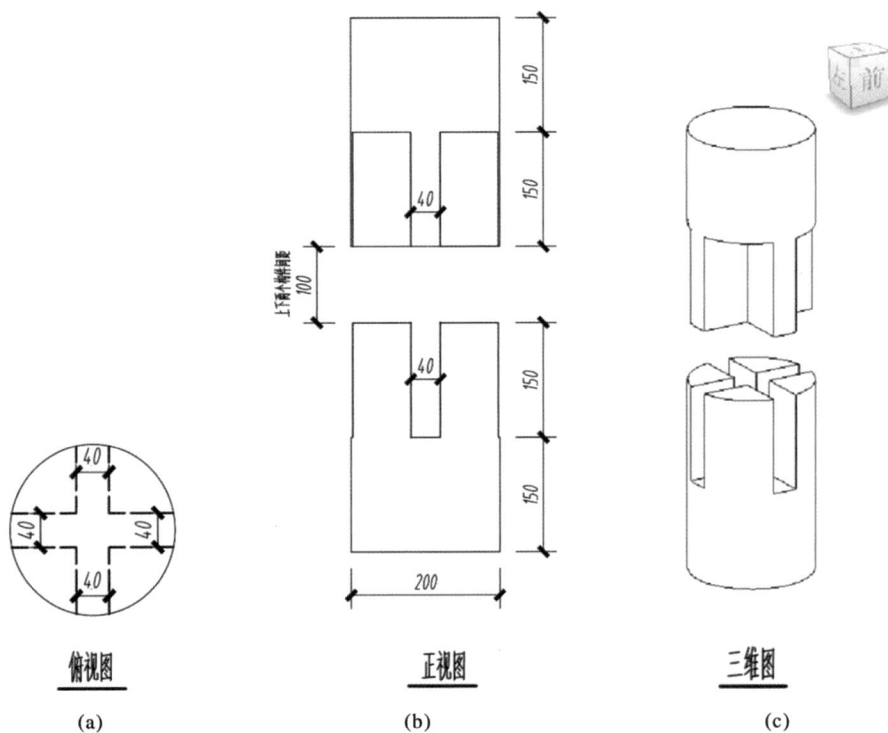

图 5-8

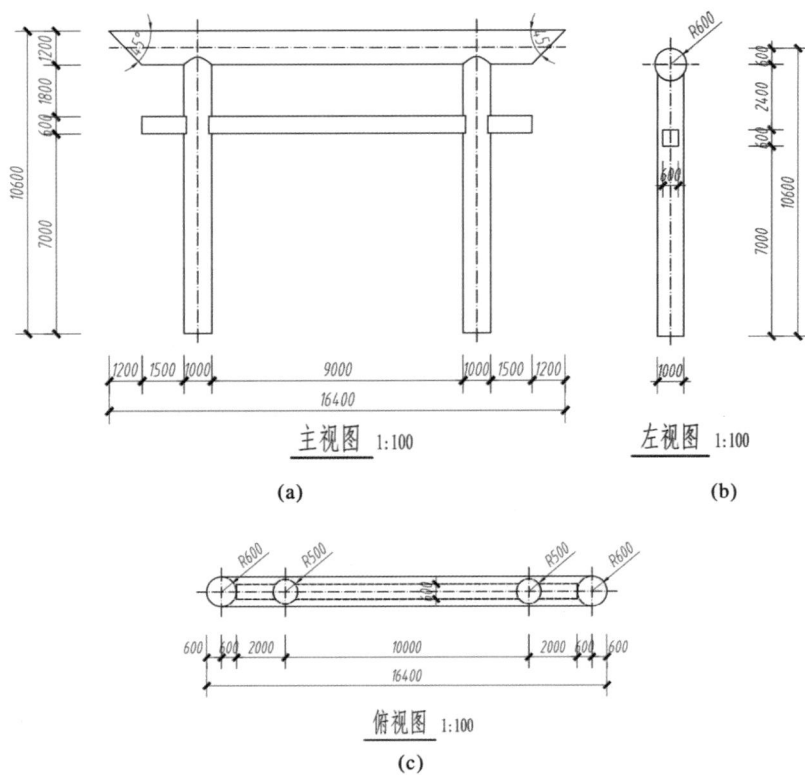

图 5-9

8.凉亭

"1+X"建筑信息模型(BIM)职业技能等级考试——初级样题——实操试题第一题:图 5-10(a)、图 5-10(b)为某凉亭模型的立面图和平面图,请按照图示尺寸建立凉亭实体模型(立体形状如图 5-10(c)所示),请将模型以"凉亭+考生姓名"为文件名保存在考生文件夹中(20 分)。

凉亭

(a)   (b)

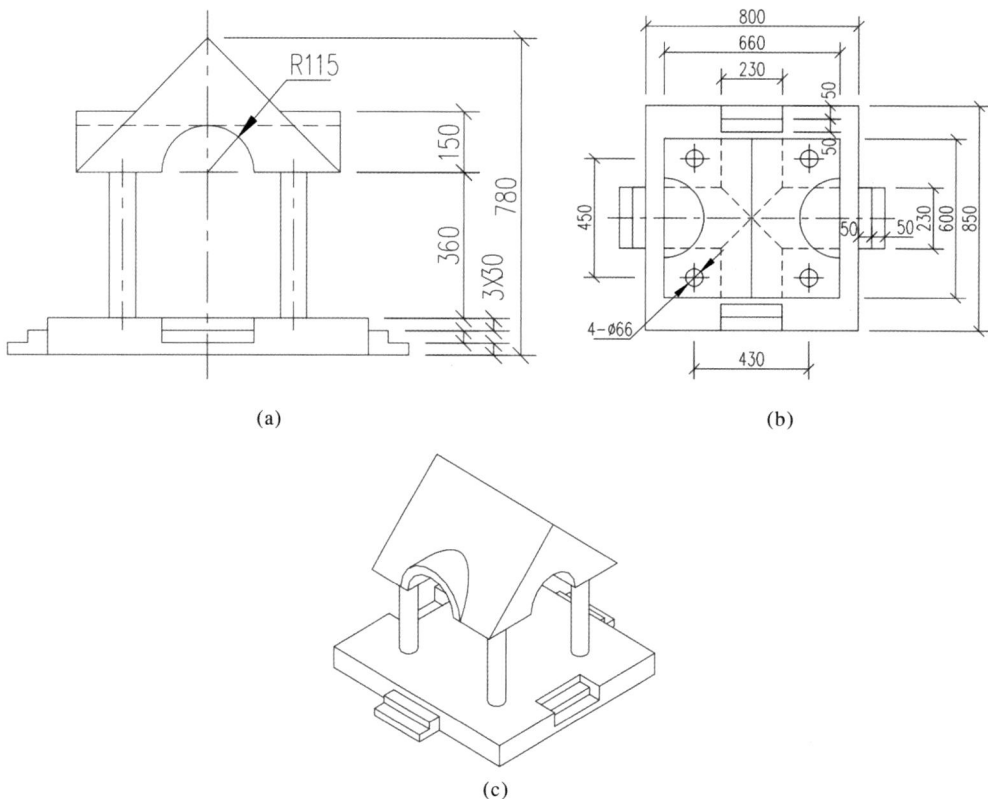

(c)

图 5-10

5.1.3 拓展任务

本拓展任务,通过全国职业院校技能大赛"建筑信息模型建模"赛题(样题)典型真题建模,检验实施(真题)任务学习状况。

1.三桩承台

全国职业院校技能大赛"建筑信息模型建模"赛题(样题)"模块一、构件与零部件建模"任务 1:根据图 5-11 所给 CT3 承台施工图,创建三桩承台的信息模型,并以"任务 1"命名,保存到竞赛文件夹中。

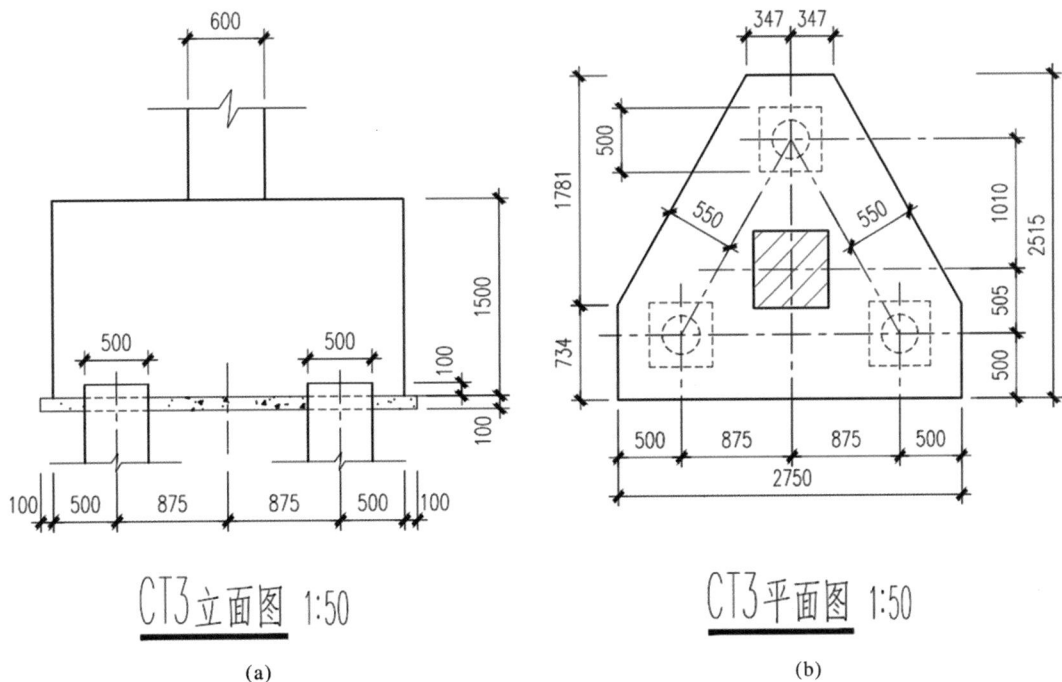

600

1500

100

500　500

100

100　500　875　875　500　100

CT3立面图 1:50

(a)

347 347

500

1781

734

550　550

1010

2515

505

500

500　875　875　500

2750

CT3平面图 1:50

(b)

图 5-11

2. 七桩承台

全国职业院校技能大赛"建筑信息模型建模"赛题（样题）"模块一、构件与零部件建模"任务 1：根据图 5-12 所给 CT7 承台施工图，创建七桩承台的信息模型，并以"任务 1"命名，保存到竞赛文件夹中。

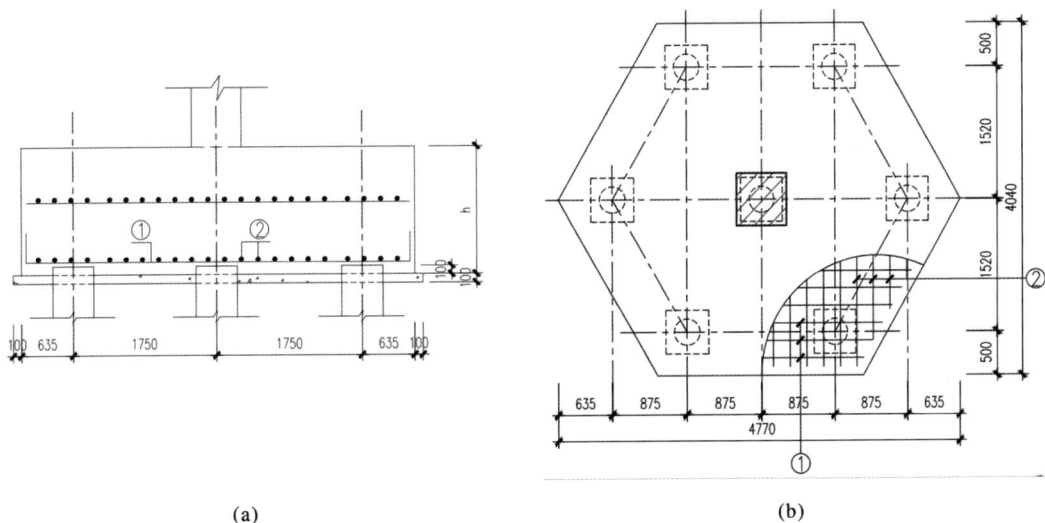

h

100 635　1750　1750　635 100

(a)

500

1520

4040

1520

500

635　875　875　875　875　635

4770

①

②

(b)

图 5-12

能正确地提出问题就是迈出了创新的第一步。

——李政道

5.2　任务2:放样

5.2.1　学习任务

放样是通过创建一条路径和与之垂直的二维轮廓,将二维轮廓沿路径放样来创建三维实心形状的操作过程。

在 Revit 初始界面族模块下,点击"新建..."命令,如图5-13(a)所示,弹出"新族-选择样板文件"对话框,在此对话框下单击鼠标左键选择"公制常规模型",再点击"打开"按钮,如图 5-13(b)所示,即可进入参数化族创建界面。

(a)　　　　　　　　　　　　　　(b)

图 5-13

在"创建"选项卡下的"形状"面板上单击"放样"命令即可创建放样参数化族,如图 5-14 所示。

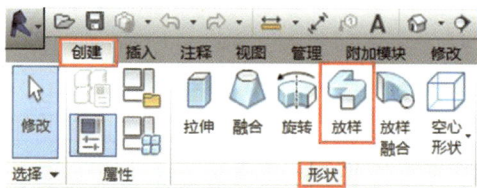

图 5-14

5.2.2　实施（真题）任务

本实施（真题）任务通过全国 BIM 技能等级考试一级试题真题和"1＋X"建筑信息模型（BIM）职业技能等级考试——初级——实操试题中的典型真题，由浅入深、由易至难展开，建模过程可观看对应视频学习。

1.柱顶饰条

第三期全国 BIM 技能等级考试一级试题第四题：根据图 5-15 中给定的轮廓与路径，创建内建构件模型。请将模型文件以"柱顶饰条"为文件名保存到考生文件夹中。（10 分）

柱顶饰条

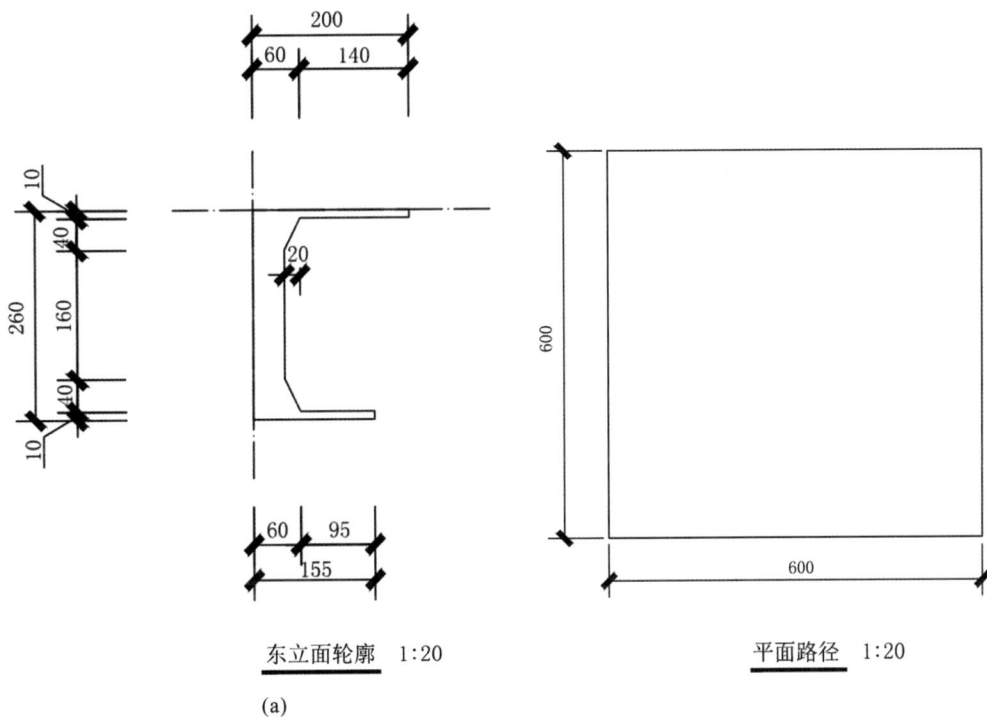

东立面轮廓　1:20　　　　平面路径　1:20

(a)

图 5-15

2.台阶

第十九期全国 BIM 技能等级考试一级试题第一题：如图 5-16 所示，根据给定尺寸建立台阶模型，未标明尺寸不作要求。请将模型文件以"台阶＋考生姓名"为文件名保存到考生文件夹中。（15 分）

台阶

273

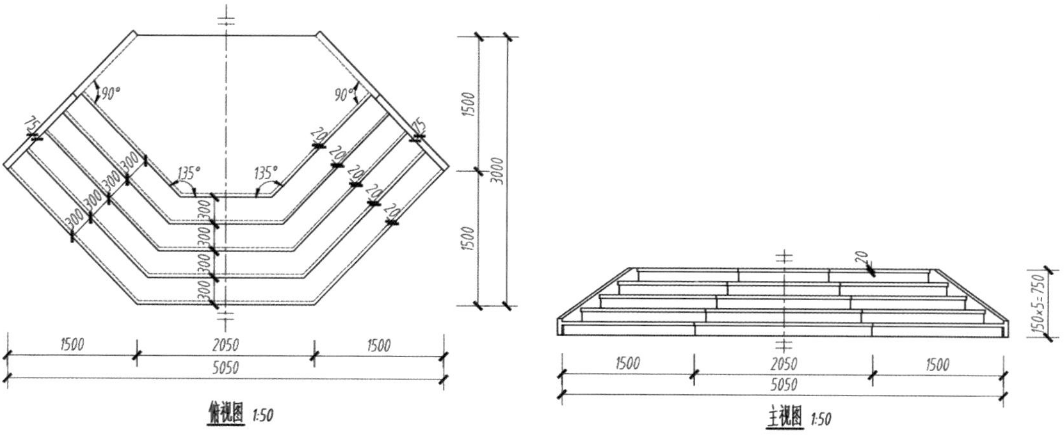

图 5-16

3.装饰门洞

2020 年第四期"1＋X"建筑信息模型(BIM)职业技能等级考试——初级——实操试题第一题:如图 5-17 所示,根据给定尺寸,创建路边装饰门洞模型,门洞内框及中间拉杆材质为"不锈钢",其余材质为"混凝土",拉杆半径 $R=15$ mm,请将模型以"装饰门洞＋考生姓名"为文件名保存至本题文件夹中。(20 分)

装饰门洞

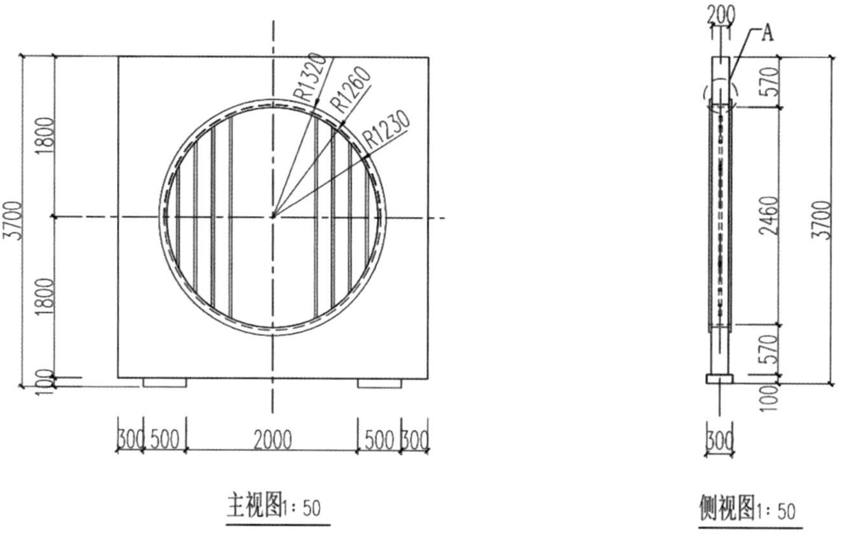

图 5-17

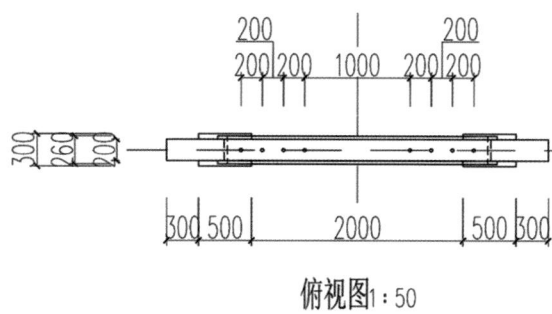

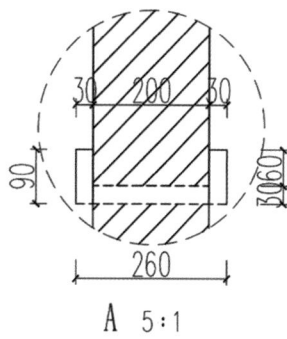

(c)　　　　　　　　　　　　(d)

续图 5-17

4. U 型墩柱

第八期全国 BIM 技能等级考试一级试题第四题：根据图 5-18 给定的数据，用构件集形式创建 U 型墩柱，整体材质为混凝土，请将模型以"U 型墩柱"为文件名保存到考生文件夹中。（20 分）

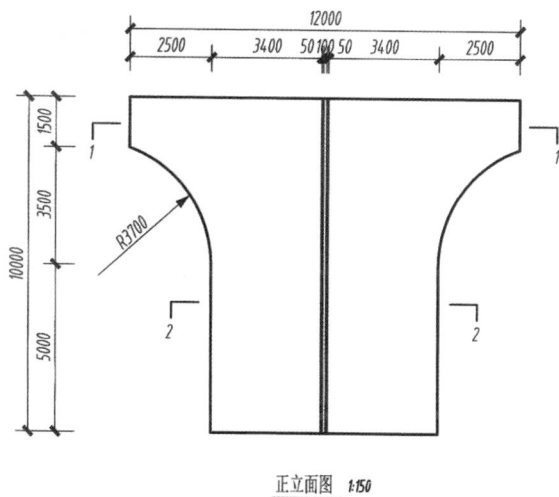

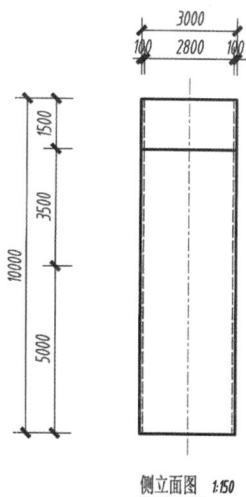

(a)　　　　　　　　　　　　(b)

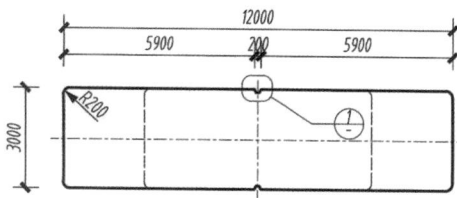

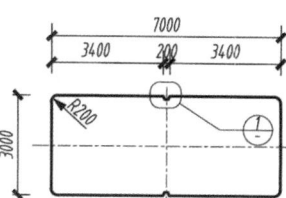

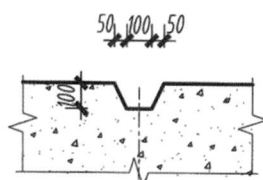

(c)　　　　　　　　(d)　　　　　　　(e)

图 5-18

5. 椅子

2021 年第一期"1＋X"建筑信息模型(BIM)职业技能等级考试——初级——实操试题第一题:根据图 5-19 给定的尺寸,创建椅子模型,坐垫材质为"皮革",其余材质为"红木",请将模型以"椅子＋考生姓名"为文件名保存至本题文件夹中。(20 分)

椅子

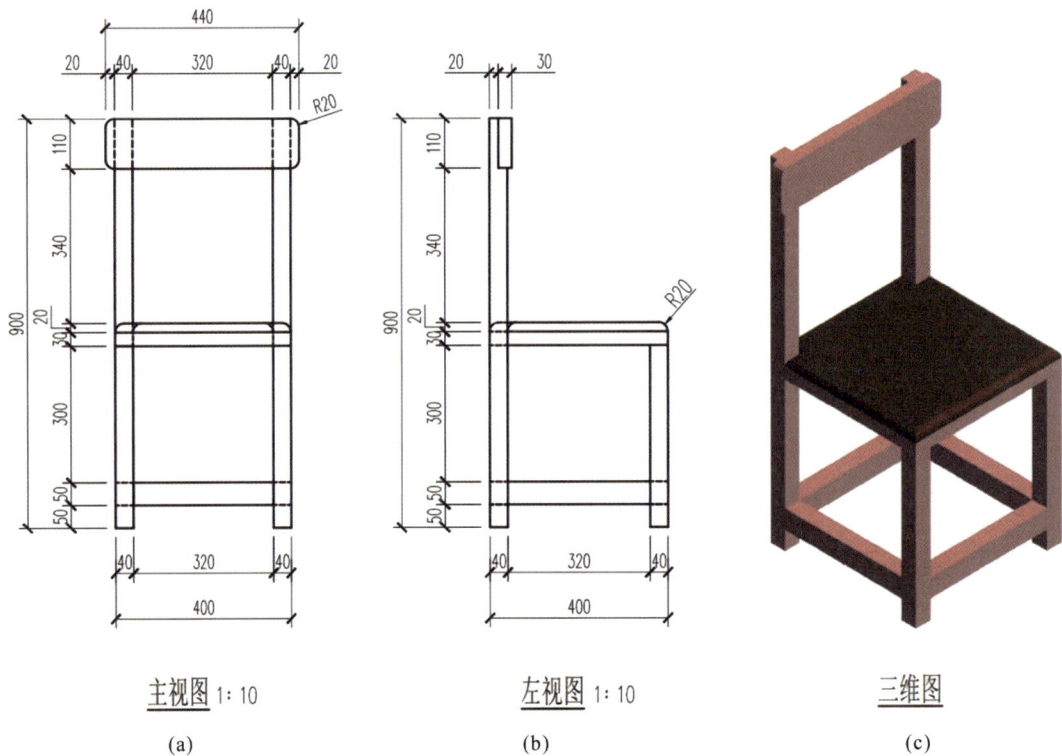

主视图 1:10   左视图 1:10   三维图
(a)   (b)   (c)

图 5-19

6. 英雄纪念碑

2021 年第七期"1＋X"建筑信息模型(BIM)职业技能等级考试——初级——实操试题第一题:根据图 5-20 给定的尺寸,创建英雄纪念碑模型,建模方式不限,文字字体、深度与位置自定义,整体材质为"花岗岩",请将模型以"英雄纪念碑＋考生姓名"为文件名保存至本题文件夹中。(20 分)

英雄纪念碑

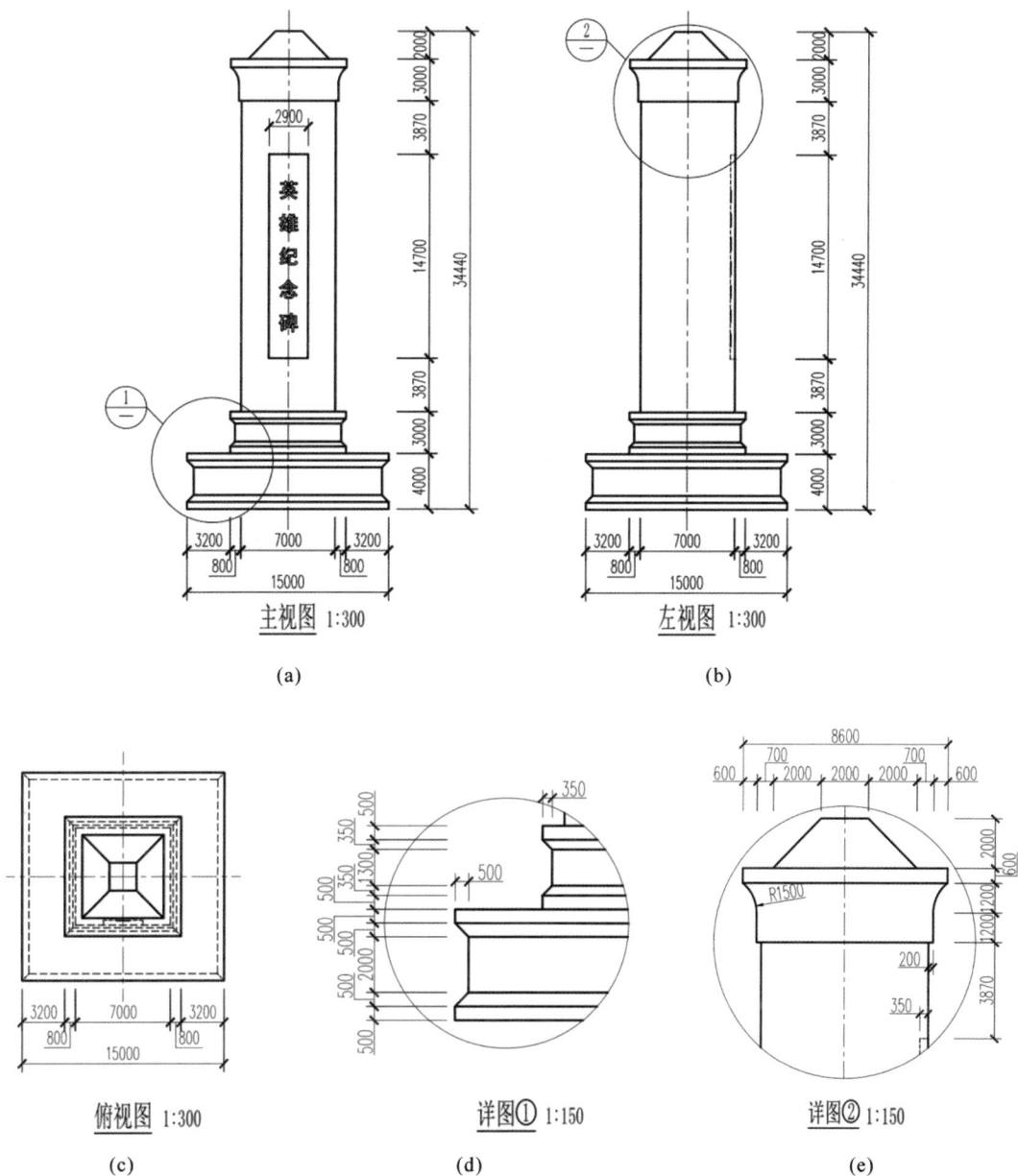

主视图 1:300

(a)

左视图 1:300

(b)

俯视图 1:300

(c)

详图① 1:150

(d)

详图② 1:150

(e)

图 5-20

5.2.3　拓展任务

本拓展任务,通过全国职业院校技能大赛"建筑信息模型建模"赛题(样题)典型真题建模,检验实施(真题)任务学习状况。

全国职业院校技能大赛"建筑信息模型建模"赛题(样题)"模块一、构件与零部件建模"任务1:根据图5-21所给三视图,创建百叶窗(BYC)的信息模型,材质为铝合金,其长度和宽度设置为可变参数,实现不同参数数值下百叶按间距60 mm自动布置,并以"任务1"命名。

图 5-21

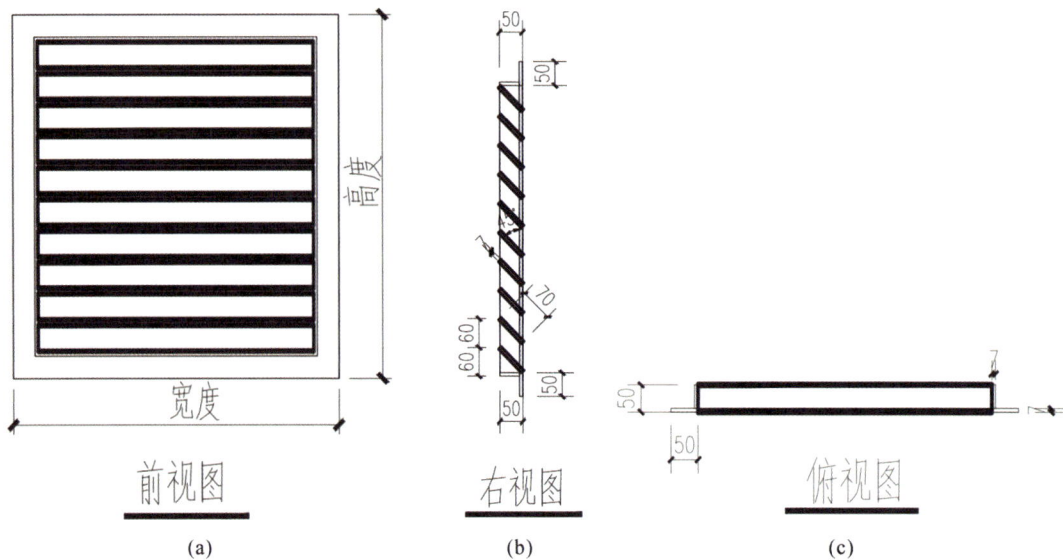

学习要有方法,要有计划,才能事半功倍。

——茅以升

5.3　任务3:融合

5.3.1　学习任务

融合是底部一个二维形状与顶部一个二维形状融合在一起来创建三维实心形状的操作过程,底部和顶部的二维形状可以形状不同,也可投影位置不同。

在Revit初始界面族模块下,点击"新建..."命令,如图5-22(a)所示,弹出"新族-选择样板文件"对话框,在此对话框下单击鼠标左键选择"公制常规模型",再点击"打开"按钮,如图5-22(b)所示,即可进入参数化族创建界面。

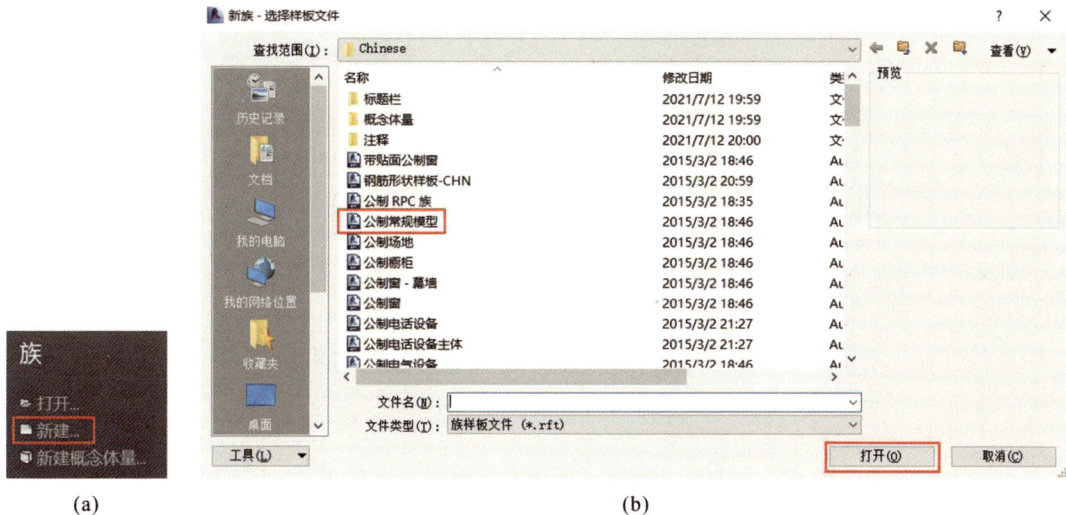

(a)　　　　　　　　　　　　　　　　　(b)

图 5-22

在"创建"选项卡下的"形状"面板上单击"融合"命令即可创建融合参数化族,如图 5-23 所示。

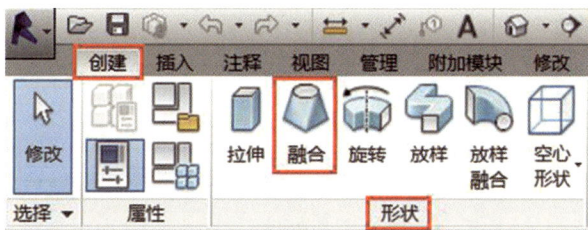

图 5-23

5.3.2　实施(真题)任务

本实施(真题)任务通过全国 BIM 技能等级考试一级试题真题和"1+X"建筑信息模型(BIM)职业技能等级考试——初级——实操试题中的典型真题,由浅入深、由易至难展开,建模过程可观看对应视频学习。

1.柱基

2021 年第二期"1+X"建筑信息模型(BIM)职业技能等级考试——初级——实操试题第一题:根据图 5-24 给定的尺寸,创建柱基模型,整体材质为"混凝土",请将模型以"柱基+考生姓名"为文件名保存至本题文件夹中。(20 分)

柱基

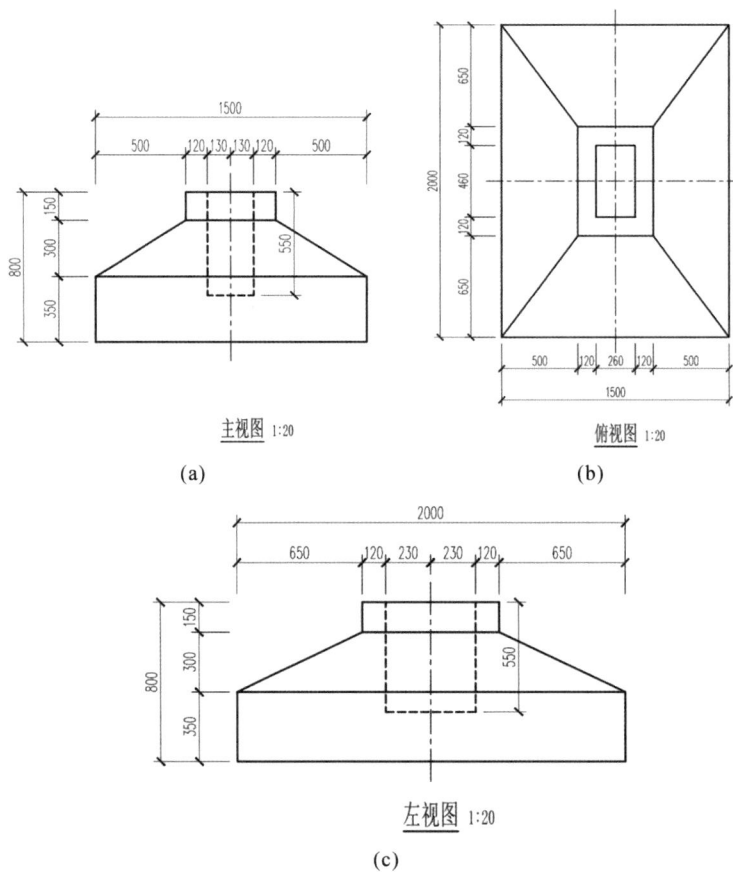

主视图 1:20

(a)

俯视图 1:20

(b)

左视图 1:20

(c)

图 5-24

2. 墩柱

第十七期全国 BIM 技能等级考试一级试题第二题:根据图 5-25 给定的尺寸,用构件集方式创建墩柱,材质为混凝土。请将模型以"墩柱+考生姓名"为文件名保存到考生文件夹中。(15 分)

墩柱

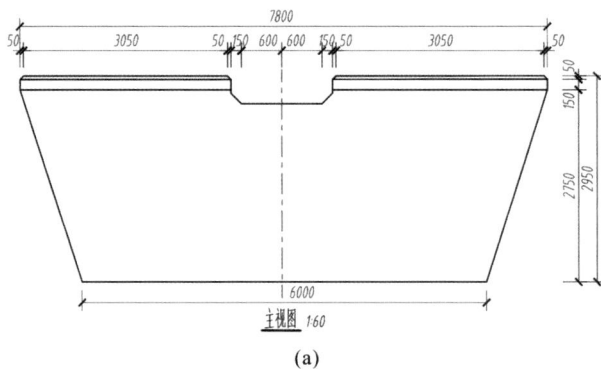

主视图 1:60

(a)

图 5-25

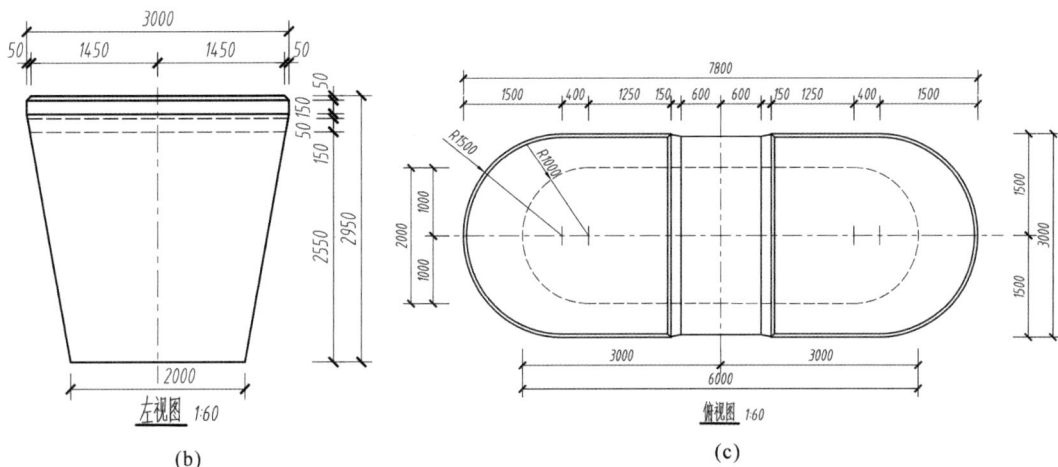

续图 5-25

3. 金字塔

第十七期全国 BIM 技能等级考试一级试题第三题:根据图 5-26 给定的尺寸,用适当方式创建金字塔模型,未标明尺寸的部分不作要求。请将模型以"金字塔＋考生姓名"为文件名保存到考生文件夹中。(20 分)

金字塔

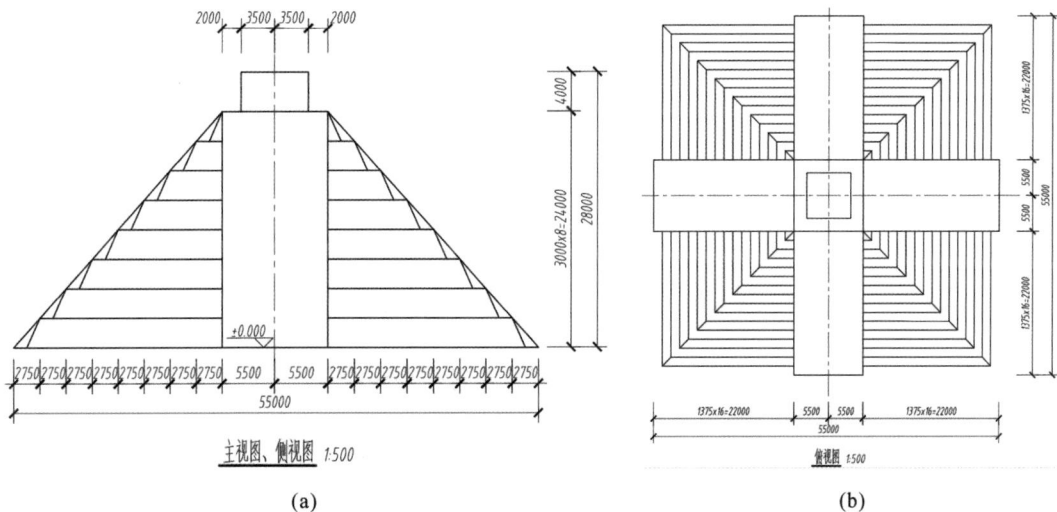

图 5-26

5.3.3　拓展任务

本拓展任务,通过 2021 年第七期"1＋X"建筑信息模型(BIM)职业技能等级考试——中级(结构工程方向)——实操试题二建模,检验实施(真题)任务学习状况。

根据图 5-27 创建 Y 型柱族,混凝土强度等级为 C30,并在适当位置进行尺寸标注,标注位置如下图所示,未标明尺寸可自行定义,将建成的族以"2Y 型柱＋考生姓名"为文件名保存到"02"文件夹,最终压缩上传为 02.zip。(20 分)

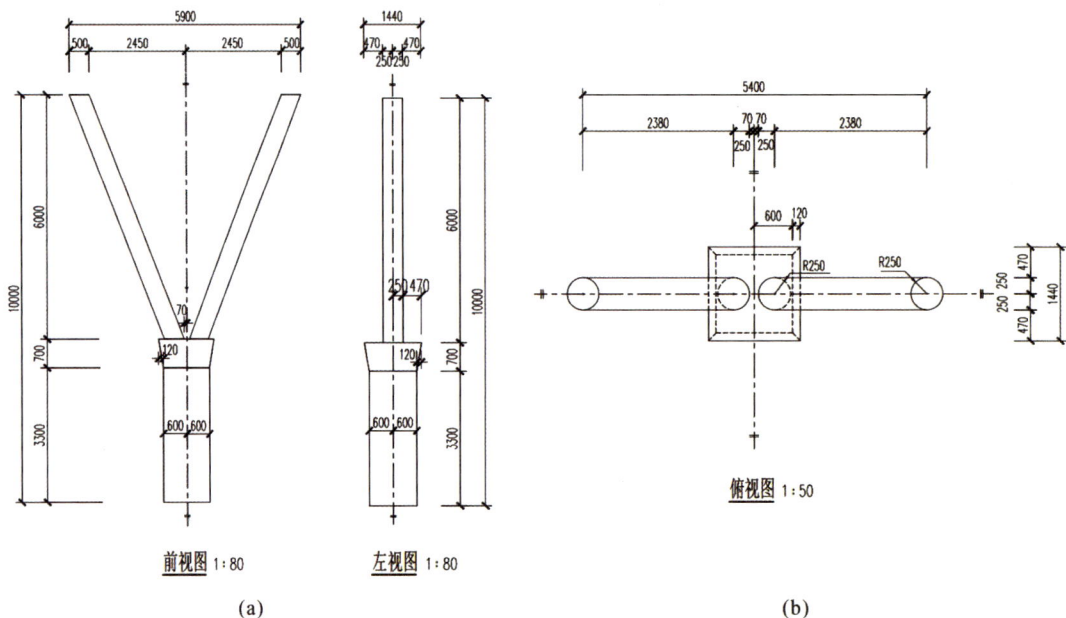

图 5-27

我们不能人云亦云,这不是科学精神,科学精神最重要的就是创新。

——钱学森

5.4　任务 4:旋转

5.4.1　学习任务

旋转是通过绕轴放样二维轮廓来创建三维形状的操作过程。

在 Revit 初始界面族模块下,点击"新建..."命令,如图 5-28(a)所示,弹出"新族 - 选择样板文件"对话框,在此对话框下单击鼠标左键选择"公制常规模型",再点击"打开"按钮,如图 5-28(b)所示,即可进入参数化族创建界面。

在"创建"选项卡下的"形状"面板上单击"旋转"命令即可创建旋转参数化族,如图 5-29 所示。

（a）　　　　　　　　　　　　　　（b）

图 5-28

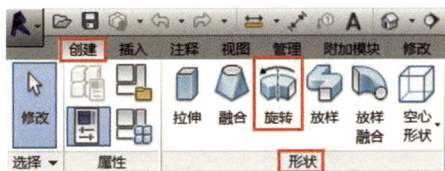

图 5-29

5.4.2　实施（真题）任务

本实施（真题）任务通过全国 BIM 技能等级考试一级试题真题和"1＋X"建筑信息模型（BIM）职业技能等级考试——初级——实操试题中的典型真题，由浅入深、由易至难展开，建模过程可观看对应视频学习。

1. 储水箱

2020 年第一期"1＋X"建筑信息模型（BIM）职业技能等级考试——初级——实操试题第二题：按照图 5-30 中尺寸创建储水箱模型，并将储水箱材质设置为"不锈钢"，结果以"储水箱＋考生姓名"为文件名保存在考生文件夹中。（20 分）

储水箱

2. 爱奥尼柱

第十九期全国 BIM 技能等级考试一级试题第二题：根据图 5-31 给定的尺寸，用构件集方式创建爱奥尼柱。柱身均布 24 条凹槽，并添加材质为石材，未标明尺寸与样式不作要求。请将模型以"爱奥尼柱＋考生姓名"为文件名保存到考生文件夹中。（15 分）

爱奥尼柱

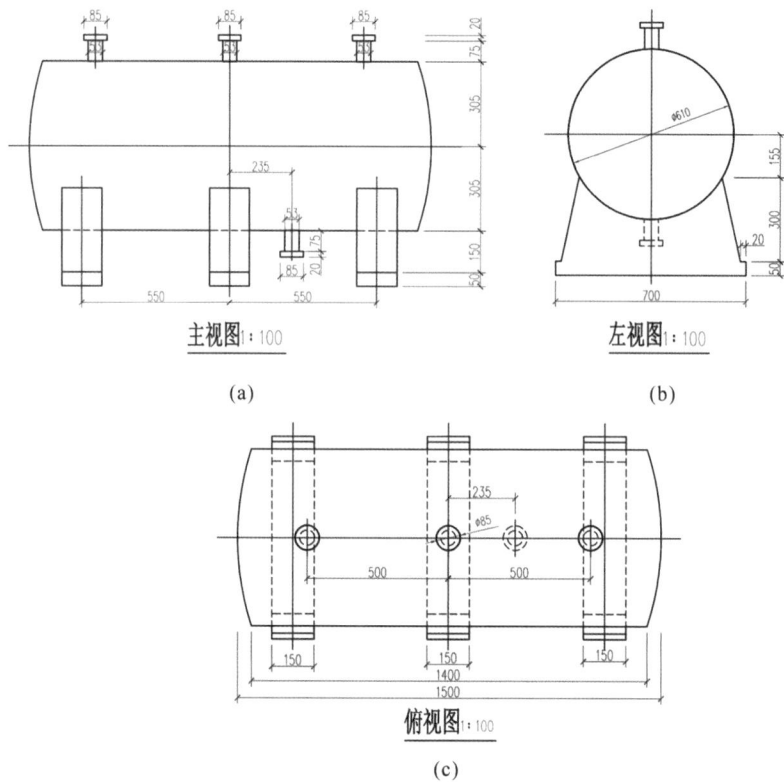

主视图 1:100

(a)

左视图 1:100

(b)

俯视图 1:100

(c)

图 5-30

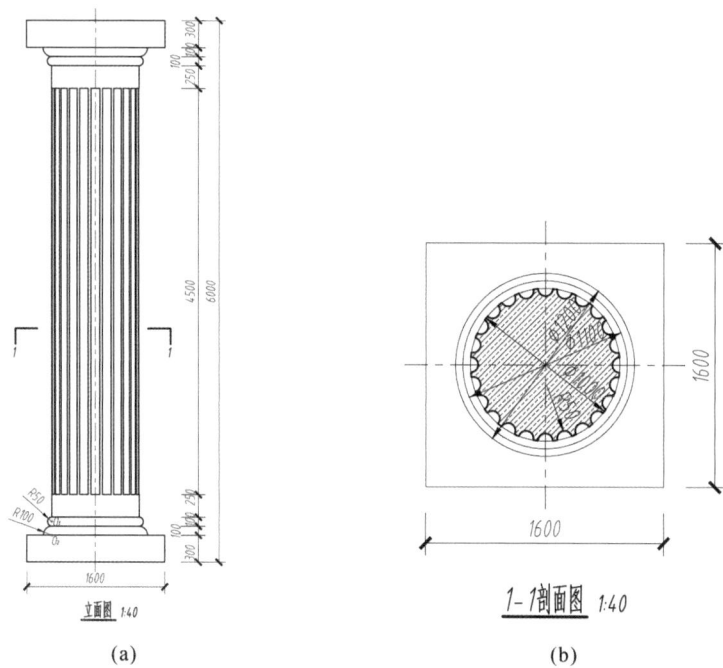

立面图 1:40

(a)

1-1剖面图 1:40

(b)

图 5-31

3. 球形喷口

2020 年第二期"1＋X"建筑信息模型（BIM）职业技能等级考试——初级——实操试题第一题：根据图 5-32 给定的尺寸，创建球形喷口模型；要求尺寸准确，并将球形喷口材质设置为"不锈钢"，请将模型以"球形喷口＋考生姓名"为文件名保存至本题文件夹中（20 分）。

球形喷口

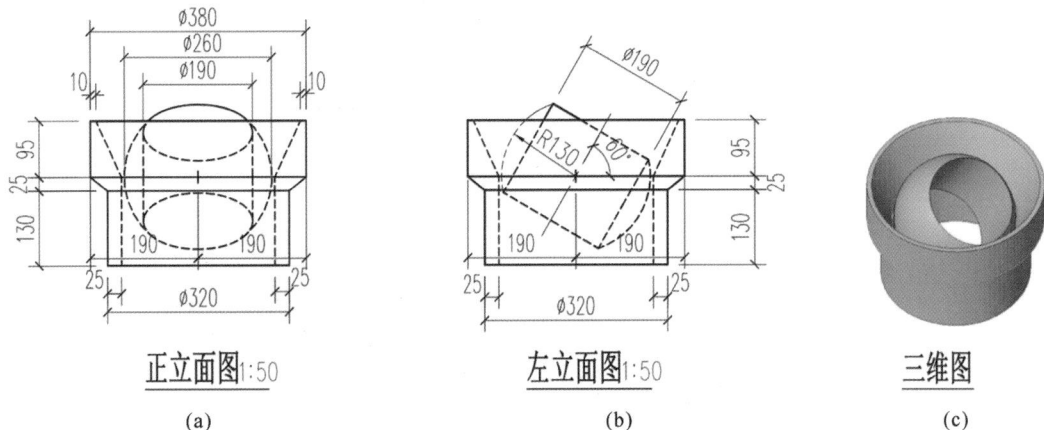

正立面图1:50　　左立面图1:50　　三维图

(a)　　　　　(b)　　　　　(c)

图 5-32

5.4.3　拓展任务

本拓展任务，通过全国职业院校技能大赛"建筑信息模型建模"赛题（样题）典型真题建模，检验实施（真题）任务学习状况。

全国职业院校技能大赛"建筑信息模型建模"赛题（样题）"模块一、构件与零部件建模"任务 1：根据图 5-33 创建参数化栏杆构建集模型（要求顶部扶栏、立柱、底部扶栏与图中标注尺寸一致），栏杆高度为 1050，立柱间距为 300，材质为樱桃木，未注明参数自定。并以"任务 1"命名，存于竞赛文件夹中。

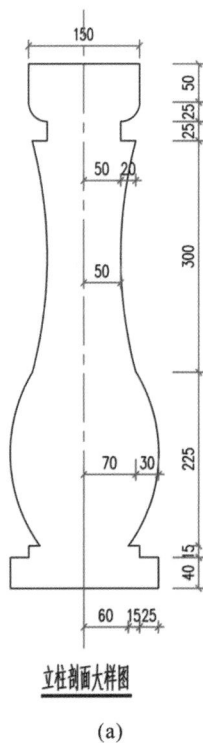

立柱剖面大样图

(a)

图 5-33

底部扶手大样图

(b)

顶部扶手大样图

(c)

(d)

续图 5-33

我们要记着,作了茧的蚕,是不会看到茧壳以外的世界的。

——李四光

✎ 技术前沿

数字孪生技术

建筑全生命周期管理:数字孪生技术通过创建物理建筑的数字副本,将建筑设计、施工和运维等各个阶段的数据和信息整合到一个虚拟模型中,实现对建筑全生命周期的管理和优化。

学习情境 6　概念体量创建与编辑

学习情境

·目标

掌握概念体量创建与编辑的方法,掌握将建筑图元(如建筑墙、幕墙、楼板和屋顶等)添加到概念体量的方法。

·任务

	序号	任务描述	典型真题
任务	任务 1:概念体量	掌握概念体量创建与编辑的方法	2023 年第二期"1+X"建筑信息模型(BIM)职业技能等级考试——中级(结构工程方向)——实操试题第二题
	任务 2:概念体量添加建筑图元	掌握将建筑图元添加到概念体量的方法,包括从体量面创建墙、屋顶、楼板和幕墙系统	第二十期全国 BIM 技能等级考试二级(结构)试题第四题

·思考

BIM 从业人员职业道德要求之一是爱岗敬业,下列的说法中你认为正确的是(　　)。

A. 爱岗敬业是现代企业精神,对个人发展没有意义

B. 现代社会提倡人才流动,爱岗敬业正逐步丧失它的价值

C. 爱岗敬业要树立终身学习观念

D. 在现实中,我们不得不承认,"爱岗敬业"的观念阻碍了人们的择业自由

E. 发扬螺丝钉精神是爱岗敬业的重要表现

6.1 任务1:概念体量

6.1.1 学习任务

概念体量是用形状描绘建筑模型,可以理解为建筑的形体。它能够帮助设计师使用体量实例观察、研究和解析建筑形式,从而探索设计理念。

在 Revit 初始界面族模块下,点击"新建概念体量…"命令,如图 6-1(a)所示,弹出"新概念体量 - 选择样板文件"对话框,在此对话框下单击鼠标左键选择"公制体量",再点击"打开"按钮,如图 6-1(b)所示,即可进入概念体量创建界面。

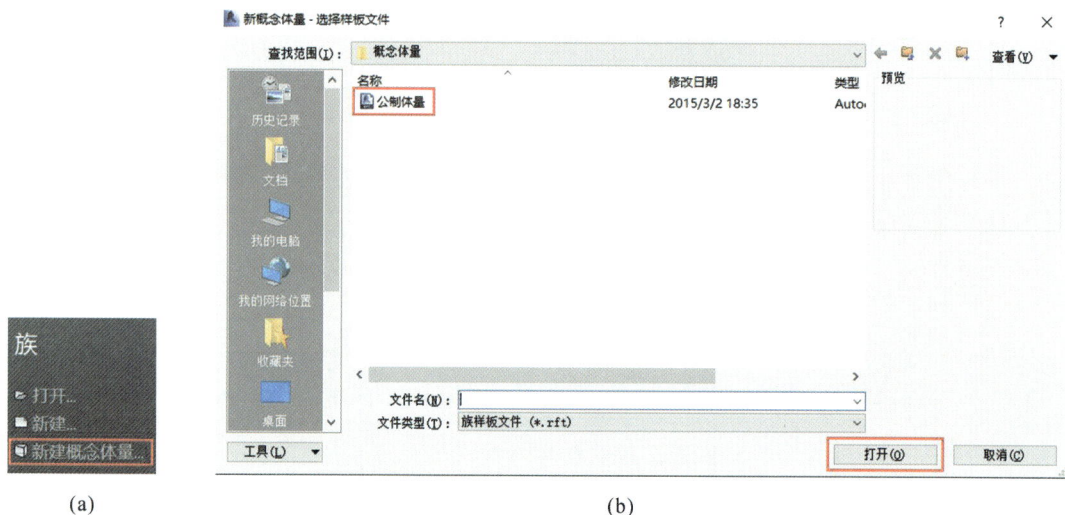

图 6-1

在"创建"选项卡下的"绘制"面板上选择"模型"命令即可创建概念体量,如图 6-2所示。

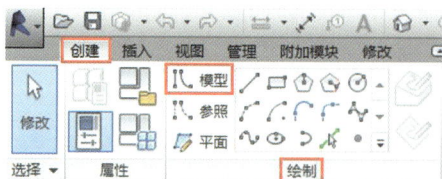

图 6-2

6.1.2 实施(真题)任务

本实施(真题)任务通过全国 BIM 技能等级考试一级试题中的典型真题,由浅入深、由易至难展开,建模过程可观看对应视频学习。

1. 体量

第一期全国 BIM 技能等级考试一级试题第一题:根据图 6-3 中给定的投影尺寸,创建形体体量模型,通过软件自动计算该模型体积。该体量模型体积为(　　)立方米。请将模型文件以"体量"为文件名保存到考生文件夹中。(10 分)

体量

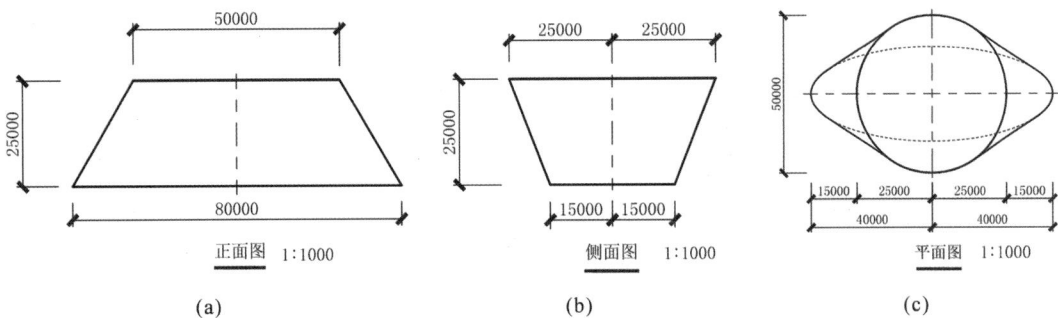

<table>
<tr><td>正面图 1:1000</td><td>侧面图 1:1000</td><td>平面图 1:1000</td></tr>
<tr><td>(a)</td><td>(b)</td><td>(c)</td></tr>
</table>

图 6-3

2. 柱脚

第十期全国 BIM 技能等级考试一级试题第三题:根据图 6-4 给定的尺寸,用体量方式创建模型,整体材质为混凝土,请将模型以"柱脚"为文件名保存到考生文件夹中。(20 分)

柱脚

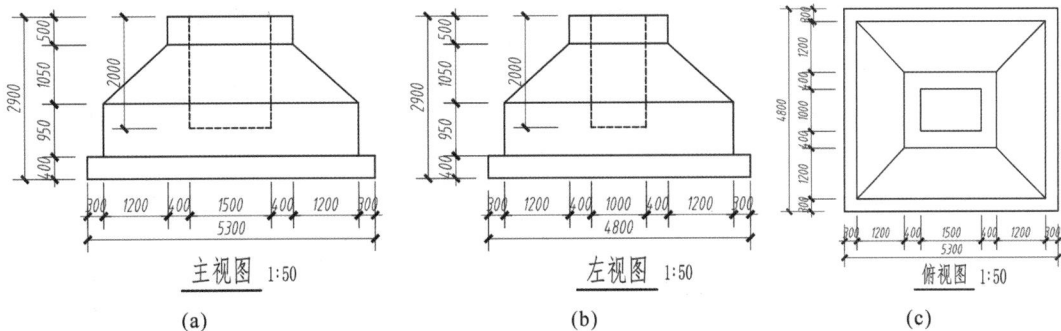

<table>
<tr><td>主视图 1:50</td><td>左视图 1:50</td><td>俯视图 1:50</td></tr>
<tr><td>(a)</td><td>(b)</td><td>(c)</td></tr>
</table>

图 6-4

3. 方圆大厦

第十二期全国 BIM 技能等级考试一级试题第三题:根据图 6-5 给定的尺寸,用体量方式创建模型,请将模型文件以"方圆大厦＋考生姓名"为文件名保存到考生文件夹中。(20 分)

方圆大厦

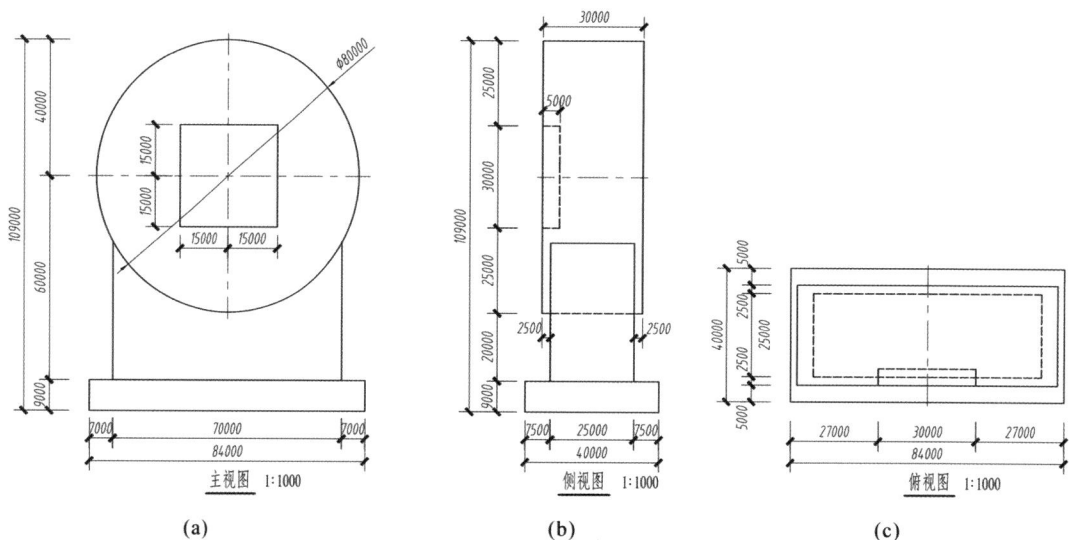

图 6-5

4. 拱桥

拱桥

第十三期全国 BIM 技能等级考试一级试题第三题:根据图 6-6 给定的尺寸,用体量方式创建模型,整体材质为混凝土,悬索材质为钢材,直径为 200 mm,未标明尺寸与样式不作要求,请将模型文件以"拱桥十考生姓名"为文件名保存到考生文件夹中。(20 分)

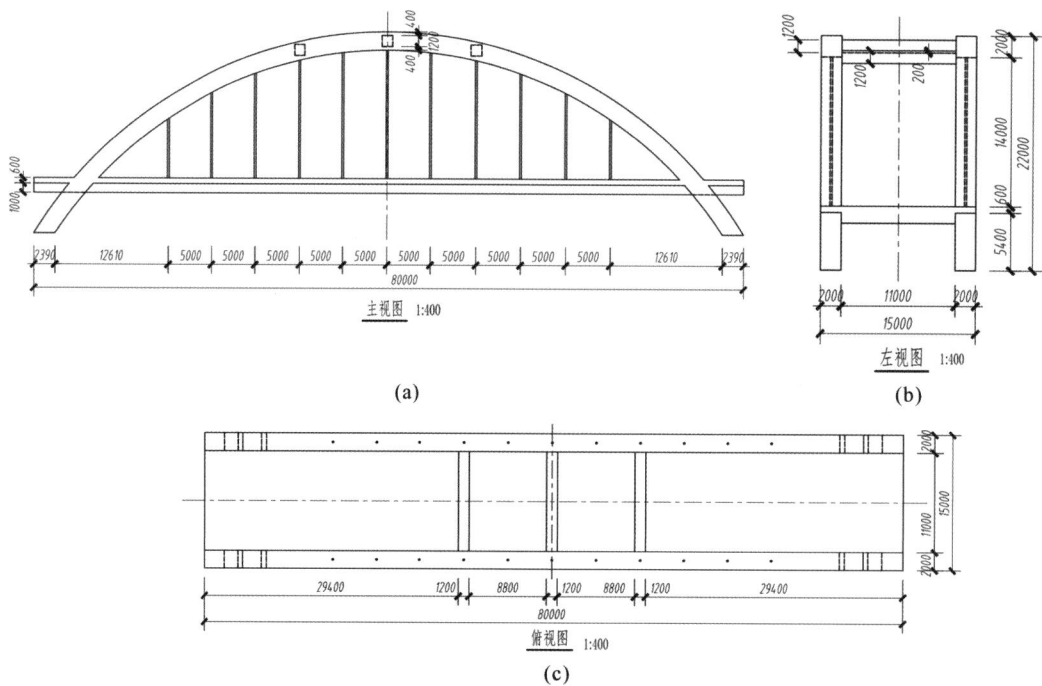

图 6-6

5.高塔

第十九期全国 BIM 技能等级考试一级试题第三题:根据图 6-7 给定的尺寸,用适当方式创建高塔模型,未标明尺寸与样式不作要求。请将模型以"高塔＋考生姓名"为文件名保存到考生文件夹中。(20 分)

高塔

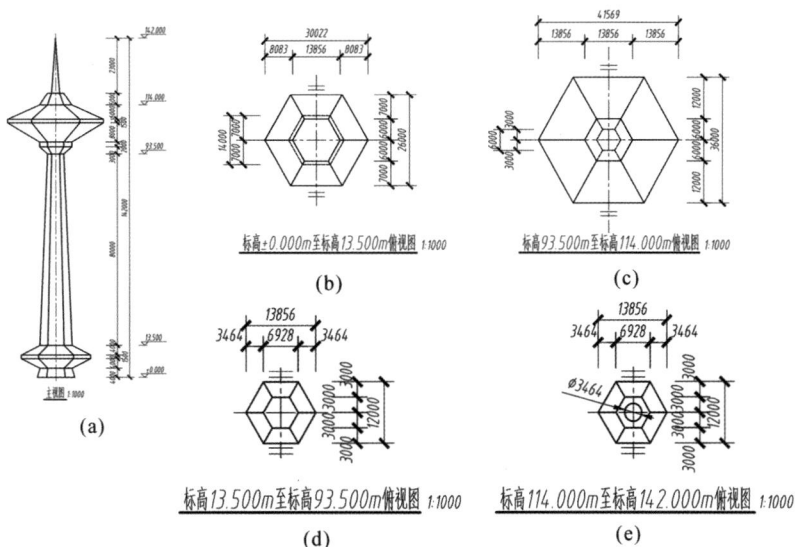

图 6-7

6.建筑体量

第十四期全国 BIM 技能等级考试一级试题第三题:根据图 6-8 给定的尺寸,用体量方式创建模型,请将模型以"建筑体量＋考生姓名"为文件名保存到考生文件夹中。(20 分)

建筑体量

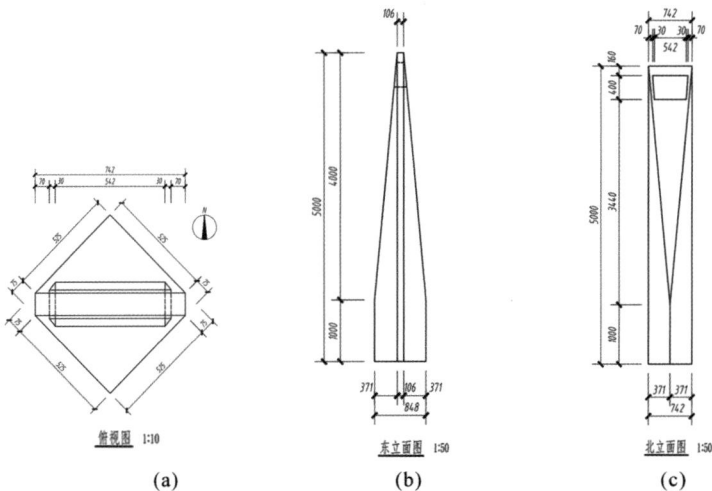

图 6-8

6.2 任务2:概念体量添加建筑图元

6.2.1 学习任务

概念体量创建完成后,可以在项目中为体量实例的表面创建建筑图元,包括墙、屋顶、楼板和幕墙系统等。

打开体量项目,在"体量和场地"选项卡下的"面模型"面板上单击某一命令即可为概念体量添加建筑图元,如图 6-9 所示。

图 6-9

6.2.2 实施(真题)任务

本实施(真题)任务通过"1+X"建筑信息模型(BIM)职业技能等级考试——初级——实操试题中的典型真题,由浅入深、由易至难展开,建模过程可观看对应视频学习。

1.体量楼层

2023 年第一期"1+X"建筑信息模型(BIM)职业技能等级考试——初级——实操试题第二题:根据图 6-10 给定的尺寸,创建体量楼层模型,(1)面墙为 200 mm 厚度的"常规-200 mm"面墙,定位线为"面层面:外部";(2)幕墙系统为网格布局 1200 mm×2500 mm(即横向网格间距为 1200 mm,竖向网格间距为 2500 mm),网格上均设置竖梃,竖梃均为圆形竖梃,半径为 50 mm;(3)屋顶为 400 mm 厚度的"常规-400 mm"屋顶;(4)楼板为 150 mm 厚度的"常规-150 mm"楼板。创建 6F、9F 屋顶及各层楼板,请将模型以"体量楼层+考生姓名"为文件名保存至本题文件夹中。(20分)

体量楼层

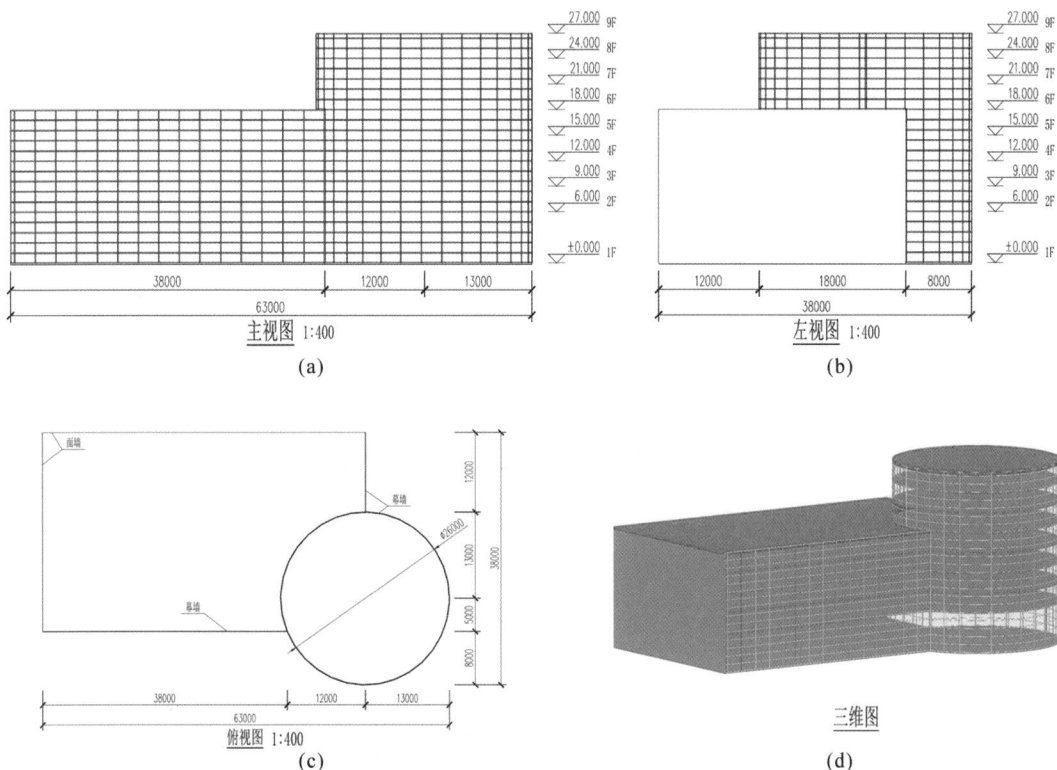

图 6-10

2. 商务写字楼

2024 年第二期"1＋X"建筑信息模型（BIM）职业技能等级考试——初级——实操试题第二题：根据图 6-11 给定的尺寸，创建商务写字楼模型，(1)所有侧面均创建幕墙系统，幕墙系统网格间距为 3000 mm×3000 mm（即横向网格间距为 3000 mm，竖向网格间距为 3000 mm），网格上均设置竖梃，竖梃均为圆形竖梃，半径为 50 mm；(2)屋顶为 200 mm 厚度的"常规-200 mm"屋顶；(3)楼板为 150 mm 厚度的"常规-150 mm"楼板。写字楼共十一层，一层层高为 6 m，二层至十一层层高为 4 m，创建 RF 屋顶及各层楼板。请将模型以"商务写字楼＋考生姓名"为文件名保存至本题文件夹中。（20 分）

商务写字楼

3. 央视大楼

2024 年第一期"1＋X"建筑信息模型（BIM）职业技能等级考试——初级——实操试题第二题：根据图 6-12 给定的尺寸，创建央视大楼模型，(1)所有侧面均创建幕墙系统，幕墙系统网格间距为 3000 mm×1500 mm（即横向网格间距为 3000 mm，竖向网格间距为 1500 mm），网格上均设置竖梃，竖梃均为圆形竖梃，半径为 50 mm；(2)屋顶为 400 mm 厚度的"常规-

央视大楼

400 mm"屋顶;(3)楼板为 150 mm 厚度的"常规-150 mm"楼板。层高为 4.5 m,创建 3F、RF 屋顶及各层楼板。请将模型以文件名"央视大楼＋考生姓名"为文件名保存至本题文件夹中。(20 分)

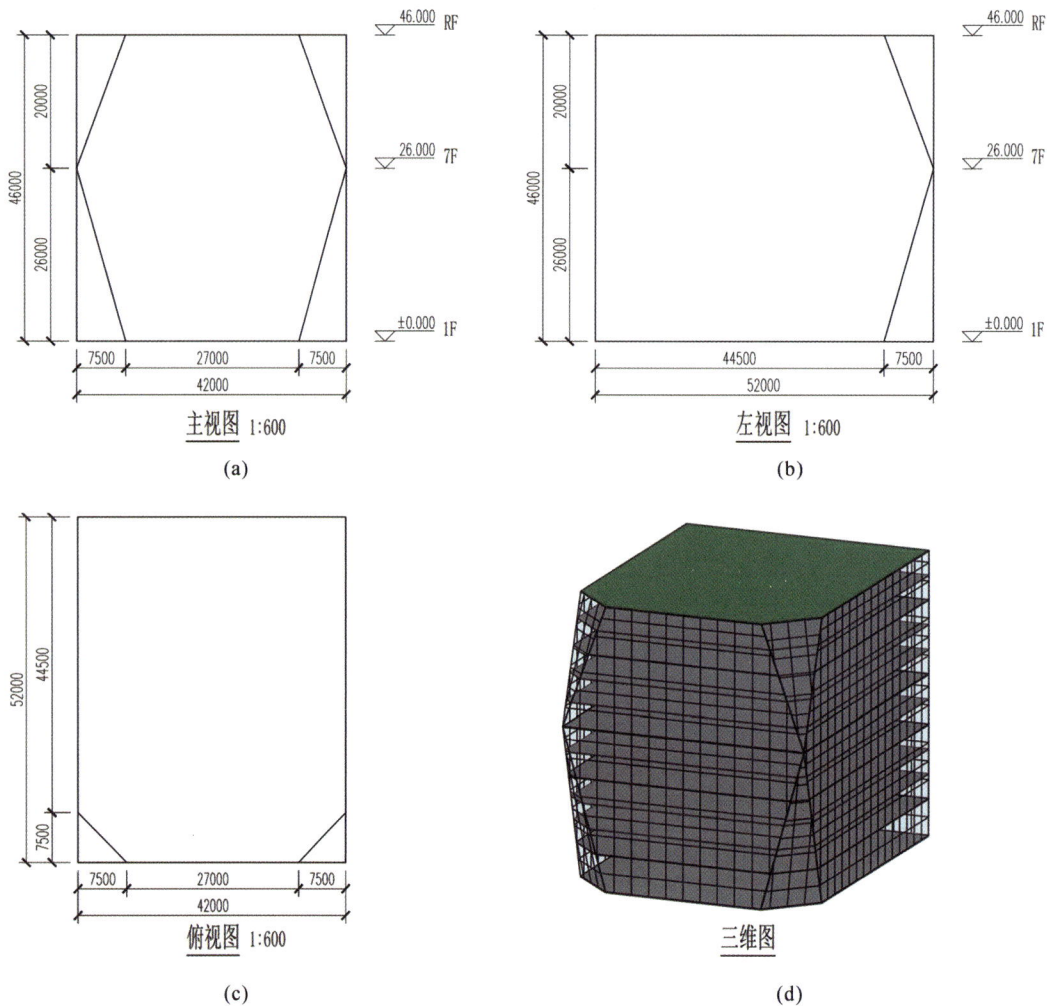

(a)

(b)

(c)

(d)

图 6-11

我们爱我们的民族,这是我们自信心的源泉。

——周恩来

各出所学,各尽所知,使国家富强不受外侮,足以自立于地球之上。

——詹天佑

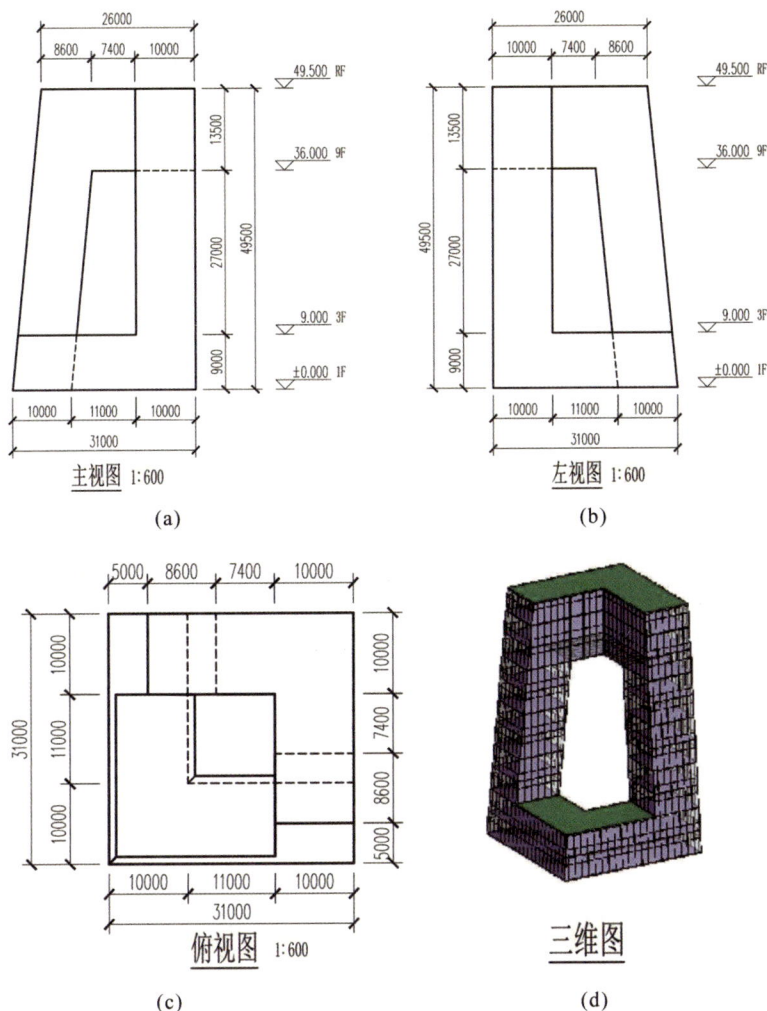

图 6-12

技术前沿

人工智能

人工智能在建筑领域中的一个重要应用是大语言模型。通过大语言模型,人工智能可以根据用户需求生成建筑设计方案、优化设计、进行材料选型和成本估算等,从而提高设计效率和质量。

参 考 文 献

［1］任楚超．BIM 建模基础［M］．武汉：华中科技大学出版社，2022．

［2］中华人民共和国人力资源和社会保障部．国家职业技能标准——建筑信息模型技术员（2021 版）［EB/OL］．（2021-12-27）．https://www.mohrss.gov.cn/wap/zc/zcwj/202112/W020211227599132248667.pdf.

［3］全国 BIM 技能等级考评工作指导委员会．BIM 技能等级考评大纲［M］．北京：中国标准出版社，2013．

［4］廊坊市中科建筑产业化创新研究中心．建筑信息模型（BIM）职业技能等级标准［EB/OL］．［2025-06-27］．https://sfxxaq.whpa.cn/static/upload/2020/7/602/％E9％99％84％E4％BB％B62-1％20％E5％BB％BA％E7％AD％91％E4％BF％A1％E6％81％AF％E6％A8％A1％E5％9E％8B％EF％BC％88BIM％EF％BC％89％E8％81％8C％E4％B8％9A％E6％8A％80％E8％83％BD％E7％AD％89％E7％BA％A7％E6％A0％87％E5％87％86.pdf.pdf.

［5］廊坊市中科建筑产业化创新研究中心．"1＋X"建筑信息模型（BIM）职业技能等级证书考评大纲［EB/OL］．（2019-10-29）．http://qiniu.pmsjy.com/oneplus/％E2％80％9C1＋X％E2％80％9DBIM％E8％80％83％E8％AF％84％E5％A4％A7％E7％BA％B2.pdf.